Rechnungswesen/ Controlling

in Hotellerie und Gastronomie

Herausgeber:

Dipl.-Betriebswirt Thomas Hausmann, MBA

Autoren:

Prof. Dr. Torsten Czenskowsky
Ina Gefäller
Thomas Hausmann
Roland Heckmann
Matthias Meilwes
Helmut Meisl
Ursula Mika
Kirsten Schäfer
Jörg Schmidt

3., überarbeitete und aktualisierte Auflage

Verlag Handwerk und Technik · Hamburg

Zum Geleit

Die Hotellerie und Gastronomie bietet seinen Gästen eine umfassende Leistungspalette. Die beiden Hauptbereiche sind Beherbergung und Bewirtung; sie weichen sowohl von ihrer Art als auch den Kosten her erheblich voneinander ab. Dieses ist vom betrieblichen Rechnungswesen/Controlling so weit wie möglich zu berücksichtigen.
Zu jeder Zeit muss es möglich sein, die Marktstellung des eigenen Unternehmens beurteilen zu können, dessen Rentabilität und Wirtschaftlichkeit zu verbessern sowie die Kosten „im Griff" zu haben. Dabei helfen besonders eine branchenspezifische Finanzbuchhaltung, Kosten- und Leistungsrechnung. Nur so wird das Rechnungswesen/Controlling zu einem Führungsinstrument eines gastgewerblichen Unternehmens.
Das „Rechnungswesen/Controlling in Hotellerie und Gastronomie" schließt diese Lücke und macht den Leser in anschaulicher Weise mit der Technik der einzelnen Teilbereiche dieses Wissensgebietes vertraut. Den Autoren ist es trotz notwendiger didaktischer Reduktion gelungen, das vorhandene Datenmaterial zielgerichtet auszuwerten und zu interpretieren.
Als Maximen des vorliegenden Schul- und Fachbuches sind zu nennen:

- konsequenter Praxisbezug aufgrund adäquater Belege und Rechnungen;
- konkrete Veranschaulichung der Wissensgebiete anhand von Beispielen, Übersichten und Tabellen;
- durchgängige Bezugnahme auf handels- und steuerrechtliche Vorschriften der Rechnungslegung;
- EDV- und steuergerechte Buchungsweise sowie EDV-Anwendung;
- Aufzeigen der gegenseitigen Abhängigkeiten und Einflüsse von Betriebswirtschaftslehre und Rechnungswesen wie Controlling.

Damit liegt ein Lehr-, Lern-, Arbeitsbuch und Nachschlagewerk für den gesamten Bereich des kaufmännischen Rechnungswesens in der Hotellerie und Gastronomie vor, das Nachwuchskräften, Studierenden und Praktikern gleichermaßen zur systematischen Weiterbildung und als Hilfsmittel bei betrieblichen Entscheidungssituationen dient.
Unter diesem Gesichtspunkt wünsche ich dem Schul- und Fachbuch ein erfolgreiches Wirken.

Berlin, im Sommer 2007

Ernst Fischer

Präsident
des Deutschen Hotel- und Gaststättenverbandes e.V.
(DEHOGA)

Umschlaggestaltung: Harro Wolter, Hamburg

Grafiken: Boris Kaip, München

ISBN 978-3-582-0**4952**-0

Verlag Handwerk und Technik G.m.b.H., Lademannbogen 135, 22339 Hamburg; Postfach 63 05 00, 22331 Hamburg · 2007
E-Mail: info@handwerk-technik.de
Internet: www.handwerk-technik.de
Druckvorstufe – Satz, Grafik und Layout: E. Scholz – Redaktionsbüro & mediendesign, Spitzwegstr. 6, 38442 Wolfsburg
Druck: J.P. Himmer GmbH & Co. KG, 86167 Augsburg

Grundsätzliches zur Benutzung dieses Buches

Die dritte Auflage wurde überarbeitet, der neuen Mehrwertsteuer angepasst und aktualisiert.

Zielgruppe
Das vorliegende Lehr- und Arbeitsbuch wendet sich an die Nachwuchskräfte und Praktiker in Hotellerie und Gastronomie gleichermaßen. Die dargestellten Lernbereiche entsprechen den Lehrplänen an Hotelfachschulen mit dem Abschluss „Staatlich geprüfter Hotelbetriebswirt", ergänzt um einige weiterführende Informationen. Das Buch stellt nicht nur den prüfungsrelevanten Unterrichtsstoff dar, sondern verbindet Praxis und Theorie miteinander. Damit eignet es sich für die im Rechnungswesen und Controlling tätigen Mitarbeiter und Mitarbeiterinnen sowie für alle Aus- und Fortbildungsgänge, besonders für Studierende an Fachhochschulen für Tourismus/Wirtschaft.

Form
Vor der Darstellung des Lehrstoffes steht ein Inhaltsverzeichnis, das eine erste Auskunft über den Buchinhalt ermöglicht. Bei der Suche nach notwendigen Querverbindungen helfen Verweise. Der Leser kann sich darüber hinaus des an den Schluss gestellten ausführlichen Sachwortverzeichnisses bedienen, wodurch das Buch zum Nachschlagewerk wird.

Sachdarstellung
Die Verfasser haben bei der Auswahl und Darstellung der Lerninhalte

- die unterschiedlichen Lernziele und Lerninhalte der verschiedenen Lehrpläne der einzelnen Bundesländer zugrunde gelegt und
- das Rechnungswesen/Controlling in Hotellerie und Gastronomie weitgehend erfasst und praxisnah gestaltet.

So ist jedem Kapitel eine überwiegend praxisorientierte Situation vorangestellt, wodurch der Lernende an die zu erarbeitenden Lerninhalte herangeführt wird. Gleichzeitig ist dadurch eine selbstständige Arbeit mit dem Fachbuch möglich. Der Lernstoff ist entsprechend den Lehrplänen an Hotelfachschulen angeordnet, was eine kontinuierliche Arbeit mit dem Buch ermöglicht.

Das Zusammenfassen von Lernstoff in Tabellen oder Lernrastern schafft eine straffe, aber einprägsame Darstellung der Stoffgebiete, erleichtert das Lernen und dient der Erfolgssicherung. Abbildungen und graphische Darstellungen veranschaulichen die Lerninhalte und erleichtern die Übersicht.

Lernerfolgssicherung
An jeden größeren Lernabschnitt schließen sich Fragen und Aufgaben an, die Gelegenheit geben, Lerninhalte zu festigen bzw. erlerntes Wissen anzuwenden. Während die Fragen der Kontrolle des Grundwissens dienen, sollen die Aufgaben in der Regel den praktischen Bezug herstellen. Dadurch werden die Lernzielstufen Reproduktion (Kennen), Reorganisation (Verstehen) und Transfer (Anwenden) in die Erfolgssicherung einbezogen. Die Übungsaufgaben können auch Gegenstand einer problemorientierten Unterrichtseröffnung sein. Ein Lösungsheft ist im Verlagsprogramm.

Literatur
Die am Anfang des Buches angegebenen Hinweise auf Quellen und weiterführende Literatur ermöglichen den Lernenden, ihre Kenntnisse zu den einzelnen Bereichen des Rechnungswesens/Controllings zu vertiefen.

Wir danken allen, mit deren freundlicher Unterstützung dieses Fachbuch entstehen konnte. Für kritische Hinweise und Verbesserungsvorschläge von Benutzern sind wir jederzeit aufgeschlossen.

Bad Harzburg/Altefähr, Sommer 2007

Der Herausgeber

Inhaltsverzeichnis

1 Zielsetzung Rechnungswesen/Controlling 1
1.1 Definition und Aufgaben des Controllings 1
1.2 Controllinginstrumente im Controllingprozess 3
1.3 Rechtsgrundlagen 3
1.3.1 Internes/externes Rechnungswesen 4
1.3.2 Rechtliche Regelungen für das Handeln 5
1.3.3 Handels- und Steuerrecht 6
1.3.4 Überblick über die gesetzlichen Grundlagen der Buchführung 6

2 Datenerfassung 8
2.1 Grundlagen der Buchführung 8
2.1.1 Einführung in das betriebliche Rechnungswesen 8
2.1.2 Aufgaben des betrieblichen Rechnungswesens 9
2.1.3 Buchführung als Teilbereich des betrieblichen Rechnungswesens 9
2.1.4 Inventur und Inventar 10
2.1.5 Bilanz 14
2.1.6 Bestandsveränderungen 16
2.1.7 Bestandskonten 18
2.1.8 Buchungssatz 20
2.1.9 Erfolgskonten 23
2.2 Weiterführende Buchungen 26
2.2.1 Leistungserstellung und Leistungserbringung 26
2.2.1.1 Buchungen nach der Fortschreibungsmethode 26
2.2.1.2 Buchungen nach der Inventurmethode 28
2.2.1.3 Ermittlung der Wareneinsatzquoten 30
2.2.2 Umsatzsteuer 32
2.2.2.1 System und Grundlagen der Umsatzsteuer 33
2.2.2.2 Buchen der Vorsteuer 34
2.2.2.3 Buchen der Umsatzsteuer 36
2.2.2.4 Geleistete und erhaltene Anzahlungen 38
2.2.2.5 Umsatzsteuer-Voranmeldung und -Vorauszahlung 43
2.2.2.6 Dauerfristverlängerung und Sondervorauszahlung 44
2.2.2.7 Ermittlung und Buchung der Zahllast 44
2.2.2.8 Buchungen in der Praxis 46
2.2.3 Beschaffungs- und Absatzbuchungen 49
2.2.3.1 Anschaffungsnebenkosten 49
2.2.3.2 Anschaffungspreisminderungen 51
2.2.3.3 Leergut/Leihverpackungen 57
2.2.3.4 Gewährte Preisnachlässe 58
2.2.4 Zahlungsverkehr 62
2.2.4.1 Geldverrechnungskonten 62
2.2.4.2 Abrechnungen mit Kreditkarteninstituten und Reiseveranstaltern 63
2.2.5 Privat 69
2.2.5.1 Private Geldentnahmen 69
2.2.5.2 Private Geldeinlagen 70
2.2.5.3 Entnahme von Gegenständen für private Zwecke 71
2.2.5.4 Entnahme von Gegenständen zu Pauschbeträgen 72
2.2.5.5 Private Nutzung betrieblicher Gegenstände 73
2.2.5.6 Erfolgsermittlung durch Eigenkapitalvergleich 75
2.2.6 Personalkosten 78
2.2.6.1 Bestandteile der Lohn- und Gehaltsabrechnungen 78
2.2.6.2 Einfache Lohn- und Gehaltsbuchungen 79
2.2.6.3 Vorschüsse 84
2.2.6.4 Personalkosten mit vermögenswirksamen Leistungen 85
2.2.6.5 Sachbezüge 86

2.3 Jahresabschluss ... 92
2.3.1 Grundlagen ... 92
2.3.2 Behandlung des Anlagevermögens ... 97
2.3.2.1 Zugänge im Anlagevermögen ... 98
2.3.2.2 Abschreibungen auf das Anlagevermögen ... 100
2.3.2.3 Abgänge im Anlagevermögen ... 105
2.3.2.4 Bewertung des Anlagevermögens ... 109
2.3.3 Bewertung des Umlaufvermögens ... 113
2.3.3.1 Bewertung der Vorräte ... 113
2.3.3.2 Bewertung der Forderungen aus Lieferungen und Leistungen ... 116
2.3.4 Bewertung der Passiva ... 121
2.3.4.1 Eigenkapital ... 121
2.3.4.2 Sonderposten mit Rücklageanteil ... 121
2.3.4.3 Rückstellungen ... 122
2.3.4.4 Verbindlichkeiten ... 124
2.3.5 Zeitliche Abgrenzung ... 126
2.3.5.1 Transitorische Abgrenzung ... 126
2.3.5.2 Antizipative Abgrenzung ... 128
2.3.6 Betriebsübersicht ... 131

3 Datenaufbereitung und -analyse ... 139
3.1 Bilanzaufbereitung und -analyse ... 142
3.1.1 Vermögensstruktur (Konstitution) ... 144
3.1.2 Kapitalstruktur (Finanzierung) ... 145
3.1.3 Finanzstruktur (Investierung) ... 146
3.1.4 Liquidität (Zahlungsbereitschaft) ... 147
3.2 Kostenartenrechnung ... 149
3.2.1 Betriebsergebnisrechnung (Sachliche Abgrenzung) ... 151
3.2.2 Kurzfristige Erfolgsrechnung (KER) ... 165
3.3 Kostenstellenrechnung ... 172
3.3.1 Uniform System of Accounts ... 175
3.3.2 Bereichsergebnisrechnung ... 183
3.3.3 Leistungsergebnisrechnung ... 185

4 Zielgrößendefinition ... 193
4.1 Kostenträgerzeitrechnung ... 193
4.2 Kostenträgerstückrechnung ... 196
4.2.1 Kalkulation ... 197
4.2.1.1 Divisionskalkulation ... 197
4.2.1.2 Zuschlagskalkulation ... 199
4.2.1.3 Primecost-Kalkulation ... 203
4.2.1.4 Vergleich: Zuschlagskalkulation - Primecost-Kalkulation ... 206
4.2.2 Deckungsbeitragsrechnung ... 207
4.3 Planungsrechnung ... 213
4.3.1 Break-even-Analyse ... 213
4.3.2 Budgetierung ... 217

Anhang
Abkürzungsverzeichnis ... 221
Beleggeschäftsgang ... 222
SKR 70 ... 234
Formblätter ... 236
Sachwortverzeichnis ... 238
Bildquellenverzeichnis/Literaturverzeichnis ... VI

Bildquellenverzeichnis

Umschlaggestaltung: Harro Wolter-Strindberg, Hamburg

Grafiken: Boris Kaip, München

Titelbild/Bildquelle: Braunschweiger Hof, Bad Harzburg

Literaturverzeichnis

Botta: Rechnungswesen und Controlling, Herne 1998

Czenskowsky/Schünemann/Zdrowomyslaw.: Grundzüge des Controlling, Gernsbach 2004

DEHOGA (Hrsg): Einheitliche Betriebsabrechnung in: Gastgewerbliche Schriftenreihe, Band 89, Bonn 2000

Dettmer (Hrsg): Systemgastronomie in Theorie und Praxis, Handwerk & Technik, Hamburg 2005

Heinhold: Der Jahresabschluss, München 2007

Dettmer u.a.: Controlling im Food & Beverage-Management, R. Oldenbourg Verlag, München 1998

Hänssler: Management in der Hotellerie und Gastronomie, München Wien 2004

Kreuzig (Hrsg.) BBG-Consulting: Betriebsvergleich Hotellerie und Gastronomie, Deutschland 2000, Düsseldorf 2001

Leiderer (Hrsg. Schaetzing): Kennzahlen zur Steuerung von Hotel- und Gaststättenbetrieben, Stuttgart 1995

Müller, S.: Finanzbuchhaltung. Vom Geschäftsvorfall bis zum Jahresabschluss, Herne und Berlin 2001

Müller, U.: Internationales Rechnungswesen, München 2004

Olfert: Kompakt-Training Kostenrechnung, Ludwigshafen (Rhein) 2006

Swillims: Controlling im Gastgewerbe, Haan-Gruiten 2002

Schumacher: Kosten- und Leistungsrechnung, Ludwigshafen (Rhein) 2006

Zdrowomyslaw: Jahresabschluss und Jahresabschlussanalyse, München 2001

1 Zielsetzung Rechnungswesen / Controlling

Das moderne Management eines gastgewerblichen Unternehmens setzt voraus, dass Trends und Entwicklungen im eigenen Verantwortungsbereich, in der Branche und in der gesamten Wirtschaft erkannt und wirksam in die unternehmerischen Entscheidungen eingebunden werden. Dabei kommt es wesentlich darauf an, durch gezielte Informationspolitik Veränderungen rechtzeitig festzustellen und geeignete Strategien für die Zukunft zu entwickeln.

Dieses zukunftsorientierte Aufgabenfeld macht die Führung von gastgewerblichen Betrieben zunehmend schwieriger. Die Anforderungen an den Unternehmer und die Entscheidungsträger wachsen auf allen Ebenen, die Risiken für Fehlentwicklungen und -entscheidungen mit gravierenden Auswirkungen auf den Betrieb steigen.

Neben der fachlichen Kompetenz ist der Erfolg eines Unternehmens im verstärkten Maße von der betriebswirtschaftlichen Qualität der Entscheidungen abhängig. Dazu werden verlässliche und umfassende Informationen über die wirtschaftliche Situation des Unternehmens benötigt, um die Auswirkungen aller geplanten Maßnahmen hinsichtlich ihres wirtschaftlichen Erfolges beurteilen zu können. Auch externe Stellen, z.B. Kreditgeber, nutzen diese Informationen für Ihre Entscheidungsfindung.
Die Komplexität der betriebswirtschaftlichen Aufgabenfelder und die Problematik einer zukunftsorientierten Unternehmenspolitik führen dazu, dass sich viele gastronomische Betriebe externer Fachkräfte (Berater) bedienen. Diese können das unternehmensinterne Informations- und Beratungssystem ergänzen. Auf allen Ebenen des Unternehmens müssen Entscheidungen vorbereitet, geplant, gesteuert und abschließend hinsichtlich ihres Erfolges kontrolliert und bewertet werden.

1.1 Definition und Aufgaben des Controllings

Situation

Hotel-Restaurant Bergstatter Hof

Hotel-Restaurant Bergstatter Hof im Gespräch

Ein ungewöhnlicher Betrieb. Ungewöhnlich erfolgreich. Und auf Wachstumskurs. Wir suchen Partner-Mitarbeiter. Jenen raren Typ „junger Mensch", der nicht nur beste Professionalität seines Jobs mitbringt, sondern darüber hinaus eine Freiraum-Denke, die es braucht, um mit Verantwortung und Kompetenz, die wir gerne zugestehen, umgehen zu können.
Die Optimierung der unternehmerischen Effizienz des Innen- und Außenmarketing ist heute ein entscheidendes Ziel.

Controller/-in
- als Assistent/-in der Unternehmensleitung

Ihr Anforderungsprofil
- Kaufmännische Ausbildung
- Besuch einer Hotelfachschule
- Abstraktes Zahlenverständnis
- Erfahrung in der Budgeterstellung
- Herausragende Kenntnisse in EDV
- Kommunikative Fähigkeiten und kooperatives Verhalten

Ihre Aufgabenverantwortung
- Organisation des Rechnungswesens
- Budgeterstellung
- Zahlenaufbereitung für das operative Management
- Maßnahmenerarbeitung und -begleitung

Senden Sie uns vorab – zur Vorbereitung eines persönlichen Gesprächstermins – Ihre möglichst aussagekräftigen Unterlagen. Einen langweiligen Job können wir nicht bieten, allerdings eine fordernde Tätigkeit mit entsprechender Honorierung. Einen Lebensraum, besser: eine interessante Arbeitswelt und nicht zuletzt Superkolleginnen und -kollegen.

Wir freuen uns auf ein Gespräch mit Ihnen.

Der Begriff des Controllings führt zu Abgrenzungsproblemen mit dem deutschen Begriff Kontrolle. Die **Kontrolle** befasst sich mit der Überwachung eines laufenden Vorganges. Zum Beispiel kontrolliert der Koch den Garzustand eines Gerichtes. Sie ermittelt aktuelle Bestandswerte beispielsweise durch die Inventur im Rahmen der Lagerbestandskontrolle.

Kontrolliert werden auch Arbeitsergebnisse von Mitarbeitern. Werden im Rahmen der Kontrolle Abweichungen von der Vorgabe festgestellt, werden sowohl die Fehler gesucht, die zu der Abweichung geführt haben, als auch die Verantwortlichen ermittelt. Dieser Begriff ist vergangenheitsbezogen und hat das Verständnis einer Überwachung.

Der englische Begriff „to control" geht aber über diese enge Auslegung im Sinne von „kontrollieren" hinaus. Vielmehr versteht man unter Controlling das Planen, Überwachen/Kontrollieren, Steuern und Regeln eines Vorgangs. So lässt sich das Steuern eines Unternehmens mit dem Steuern eines Schiffes vergleichen.

Ein Schiff (Unternehmen) steuert einen Hafen (Unternehmensziel) an. Die Fahrtroute (Plan) wird vorher ausgearbeitet, und während der Fahrt überprüft der Lotse (Controller) permanent mit technischen Hilfsmitteln wie z.B. Radar (Controllinginstrumente), ob sich das Schiff noch auf Kurs befindet (Überwachung). Bei Kursabweichungen muss der Lotse dem Kapitän (Unternehmensleitung) mitteilen, wie das Schiff wieder auf Kurs gebracht werden kann (operatives Steuern) und warum die Kursabweichungen aufgetreten sind (Abweichungsanalyse). Ziel ist es dabei, bei zukünftigen Kursplanungen Fehler von Beginn an zu vermeiden (strategisches Steuern).

Das Bild zeigt die Bedeutung des Controllings für die Gegenwart und die Zukunft des Unternehmens als Erfahrung aus Vergangenheitswerten. Dieser Vorgang muss als ständiger dynamischer Prozess verstanden werden. Dabei fällt dem Controller eine Informations- und Beratungsfunktion zu, die Entscheidungen werden von der Unternehmensleitung vorgenommen. Der einzelne Betrieb entscheidet, welche Aufgaben dem Controller zufallen und welche Entscheidungskompetenz er erhält. In Abhängigkeit von der Organisationsstruktur des Unternehmens kann das Controlling Teilaufgabe eines Managers sein oder auch als gesonderte Stelle in den Betrieb eingeordnet sein. Gehen die Aufgaben des Controllings im zeitlichen Ablauf von der Erfassung der Vergangenheit über die Analyse der Gegenwart zu der Planung der Zukunft, lässt sich ein Kreislauf des Controllingprozesses aufzeigen.

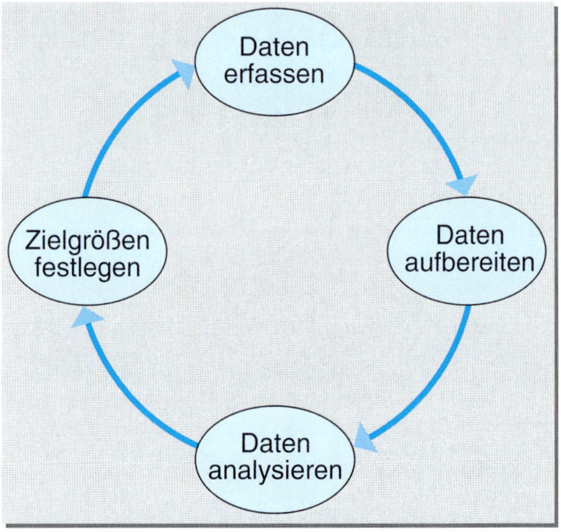

Aufgaben

1. Erläutern Sie die Aufgabenfelder eines Controllers.
2. Grenzen Sie die Begriffe Kontrolle und Controlling voneinander ab.
3. Zeigen Sie, warum es sich beim Controlling um einen dynamischen Prozess handelt.

1.2 Controllinginstrumente im Controllingprozess

Situation

Hotel-Restaurant Bergstatter Hof

Das Hotel-Restaurant Bergstatter Hof ist ein aufstrebender Familienbetrieb in Bergstadt, einer idyllischen Kleinstadt am Rande eines Naherholungsgebietes. Die 25 Hotelzimmer werden überwiegend von Geschäftsreisenden und Familien auf der Durchreise genutzt. Der Schwerpunkt der Leistung liegt aber im Bereich der Restauration: das gutgehende Saalgeschäft für Familienfeiern, das beliebte Restaurant für Einheimische und Ausflugsgäste.

Das betriebliche Rechnungswesen soll systematisch weiter ausgebaut werden. Dabei geht es um die Schaffung eines Systems, welches den Geschäftsverlauf durch ausgewählte Kennzahlen dokumentiert und analysiert. Klare Zielvorgaben sollen das Unternehmen weiter auf Erfolgskurs halten.

Für die Durchführung dieser Aufgaben wird ein Controller gesucht, um den Unternehmer beim Aufbau dieses Systems zu unterstützen.

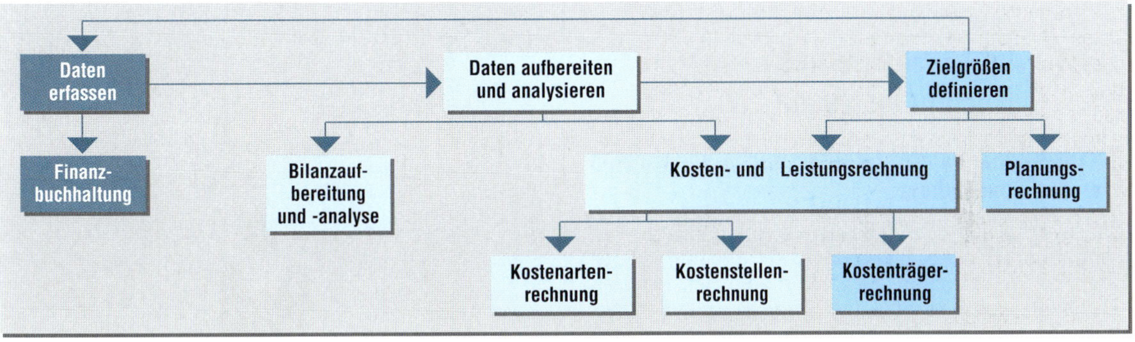

Ist das Controlling zu einem großen Anteil zukunftsorientiert, so ist doch zunächst die Kenntnis der gegenwärtigen Situation erforderlich. Diese Informationen stellt die Finanzbuchhaltung zur Verfügung. Im Rahmen der Bestandsrechnung werden die Veränderungen der Bestände an Vermögen (z.B. Betriebs- und Geschäftsausstattung) und Kapital (z.B. Fremdkapital) einer Unternehmung erfasst und zum Bilanzstichtag nach Art, Menge und Wert festgehalten. Diese Daten werden für unternehmensinterne Zwecke aufbereitet und mithilfe der Bilanzanalyse ausgewertet. Die Gewinn- und Verlustrechnung ermittelt das Ergebnis der unternehmerischen Tätigkeit durch Gegenüberstellung von Erträgen (z.B. Umsatz) und Aufwendungen (z.B. Personalkosten) einer Geschäftsperiode.

Die Kosten- und Leistungsrechnung (KLR) untersucht dann in dem Teilbereich Kostenartenrechnung, welche Kosten entstanden sind. Die Kostenstellenrechnung beschäftigt sich mit der Frage, wo die Kosten entstanden sind. Im Rahmen der Kostenträgerrechnung wird untersucht, wofür die Kosten angefallen sind. Diese Ergebnisse stellen den ersten Schritt der Planungsrechnung dar, deren Aufgabe in der Erstellung von Zielgrößen für zukünftige Geschäftsperioden liegt.

Aufgaben

1. Beschreiben Sie die einzelnen Instrumente des Controllingprozesses.
2. Erläutern Sie die Bedeutung der Finanzbuchführung im Rahmen des Controllingprozesses.

1.3 Rechtsgrundlagen

Situation

Es kommt häufiger vor, dass sich Inhaber insbesondere von kleineren gastgewerblichen Unternehmen diese oder ähnliche Fragen stellen: „Warum muss ich mich eigentlich mit den lästigen Tätigkeiten der Buchführung bzw. deren Vorbereitung für den Steuerberater beschäftigen?“ Und überhaupt, auch mit Fragen der Gewerbeordnung und des Arbeitschutzes hat man sich ständig auseinander zu setzen. „Wer lässt sich das bloß alles einfallen?“ „Viel lieber würde ich meine Zeit nutzen, um neue Gastronomiekonzepte zu entwerfen.”

Die Antwort auf diese Fragen ist ganz einfach, denn für die Beziehungen zwischen Menschen in der Wirtschaft und bei der Ausgestaltung des Rechnungswesens müssen Rahmenbedingungen und staatliche Vorschriften im Handels- und im Steuerrecht beachtet werden, an die sich aus Gründen des Gemeinwohls jeder Gewerbetreibende zu halten hat. Wegen der Differenzierung des Rechts ist es aber oft besser, einen spezialisierten Rechtsanwalt und einen Steuerberater mit diesen Angelegenheiten zu beschäftigen. Auch ein Chef kann schließlich nicht alles wissen. Trotzdem muss der Chef und müssen Fachleute natürlich zumindest die Grundlagen des für sie maßgebenden Rechts kennen.

Mit der einführenden Darlegung der Rechtsgrundlagen des Rechnungswesens bzw. des Controllings wird – gemäß der vorstehenden Situation – die Absicht verfolgt, ein Grundverständnis für die rechtlichen Rahmenbedingungen des Wirtschaftsgeschehens im Gastgewerbe zu wecken.

Auf spezifische rechtliche Regelungen, z.B. im Zusammenhang mit dem Jahresabschluss (s. Kap. 2.3.1), wird in den entsprechenden Lerngebieten noch genauer eingegangen.

Bei der Strukturierung der Rechtsgrundlagen des Rechnungswesens bzw. des Controllings ist zwischen internem und externem Rechnungswesen, zwischen den allgemeinen Handlungen von Menschen als Wirtschaftssubjekten und ihrem Handeln in Unternehmen zu unterscheiden.

Für die wirtschaftliche Praxis kommt außerdem der Unterscheidung von Handels- und Steuerrecht eine besondere Bedeutung zu.

1.3.1 Internes/externes Rechnungswesen

Rechtsgrundlagen des internen Rechnungswesens bzw. des Controllings

Das Controlling, kurz definiert als zielorientierte Planung, Überwachung, Steuerung und Regelung (s.S. 2) greift im Wesentlichen auf Instrumente des internen Rechnungswesens zurück (vgl. Czenskowsky/Schünemann/Zdrowomyslaw 2004, S. 17). Hier sind die Kostenrechnung – in der Regel der Kernbaustein des Controllings –, die Investitionsrechnung, die Betriebsstatistik und die gesamte Planungsrechnung des Unternehmens als Instrumente zu nennen.

Im internen Rechnungswesen werden Mitarbeitern des gastgewerblichen Unternehmens Informationen über das Betriebsgeschehen zugänglich gemacht, die ein hohes Maß an Vertraulichkeit genießen und von daher Externen nicht zur Verfügung stehen. Das interne Rechnungswesen wird dementsprechend frei gestaltet. Es hängt von den Bedürfnissen des gastgewerblichen Betriebes ab, wie es organisiert wird. Wegen dieser freien Gestaltung der zielorientierten Planung, Überwachung, Steuerung und Regelung bzw. des internen Rechnungswesens sind juristische Grundlagen nicht bzw. kaum vorhanden.

Rechtsgrundlagen des externen Rechnungswesens

Dem internen steht das externe Rechnungswesen gegenüber. Die Informationen, die hier erstellt werden, stehen fallweise auch Personen zur Verfügung, die nicht dem Unternehmen angehören. Dies können Mitarbeiter von Banken, des Finanzamtes, ein privater Kapitalgeber und andere Personen bzw. Institutionen und andere sein. Aufgrund dieses Bezuges zur Öffentlichkeit wird auch vom externen Rechnungswesen gesprochen.

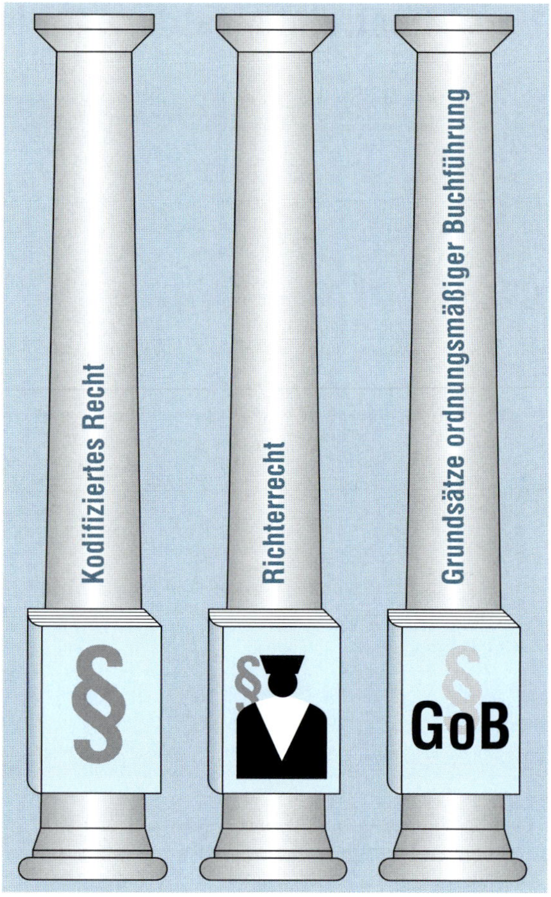

Die Rechtsgrundlagen, nach denen das externe Rechnungswesen zu gestalten ist, gründen in Deutschland auf drei Säulen:

- Kodifiziertes Recht: Hierzu gehören alle Gesetze, deren Teile und Verordnungen sich mit der Rechnungslegung beschäftigen (z.B. Handelsgesetzbuch und Abgabenordnung).
- Richterrecht: Hier handelt es sich um die Rechtsprechung, d.h. die Urteile und Entscheidungen mit Bedeutung für das Rechnungswesen (z.B. des obersten deutschen steuerlichen Gerichtes, des Bundesfinanzhofes *[BFH]*).
- Grundsätze ordnungsmäßiger Buchführung (GoB): Diese werden zwar in Gesetzen erwähnt, aber im kodifizierten Recht nicht abschließend konkretisiert (vgl. Heinhold 2007, S. 31; Zdrowomyslaw 2001, S. 81). Es handelt sich also um einen unbestimmten Rechtsbegriff, z.B. Wahrheit und Klarheit, auf den im Folgenden (S. 7 und Kap. 2.3) noch näher eingegangen wird.

Die auf diesen drei Säulen basierende Rechtssystematik ist der nachstehenden Abbildung zu entnehmen, die die Rechtssystematik des Rechnungswesens darstellt:

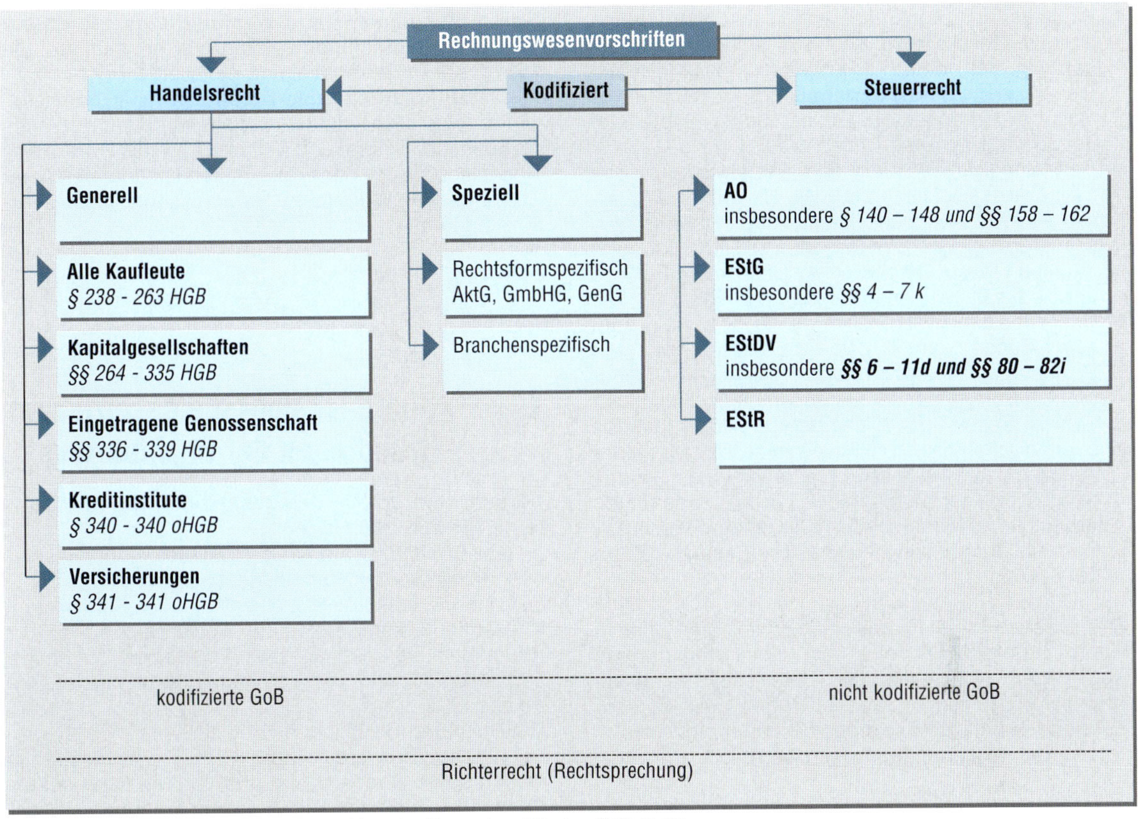

(vgl. Zdrowomyslaw, N.: Jahresabschluss und Jahresabschlussanalyse, München 2001, S. 81)

Darüber hinaus wird zwischen Privatrecht und öffentlichem Recht unterschieden. Das Privatrecht hat die Rechtsbeziehungen der Menschen untereinander, d.h. ihre Rechte, Pflichten, Freiheiten und Risiken im Verhältnis untereinander, zum Gegenstand. Es bildet den Rahmen für den Güteraustausch in einer Marktwirtschaft und ist von daher für alle Unternehmen, natürlich auch für gastgewerbliche Betriebe, von Interesse. Das öffentliche Recht hingegen regelt das Handeln des Staates.

1.3.2 Rechtliche Regelungen für das Handeln

Rechtliche Regelungen zwischen den Wirtschaftssubjekten

Die wichtigsten Gesetze, die das Handeln der in der Wirtschaft tätigen Menschen regeln, sind:

- ▶ das Bürgerliche Gesetzbuch (*BGB*) als Basis der Beziehungen zwischen den Wirtschaftssubjekten,
- ▶ das Handelsgesetzbuch *(HGB)* als „Bibel" für alle Kaufleute,
- ▶ das Gesetz gegen den unlauteren Wettbewerb *(UWG)* zum Schutz vor unredlichen Aktivitäten einzelner Marktteilnehmer,
- ▶ das Gesetz zur Regelung des Rechts der Allgemeinen Geschäftsbedingungen soll Missbräuche der allgemeinen Geschäftsbedingungen *(AGB)* verhindern,
- ▶ die Gewerbeordnung als „Grundgesetz des Gewerberechts" und
- ▶ die Handwerksordnung als Spezialgesetz der Gewerbeordnung zur Regelung des Handwerksbereichs, wozu offiziell auch das Gastgewerbe gehört, z.B. durch die Festlegung der Zugangsvoraussetzungen in Form der Meisterprüfung (vgl. Botta 1998, S. 6 f.).

Diese Ordnungen und Gesetze stellen allgemein gültige Regeln für das Handeln der Menschen in der Wirtschaft auf.

Rechtliche Regelungen für das Handeln im Unternehmen

Auch das Handeln von Menschen in einem gastronomischen Betrieb unterliegt gesetzlichen Regelungen, die sich auf interne Sachverhalte, z.B. das Rechnungswesen oder beispielsweise im Unternehmen geschlossene Arbeitsverträge, beziehen.

- ▶ Da das *BGB* die Grundlage für den Rechtsverkehr zwischen den Menschen darstellt, gilt es auch in einem Unternehmen.
- ▶ Das *HGB* ist im Betrieb z.B. im Bereich des Gesellschaftsrechts und insbesondere mit Blick auf die zu führenden Handelsbücher mit den Vorschriften für Inventur, Inventar, Jahresabschluss und Bewertung maßgebend.

- Wichtig für das konkrete Handeln im Unternehmen ist das Gesellschaftsrecht mit seinen Einzelgesetzen, z.B. dem Aktiengesetz, dem GmbH-Gesetz, dem Genossenschaftsgesetz, welche die Rechtsbeziehungen der Gesellschafter untereinander sowie gegenüber Dritten regeln.
- Bedeutungsvoll ist auch das Steuerrecht mit seinen Einzelgesetzen, z.B. das Einkommensteuergesetz, die Abgabenordnung oder das Körperschaftssteuergesetz. Insbesondere die zwei erstgenannten Gesetze haben einen erheblichen Einfluss auf die Gestaltung des Rechnungswesens.
- Das Arbeitsrecht enthält eine Vielzahl von Einzelregelungen. Inhalt des Arbeitsrechts sind die Beziehungen des Arbeitnehmers zum Arbeitgeber sowie die Beziehungen der Zusammenschlüsse der beiden Seiten. Ein einheitliches „Arbeitsgesetzbuch" existiert bisher nicht. Wichtige Einzelregelungen sind beispielsweise: „Lohnfortzahlungs-, Kündigungsschutz-, Bundesurlaubs-, Arbeitsförderungs-, Arbeitszeit-, Mutterschutz-, Jugendarbeitschutz-, Berufsbildungs- und Tarifvertraggesetz" (Botta 1998, S. 8).

Wie zu sehen ist, gilt für das Handeln des Menschen in einem Unternehmen ebenfalls eine Vielzahl von Regelungen. Neben der Möglichkeit, sich selber zu informieren, können in Zweifelsfragen deshalb spezialisierte Rechtsanwälte oder Steuerberater konsultiert werden (vgl. Einführungssituation).

1.3.3 Handels- und Steuerrecht

Das *HGB* enthält die allgemein gültigen handelsrechtlichen Rechnungslegungsvorschriften. Es stellt für diesen Bereich heute die zentrale Rechtsquelle dar. Die Vorschriften zur Rechnungslegung wurden im Zusammenhang mit der Harmonisierung innerhalb der Europäischen Gemeinschaft grundlegend überarbeitet. Am Rande sei angemerkt, dass sich international tätige Unternehmen sogar zunehmend an International Accounting Standards (IAS, zu deutsch: Internationale Rechnungslegungsstandards) und den United States Generally Accepted Accounting Principles (US-GAAP, übersetzt: Allgemein akzeptierte Rechnungslegungsprinzipien der USA) orientieren (vgl. Müller 2004). Wegen des Grundsatzes der Maßgeblichkeit der Handels- für die Steuerbilanz sind für die steuerrechtliche Bilanzierung zugleich auch alle handelsrechtlichen Vorschriften von Bedeutung.

Dies gilt aber auch umgekehrt. „Da steuerliche Wahlrechte bei der Gewinnermittlung in Übereinstimmung mit der handelsrechtlichen Jahresbilanz auszuüben sind *(§ 5 Abs. 1, S. 2 EStG)*, finden bilanzsteuerliche Rechtsvorschriften auch handelsrechtliche Beachtung" (Heinhold 1996, S. 38).
Die Rechtsquellen des Steuerrechts sind vor allem:

- Das **Einkommensteuergesetz** *(EStG)*: Hier sind besonders die §§ 4 bis 7 von Bedeutung, die den steuerlichen Gewinnbegriff, die Bewertung und die Absetzung für Abnutzung beinhalten.
- Die **Einkommensteuerdurchführungsverordnung** *(EStDV)*: Sie enthält verbindliche Regelungen, die von der Finanzverwaltung erlassen wurden.
- Die **Einkommensteuerrichtlinien** *(EStR)*: Sie stellen eigentlich nur Verwaltungsanordnungen des Bundesministers der Finanzen für die Finanzverwaltung dar. In der Praxis haben sie aber den Charakter von allgemein verbindlichen Rechtsvorschriften.

1.3.4 Überblick über die gesetzlichen Grundlagen der Buchführung

Vorschriften im Handelsgesetzbuch für alle Kaufleute *(§§ 238-245 HGB)*
§1 Abs. 1 HGB: „Kaufmann im Sinne dieses Gesetzbuches ist, wer ein Handelsgewerbe betreibt."
Das im Handelsgesetzbuch festgelegte Sonderrecht für Kaufleute kommt stets zur Anwendung, wenn ein Kaufmann tätig wird. Gastwirte betreiben Warenumsatzgeschäfte und sind somit stets Kaufleute im Sinne des HGB.
Die Buchführungspflicht nach *§ 238 Abs. 1 HGB:* „Jeder Kaufmann ist verpflichtet, Bücher zu führen und in diesen seine Handelsgeschäfte und die Lage seines Vermögens nach den Grundsätzen ordnungsmäßiger Buchführung ersichtlich zu machen. Die Buchführung muss so beschaffen sein, dass sie einem sachverständigen Dritten innerhalb angemessener Zeit einen Überblick über die Geschäftsvorfälle und über die Lage des Unternehmens vermitteln kann. Die Geschäftsvorfälle müssen sich in ihrer Entstehung und Ab-wicklung verfolgen lassen."
Das *HGB* gilt als die wichtigste Rechtsquelle im Hinblick auf die Buchführungspflichten der Kaufleute.

Vorschriften der Abgabenordnung für Buchführungspflichtige *(§§ 140 f. AO)*
Viele Gastwirte sind so genannte Kleingewerbetreibende, die keine Handelsbücher führen müssen. Sie ermitteln ihren Gewinn als Überschuss der Betriebseinnahmen über die Betriebsausgaben (Einnahmen-Ausgabenrechnung).
Eine Verpflichtung zur Buchführung und zur Bilanzierung ergibt sich für Gastwirte immer dann, wenn sie einen Gewerbebetrieb führen (Ist-Kaufleute). Lediglich kleinere Gewerbebetriebe können aus dieser Regelung herausfallen, wenn sie nach Art und Umfang keinen kaufmännischen Geschäftsbetrieb erfordern. Wenn das der Fall ist, kann nur anhand des Gesamtbildes des Unternehmens beurteilt werden, z. B. nur ein Angestellter und wenig Umsatz.

Die folgende Darstellung gibt einen abschließenden Überblick über die gewerbliche Tätigkeit und die Buchführungspflichten:

Eine Personen/mehrere Personen sind gewerblich tätig			
„groß" i.S.d. *HGB*		„klein" i.S.d. *HGB*	
Eintragung in das Handelsregister ist erfolgt als Einzelunternehmen oder OHG/KG oder Kapitalgesellschaft	keine Eintragung in das Handelsregister	freiwillige Eintragung in das Handelsregister als EU oder OHG/KG	keine Eintragung in das Handelsregister, aber Grenzen nach *§ 141 AO* überschritten

Handelsrechtliche Buchführungspflicht	keine Handelsrechtliche Buchführungpflicht
steuerrechtliche Buchführungspflicht in der Form der „abgeleitetenden" Pflicht nach § 140 AO	„orginäre" steuerrechtliche Buchführungspflicht nach § 141 AO

(vgl. Müller, Ursula: Finanzbuchhaltung. Vom Geschäftsvorfall bis zum Jahresabschluss, Herne und Berlin 2004, S. 218)

Die Verpflichtung zur Führung von Büchern wegen Überschreitens einer der genannten Größen ist erst dann zu beachten, wenn die Finanzbehörde auf den Beginn dieser Verpflichtung hingewiesen hat.

Mindestanforderungen stellen die Abgabenordnung *(AO)*, das Umsatzsteuergesetz *(UStG)* und das Einkommensteuergesetz *(EStG)* an alle Gewerbetreibenden. Dazu zählen für das Gastgewerbe u.a.:

- Aufzeichnungen des Wareneingangs und Warenausgangs *(§§ 143 f. AO)*,
- Aufzeichnungen zur Feststellung der Umsätze des Unternehmers und der abziehbaren Vorsteuern *(§ 22 UStG, §§ 63 ff. UstDV)*,
- Aufzeichnungspflichten beim Lohnsteuerabzug *(§ 41 EStG)*,
- tägliche Erfassung der Kasseneinnahmen und -ausgaben (§ 146 AO).

Weitere Rechtsvorschriften

Die allgemeinen Vorschriften zur Buchführung werden durch Einzelbestimmungen in den folgenden Gesetzen ergänzt:

Handelsgesetzbuch

- *§§ 246-263 HGB* für alle Buchführungspflichtigen
- *§§ 264-339 HGB* für Kapitalgesellschaften und Genossenschaften
- Aktiengesetz *(AktG)* als Spezialgesetz für Aktiengesellschaften
- Gesetz betreffend die Gesellschaften mit beschränkter Haftung *(GmbHG)* als Spezialgesetz für alle GmbHs
- Genossenschaftsgesetz *(GenG)* als Spezialgesetz für Genossenschaften
- Einkommen-, Körperschaft-, Umsatz- und Gewerbesteuergesetz

Grundsätze ordnungsmäßiger Buchführung *(GoB)*

Mit diesem Begriff werden formale und inhaltliche Regeln umschrieben, die im Rahmen der Buchführung zu beachten sind. Vor allem muss die Buchführung so beschaffen sein, dass sie einem sachverständigen Dritten innerhalb angemessener Zeit einen Überblick über die Geschäftsvorfälle und über die Vermögenslage vermitteln kann. Die Geschäftsvorfälle müssen sich in ihrer Entstehung und Abwicklung verfolgen lassen *(§ 238 HGB, § 140 AO)*.

Die wichtigen Grundsätze sind verschiedenen Gesetzen zu entnehmen (s. Kap. 2.3).

Verstöße gegen gesetzliche Bestimmungen

Formelle Mängel

Sind formelle Mängel (z.B. Kasseneinnahmen und -ausgaben werden nicht täglich festgehalten, Belege werden nicht in einer sinnvollen Ordnung aufbewahrt) so schwerwiegend, dass sie das sachliche Ergebnis beeinflussen (z.B. zahlreiche und auffallend hohe Kassenfehlbeträge; unvollständige Aufbewahrung von Belegen), dann kann dieser Buchführung das Merkmal der Ordnungsmäßigkeit abgesprochen werden, was in aller Regel zu einer Verwerfung führt.

Materielle Mängel

Sie beeinträchtigen die Vollständigkeit und Richtigkeit der Buchführung (z.B. Geschäftsfälle wurden nicht oder falsch gebucht; ein Teil des Warenbestandes fehlt in der Bilanz), sodass die Vermögenslage nicht mehr richtig ausgewiesen wird. Sind diese Mängel so schwerwiegend, dass sie sich durch eine Ergänzungsschätzung nicht beheben lassen, so muss unter Verwendung von Buchungsunterlagen eine Vollschätzung (Umsatz- und Gewinnschätzung) erfolgen. Auch eine solche Buchführung gilt als nicht ordnungsmäßig.

Rechtliche Folgen formeller bzw. materieller Mängel

Verliert die Buchführung die Ordnungsmäßigkeit, können Steuervergünstigungen nicht gewährt werden. Verstöße gegen die Buchführungspflicht und die Grundsätze ordnungsgemäßer Buchführung können mit Geldstrafen und/oder Freiheitsstrafen geahndet werden.

Aufgaben

1. Wie lauten die Kriterien der Abgabenordnung für Betriebe „über das Kleingewerbe hinausgehend"?
2. Welche Möglichkeiten des Büchersatzes erlauben die *GoB*?
3. Welche Aufgaben erfüllt das Kassenbuch im Rahmen des *GoB*?
4. Wann verliert die Buchführung das Merkmal der Ordnungsmäßigkeit?
5. Nennen Sie drei mögliche Folgen des Verlustes der Ordnungsmäßigkeit für das betroffene Unternehmen.

2 Datenerfassung

2.1 Grundlagen der Buchführung

Situation

Ralf Neumann ist Inhaber des Hotel-Restaurants Bergstatter Hof. Das efeuumrankte und von Rosenbeeten eingerahmte Hotel gleicht eher einem verwunschenen Schloss als einem Wirtschaftsunternehmen. Die Gäste, in der Mehrzahl Familien mit Kindern, fühlen sich hier wohl. Das freundliche und hilfsbereite Personal ist bestrebt, den Gästen deren Wünsche von den Augen abzulesen, und so sind diese gerne bereit, die nicht gerade niedrigen Preise zu bezahlen.
Die Gäste sollen und können nicht erkennen, dass hinter dieser Idylle ein modernes unternehmerisches Konzept steht. Ralf Neumann sieht sich als Unternehmer und als solcher hat er auch Prinzipien. Er handelt nach ökonomischen Gesichtspunkten, wobei jedoch alle Entscheidungen sich am Wohl des Gastes und an der Qualität der Leistung orientieren. Nur so gelingt es ihm auch, ein angemessenes Preis-Leistungs-Verhältnis zu halten, das dem Unternehmen nicht nur gegenwärtig, sondern auch zukünftig ein erfolgreiches Bestehen im Wettbewerb sichert.
Als geborener „Gastwirt" verfügt er zwar über das gegenüber Gästen erforderliche Fingerspitzengefühl, seine unternehmerischen Entscheidungen trifft er jedoch auf der Basis des vom betrieblichen Rechnungswesen bereitgestellten Zahlenmaterials.

2.1.1 Einführung in das betriebliche Rechnungswesen

Mithilfe des betrieblichen Rechnungswesens ermittelt, verarbeitet und speichert der Hotelier und Gastronom Neumann Informationen über wirtschaftliche und rechtliche Vorgänge seines Betriebes. Dabei sind vier Teilbereiche relevant:

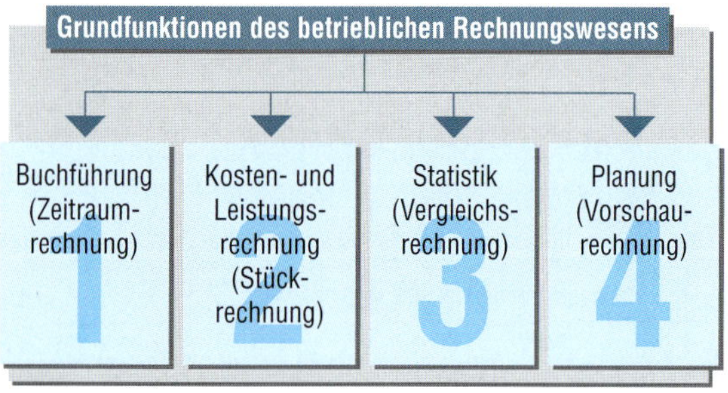

Mit der Buchführung führt der Unternehmer eine Zeitraumrechnung durch. Er erfasst die Vermögens- und Kapitalbestände seines Unternehmens und deren Veränderung zum Zwecke der Ermittlung des Erfolgs eines Rechnungszeitraums (z. B. Monat, Jahr). Kapital und Vermögen werden nach Art, Menge und Wert aufgezeichnet. Der vom Hotelier/Gastronom ermittelte Erfolg kann Gewinn oder Verlust sein.

Die Kosten- und Leistungsrechnung ist eine Stück- bzw. Leistungseinheitsrechnung. Neumann erfasst mit der Kostenrechnung den in Geld bewerteten Gütereinsatz zur Herstellung von Produkten und zur Bereitstellung von Waren und Dienstleistungen. Außerdem ermittelt der Hotelier/Gastronom mit der Kostenrechnung die Selbstkosten der hergestellten Produkte bzw. der Leistungseinheit. Die Leistungsrechnung hat die Aufgabe, die betrieblichen Leistungen, gemessen an den Umsatzerlösen, Bestandsveränderungen und innerbetrieblichen Eigenleistungen zu erfassen und sie den Kosten gegenüberzustellen.

Mithilfe der Statistik führt Neumann eine Vergleichsrechnung durch. Sie besteht in der zahlenmäßigen Erfassung von wiederkehrenden Vorgängen (z. B. Auftragseingänge, Zahlungsströme, Umsätze, Laufzeiten von Maschinen). Als Quelle der Statistik dient die Buchführung mit ihren Belegen und Erhebungen durch unmittelbare Mengenfeststellung durch Zählungen. Der Unternehmer führt mithilfe von Kennzahlen (z. B. Warenumsatz) einen Zeitvergleich mit früheren Perioden oder einen Betriebsvergleich mit anderen Unternehmen aus dem Hotel- und Gaststättengewerbe durch.

Unter Planung versteht der Unternehmer eine Vorschaurechnung. Sie ist eine zukunftsorientierte Rechnung und besteht in der Aufstellung und Vorgabe von Sollzahlen, die er mit den tatsächlich erzielten Istzahlen abgleicht.

Aufgaben

1. Welche Bereiche des Rechnungswesens werden in den folgenden Beispielen angesprochen?
   a) Ein Lieferwagen wird auf Ziel (Zahlungsziel 3 Monate) gekauft
   b) Gegenüberstellung der Aufwendungen und Erlöse in der Gewinn- und-Verlust-Rechnung
   c) Geschäftsvorfall: Lohnzahlung per Banküberweisung: 5 900,00 €
   d) Ermittlung der Selbstkosten für Küchen- und Kellerleistungen
   e) Festlegung der Soll-Zahlen für das kommende Geschäftsjahr

Fortsetzung nächste Seite

Aufgaben (Fortsetzung von Vorseite)

2. Welche Bereiche des Rechnungswesens erfüllen folgende Funktionen?
   a) Erstellung der Vermögens- und Erfolgsrechnung
   b) Kalkulation und Betriebsergebnisrechnung
   c) Vergleichsrechnung
   d) Vorschaurechnung

3. Ein Unternehmer benötigt eine Vielzahl von Informationen, um beispielsweise folgende Fragen beantworten zu können:
   a) Ist die Höhe des Eigenkapitals ausreichend?
   b) Sind genügend Vermögenswerte vorhanden, um einen beantragten Investitionskredit zu bekommen?
   c) Entspricht der Wareneinsatz in % vom Umsatz der Zielsetzung?
   d) Welches Betriebsergebnis wurde erzielt?
   e) Wie schneidet der Betrieb ab im Vergleich mit anderen Unternehmen der Branche?
   f) Wie hoch ist der Selbstkostenpreis für mein eigenes Angebot?
   g) Welcher Gewinn wurde erwirtschaftet?

   Welcher Teil des Rechnungswesens gibt Auskunft?

2.1.2 Aufgaben des betrieblichen Rechnungswesens

1. Ermittlung von Vergangenheitsinformationen für Zwecke der Rechenschaftslegung (Dokumentation)
2. Ermittlung von Prognoseinformationen zur Unterstützung der betrieblichen Planung (Entscheidungsvorbereitung)
3. Ermittlung von Informationen über Soll-Ist-Abweichungen (Überwachung, Kontrolle)
4. Steuerung fremden Verhaltens in Richtung auf Unternehmensziele (Steuerung, Lenkung)

Die im betrieblichen Rechnungswesen vorhandenen Informationen stellen für den Unternehmer im Hotel- und Gaststättenwesen eine fundierte Basis für betriebswirtschaftliche Entscheidungen (z. B. Investitionen) dar und zeigen bei Abweichungen der Unternehmensführung frühzeitig Handlungsbedarf an. Außerdem dient es mit seiner Informationsfunktion dem Unternehmer auch als Entscheidungsgrundlage und Frühwarnsystem. Es liefert aber auch Informationen an die Außenwelt (Lieferanten, Kunden, Banken, Kapitalgeber). Große Kapitalgesellschaften, z. B. Aktiengesellschaften, sind laut *HGB* verpflichtet, ihre Bilanzen, Gewinn- und Verlustrechnungen, Anhänge und Lageberichte bekanntzumachen und die Unterlagen beim Handelsregister einzureichen.

Weiter informiert das betriebliche Rechnungswesen über wesentliche Besteuerungsgrundlagen wie z. B. Umsatz und Gewinn. Das Finanzamt prüft nach, ob die in den Steuererklärungen vom Unternehmer Neumann angegebenen Besteuerungsgrundlagen korrekt sind. Bei einer Prüfung wird mithilfe des betrieblichen Rechnungswesens festgestellt, ob die Steuern vom Hotelier und Gastronomen in der gesetzlich geschuldeten Höhe entrichtet wurden.

2.1.3 Buchführung als Teilbereich des betrieblichen Rechnungswesens

Situation

Zu Beginn seiner Karriere als Chef des Hotel-Restaurants Bergstatter Hof brachte Ralf Neumann unternehmerisches Talent und fachliches Wissen mit, über seine Pflichten hinsichtlich der Buchführung musste er sich jedoch erst gründlich informieren. Außerdem wollten die Kreditinstitute, die er zur Finanzierung des Unternehmens benötigte, nicht nur ein Unternehmenskonzept, sondern auch Auskunft über den Stand des Vermögens und der Schulden.

Die wirtschaftlichen Vorgänge, die das betriebliche Rechnungswesen umfasst, verändern ständig Vermögen und Schulden des Unternehmens Hotel-Restaurant Bergstatter Hof durch

- Einkäufe,
- Lagerungen,
- Nutzung und Verbrauch von Gebäuden, Maschinen, Roh-, Hilfs- und Betriebsstoffen,
- Inanspruchnahme von Dienstleistungen und
- Verkäufe.

Diese Vorgänge bezeichnet man als Geschäftsvorfälle. In der Buchführung erfasst der Unternehmer Neumann die Geschäftsvorfälle mit ihrem Geldwert planmäßig, lückenlos und ordnungsgemäß mithilfe von Belegen.

Aufgaben der Buchführung

Die Buchführung dient:

1. der Selbstinformation des Unternehmers,
2. der Rechenschaftslegung gegenüber den Gesellschaftern,
3. dem Nachweis der Besteuerungsgrundlagen,
4. dem Gläubigerschutz und
5. als Beweismittel.

Anhand der Buchführung kann sich der Unternehmer Neumann darüber informieren,

- wie sich sein Vermögen und seine Schulden zusammensetzen und verändern,

- welchen Gewinn oder Verlust er innerhalb eines Zeitraums erwirtschaftet hat,
- welche Aufwendungen und Erträge seinen Erfolg (Gewinn oder Verlust) im Einzelnen nach Art und Höhe beeinflusst haben und
- wie hoch seine Privatentnahmen sind.

Als Einzelunternehmer ist Neumann mitunter nicht in der Lage, das erforderliche Eigenkapital allein aufzubringen. Andere beteiligen sich an dem Unternehmen, das dann in Form einer Gesellschaft betrieben wird. Verwaltet Neumann fremdes Kapital, schuldet er dem Kapitalgeber Rechenschaft. Grundlage der Rechenschaftslegung ist die Buchführung.
Wesentliche Besteuerungsgrundlagen ergeben sich aus der Buchführung (z. B. Umsatz und Gewinn). Bei einer Prüfung durch das Finanzamt dient die Buchführung als Kontrollmittel. Mit ihrer Hilfe wird festgestellt, ob die Steuern in der gesetzlich geschuldeten Höhe entrichtet wurden.
Die Buchführung dient sowohl direkt als auch indirekt dem **Gläubigerschutz**. Der **direkte Gläubigerschutz** besteht z. B. darin, dass sich eine Bank anhand geprüfter Buchführungsdaten vor der Gewährung eines Kredites ein Urteil über die Kreditwürdigkeit des Unternehmers Neumann bildet und sich während der Laufzeit des Kredites Kenntnisse über dessen wirtschaftliche Lage verschafft. **Indirekt dient die Buchführung dem Gläubigerschutz**, wenn sie den Unternehmer Neumann davor bewahrt, die eigene wirtschaftliche Lage falsch einzuschätzen und falsche Unternehmensentscheidungen zu treffen.
Außerdem können Handelsbücher in einem Prozess als Beweismittel dienen. Das Gericht kann die Vorlegung der Handelsbücher anordnen *(§ 258 Abs. 1 HGB)*.

Aufgaben

1. Wie nennt man in der Buchführung das Ergebnis einer Zeitpunktrechnung bzw. Zeitraumrechnung?
2. Welche Aufzeichnung gibt Auskunft über
   a) die Vermögenslage?
   b) die Ertragslage?
3. Welche Vermögensänderungen werden durch die folgenden Geschäftsvorfälle verursacht (Art bzw. Höhe des Vermögens)?
   a) Verbrauch von Lebensmitteln durch die Küche (betrifft Positionen Lebensmittelvorräte und Lebensmittelkosten).
   b) Kauf eines Tellerwärmers, Bezahlung erfolgt durch Banküberweisung (betrifft Positionen Betriebs- und Geschäftsausstattung und Bank).
   c) Verbindlichkeiten aus Lieferungen und Leistungen (VaLL) werden per Scheck beglichen (betrifft Positionen Bank und VaLL).
   d) Ein Bankett wird dem Gast in Rechnung gestellt, der dadurch bedingte Vermögenszuwachs stellt eine Forderung aus Lieferungen und Leistungen (FaLL) dar.
   e) Der Bankettkunde bezahlt die im Fall d) angeführte Rechnung durch Banküberweisung.

Aufgaben

4. Was versteht man unter „Buchführung" (Definition)?
5. Welche Aufgabe erfüllt die Buchführung hinsichtlich staatlicher Interessen am Unternehmen?
6. Welche Aufgabe hat die Buchführung im Zusammenhang mit einem erforderlichen Investitionskredit?
7. Welche Bedeutung hat die Buchführung hinsichtlich der Preisgestaltung?
8. Die Buchführung ist auch ein Führungsinstrument der Geschäftsführung. Welche Bedeutung haben in diesem Zusammenhang der interne und externe Betriebsvergleich?

2.1.4 Inventur und Inventar

Situation

Ralf Neumann hat einen historischen Bauernhof erworben und daraus das Hotel-Restaurant Bergstatter Hof gemacht. Zu Beginn der Geschäftstätigkeit des Unternehmens sollen Vermögen, Schulden und Eigenkapital festgestellt werden.
§ 240 HGB: „(1) Jeder Kaufmann hat zu Beginn seines Handelsgewerbes seine Grundstücke, seine Forderungen und Schulden, den Betrag seines baren Geldes sowie seine sonstigen Vermögensgegenstände genau zu verzeichnen und dabei den Wert der einzelnen Vermögensgegenstände und Schulden anzugeben. (2) Er hat demnächst für den Schluss eines jeden Geschäftsjahres ein solches Inventar aufzustellen. Die Dauer des Geschäftsjahres darf zwölf Monate nicht überschreiten ..."

Inventur

Durch die Inventur erfasst der Hotelier und Gastronom Neumann alle Vermögensgegenstände (z. B. Grundstücke, Waren, Forderungen aus Lieferungen und Leistungen) und alle Schulden (z. B. Schulden aus Lieferungen und Leistungen, Schulden gegenüber Banken) mengenmäßig und wertmäßig. Somit ist die Inventur eine mengen- und wertmäßige Bestandsaufnahme aller Vermögensgegenstände und Schulden. Führt Neumann eine vorgeschriebene Inventur nicht durch, ist die Buchführung nicht ordnungsgemäß. Nach der Art der Durchführung unterscheidet man

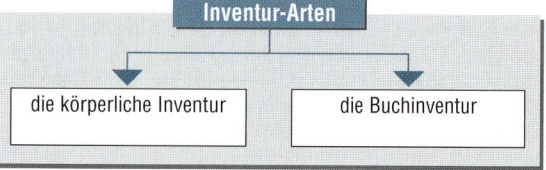

Inventur-Arten

- die körperliche Inventur
- die Buchinventur

Bei der **körperlichen Inventur** nimmt der Hotelier und Gastronom Neumann die körperlichen Gegenstände wie z. B. Rohstoffe und Waren durch Zählen, Messen, Wiegen und Bewerten auf. Auf eine jährliche körperliche Bestandsaufnahme der beweglichen Gegenstände des Anlagevermögens, z. B. Kraftfahrzeuge und Maschinen, kann er verzichten, wenn jeder Zugang und Abgang dieser Gegenstände laufend in ein Bestandsverzeichnis (Anlagenverzeichnis) eingetragen wird und aufgrund dieses Verzeichnisses die am Bilanzstichtag vorhandenen Gegenstände ohne Weiteres ermittelt werden können. Dieses Verzeichnis kann auch in Form einer Anlagenkartei geführt werden.

Nicht alle Vermögensgegenstände und Schulden lassen sich durch eine körperliche Inventur erfassen. Den Wert der körperlich nicht erfassbaren Wirtschaftsgüter ermittelt Neumann durch eine **Buchinventur**. Bei der Buchinventur nimmt er die Vermögensgegenstände und Schulden (= Wirtschaftsgüter), z. B. Forderungen und Verbindlichkeiten, mithilfe von Belegen und buchhalterischen Aufzeichnungen auf.

Ein weiteres Kriterium zur Unterteilung der Inventurverfahren ist der Zeitpunkt der körperlichen Bestandsaufnahme. Danach unterscheidet man **vier Inventurverfahren**:

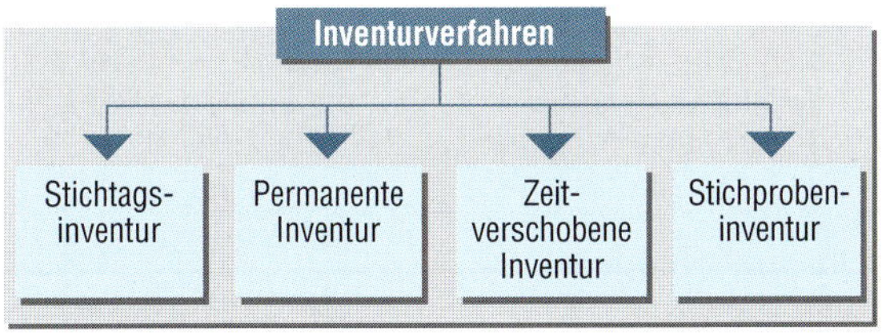

Stichtagsinventur
Die als Stichtagsinventur bezeichnete körperliche Bestandsaufnahme für den Bilanzstichtag, z. B. 31.12., ist das herkömmliche Inventurverfahren. Es ist das sicherste Verfahren und wird überall dort angewendet, wo es wirtschaftlich geboten und wegen Fehlens geeigneter buchmäßiger Unterlagen notwendig ist.

Die Inventur für den Bilanzstichtag muss nicht am Bilanzstichtag vorgenommen werden. Sie muss aber zeitnah erfolgen, in der Regel innerhalb einer Frist von zehn Tagen vor oder nach dem Bilanzstichtag. Dabei muss der Unternehmer sicherstellen, dass die Bestandsveränderungen zwischen dem Bilanzstichtag und dem Tag der Bestandsaufnahme anhand von Belegen oder Aufzeichnungen ordnungsgemäß berücksichtigt werden.

Permanente Inventur
Bei der permanenten Inventur des Vorratsvermögens stellt Neumann die Bestände ganz oder teilweise nach Art und Menge zum Abschlussstichtag anhand von Lagerkarteien oder Lagerbüchern fest. Folgende Voraussetzungen müssen jedoch erfüllt sein:

1. In den Lagerkarteien bzw. -büchern müssen alle Bestände und alle Zu- und Abgänge einzeln nach Tag, Art und Menge eingetragen sein.
2. In jedem Geschäftsjahr muss der Unternehmer mindestens einmal durch körperliche Bestandsaufnahme prüfen, ob das Vorratsvermögen, das in den Lagerkarteien bzw. -büchern ausgewiesen wird, mit den tatsächlich vorhandenen Beständen übereinstimmt.
3. Über die Durchführung und das Ergebnis der körperlichen Bestandsaufnahme muss der Hotelier Aufzeichnungen (Protokolle) anfertigen, die unter Angabe des Zeitpunkts der Aufnahme von den aufnehmenden Personen zu unterzeichnen sind.

Der Vorteil der permanenten Inventur besteht darin, dass sich die körperliche Bestandsaufnahme nicht auf den Abschlussstichtag konzentriert, sondern sich über das ganze Jahr verteilen lässt.

Zeitverschobene Inventur
Eine Erleichterung für das Hotel-Restaurant Bergstatter Hof ist die zeitverschobene Inventur. Bei ihr wird der Bestand innerhalb der letzten drei Monate vor oder der ersten zwei Monate nach dem Abschlussstichtag festgestellt. Der sich ergebende Gesamtwert des Bestandes wird dann wertmäßig, nicht mengenmäßig auf den Abschlussstichtag fortgeschrieben bzw. zurückgeschrieben.

Die Formel für die Fortschreibung des Warenbestands lautet:

	Wert des Warenbestands am Inventurstichtag, z. B. 15.11.
+	Wert des Wareneingangs in der Zeit vom Inventurstichtag bis zum Abschlussstichtag, z. B. 15.11. bis 31.12.
-	Wert der verkauften Waren, bewertet zum Einstandspreis (= Wareneinsatz) im selben Zeitraum
=	Wert des Warenbestands am Abschlussstichtag, z. B. 31.12.

Die Formel für die Rückrechnung des Warenbestands lautet:

	Wert des Warenbestands am Inventurstichtag, z. B. 15.02.
-	Wert des Wareneingangs in der Zeit nach Abschlussstichtag bis zum Inventurstichtag, z. B. 01.01. bis 15.02.
+	Wert der verkauften Waren, bewertet zum Einstandspreis (= Wareneinsatz) im selben Zeitraum
=	Wert des Warenbestands am Abschlussstichtag, z. B. 31.12.

Der Unterschied zur permanenten Inventur besteht darin, dass der Unternehmer die Bestandsveränderungen zwischen Inventurstichtag und Abschlussstichtag nicht im Einzelnen nach Art und Menge aufzeichnet, sondern den Gesamtwert der Veränderungen erfasst und zum Inventurbestand hinzurechnet bzw. davon abzieht.

Stichprobeninventur
Unter bestimmten Voraussetzungen ist die Stichprobeninventur als Methode der Bestandsaufnahme für den Hotelier gesetzlich zugelassen *(§ 241 Abs.1 HGB)*. Nach dieser Methode darf er bei der Inventur den Bestand der Vermögensgegenstände nach Art, Menge und Wert auch mithilfe anerkannter mathematisch statistischer Methoden mit Stichproben ermitteln.

Der Aussagewert des auf diese Weise aufgestellten Inventars muss dem Aussagewert eines aufgrund einer körperlichen Bestandsaufnahme aufgestellten Inventars gleichkommen.

Kennzeichen einer Stichprobeninventur ist, dass nicht alle Lagerbestände aufgenommen werden. Nur ein Teil der Vorräte wird körperlich aufgenommen.

Mit dieser Stichprobe trifft Neumann Aussagen über den Inventurwert des gesamten Vorratsvermögens.

Inventurdurchführung

Die Durchführung der Inventur bedarf einer sorgfältigen Planung und Vorbereitung, damit Neumann gewährleisten kann, dass sowohl alle Bestände vollständig und korrekt erfasst als auch Doppelaufnahmen ausgeschlossen werden.

Deshalb händigt der Unternehmer den mit der Bestandsaufnahme betrauten Mitarbeitern schriftliche Inventurrichtlinien aus, aus denen u. a. die einzelnen Aufnahmebereiche, die dafür Verantwortlichen, die Aufnahmeverfahren, die Aufnahmezeiten und die Aufnahmekontrollen zu ersehen sind.

Inventar

Vermögensgegenstände und Schulden, die durch Inventur festgestellt wurden, werden nach Art, Menge und Wert in einem Verzeichnis, dem Inventar, aufgeführt. In das Inventar sind grundsätzlich alle Vermögensgegenstände und Schulden aufzunehmen.

Die Werte aller Vermögensgegenstände werden addiert. Die Differenz zwischen der Summe des Vermögens und der Summe der Schulden ergibt das Reinvermögen (= Eigenkapital).

	I.	Vermögen
-	II.	Schulden
=	III.	Reinvermögen

Für das Inventar gibt es für den Unternehmer Neumann keine Gliederungsvorschriften. Gliederungsgrundsätze gibt es jedoch für die Bilanz. Dadurch dass das inventarisierte Vermögen und die inventarisierten Schulden in die Bilanz übernommen werden, haben sich in der Praxis für die Gliederung des Inventars bestimmte Regeln gebildet.
Das Vermögen ordnet der Unternehmer nach der Liquidität (Flüssigkeit), also nach dem Grad, wie es in Geld umgesetzt werden kann. Die weniger flüssigen Vermögensgegenstände, z. B. Gebäude, führt Neumann im Inventar zuerst und die flüssigen Vermögensgegenstände, z. B. Kassenbestand, zuletzt auf.

Das Vermögen unterteilt er nach der Liquidität in Anlagevermögen und Umlaufvermögen.

Anlagevermögen
Zum Anlagevermögen gehören alle Gegenstände, die am Bilanzstichtag dazu bestimmt sind, dem Geschäftsbetrieb dauernd (länger als ein Jahr) zu dienen, z. B. Grundstücke, Gebäude, Maschinen, Fuhrpark, Betriebs- und Geschäftsausstattung *(§ 247 Abs. 2 HGB)*.

Umlaufvermögen
Zum Umlaufvermögen gehören alle Gegenstände, die am Bilanzstichtag dazu bestimmt sind, dem Geschäftsbetrieb nur vorübergehend zu dienen, z. B. Lebensmittel- und Getränkevorräte, Forderungen aus Lieferungen und Leistungen, Kassenbestand.

Die Schulden unterteilt der Gastronom/Hotelier nach ihrer Fälligkeit in langfristige und kurzfristige Schulden. Zu den **langfristigen Schulden** gehören Schulden gegenüber Banken, zu den **kurzfristigen Schulden** aus Lieferungen und Leistungen mit einer Restlaufzeit von bis zu einem Jahr. Die langfristigen Schulden werden im Inventar zuerst, die kurzfristigen zuletzt aufgeführt. Aus dem Inventar lassen sich folgende Gleichungen ableiten:

Reinvermögen	=	Vermögen	-	Schulden
Vermögen	=	Reinvermögen	+	Schulden

Die Buchführung des Bergstatter Hofs ist als nicht ordnungsmäßig anzusehen, wenn das Inventar formelle oder materielle Mängel, z. B. das Nichtausweisen eines erheblichen Teils des Warenbestandes, enthält. Es ist nicht mehr erforderlich, dass der Kaufmann das Inventar, das zehn Jahre lang aufbewahrt werden muss, unterzeichnet.

Inventar

Beispiel

Inventar-Verzeichnis

Firma: Hotel-Restaurant Bergstatter Hof
Inhaber: Ralf Neumann
Ringstraße 88, 37011 Bergstatt zum 31.12. 20..

Posten: Art, Menge, Wert		€	€
A Vermögen			
I. Anlagevermögen			
1. Grundstück Bergstatt, Ringstraße 88		55 000,00	
2. Gebäude Bergstatt, Ringstraße 88		320 000,00	
3. Technische Anlagen lt. Aufstellung		42 000,00	
4. Fuhrpark			
1 Pkw-Kombi (BG-AB 943)	20 000,00		
1 Pkw (BG-AB 456)	2 000,00	22 000,00	
5. Betriebs- und Geschäftsausstattung lt. Aufstellung		63 000,00	
II. Umlaufvermögen			
1. Vorräte Lebensmittel lt. Inventurlisten		24 000,00	
2. Vorräte Getränke lt. Inventurlisten		6 000,00	
3. Forderungen aus Lieferungen und Leistungen lt. Debitorenkartei		9 000,00	
4. Kassenbestand lt. Kassenbericht		1 800,00	
5. Postbank lt. Kontoauszug		900,00	
6. Bankguthaben, Sparbank Bergstatt		100,00	
Summe des Vermögens			543 800,00
B Schulden			
I. Langfristige Schulden, Restlaufzeit über 5 Jahre			
1. Hypotheken, Hypo-Bank Bergstatt		85 000,00	
2. Darlehen, Sparbank Bergstatt		65 000,00	
II. Kurzfristige Schulden, Restlaufzeit bis 1 Jahr			
1. Verbindlichkeiten aus Lieferungen und Leistungen lt. Kreditorenkartei		22 800,00	
Summe der Schulden			172 800,00
C Ermittlung des Reinvermögens (Eigenkapital)			
Summe des Vermögens			543 800,00
Summe der Schulden			172 800,00
Reinvermögen (Eigenkapital)			371 000,00

Aufgaben

1. Berechnen Sie den Bestand von Gemüsekonserven „Möhren und Erbsen" zum Bilanzstichtag 31.12.:
   a) Bestand am Inventurstichtag (28.11.) 16 210,00 €, Zugänge 8 124,00 €, Abgänge 9 114,00 €
   b) Bestand am Inventurstichtag (24.02.) 15 465,00 €, Zugänge 4 910,00 €, Abgänge 4 665,00 €.

2. Worin unterscheidet sich die Stichprobeninventur von der normalen körperlichen Inventur?

3. Nennen und erklären Sie das Prinzip, nach dem im Inventar das Vermögen geordnet wird.

4. Unterscheiden Sie die Stichtagsinventur, die permanente Inventur und die verlegte Inventur nach dem Zeitpunkt der Bestandsaufnahme, Veränderungen zwischen Aufnahme- und Bilanzstichtag und den Kontrollmöglichkeiten.

Fortsetzung nächste Seite

Aufgaben (Fortsetzung von Vorseite)

5. Ordnen Sie folgende Vermögenswerte und Schulden entsprechend den Gliederungsvorschriften: FaLL, Bankguthaben, Schuldwechsel, Hypothekenschulden, Fuhrpark, Betriebs- und Geschäftsausstattung, Bankschulden (Kontokorrentkredit), Besitzwechsel, Vorräte Lebensmittel, Vorräte Getränke, Vorräte Handelswaren, VaLL, Grundstücke und Gebäude, Technische Anlagen, Darlehen, Postbank (Guthaben), Kasse.
6. Erstellen Sie nach folgenden Angaben das Inventar des Hotels „Alpenglühn", Inhaber Max Semmler, 85748 Garching. Zum Bilanzstichtag am 31.12.20.. wurden folgende Bestände ermittelt:

	€	€
Betriebs- und Geschäftsausstattung (Verzeichnis)		
– Küche	67 000,00	
– Restaurant	26 000,00	
– Zimmer	55 300,00	148 300,00
Fuhrpark		9 400,00
FaLL		
lt. Debitorenverzeichnis		15 750,00
Postbank Guthaben		1 800,00
Kassenbestand		1 770,00
Vorräte Lebensmittel (Inventurlisten)		23 335,00
Grundstück Altöttinger Straße		140 000,00
Gebäude Altöttinger Straße		870 000,00
Darlehen Sparkasse, Restlaufzeit 3 Jahre		80 000,00
Technische Anlagen (Verzeichnis)		18 000,00
Hypothekenschulden, Restlaufzeit ü. 5 J.		
– Sparkasse	270 000,00	
– Dresdner Bank	330 000,00	600 000,00
Bankguthaben		
– Sparkasse	16 500,00	
– Dresdner Bank	24 700,00	41 200,00
VaLL		
lt. Kreditorenverzeichnis		18 110,00
Vorräte Getränke (Inventurlisten)		
– Bier	950,00	
– Wein, Sekt	5 750,00	
– Spirituosen	1 200,00	
– Alkoholfreie Getränke	3 400,00	11 300,00

7. Erstellen Sie nach folgenden Angaben das Inventar des Hotels „Rosengarten", 84489 Burghausen, Inhaber Meier Helmbrecht zum 31.12.20..

Vorräte Lebensmittel (Inventurlisten)		19 500,00
Vorräte Getränke (Inventurlisten)		6 540,00
Technische Anlagen (Verzeichnis)		
– Küchenmaschinen	22 000,00	
– Herdanlage	18 000,00	
– Kühlanlage	16 500,00	?
Gebäude Alzgerner Straße		1 850 000,00
Grundstücke Alzgerner Straße		130 000,00
Betriebs- und Geschäftsausstattung (Aufstellung)		
– Küche	22 400,00	
– Restaurant	44 200,00	
– Beherbergung	95 100,00	
– Wäsche	28 000,00	?
Darlehen (Kreissparkasse, Restlaufzeit 3 J.)		100 000,00
Kassenbestand		2 200,00
VaLL (Kreditorenverzeichnis)		
– Krämer	2 700,00	
– Brauerei	4 500,00	
– andere	3 400,00	?
FaLL (Debitorenverzeichnis)		1 600,00
Hypotheken (Volksbank, Restlaufzeit 11 J.)		650 000,00
Bankguthaben (Geschäftskonto Volksbank)		3 800,00
Bankschulden (Kontokorrent Kreissparkasse)		2 400,00
Fuhrpark		
– Pkw	30 000,00	
– Lieferwagen	15 000,00	?

2.1.5 Bilanz

Situation

Nachdem das Hotel-Restaurant Bergstatter Hof sein erstes Jahr gut überstanden hat, plant Ralf Neumann weitere Investitionen. Die Bank will Einblick in die Vermögensverhältnisse in Form einer übersichtlichen Darstellung von Vermögen und Schulden.

Nach *§ 242 Abs. 1 HGB* ist der Kaufmann Neumann verpflichtet,

- zu Beginn seines Handelsgewerbes eine Gründungsbilanz und
- für den Schluss eines jeden Geschäftsjahres eine Schlussbilanz aufzustellen.

Für die Aufstellung einer Bilanz bildet das Inventar die Grundlage.

Form und Inhalt der Bilanz

Die Bilanz ist eine Gegenüberstellung von Vermögen und Kapital in Kurzfassung. Auf der linken Seite (= Aktiva) wird das Vermögen, auf der rechten Seite (= Passiva) werden die Schulden (= Verbindlichkeiten) erfasst. Das Eigenkapital steht auf der Passivseite der Bilanz vor den Schulden.

Aktiva = Vermögensseite
Passiva = Kapitalseite

Aus der Bilanz lässt sich folgende Gleichung ableiten:

Vermögen = Eigenkapital + Verbindlichkeiten

Das Kapital, das der Unternehmer Neumann aus eigenen Mitteln zur Finanzierung des Vermögens aufgebracht hat, wird als Eigenkapital bezeichnet. Haben Fremde die Mittel zur Anschaffung von Vermögensgegenständen zur Verfügung gestellt, werden diese Mittel als Fremdkapital bezeichnet. **Allgemein gilt: Vermögen = Kapital**

Beispiel

Bilanz zum Inventar Hotel-Restaurant Bergstatter Hof

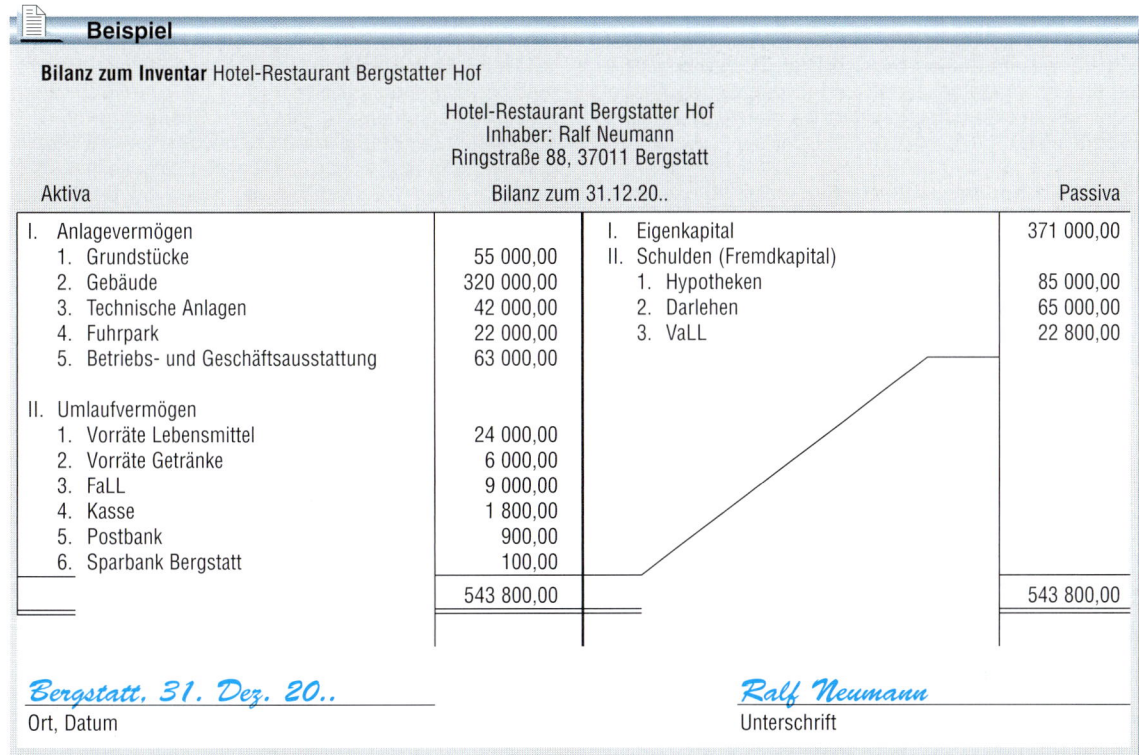

Hotel-Restaurant Bergstatter Hof
Inhaber: Ralf Neumann
Ringstraße 88, 37011 Bergstatt

Aktiva — Bilanz zum 31.12.20.. — Passiva

Aktiva		Passiva	
I. Anlagevermögen		I. Eigenkapital	371 000,00
1. Grundstücke	55 000,00	II. Schulden (Fremdkapital)	
2. Gebäude	320 000,00	1. Hypotheken	85 000,00
3. Technische Anlagen	42 000,00	2. Darlehen	65 000,00
4. Fuhrpark	22 000,00	3. VaLL	22 800,00
5. Betriebs- und Geschäftsausstattung	63 000,00		
II. Umlaufvermögen			
1. Vorräte Lebensmittel	24 000,00		
2. Vorräte Getränke	6 000,00		
3. FaLL	9 000,00		
4. Kasse	1 800,00		
5. Postbank	900,00		
6. Sparbank Bergstatt	100,00		
	543 800,00		543 800,00

Bergstatt, 31. Dez. 20.. — Ort, Datum

Ralf Neumann — Unterschrift

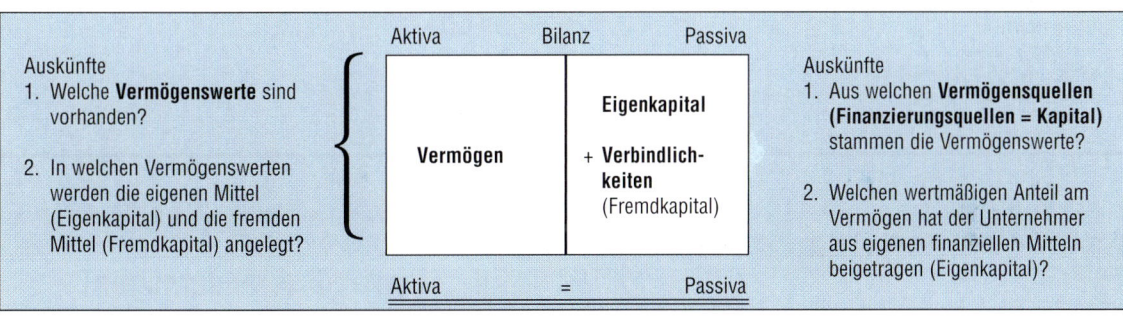

Auskünfte
1. Welche **Vermögenswerte** sind vorhanden?
2. In welchen Vermögenswerten werden die eigenen Mittel (Eigenkapital) und die fremden Mittel (Fremdkapital) angelegt?

Aktiva	Bilanz Passiva
Vermögen	**Eigenkapital** + **Verbindlichkeiten** (Fremdkapital)

Aktiva = Passiva

Auskünfte
1. Aus welchen **Vermögensquellen (Finanzierungsquellen = Kapital)** stammen die Vermögenswerte?
2. Welchen wertmäßigen Anteil am Vermögen hat der Unternehmer aus eigenen finanziellen Mitteln beigetragen (Eigenkapital)?

Bilanz und Inventar unterscheiden sich nicht nur in ihrer Form, sondern auch in ihrem Umfang. Im **Inventar** weist der Unternehmer Neumann alle Vermögensgegenstände und Schulden mit ihrer Bezeichnung und ihrem Wert einzeln aus. In der **Bilanz** bündelt Neumann gleichartige Vermögensgegenstände und Verbindlichkeiten und fasst sie wertmäßig zusammen. Dadurch ist die Bilanz übersichtlicher als das Inventar. Sie zeigt das Vermögen, das Eigenkapital und das Fremdkapital „auf einen Blick". Das *HGB* enthält zur Form und zum Inhalt der Bilanz eine Reihe von Vorschriften:

§ 243 Abs. 1 HGB	Die Bilanz ist nach den Grundsätzen ordnungsmäßiger Buchführung *(GoB)* aufzustellen.
§ 243 Abs. 2 HGB	Die Bilanz muss klar und übersichtlich sein.
§ 243 Abs. 3 HGB	Die Bilanz ist innerhalb einer angemessenen Frist nach dem Stichtag aufzustellen.
§ 244 HGB	Die Bilanz ist in deutscher Sprache und in Euro aufzustellen.
§ 245 HGB	Die Bilanz ist vom Kaufmann unter Angabe des Datums zu unterzeichnen.
§ 247 Abs. 1 HGB	In der Bilanz sind das Vermögen, das Eigenkapital und die Verbindlichkeiten gesondert auszuweisen und hinreichend aufzugliedern.

Kapitalgesellschaften sind verpflichtet, die Bilanz aufzustellen, die der Gliederung des *§ 266 HGB* entspricht.
Große und mittelgroße Kapitalgesellschaften haben die im Gliederungsschema des *§ 266 Abs. 2 und 3 HGB* genannten Posten der Aktivseite und der Passivseite gesondert und in der vorgeschriebenen Reihenfolge auszuweisen *(§ 266 Abs. 1 Satz 2 HGB)*.

Kleine Kapitalgesellschaften können die Bilanz in verkürzter Form aufstellen, in die nur die mit Buchstaben und römischen Zahlen bezeichneten Posten des Gliederungsschemas gesondert und in der vorgeschriebenen Reihenfolge aufgenommen werden *(§ 266 Abs. 1 Satz 3 HGB)*.

Für **Nicht-Kapitalgesellschaften** schreibt das *HGB* keine bestimmte Bilanzgliederung vor. Sie haben die Bilanz nach den Grundsätzen ordnungsgemäß Buchführung aufzustellen *(§ 243 Abs. 1 HGB)*. In der Bilanz sind das Anlage- und Umlaufvermögen, das Eigenkapital und die Verbindlichkeiten gesondert auszuweisen und hinreichend zu gliedern *(§ 247 Abs. 1 HGB)*. Beim gesonderten Ausweis und der Gliederung ist der Grundsatz der Klarheit und Übersichtlichkeit zu beachten *(§ 243 Abs. 2 HGB)*. Nicht-Kapitalgesellschaften erfüllen diese Voraussetzungen, wenn sie die Gliederung ihrer Bilanz dem Gliederungsschema der Kapitalsgesellschaften anpassen.

Aktiva	Bilanz Passiva
A Anlagevermögen	A Eigenkapital
I. Immaterielle Vermögensgegenstände	1. Kapitaleinlagen unbeschränkt haftender Gesellschafter
II. Sachanlagen	2. Kapitaleinlagen der Kommanditisten
1. Grundstücke, grundstücksgleiche Rechte und Bauten	B Sonderposten mit Rücklageanteil
2. Technische Anlagen und Maschinen	C Rückstellungen
3. Andere Anlagen, Betriebs- und Geschäftsausstattung	D Verbindlichkeiten
4. Geleistete Anzahlungen und Anlagen im Bau	1. Verbindlichkeiten gegenüber Kreditinstituten
III. Finanzanlagen	2. Verbindlichkeiten aus Lieferungen und Leistungen
1. Beteiligungen	3. Erhaltene Anzahlungen
2. Wertpapiere, Ausleihungen und sonstige Finanzanlagen	4. Verbindlichkeiten gegenüber Gesellschaftern
B Umlaufvermögen	5. Sonstige Verbindlichkeiten
I. Vorräte	E Rechnungsabgrenzungsposten
1. Betriebsstoffe	
2. Lebensmittel	
3. Getränke	
4. Handelswaren	
5. Geleistete Anzahlungen	
II. Forderungen	
1. Forderungen aus Lieferungen und Leistungen	
2. Forderungen an Gesellschafter	
3. Sonstige Forderungen	
III. Wertpapiere	
IV. Flüssige Mittel	
1. Kassenbestand und Schecks	
2. Bundesbank- und Postbankguthaben	
3. Guthaben bei Kreditinstituten	
V. Rechnungsabgrenzungsposten	

Aufgaben

1. Welche formalen und inhaltlichen Unterschiede bestehen zwischen Inventar und Bilanz?
2. Erklären Sie, was man im Zusammenhang mit den Passiva unter Vermögensquellen versteht.
3. Die Bilanz ist dadurch gekennzeichnet, dass die beiden Seiten wertmäßig immer gleich groß sein müssen. Wie wirkt sich danach ein Gewinn bzw. ein Verlust auf die Aktiv- und Passivseite der Bilanz aus?
4. Erklären Sie, unter welchen Umständen der Bilanzposten „Darlehen" auf der Aktivseite und der Bilanzposten „Bank" auf der Passivseite der Bilanz erscheinen können.
5. Welche Vorteile ergeben sich daraus, dass Unternehmensbilanzen nach gleichen Kriterien gegliedert sind?
6. Erklären Sie, warum in einer Bilanz die Summe der Aktiva immer gleich der Summe der Passiva sein muss.
7. Erstellen Sie entsprechend dem Inventar die Bilanz des Hotels „Alpenglühn" (s. S. 14).
8. Erstellen Sie entsprechend dem Inventar die Bilanz des Hotels „Rosengarten" (s. S. 14).

2.1.6 Bestandsveränderungen

Situation

Mitte Februar ist es endlich soweit: Das Inventar zum 31.12. ist fertiggestellt und kann dem Steuerberater zugesandt werden. Obwohl doch erst gute sechs Wochen vorbei sind, hat sich in der Vermögenszusammensetzung des Unternehmens im Vergleich mit den ausgewiesenen Inventarwerten schon wieder einiges geändert.

Die Bilanz stellt der Hotelier und Gastronom Neumann für einen bestimmten Zeitpunkt auf. Unmittelbar nach diesem Zeitpunkt ändern sich die Bestände des Vermögens und/oder des Kapitals durch Geschäftsvorfälle. Das Bilanzgleichgewicht, die summenmäßige Übereinstimmung von Aktiva und Passiva, bleibt auch nach den Änderungen erhalten, da jede Änderung eines Bestandes durch eine entsprechende Änderung eines anderen Bestandes ausgeglichen wird.
Folgende vier Arten der Bestandsveränderungen sind zu unterscheiden:

Arten der Bestandsveränderungen

- Aktivtausch
- Aktiv-Passiv-Mehrung
- Passivtausch
- Aktiv-Passiv-Minderung

Aktivtausch

Beim Aktivtausch ändern sich zwei Aktivposten der Bilanz. Ein Aktivposten vermehrt sich, ein anderer Aktivposten vermindert sich um den gleichen Betrag. Die Bilanzsumme ändert sich nicht.

Beispiel

Geschäftsvorfall:
Der Hotelier und Gastronom Neumann kauft für seine Gästezimmer zehn neue Deckenfluter zu je 100,00 €, die er bar bezahlt.
Es findet ein Tausch zwischen zwei Aktivposten statt. Der Bilanzposten Betriebs- und Geschäftsausstattung vermehrt sich um 1 000,00 € und der Kassenbestand vermindert sich um 1 000,00 €.

A	Bilanz		P
BGA	+ 1 000,00		
Kasse	- 1 000,00		

Aktiv-Passiv-Mehrung

Bei der Aktiv-Passiv-Mehrung ändern sich ein Aktivposten und ein Passivposten. Beide Posten vermehren sich. Dadurch nimmt die Bilanzsumme um den gleichen Betrag zu (Bilanzverlängerung).

Beispiel

Geschäftsvorfall:
Neumann kauft Lebensmittel für 2 500,00 € auf Ziel.
Durch diesen Geschäftsvorfall vermehren sich sowohl die Lebensmittel als auch die Verbindlichkeiten aus Lieferung und Leistung um 2 500,00 €.

A	Bilanz		P
Vorräte	+ 2 500,00	VaLL	+ 2 500,00

Passivtausch

Beim Passivtausch ändern sich zwei Passivposten der Bilanz. Ein Passivposten vermehrt sich, ein anderer Passivposten vermindert sich. Die Bilanzsumme bleibt unverändert.

Beispiel

Geschäftsvorfall:
Die VaLL in Höhe von 2 500,00 € werden mit einem aufgenommenen Darlehen bezahlt. Es findet ein Tausch zwischen zwei Passivposten statt. Während sich durch den Geschäftsvorfall der Bilanzposten Darlehen um 2 500,00 € vermehrt, vermindern sich die VaLL um 2 500,00 €.

A	Bilanz		P
		Darlehen	+ 2 500,00
		VaLL	- 2 500,00

Aktiv-Passiv-Minderung

Bei der Aktiv-Passiv-Minderung ändern sich ein Aktivposten und ein Passivposten. Beide Posten vermindern sich. Dadurch nimmt die Bilanzsumme um den gleichen Betrag ab (Bilanzverkürzung).

Beispiel

Geschäftsvorfall:
Das Bankdarlehen in Höhe von 2 500,00 € wird durch Barzahlung getilgt.
Durch diesen Geschäftsvorfall vermindern sich sowohl der Kassenbestand als auch das Bankdarlehen um 2 500,00 €.

A	Bilanz		P
Kasse	- 2 500,00	Darlehen	- 2 500,00

Aufgaben

1. Welche der folgenden Vorgänge sind buchhalterisch zu erfassende Geschäftsvorfälle?
   1) Wir erhalten von einem Geschäftsfreund ein Darlehen bar.
   2) Wir danken dem Geschäftsfreund dafür schriftlich.
   3) Wir bringen den Firmen-Pkw zur Inspektion.
   4) Wir kaufen Briefmarken bei der Post.
   5) Ein Gast erhält die Rechnung zugesandt.
   6) Gast begleicht Rechnung durch Banküberweisung.
   7) Wir zahlen die Rechnung für die Inspektion am Firmen-Pkw sofort bar.
   8) Ein Angestellter wechselt einem Gast eine Banknote.
   9) Wir bezahlen eine offene Lieferantenrechnung.
   10) Wir bestellen einen Schuhputzautomaten.
   11) Wir erhalten eine Getränkelieferung auf Ziel (Kredit).
   12) Ein Gast reklamiert, dass der Fernseher in seinem Zimmer nicht funktioniert.
   13) Der Inhaber erhöht das Eigenkapital durch Geldeinlage.
   14) Die Postbank teilt uns den Kontostand des Postbankkontos mit.
   15) Wir eröffnen ein Bankkonto mit einer Bareinlage.
   16) Wir erhalten vom Finanzamt den Steuerbescheid über die Steuernachzahlung.
   17) Der Inhaber entnimmt für eine private Feier Getränke aus dem Magazin.
   18) Wir verhandeln mit dem Eigentümer über einen Grundstückskauf.
   19) Der Inhaber stellt einen Bankettleiter ein.
   20) Ein Gast erhält eine erste schriftliche Mahnung für eine offene Rechnung.
   21) Ein Gast bestellt ein Zimmer für 10 Tage.
   22) Verbrauch von Lebensmitteln durch die Küche.
2. Stellen Sie bei den folgenden Geschäftsvorfällen die Art und die Folgen der Bestandsveränderungen fest:
   1) Verkauf von Waren bar: 600,00 €
   2) Eine Verbindlichkeit wird in ein Darlehen umgewandelt: 800,00 €
   3) Kauf von Waren auf Ziel: 1 000,00 €
   4) Banküberweisung an Lieferanten für offene Rechnung: 700,00 €
3. Beurteilen Sie bei nachfolgenden Geschäftsvorfällen die Art der Bestandsveränderung und deren Folgen:
   1) Bareinzahlung auf Bankkonto: 1 000,00 €
   2) Eine VaLL wird per Akzept (Schuldwechsel) in eine Wechselverbindlichkeit umgewandelt: 5 000,00 €.
   3) Die fällige Tilgungsrate für das Darlehen wird vom Bankkonto abgebucht: 2 000,00 €.
   4) Die Brauerei gewährt ein Darlehen und liefert dafür Einrichtungsgegenstände: 3 400,00 €.
   5) Wir kaufen einen PC und bezahlen 1 200,00 € bar.
   6) Ein Gast bezahlt eine offene Rechnung bar: 400,00 €.
   7) Nach Erhalt einer Mahnung begleichen wir die Lieferantenrechnung durch Banküberweisung: 1 500,00 €.

2.1.7 Bestandskonten

Damit der Unternehmer Neumann nicht nach jedem Geschäftsvorfall eine neue Bilanz erstellen muss, erfasst er die Bestandsveränderungen auf Konten. Konten sind Einzelabrechnungen der verschiedenen Bilanzposten.
Aus methodischen Gründen werden im Folgenden Konten geführt, die die Form eines großen Ts haben und deshalb als T-Konten bezeichnet werden. Wie die Bilanz hat auch das Konto zwei Seiten. Die linke Seite des Kontos wird mit Soll (S) bezeichnet, die rechte Seite mit Haben (H).
Konten, die die Bestände der Bilanz aufnehmen, heißen **Bestandskonten**.
Konten, die die Bestände der Aktivseite der Bilanz aufnehmen, heißen **Aktivkonten**.
Konten, die die Bestände der Passivseite der Bilanz aufnehmen, heißen **Passivkonten**.

Aktiva	Bilanz	Passiva
Vermögenswerte (AV und UV)		Kapitalwerte (EK und FK)

S	Aktives Bestandskonto	H
Anfangsbestand		Minderung
Mehrung		

S	Passives Bestandskonto	H
Minderung		Anfangsbestand
		Mehrung

A		Bilanz zum 31.12.20..		P
BGA	6 000,00		EK	4 000,00
Warenvorräte	3 000,00		Darlehen	4 000,00
Kasse	2 000,00		VaLL	3 000,00
	11 000,00			11 000,00

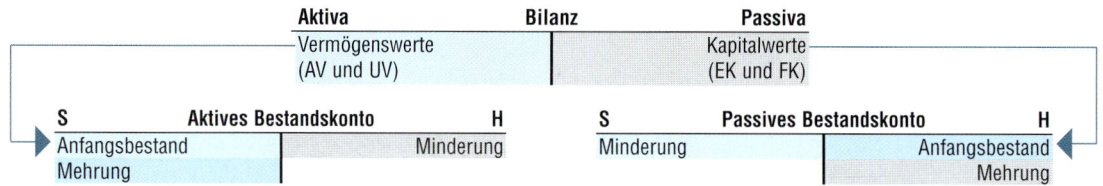

Eröffnen der Bestandskonten
Zu Beginn des Geschäftsjahres überträgt Neumann die Bestände der Bilanz auf einzelne Konten, d. h., er eröffnet die Konten. Bei der Eröffnung der Bestandskonten bleibt das Bilanzgleichgewicht (Aktiva = Passiva) erhalten. Demzufolge muss jeder Geschäftsvorfall mindestens doppelt gebucht werden. Der Betrag auf der Sollseite ist gleich dem Betrag auf der Habenseite.

Eröffnen der Aktivkonten
Die Bestände des Vermögens stehen in der Bilanz auf der Aktiva (= linke Seite). Daher trägt Neumann die Anfangsbestände des Vermögens auf den entsprechenden Konten ebenfalls auf der linken Seite (im Soll) vor und eröffnet damit. Die Gegenbuchung erfolgt auf der rechten Seite (im Haben).

Beispiel

Eröffnung des BGA-Kontos:

S		BGA		H
AB	6 000,00			

Eröffnen der Passivkonten
Die Bestände der Verbindlichkeiten und des Eigenkapitals stehen auf der Passiva (= rechte Seite). Daher trägt Neumann die Anfangsbestände dieser Posten auf den entsprechenden Konten ebenfalls auf der rechten Seite (im Haben) vor und eröffnet damit. Die Gegenbuchung erfolgt auf dem Konto Saldenvorträge auf der linken Seite (im Soll).

Beispiel

Eröffnung des VaLL-Kontos:

S		VaLL		H
			AB	3 000,00

Eröffnen der Aktiv- und Passivkonten
Zu Beginn des Geschäftsjahres bucht der Unternehmer alle Bestände der Bilanz auf die Aktiv- und Passivkonten. Alle Gegenbuchungen erfolgen auf dem Eröffnungsbilanzkonto, das spiegelbildlich zur Bilanz angelegt ist.

Beispiel

Aktiv- und Passivkonten:

S		EBK		H
EK	4 000,00		BGA	6 000,00
Darlehen	4 000,00		Warenvorräte	3 000,00
VaLL	3 000,00		Kasse	2 000,00

Buchen auf Bestandskonten
Sobald die Konten eröffnet sind, kann Neumann die laufenden Geschäftsvorfälle buchen. Auch bei der Buchung der laufenden Geschäftsvorfälle bleibt das Bilanzgleichgewicht (Aktiva = Passiva) erhalten, sodass der Betrag auf der Sollseite gleich dem Betrag auf der Habenseite ist. Die Sollbuchung wird auch als Lastschrift und die Habenbuchung als Gutschrift bezeichnet.

Buchen auf Aktivkonten
Alle Zunahmen des Bestands eines Aktivkontos bucht Neumann auf der Sollseite, da durch sie das Vermögen vergrößert wird.
Alle Abnahmen des Bestandes eines Aktivkontos bucht er auf der Habenseite, da durch sie das Vermögen verringert wird.

Beispiel

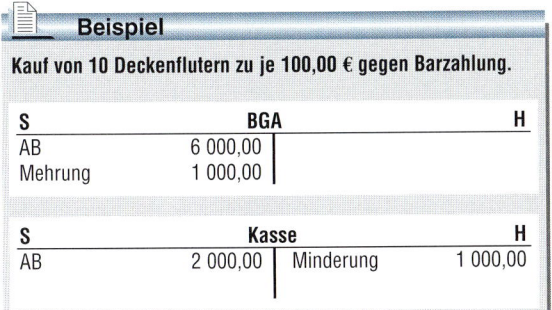

Kauf von 10 Deckenflutern zu je 100,00 € gegen Barzahlung.

S	BGA		H
AB	6 000,00		
Mehrung	1 000,00		

S	Kasse		H
AB	2 000,00	Minderung	1 000,00

Buchen auf Passivkonten

Alle Zunahmen des Bestandes eines Passivkontos bucht der Hotelier auf der Habenseite, da durch sie das Kapital erhöht wird.
Alle Abnahmen des Bestandes eines Passivkontos bucht er auf der Sollseite, da durch sie das Kapital verringert wird.

Beispiel

Eine VaLL in Höhe von 2 500,00 € wird mit einem Bankdarlehen bezahlt.

S	VaLL		H
Minderung	2 500,00	AB	3 000,00

S	Darlehen		H
		AB	4 000,00
		Mehrung	2 500,00

Abschluss der Bestandskonten

Zum Ende des Geschäftsjahres schließt der Unternehmer die Bestandskonten ab. Der Abschluss beinhaltet drei Schritte:

Addition der wertmäßig größeren Kontoseite
Übertrag der Summe dieser Seite auf die andere Seite.
Berechnung der Differenz (= Saldo) auf der wertmäßig kleineren Seite. Der Saldo stellt den Schlussbestand dar. Alle Schlussbestände werden auf dem Schlussbilanzkonto gegengebucht.

Beispiel

Abschluss des Kassenkontos:

S	Kasse		H
AB	2 000,00	Minderung	1 000,00
		SB	1 000,00

S	SBK		H
BGA	7 000,00	EK	4 000,00
Warenvorräte	3 000,00	Darlehen	6 500,00
Kasse	1 000,00	VaLL	500,00

Das Schlussbilanzkonto ist ein Abschlusskonto. Dieses Konto ist Bestandteil der Buchführung und fasst alle Schlussbestände zusammen. Mithilfe dieses Kontos wird die Bilanz entwickelt. Dabei werden mehrere Schlussbestände (z. B. Lebensmittel, Getränke) zu einem Bilanzposten (z. B. Vorräte) zusammengefasst.

Aufgaben

Eröffnen Sie die Konten, indem Sie die Anfangsbestände übertragen. Stellen Sie dann fest, welche Vermögensveränderungen in den Konten stattfinden, buchen Sie jetzt diese Werteveränderungen in den Konten und erstellen Sie abschießend die Bilanz per 31.12.

1. Anfangsbestände per 01.01.

	€		€
Warenvorräte	4 000,00	VaLL	2 000,00
Kasse	500,00	Eigenkaptital	?

Geschäftsvorfälle:

	€
1) Kauf von Warenvorräten auf Ziel (ER 1)	400,00
2) Verkauf von Waren bar	1 000,00
3) Barzahlung einer offenen Lieferantenrechnung	250,00

2. Anfangsbestände per 01.01.

	€		€
Warenvorräte	4 000,00	Bankguthaben	2 400,00
Kasse	500,00	Darlehen	3 500,00
VaLL	1 500,00	Eigenkapital	?

Geschäftsvorfälle:

	€
1) Verkauf von Waren bar	600,00
2) Eine Verbindlichkeit wird in ein Darlehen umgewandelt	800,00
3) Kauf von Waren auf Ziel	1 000,00
4) Banküberweisung an Lieferanten für offene Rechnung	700,00

3. Erläutern Sie zu folgenden Buchungen den Geschäftsvorgang und stellen Sie die Art der Vermögensänderung fest:

			€
1)	VaLL	Soll	2 000,00
	Bank	Haben	2 000,00
2)	BGA	Soll	4 000,00
	VaLL	Haben	4 000,00
3)	Kasse	Soll	1 000,00
	Bank	Haben	1 000,00
4)	Darlehen	Soll	500,00
	Postbank	Haben	500,00
5)	Getränkevorräte	Soll	900,00
	VaLL	Haben	900,00
6)	Bank	Soll	1 500,00
	FaLL	Haben	1 500,00

2.1.8 Buchungssatz

Im Rahmen der doppelten Buchführung bucht der Hotelier und Gastronom Neumann jeden Geschäftsvorfall doppelt, einmal auf der Sollseite und einmal auf der Habenseite des Kontos. Der Buchungssatz gibt an, auf welchen Konten ein Geschäftsvorfall im Soll und im Haben zu buchen ist. Im Buchungssatz wird zuerst das Konto genannt, auf dem im Soll gebucht wird und dann das Konto, auf dem im Haben gebucht wird. Soll- und Habenbuchung werden durch das Wort „an" verbunden.

Beispiel

Ein Kunde des Bergstatter Hofs begleicht FaLL über 500,00 € durch Banküberweisung.

Buchungssatz:

Soll		an	Haben	
Bank	500,00	an	FaLL	500,00

Im sog. Grundbuch (Journal, Tagebuch) erfasst Neumann die Buchungssätze chronologisch (in zeitlicher Reihenfolge) anhand von Belegen.

Bei der EDV-Buchführung wird das EDV-Journal mit Fehlerprotokoll automatisch erstellt. Ferner wird bei der Erfassung der Geschäftsvorfälle für den Nachweis der Buchungen ein Erfassungsprotokoll (eine Primanota) angefertigt.

Aus methodischen Gründen wird die grundbuchmäßige Erfassung der Buchungssätze in einer Buchungsliste dargestellt, die fünf Spalten aufweist, nämlich Textziffer/Textzahl, Sollkonto, Betrag, Habenkonto, Betrag.

Beispiel

Sachverhalt wie nebenstehend

Buchungssatz:

Textziffer	Sollkonto	Betrag	Habenkonto	Betrag
1.	Bank	500,00	FaLL	500,00

Ein Buchungssatz, bei dem nur ein Sollkonto und ein Habenkonto angesprochen wird, bezeichnet man als einfachen Buchungssatz.
Ein zusammengesetzter Buchungssatz liegt vor, wenn mehrere Soll- bzw. Habenkonten in einem Buchungssatz angesprochen werden.

Beispiel

Ein Kunde des Bergstatter Hofs begleicht FaLL in Höhe von 1 000,00 € durch Banküberweisung 700,00 € und bar 300,00 €.

Buchungssatz:

Textziffer	Sollkonto	Betrag	Habenkonto	Betrag
1.	Bank	700,00		
	Kasse	300,00	FaLL	1 000,00

Im Rahmen der EDV-Buchführung muss direkt kontiert werden. Zusammengesetzte Buchungssätze werden in mehrere EDV-gerechte einfache Buchungssätze aufgelöst.

Beispiel

Sachverhalt wie oben

Buchungssatz:

Textziffer	Sollkonto	Betrag	Habenkonto	Betrag
1.	Bank	700,00	FaLL	700,00
	Kasse	300,00	FaLL	1 000,00

Aufgaben

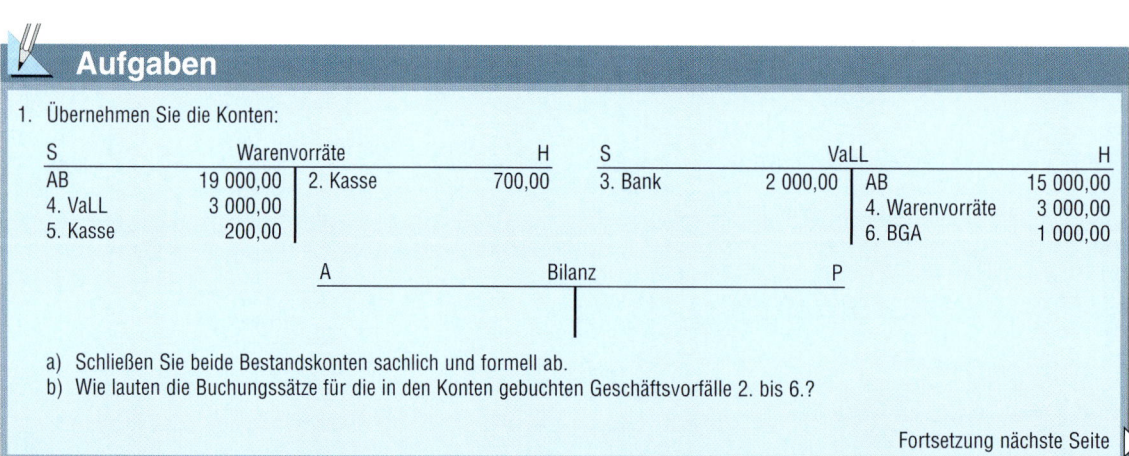

1. Übernehmen Sie die Konten:

S — Warenvorräte — H

S			H
AB	19 000,00	2. Kasse	700,00
4. VaLL	3 000,00		
5. Kasse	200,00		

S — VaLL — H

S			H
3. Bank	2 000,00	AB	15 000,00
		4. Warenvorräte	3 000,00
		6. BGA	1 000,00

A — Bilanz — P

a) Schließen Sie beide Bestandskonten sachlich und formell ab.
b) Wie lauten die Buchungssätze für die in den Konten gebuchten Geschäftsvorfälle 2. bis 6.?

Fortsetzung nächste Seite

Aufgaben (Fortsetzung von Vorseite)

Bilden Sie die Buchungssätze zu den Aufgaben 2, 3 und 4:

		€
2.	1) Ein Gast zahlt eine offene Rechnung bar	3 800,00
	2) Wir tilgen ein Darlehen durch Banküberweisung	2 000,00
	3) Wir kaufen Getränke auf Ziel	1 250,00
	4) Wir zahlen eine offene Lieferantenrechnung bar	600,00
	5) Wir erhalten aufgrund unserer Mängelrüge einen Preisnachlass vom Getränkelieferanten	200,00
3.	1) Bareinzahlung auf das Bankkonto	1 000,00
	2) Die fällige Tilgungsrate für das Darlehen wird vom Bankkonto abgebucht	2 000,00
	3) Die Brauerei gewährt ein Darlehen und liefert dafür Einrichtungsgegenstände	3 400,00
	4) Kauf eines Laptops gegen Bankscheck	3 500,00
	5) Ein Gast bezahlt eine offene Rechnung bar	400,00
	6) Nach Erhalt einer Mahnung begleichen wir eine ER durch Banküberweisung	1 500,00
4.	1) Gast F. bezahlt offene Rechnung durch Überweisung	990,00
	2) Eingangsrechnung für Wäschetrockner	2 560,00
	3) F. hat irrtümlich zu viel überwiesen (Fall 1.), Rückerstattung bar	30,00
	4) Kauf eines Grundstücks, Zahlung durch Banküberweisung	150 000,00
	5) Wegen geringer Mängel (Lackschaden) erhalten wir für den Wäschetrockner (Fall 2.) einen Preisnachlass in Form einer Gutschrift	256,00
	6) Verkauf einer gebrauchten Schreibmaschine an Mitarbeiter bar	50,00
	7) Das Grundstück wird mit einer Hypothek belastet, das Hypothekendarlehen (Laufzeit 10 Jahre) dem Bankkonto gutgeschrieben	100 000,00
	8) Der Inhaber entnimmt Bargeld für private Zwecke und mindert somit sein Eigenkapital	1 000,00
	9) ER für Weinlieferung	2 000,00
	10) Aufgrund unserer Mängelrüge erhalten wir beim Weinhändler Preisnachlass auf die ER aus Fall 9. in Form einer Gutschrift	100,00

5. Deutung von Buchungssätzen: Welche Geschäftsvorfälle liegen folgenden Buchungssätzen zugrunde?

1) Kasse an Bank
2) Eigenkapital an Kasse
3) BGA an Darlehen
4) Hypothekenschulden an Bank
5) Lebensmittelvorräte an VaLL
6) Fuhrpark an VaLL
7) Bank an FaLL
8) VaLL an Bank
9) Kasse an BGA

6. Sortieren Sie zunächst die Konten nach dem Bilanzgliederungsschema. Eröffnen Sie anschließend die Konten per 01.01., buchen Sie die laufenden Geschäftsvorfälle und erstellen Sie die Bilanz per 31.12.:

Anfangsbestände	€		€
Bebaute Grundstücke	220 000,00	BGA	39 500,00
Fuhrpark	20 000,00	Warenvorräte	22 400,00
FaLL	8 600,00	Hypothekensch. (Restlaufzeit. 8 J.)	50 000,00
Kasse	1 340,00	VaLL	12 000,00
Bankschulden	990,00	Eigenkapital	?

Geschäftsvorfälle	€
1) Verkauf eines gebrauchten Pkws bar	1 500,00
2) Kauf eines neuen Lieferwagens auf Ziel	40 000,00
3) Einkauf von Warenvorräten gegen Bankscheck	3 000,00
4) Tilgungsrate für Hypothekendarlehen wird vom Bankkonto abgebucht	500,00
5) ER für Büromöbel	1 200,00

Fortsetzung nächste Seite

Aufgaben (Fortsetzung von Vorseite)

7. Erklären Sie anhand eines Buchungsbeispiels den Begriff „doppelte Buchführung".
8. Welche Bedeutung hat das Eröffnungsbilanzkonto (EBK) im Rahmen der Doppik?
9. Wie unterscheiden sich Bilanz und Schlussbilanzkonto?
10. Wie lautet der Buchungssatz für die Eröffnung der aktiven Bestandskonten über das Konto EBK?
11. Wie lautet der Buchungssatz für den Abschluss der aktiven Bestandskonten über das SBK und der passiven Bestandskonten über das SBK?
12. Sortieren Sie zunächst die Anfangsbestände nach dem Bilanzgliederungsschema. Eröffnen Sie anschließend die Konten, bilden Sie die Buchungssätze, buchen Sie im Hauptbuch und erstellen Sie abschließend das Schlussbilanzkonto.

Anfangsbestände	€		€
		Techn. Anlagen	30 000,00
Eigenkapital	?	Vorräte Lebensmittel	21 200,00
Gebäude	1 200 000,00	Vorräte Getränke	8 150,00
BGA	193 000,00	Bankguthaben	14 000,00
FaLL	9 212,00	Hypothekenschulden	50 000,00
Kasse	4 005,00	VaLL	9 110,00
Darlehensschulden	40 440,00		

Nr.	Geschäftsvorfälle	€
1)	Reisebüro begleicht offene Rechnung durch Banküberweisung	4 222,00
2)	Kauf einer Geschirrspülmaschine	7 200,00
3)	Einkauf von Lebensmitteln bar	900,00
4)	Die Brauerei liefert Einrichtungsgegenstände und gewährt uns dafür ein Darlehen	14 000,00
5)	Die alte Bestuhlung wird bar verkauft	1 200,00
6)	Wir kaufen einen Lieferwagen auf Ziel	38 000,00
7)	Barkauf von Getränken	3 600,00
8)	Barabhebung des Inhabers vom Bankkonto	1 000,00
9)	Wir begleichen eine fällige Rechnung durch Banküberweisung	2 114,00
10)	Fällige Tilgungsrate der Hypothek wird vom Bankkonto abgebucht	1 000,00
11)	Aufgrund einer Mängelrüge erhalten wir eine Gutschrift unseres Getränkelieferanten	200,00
12)	Der Inhaber erbt ein Grundstück, das er in den Betrieb einbringt	250 000,00
13)	Das Grundstück wird mit einer Hypothek (Laufzeit 20 Jahre) belastet, der Betrag dem Bankkonto gutgeschrieben	100 000,00

13. Unter Zugrundelegung der nachstehenden Angaben sind folgende Teilaufgaben zu erfüllen:

Anfangsbestände	€		€
BGA	92 400,00	Lebensmittelvorräte	7 260,00
Getränkevorräte	11 100,00	FaLL	3 080,00
Bankguthaben	19 910,00	Kasse	1 430,00
Darlehen	15 400,00	VaLL	7 040,00
Technische Anlagen	25 000,00	Eigenkapital	?

Nr.	Geschäftsvorfälle	€
1)	Eingangsrechnung für Weinlieferung	847,00
2)	Kauf von Büromöbeln auf Ziel	1 385,00
3)	Fällige Rechnung wird durch Banküberweisung beglichen	1 947,00
4)	Eingangsrechnung für Lebensmittel (Gemüse)	319,00
5)	Gast begleicht offene Rechnung bar	550,00
6)	Bank belastet uns mit der Tilgungsrate für das Darlehen	4 400,00
7)	VaLL werden in ein Darlehen umgeschuldet (Laufzeit 2 J.)	3 080,00
8)	Bareinzahlung des Inhabers auf das Bankkonto	1 320,00
9)	Barverkauf eines gebrauchten Schreibtisches an einen Mitarbeiter	180,00
10)	Bareinkauf von Fleisch- und Wurstwaren	374,00
11)	Der Inhaber bringt einen Lottogewinn bar in den Betrieb ein	5 500,00
12)	Wir nehmen ein neues Darlehen (Laufzeit 4 J.) auf; der Betrag wird dem Bankkonto gutgeschrieben	11 100,00
13)	Eröffnung eines Postbankkontos durch Bareinzahlung	3 000,00
14)	Eingangsrechnung aus Geschäftsvorfall 1) wird durch Banküberweisung beglichen	847,00
15)	Kauf eines neuen PCs, Zahlung erfolgt bar	1 200,00
16)	Gast begleicht offene Rechnung bar	150,00
17)	Kauf einer Kaffeemaschine auf Ziel; der Händler gewährt auf den Listenpreis in Höhe von 2 400,00 € 10% Preisnachlass	?

2.1.9 Erfolgskonten

Rechnerisch ist das Eigenkapital die Differenz zwischen der Summe des Vermögens und der Summe der Verbindlichkeiten. Bei den betrieblich verursachten Eigenkapitaländerungen wird unterschieden zwischen Eigenkapitalminderungen und -mehrungen.

Betrieblich verursachte Eigenkapitalminderungen
Es gibt betrieblich verursachte Ausgaben, die weder zu einem Aktivtausch noch zu einer Abnahme der Verbindlichkeiten führen.

Beispiel

Der Hotelier Neumann zahlt Löhne in Höhe von 2 000,00 € an sein Personal bar aus.
Durch die Barzahlung der Löhne vermindert sich der Kassenbestand um 2 000,00 €. Da der Verminderung des Kassenbestands weder eine Vermehrung eines anderen Vermögenswertes noch eine Verminderung von Verbindlichkeiten gegenübersteht, vermindert sich das Eigenkapital um 2 000,00 €. **Diese betrieblich verursachte Minderung des Eigenkapitals bezeichnet man als Aufwand.**

Betrieblich verursachte Eigenkapitalmehrungen
Es gibt betrieblich verursachte Einnahmen, die weder zu einem Aktivtausch noch zu einer Mehrung der Verbindlichkeiten führen.

Beispiel

Der Hotelier Neumann erhält von seiner Bank eine Zinsgutschrift von 175,00 €.
Durch diese Zinseinnahme erhöht sich das Bankguthaben um 175,00 €. Da der Mehrung des Bankguthabens weder eine Minderung eines anderen Vermögenswertes noch eine Mehrung von Verbindlichkeiten gegenübersteht, vermehrt sich das Eigenkapital um 175,00 €.

Eine betrieblich verursachte Mehrung des Eigenkapitals bezeichnet man als Ertrag.
In der Änderung des Eigenkapitals spiegelt sich der Erfolg des Unternehmens wider. Der Erfolg kann positiv (Gewinn) oder negativ (Verlust) sein. Konten, auf denen Erfolgsvorgänge erfasst werden, bezeichnet man als Erfolgskonten. Sie sind Unterkonten des Eigenkapitalkontos.

Buchen auf Erfolgskonten

Erfolgskonten gliedern sich in Aufwands- und Ertragskonten.

Erfolgskonten	
Aufwandskonten	Ertragskonten
Löhne + Gehälter	Umsatzerlöse Speisen
Miete	Umsatzerlöse Getränke
Abschreibungen	Umsatzerlöse Beherbergung
Betriebskosten	Mieterträge
Verwaltungskosten	Provisionserlöse
Energiekosten	Zinserträge u. a.
Zinsaufwendungen u. a.	

Für Buchungen auf den Erfolgskonten gelten die gleichen Buchungsregeln wie für die entsprechenden Buchungen auf dem Eigenkapitalkonto.
Aufwendungen stehen auf den Aufwandskonten im Soll, da sie das Eigenkapital mindern und Erträge stehen auf den Ertragskonten im Haben, da sie das Eigenkapital mehren.

Beispiel

Geschäftsvorfall:

Der Hotelier Neumann zahlt Löhne bar aus. 2 000,00 €
Neumann erhält eine Zinsgutschrift der Bank 175,00 €

Textziffer	Sollkonto	Betrag	Habenkonto	Betrag
1.	Löhne	2 000,00	Kasse	2 000,00
2.	Bank	175,00	Zinserträge	175,00

S	Löhne		H
1.	2 000,00		

S	Zinserträge		H
		2.	175,00

Abschluss der Erfolgskonten

Die Erfolgskonten sind als Unterkonten des Eigenkapitalkontos über das Eigenkapitalkonto abzuschließen. Der Abschluss der Erfolgskonten erfolgt allerdings indirekt. Zuerst schließt Unternehmer Neumann alle Erfolgskonten über das Sammelkonto Gewinn-und-Verlust-Konto (GuV-Konto) ab. Der Buchungssatz für den Abschluss der Aufwandskonten lautet:

GuV-Konto an Aufwandskonten

S	Löhne		H
1.	2 000,00	GuV	2 000,00

Der Buchungssatz für den Abschluss der Ertragskonten lautet:

Erfolgskonten an GuV-Konto

S	Zinserträge		H
GuV	175,00	2.	175,00

Der Unterschiedsbetrag zwischen der Summe der Erträge und der Summe der Aufwendungen ist der Gewinn oder der Verlust. Der Saldo des GuV-Kontos weist den Gewinn oder Verlust des Unternehmens Bergstatter Hof aus. Das GuV-Konto schließt Hotelier Neumann über das Eigenkapitalkonto ab. Dabei wird das Eigenkapital durch den Gewinn vermehrt und durch den Verlust vermindert. Ein Saldo im Soll des GuV-Kontos stellt einen Gewinn dar, da die Erträge größer als die Aufwendungen sind. Ein Saldo im Haben des GuV-Kontos stellt einen Verlust dar, da die Aufwendungen größer als die Erträge sind.

S	GuV		H
1. Löhne	2 000,00	2. Zinserträge	175,00
		EK (Verlust)	1 825,00

S	EK		H
GuV (Verlust)	1 825,00	AB	4 000,00
SB	2 175,00		
	4 000,00		4 000,00

Anhand des GuV-Kontos erstellt der Hotelier Neumann die Gewinn-und-Verlust-Rechnung. Nach *§ 242 Abs. 2 HGB* hat jeder Kaufmann für das Ende eines jeden Geschäftsjahres eine Gewinn-und-Verlust-Rechnung zu erstellen.
Sind die Erfolgskonten abgeschlossen, kann der Erfolg auch durch Eigenkapitalvergleich (Betriebsvermögensvergleich) ermittelt werden.
Gewinn ist – sieht man von den Privatentnahmen und -einlagen ab – der Unterschiedsbetrag zwischen dem Eigenkapital (Betriebsvermögen) am Schluss des Wirtschaftsjahres und dem Eigenkapital (Betriebsvermögen) am Schluss des vorangegangenen Wirtschaftsjahres. Somit gilt für die Erfolgsermittlung folgendes (vereinfachtes) Schema:

	Eigenkapital am Schluss des Wirtschaftsjahres
-	Eigenkapital am Schluss des vorangegangenen Wirtschaftsjahres
=	Gewinn bzw. Verlust

Aufgaben

1. Wie zeigt sich in der Buchführung der Erfolg eines Unternehmens?
2. Nennen Sie die zwei wichtigsten Aufwandsarten des Hotel- und Gaststättenwesens.
3. Nennen Sie die drei wichtigsten Ertragsarten des Hotel- und Gaststättenwesens.
4. Wann sind Geschäftsvorfälle erfolgswirksam?
5. Nennen und erklären Sie die zwei wichtigsten Ursachen, warum Erfolgsvorgänge nicht direkt im Eigenkapitalkonto gebucht werden.
6. Wie werden Erfolgskonten (Ergebniskonten) unterteilt?
7. Ordnen Sie den folgenden Definitionen die Begriffe Aufwand, Kosten, Erträge und Erlöse zu:
   a) alle Beträge, die im Rahmen der unternehmerischen Tätigkeit eingenommen werden
   b) alle Beträge, die im Rahmen der unternehmerischen Tätigkeit verbraucht werden
   c) alle Beträge, die im Rahmen des Verkaufs betrieblicher Leistungen eingenommen werden
   d) alle Beträge, die im Rahmen der betrieblichen Leistungserstellung verbraucht werden (betriebsbedingter Leistungsverzehr)
8. Wie lauten die Buchungsregeln für Aufwands- und Ertragsbuchungen?
9. Bilden Sie die Buchungssätze für die nachfolgenden Geschäftsvorfälle. Verwenden Sie dazu die Erfolgskonten Beherbergungsumsatz, Handelswarenumsatz, Speisenumsatz, Mietertrag, Energiekosten, Instandhaltung, Lebensmittelkosten, Personalkosten, Post- und Telefonkosten, Werbung, Zinsaufwand.

   Geschäftsvorfälle
   1) Rechnung an Hotelgast für Beherbergung
   2) Restauranteinnahme bar aus Speisenverkauf
   3) Bareinnahmen im hoteleigenen Kiosk
   4) Eingangsrechnung für Lebensmittel
   5) Löhne an Küchenhilfen bar
   6) Rechnung der „Inn-Salzachwelle" für Werbespots
   7) Bankscheck für Reparaturen am Hoteldach
   8) Rechnung an Gäste für Bankett (Küchenleistungen)
   9) Gast bezahlt offene Rechnung aus Fall 1) durch Bank
   10) Bankgutschrift für Schaukastenmiete in der Halle
   11) Rechnung „Badische Winzer" für Weinlieferung
   12) Rechnung für Heizöl wird bar bezahlt
   13) Gutschrift „Badische Winzer" wegen Mängelrüge
   14) Bank belastet Konto für Überziehungszinsen
   15) Post belastet Postgiro für Telefax und Telefon
   16) Banklastschrift für offene Rechnung
   17) Kauf eines Pkws auf Ziel
   18) Bank erhöht Limit für Kontokorrent-Kredit

Fortsetzung nächste Seite

Aufgaben (Fortsetzung von Vorseite)

10. Erstellen Sie ein GuV-Konto und ein SBK und tragen Sie die folgenden Konten ein: Erfolgskonten: GuV S die Aufwandskonten, GuV H die Ertragskonten; Bestandskonten SBK H passive Bestandskonten.
Getränkeumsatz, Hypothekenschulden, Personalkosten, Zinsertrag, Reinigungskosten, Getränkekosten, VaLL, Kfz.-Kosten, Fuhrpark, FaLL Bürobedarf, Lebensmittelkosten, Lebensmittelvorrat, Darlehensschulden, Mietertrag, Eigenkapital, Getränkevorrat, Post- und Telefonkosten, Betriebs- und Geschäftsausstattung (BGA), Kasse, Bankguthaben, Werbung.

11. Erstellen Sie sämtliche Buchungen vom 01.01. bis 31.12. im Grund- und Hauptbuch.
Anfangsbestände: Kasse 2 500,00 €, Bank 9 000,00 €, BGA 30 000,00 €, Eigenkapital ? €
Folgende Geschäftsfälle sind zu kontieren und zu buchen:

Nr.	**Geschäftsvorfall**	**€**
1)	Kauf einer Garderobe gegen Bankscheck	3 900,00
2)	Bareinzahlung auf das Bankkonto	1 000,00
3)	Barzahlung einer Werbeanzeige	200,00
4)	Löhne bargeldlos	4 000,00
5)	Tageseinnahme aus Zimmerverkauf bar	3 400,00
6)	Zinsgutschrift auf Bankkonto	1 200,00

12. Erstellen Sie sämtliche Buchungen vom 01.01. bis 31.12. im Grund- und Hauptbuch.
Anfangsbestände: BGA 90 000,00 €, FaLL 6 000,00 €, Bankguthaben 9 800,00 €, Kasse 1 430,00 €, Darlehen 58 000,00 €, VaLL 17 040,00 €, Eigenkapital ? €

Nr.	**Geschäftsvorfall**	**€**
1)	Eingangsrechnung BGA	890,00
2)	Kauf eines Druckers gegen Bankscheck	2 800,00
3)	Banklastschrift durch Einzugsermächtigung: Stadtwerke belasten für Strom und Wasser	1 500,00
4)	Löhne bargeldlos	3 000,00
5)	Begleichen fälliger Rechnung durch Banküberweisung	1 900,00
6)	Einnahmen aus Logis	14 000,00
7)	Bareinzahlung auf das Bankkonto	10 000,00
8)	Büromaterial wird bar bezahlt	600,00
9)	Banklastschrift für Telefongebühren	900,00
10)	Vom Bankkonto werden abgebucht:	
	– fällige Tilgungsrate	5 000,00
	– fällige Zinsen	1 000,00
11)	Gast begleicht offene Rechnung bar	500,00
12)	Barverkauf einer gebrauchten Schreibmaschine zum Buchwert an einen Mitarbeiter	400,00

2.2 Weiterführende Buchungen

In den vorangehenden beiden Unterkapiteln wurde bereits beispielhaft aufgezeigt, welchen Einfluss Geschäftsvorfälle grundsätzlich auf das Vermögen und das Kapital einerseits und/oder auf den Erfolg eines Unternehmens andererseits haben können.
Die für das Rechnungswesen relevanten betrieblichen Situationen sind aber weitaus vielfältiger. Nachfolgend sollen einige bedeutsame Fragestellungen beleuchtet werden.

2.2.1 Leistungserstellung und Leistungserbringung

Situation

Anhand der Gewinn- und Verlust-Rechnung hat der Inhaber des Hotel-Restaurants Bergstatter Hof den Rohgewinn für das vorangegangene Wirtschaftsjahr ermittelt. Der Wert an sich ist für ihn schon eine interessante Größe, aber nun möchte er noch wissen, wie sich diese Kennzahl für seinen Betrieb im Detail zusammensetzt.

Der **Rohgewinn** ist die Differenz aus Umsatzerlösen und Warenkosten.

Rohgewinn = Umsatzerlöse – Warenkosten

Umsatzerlöse werden in gastgewerblichen Unternehmen vor allem durch den Verkauf von Speisen und Getränken einerseits und die Vermietung von Zimmern (Beherbergung) andererseits erzielt.

Um die Anteile der einzelnen Umsatzbereiche am Rohgewinn ermitteln und verfolgen zu können, sollten sie in den Konten der Buchführung gesondert erfasst werden als

- 5010 Beherbergungsumsatz,
- 5020 Speisenumsatz,
- 5030 Getränkeumsatz und
- 5060 Sonstige Umsatzerlöse.

Beispiel

Statistik Monat Mai

Logis	Speisen	Getränke	Sonstiges
....	....	....	....
....	....	....	....
....	....	....	....
....	....	....	....
81 800,00	59 600,00	38 300,00	2 100,00

Voraussetzung für die Erzielung von Umsätzen im Verpflegungsbereich ist zunächst einmal der Einkauf von Waren. Durch die Verarbeitung und den Verbrauch der Waren entstehen dem Betrieb Kosten. Durch den Verkauf im Restaurant werden schließlich die Umsatzerlöse erzielt.

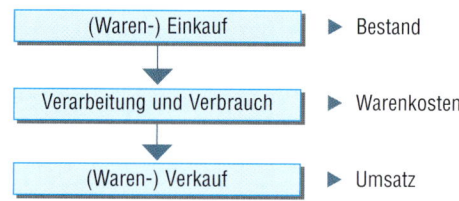

(Waren-) Einkauf ▶ Bestand
↓
Verarbeitung und Verbrauch ▶ Warenkosten
↓
(Waren-) Verkauf ▶ Umsatz

Für spätere Kontroll- und Analysezwecke sollten auch die Warenbestands- und die (Waren-)Kostenkonten gesondert erfasst werden als

- 1120 WV Lebensmittel und
- 1130 WV Getränke und
- 6020 WK Lebensmittel
- 6030 WK Getränke

2.2.1.1 Buchungen nach der Fortschreibungsmethode

Beispiel

Im Hotel-Restaurant Bergstatter Hof finden hinsichtlich des Artikels „Grüner Veltliner" folgende Warenbewegungen statt:

Per 01.01. beträgt der Lagerbestand 15 Flaschen à 5,00 €.
Am 28.04. werden 60 Flaschen à 5,00 € auf Ziel eingekauft.

Aufgrund eines Anforderungsscheines werden am 10.05. für eine Veranstaltung 70 Flaschen aus dem Lager entnommen, die für jeweils 25,00 € gegen Barzahlung verkauft werden.

Bis zum 31.12. werden keine weiteren Flaschen eingekauft oder angefordert.

In der Lagerbuchhaltung stellt sich diese Situation wie folgt dar:

Bereich:	Getränke	
Artikel:	Grüner Veltliner	Art.-Nr. 213
Lieferant:	....	
Lagerstelle:	....	

Datum	Beleg/Text	Zugang in Stück	Abgang in Stück	Bestand in Stück	AK in € Stück	AK in € gesamt	Bestand in €
01.01.	Anfangsbestand			15	5,00		75,00
28.04.	Lieferschein	60		75	5,00	300,00	375,00
10.05.	Anforderungsschein		70	5	5,00	350,00	25,00
31.12.	Schlussbestand			5	5,00		25,00

Wie aus der **Lagerkartei** zu erkennen ist, werden die Zu- und Abgänge im Lager aufgrund von Lieferscheinen und Anforderungsscheinen (Warenentnahmescheinen) fortlaufend erfasst. Das bedeutet, dass der Warenbestand kontinuierlich fortgeschrieben wird.

Der Schlussbestand per 31.12. ermittelt sich also nach folgendem Schema:

	Anfangsbestand	75,00
+	Zugänge	300,00
–	Abgänge	350,00
=	Schlussbestand	25,00

Der Schlussbestand wird mit dem Ergebnis der Inventur verglichen. (Siehe dazu Ausführungen unter 2.2.1.2)

In der Finanzbuchführung werden diese Warenbewegungen wie folgt erfasst:

Die Einkäufe führen zunächst zu Bestandserhöhungen. Werden Waren aus dem Lager entnommen, mindert sich der Warenbestand. Gleichzeitig stellt dieser Vorgang für den Betrieb Aufwand (Kosten) dar, weil die Waren verbraucht worden sind.
Durch den Verkauf im Restaurant werden Umsatzerlöse erzielt.

Entsprechend erfolgen die Buchungen in Grund- und Hauptbuch:

Datum	Konto Soll	Konto Haben	€ Soll	€ Haben
01.01.	1130 WV-Getränke	8000 Saldenvorträge	75,00	75,00
28.04.	1130 WV-Getränke	3300 VaLL	300,00	300,00
10.05.	6030 WK-Getränke	1130 WV-Getränke	350,00	350,00
10.05.	1600 Kasse	5030 Getränkeumsatz	1 750,00	[1] 1 750,00

[1] 70 Flaschen à 25,00 €

Für das Bestandskonto Getränke ergibt sich aufgrund des ermittelten Inventurbestandes folgende Abschlussbuchung:

Datum	Konto Soll	Konto Haben	€ Soll	€ Haben
31.12.	8900 SBK	1130 WV-Getränke	25,00	25,00

Der Abschluss der Erfolgskonten „Warenkosten Getränke" und „Getränkeumsatz" erfolgt über das Gewinn- und Verlustkonto.

Datum	Konto Soll	Konto Haben	€ Soll	€ Haben
31.12.	8100 GuV	6030 WK-Getränke	350,00	350,00
31.12.	5030 Getränkeumsatz	8100 GuV	1 750,00	1 750,00

Im Hauptbuch stellt sich die Situation wie folgt dar: (Zwecks Übersichtlichkeit in den Konten wird teilweise auf die Angabe des Datums oder des Gegenkontos verzichtet!)

Bestandskonto

S	1130 WV-Getränke		H
SV	75,00	10.05.	350,00 →
28.04.	300,00	SBK	25,00

Erfolgskonten

S	6030 WK-Getränke		H
10.05.	350,00	GuV	350,00

S	5030 Getränkeumsatz		H
GuV	1 750,00	10.05.	1 750,00

S	8900 SBK		H
WV-Getränke	25,00		

S	8100 GuV		H
WK-Getränke	350,00	Getränkeumsatz	1 750,00
(Rohgewinn 1 400,00)			

Rohgewinn

Im vorliegenden Beispiel hat der Betrieb einen Rohgewinn in Höhe von 1 400,00 € erwirtschaftet.

Rohgewinne entstehen, wenn die Produkte zu höheren Preise verkauft als eingekauft werden.

	Umsatzerlöse (verkaufte Menge zu Verkaufspreisen)	70 Flaschen à 25,00 €	= 1 750,00 €
–	**Warenkosten** (verbrauchte Menge zu Einkaufspreisen)	70 Flaschen à 5,00 €	= 350,00 €
=	**Rohgewinn**	70 Flaschen à 20,00 €	= 1 400,00 €

Der Rohgewinn (Rohverlust) wird in der GuV-Rechnung üblicherweise nicht ausgewiesen, da er – wie der Name schon sagt – nur ein erstes „rohes" Ergebnis darstellt.

Erst nach Berücksichtigung weiterer Kosten, wie Personalkosten, Miete, Energie usw. und weiterer Erträge, wie Zinserträge oder Provisionserträge, lässt sich das endgültige Ergebnis – der Reingewinn (Reinverlust) – ermitteln.

2.2.1.2 Buchungen nach der Inventurmethode

Inventur im Rahmen der Fortschreibungsmethode
Unter der Voraussetzung, dass der fortgeschriebene Lagerbestand (Soll-Bestand) mit dem tatsächlichen Lagerbestand (Ist-Bestand) per 31.12. übereinstimmt, spiegeln das Schlussbilanzkonto und das Gewinn- und Verlustkonto in der vorhergehenden Buchungsvariante unter 2.2.1.1 korrekte Ergebnisse wider.

Von übereinstimmenden Soll- und Ist-Lagerwerten ist in der Praxis aber kaum auszugehen.

Folglich muss der buchmäßig ermittelte Warenbestand durch eine körperliche Bestandsaufnahme (Inventur) überprüft werden. Wird bei der Inventur z.B. ein kleinerer Ist- als Sollwert festgestellt, so ist sowohl das Bestandskonto auf den niedrigeren Wert anzupassen als auch ein zusätzlicher Wareneinsatz (oder ein a.o. Aufwand im Fall von Verderb, Schwund oder Diebstahl) zu erfassen.

Voraussetzung für korrekte Buchungen nach der Fortschreibungsmethode ist also in jedem Fall eine Inventur.

Im Gegensatz zur Fortschreibungsmethode wird bei Anwendung der **Inventurmethode** der Warenverbrauch nicht aufgrund einzelner Warenentnahmescheine erfasst, sondern als Gesamtwert nach bereits durchgeführter Inventur.

Fortführung des Eingangsbeispiels

Bei der Inventur am 31.12. wurden im Weinlager statt des Soll-Bestandes von 5 Flaschen nur 3 Flaschen „Grüner Veltliner" mit einem Gesamtwert von 15,00 € gezählt.

Nach der Inventurmethode ermittelt sich der Warenverbrauch dann wie folgt:

	Anfangsbestand	75,00
+	Zugänge (Einkäufe)	300,00
=	Sollbestand (ohne Entnahmen)	375,00
–	(Ist-) Schlussbestand lt. Inventur	15,00
=	Warenverbrauch (Warenkosten)	360,00

Daraus ergeben sich im Gegensatz zur Fortschreibungsmethode folgende Buchungen:

▶ **Eröffnungsbuchung** (identisch)

Datum	Konto Soll	Konto Haben	€ Soll	€ Haben
01.01.	1130 WV-Getränke	8000 Saldenvorträge	75,00	75,00

▶ **Laufende Buchungen**

Geschäftsvorfall: Wareneinkauf auf Ziel, 300,00 € (Buchung identisch)

Datum	Konto Soll	Konto Haben	€ Soll	€ Haben
28.04.	1130 WV-Getränke	3300 VaLL	300,00	300,00

Geschäftsvorfall: Barverkauf von Getränken, 1 750,00 € (Buchung identisch)

Hier wird nur der Erlös gebucht! Die Buchung des Warenverbrauchs zu diesem Zeitpunkt entfällt, da erst nach erfolgter Inventur der Warenverbrauch als Gesamtwert erfasst wird.

Datum	Konto Soll	Konto Haben	€ Soll	€ Haben
10.05.	1600 Kasse	5030 Getränkeumsatz	1 750,00	1 750,00

Unter Berücksichtigung des Warenschlussbestands lt. Inventur wird der Warenverbrauch ermittelt (s. o.) und gebucht.

▶ **Vorbereitende Abschlussbuchung**

Datum	Konto Soll	Konto Haben	€ Soll	€ Haben
31.12.	6030 WK-Getränke	1130 WV-Getränke	360,00	360,00

Daraus resultieren die Abschlussbuchungen:

▶ **Abschlussbuchungen**

Datum	Konto Soll	Konto Haben	€ Soll	€ Haben
31.12.	8100 GuV	6030 WK-Getränke	360,00	360,00
	5030 Getränkeumsatz	8100 GuV	1 750,00	1 750,00

Datum	Konto Soll	Konto Haben	€ Soll	€ Haben
31.12.	8900 SBK	1130 WV-Getränke	15,00	15,00

Darstellung im Hauptbuch:

Bestandskonto

S	1130 WV-Getränke		H
SV	75,00	WK-Getr.	360,00
28.04.	300,00	SB lt. Inv.	15,00

S	8900 SBK		H
WV-Getränke	15,00		

Erfolgskonten

S	6030 WK-Getränke		H
31.12.	360,00	GuV	360,00

S	5030 Getränkeumsatz		H
GuV	1 750,00	10.05.	1 750,00

S	8100 GuV		H
WK-Getränke	360,00	Getränkeumsatz	1 750,00
(Rohgewinn 1 390,00)			

Die Ergebnisse im SBK und GuV verdeutlichen die Aufgabe und Notwendigkeit der Inventur, und zwar unabhängig davon, ob nach der Fortschreibungs- oder Inventurmethode verfahren wird:

- In der Bilanz werden nur die tatsächlich vorhandenen Vermögenswerte (Ist-Bestand) ausgewiesen.
- Nur nach einer erfolgten Inventur kann der exakte Warenverbrauch ermittelt werden.
  Im vorliegenden Beispiel wurden 70 Flaschen Wein verkauft. Aufgrund der Inventur konnte jedoch festgestellt werden, dass der tatsächliche Verbrauch – und damit die Kosten für den Betrieb – bei 72 Flaschen lag.

Die Gründe für Differenzen sind vielfältig, z.B. Bruch, Verderb, Diebstahl, um nur einige zu nennen.
Um die Abweichungen zwischen Soll- und Istverbrauch möglichst zeitnah feststellen und damit besser oder überhaupt reagieren zu können, werden in vielen Betrieben die Inventuren monatlich, zum Teil wöchentlich oder als Spotcheck (für einzelne Warenarten oder Outlets) sogar täglich durchgeführt.

In der **Warenwirtschaft** (Lagerbuchhaltung) erfolgt die Erfassung der Zugänge und Abgänge pro Artikel, um Detailinformationen zu sichern. Dagegen werden in der Finanzbuchführung (im Gegensatz zum vorhergehenden theoretischen Beispiel) die Warenkosten (WK) Lebensmittel und die Warenkosten (WK) Getränke als Gesamtwerte für einen bestimmten Zeitraum erfasst.

Durch die **Sparten-Differenzierung** wird sichergestellt, dass sowohl die jeweiligen Anteile am Rohgewinn wie auch die Wareneinsatzquoten ermittelt werden können.

In der Praxis existieren neben den vorher beschriebenen noch weitere Buchungsmethoden.
Zum Beispiel wird der Einkauf von Lebensmitteln sofort als Warenkosten (WK) erfasst, wenn die Waren für den sofortigen Verbrauch bestimmt sind.
Der laut Inventur ermittelte Schlussbestand der Lebensmittel wird als solcher auch im Schlussbilanzkonto dargestellt. Dafür wird das Kostenkonto um diesen Wert entlastet (gemindert).

2.2.1.3 Ermittlung der Wareneinsatzquoten

Die Wareneinsatzquote gibt den prozentualen Anteil der Warenkosten an den Umsatzerlösen an.

$$\text{Wareneinsatzquote Getränke (WE Getränke in \%)} = \frac{\textbf{WK Getränke} \times 100\ \%}{\text{Getränkeumsatz}}$$

Da die Warenkosten in der Gastronomie eine zentrale Größe darstellen, ist die Wareneinsatzquote ein erster Indikator dafür, ob der Betrieb wirtschaftlich arbeitet.
Die Wareneinsatzquote für das vorliegende Beispiel beträgt 20,57%.

$$\text{WE Getränke in \%} = \frac{360{,}00\ € \times 100\ \%}{1\,750{,}00\ €} = 20{,}57\ \%$$

Da diese Kennzahl auf den tatsächlichen Geschäftsvorfällen der Vergangenheit beruht, stellt sie einen so genannten IST-Wert dar.
Dieser Wert wird regelmäßig mit der so genannten SOLL-Wareneinsatzquote, die im Budget (der Planungsrechnung) des Betriebes festgelegt wird, verglichen. Insbesondere negative Abweichungen zwischen Soll- und Ist-Werten werden vom Cost-Controlling hinsichtlich ihrer Ursachen analysiert, um gezielte Maßnahmen zur Kostenreduzierung erarbeiten zu können.

Die Buchungen und Kennzahlenberechnungen im Speisenbereich erfolgen wie im Getränkebereich.

Kontrolle der Wareneinsatzquoten

Voraussetzung für die Kontrolle der einzelnen Umsatzsparten ist – wie oben schon erwähnt – eine differenzierte Kontenführung.
Das folgende Beispiel verdeutlicht das.

Beispiel

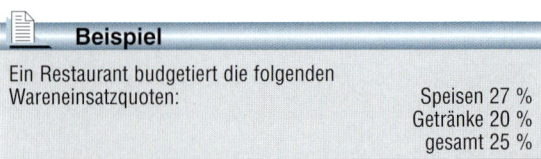

Ein Restaurant budgetiert die folgenden Wareneinsatzquoten:

Speisen 27 %
Getränke 20 %
gesamt 25 %

Im Laufe des Monats wurden die folgenden Daten erfasst:

	Speisen	Getränke	gesamt
Umsatzerlöse	102 900,00	78 800,00	181 700,00
AB Waren	2 100,00	3 400,00	
Einkäufe	34 800,00	15 700,00	
SB lt. Inv.	2 400,00	4 900,00	
Warenkosten	**34 500,00**	**14 200,00**	**48 700,00**

Aufgrund der vorliegenden Daten ergeben sich für das Restaurant die folgenden Quoten:

$$\text{WE-Quote Speisen:} = \frac{\text{WK-Speisen x 100 \%}}{\text{Umsatzerlöse Speisen}}$$

$$\frac{34\,500{,}00 \text{ x } 100\,\%}{102\,900{,}00} = \mathbf{33{,}53\,\%}$$

$$\text{WE-Quote Getränke:} = \frac{\text{WK-Getränke x 100 \%}}{\text{Umsatzerlöse Getränke}}$$

$$\frac{14\,200{,}00 \text{ x } 100\,\%}{78\,800{,}00} = \mathbf{18{,}02\,\%}$$

$$\text{WE-Quote gesamt:} = \frac{\text{WK gesamt x 100 \%}}{\text{Umsatzerlöse gesamt}}$$

$$\frac{48\,700{,}00 \text{ x } 100\,\%}{181\,700{,}00} = \mathbf{26{,}8\,\%}$$

Hätte lediglich die ermittelte WE-Quote gesamt für Controllingzwecke zur Verfügung gestanden, wäre womöglich aufgrund der relativ geringen Abweichung zum budgetierten Wert kein weiterer Handlungsbedarf erkannt worden.

Erst die differenzierte Betrachtung lässt erkennen, dass im Bereich Speisen „etwas im Argen" liegt, wohingegen der Getränkebereich besser als geplant abgeschnitten hat (mehr dazu im Bereich Kostenrechnung).

Aufgaben

1. Erläutern Sie jeweils die Vor- und Nachteile der Fortschreibungs- und Inventurmethode.

2. a) Ermitteln Sie anhand der folgenden Daten den Rohgewinn.

Warenanfangsbestand Lebensmittel	1 700,00 €
Speisenumsatze F+B	28 000,00 €
Lebensmittelschlussbestand lt. Inv.	800,00 €
Lebensmitteleinkäufe	6 000,00 €

   b) Erläutern Sie, warum diese Kennzahl als „Roh"gewinn bezeichnet wird.
   c) Ermitteln Sie die Wareneinsatzquote Speisen.
   d) Erläutern Sie den Aussagewert der Wareneinsatzquote.

3. a) Ermitteln Sie anhand der folgenden Angaben die
   ➜ Wareneinsatzquote Speisen,
   ➜ Wareneinsatzquote Getränke und
   ➜ Wareneinsatzquote gesamt.

Warenschlussbestand Getränke	5 300,00 €
Einkauf Lebensmittel	26 000,00 €
Speisenumsatz	69 000,00 €
Warenanfangsbestand Getränke	500,00 €
Einkauf Getränke	9 300,00 €
Getränkeumsatz	23 000,00 €
Warenschlussbestand Lebensmittel	3 000,00 €
Warenanfangsbestand Lebensmittel	1 000,00 €

   b) Beschreiben Sie, warum die Ermittlung einer Gesamt-Wareneinsatzquote nicht ausreicht.

4. Ein Hotel hat einen Gesamtumsatz von 830 000,00 € erwirtschaftet. Davon entfallen 290 000,00 € auf Speisenumsatz, 220 000,00 € auf Getränkeumsatz und der Rest auf Logis. Die Wareneinsatzquote für Speisen betrug 26 %, für Getränke 19 %.
   Ermitteln Sie
   a) die Warenkosten (WK) Speisen,
   b) den Rohgewinn Getränke,
   c) den Rohgewinn gesamt.

5. Zu Beginn des Jahres befanden sich im Lebensmittellager Waren im Wert von 2 400,00 €. Im Laufe des Jahres wurden Zugänge an Lebensmitteln mit einem Gesamtwert von 40 800,00 € erfasst. Zum 31.12. ergab die Inventur einen Bestand von 5 600,00 €.
   Der Gesamtumsatz Speisen betrug 144 600,00 €.
   Erstellen Sie für diesen Sachverhalt sämtliche relevanten Buchungen in Grund- und Hauptbuch.

Fortsetzung nächste Seite ▷

Aufgaben (Fortsetzung von Vorseite)

6. Welche Geschäftsvorfälle oder Buchungssituationen liegen den folgenden Buchungssätzen zugrunde?

a)	2000 Eigenkapital	an	8100 GuV	4 300,00 €	4 300,00 €
b)	1600 Kasse	an	5030 Getränkeumsatz	9 200,00 €	9 200,00 €
c)	3300 VaLL	an	1800 Bank	2 100,00 €	2 100,00 €
d)	6030 WK-Getränke	an	1130 WV-Getränke	1 700,00 €	1 700,00 €
e)	1800 Bank	an	8900 SBK	450,00 €	450,00 €
f)	8900 SBK	an	1130 WV-Getränke	200,00 €	200,00 €

7. a) Erstellen Sie anhand der folgenden Angaben für den Jahresabschluss das GuV-Konto und das SBK.
   b) Ermitteln Sie
      ➜ den Rohgewinn und
      ➜ die Wareneinsatzquoten
        - Speisen,
        - Getränke und
        - gesamt.

Anfangsbestände:

Darlehen	85 000,00 €,
FaLL	8 560,00 €,
BGA	98 000,00 €,
Eigenkapital	36 510,00 €,
WV-Getränke	610,00 €,
WV-Lebensmittel	500,00 €,
VaLL	12 300,00 €,
Kasse	4 360,00 €,
Bank	21 780,00 €.

Geschäftsvorfälle (auszugsweise):

1) Eingangsrechnung für Lebensmittel, 2 640,00 €.
2) Lastschriftanzeige der Bank für Pacht, 4 500,00 €.
3) Ein Kunde begleicht eine offene Rechnung durch Banküberweisung, 319,00 €.
4) Ausgangsrechnung: Speisen außer Haus, 1 500,00 €.
5) Überweisung der Versicherungsbeiträge, 900,00 €.
6) Kellnerabrechnungen bar: Speisen 6 096,00 €, Getränke 4 854,00 €.
7) Bareinzahlung von 8 000,00 € auf das Bankkonto.
8) Lastschrift der Bank für Darlehnstilgung, 2 000,00 €, und für Zinsen, 340,00 €.
9) Wir bekommen Provision i.H. von 240,00 € bar.
10) Banklastschrift für eine offene Rechnung, 770,00 €.
11) Getränkeeinkauf auf Ziel, 1 130,00 €

Schlussbestände lt. Inventur:

Lebensmittel	900,00 €
Getränke	720,00 €.

2.2.2 Umsatzsteuer

Situation

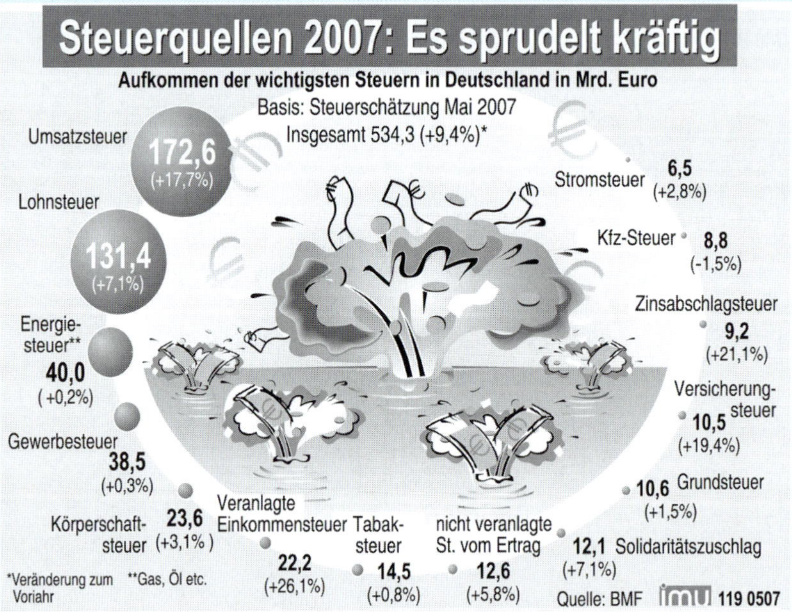

Die Umsatzsteuer ist eine der wichtigsten Einnahmequellen des Staates.

Sie ist eine Allphasen-Umsatzsteuer, weil sie auf allen Wirtschaftsstufen erhoben wird.
Was heißt das in der Hotellerie und Gastronomie?

2.2.2.1 System und Grundlagen der Umsatzsteuer

Bevor z.B. in einem Restaurant Waren angeboten werden, durchlaufen diese in der Regel mehrere Wirtschaftsstufen.

Beispiel

Ein Gast des Hotel-Restaurants Bergstatter Hof konsumiert eine Flasche Wein.
Vor dem Verkauf im Restaurant hat der Wein die folgenden Stufen durchlaufen:

1. Stufe: Ein **Winzer** verkaufte 100 Flaschen Wein für einen Flaschenpreis von 3,00 € zzgl. 19 % USt an einen **Weinhändler**.

2. Stufe: Der Weinhändler gab den Wein für 4,00 € zzgl. 19 % USt an das **Restaurant** ab.

3. Stufe: Das Restaurant bietet den Wein seinen **Gästen** für einen Preis von 19,00 € zzgl. 19 % USt an.

Auf jeder Unternehmensstufe enstehen Kosten und Gewinn, die den Wert der Ware erhöhen, die Ware wird „mehr wert". Dieser Mehrwert wird vom Staat besteuert. Aus diesem Grund wird die Umsatzsteuer auch als Mehrwertsteuer bezeichnet.

Die Umsatzsteuer beträgt (allgemein) 16% auf den (Netto-) Warenwert.

Umsatzsteuer, die beim Verkauf entsteht, stellt für den Unternehmer eine Verbindlichkeit gegenüber dem Finanzamt dar **(= Ausgangs-Umsatzsteuer)**.
Umsatzsteuer, die beim Einkauf entsteht, wird als **Vorsteuer (= Eingangs-Umsatzsteuer)** bezeichnet. (Vorsteuer, weil die Steuer in der vorangegangenen Umsatzstufe entstanden ist.) Die Vorsteuer stellt für den Unternehmer eine Forderung gegenüber dem Finanzamt dar.
An das Finanzamt muss jeder Unternehmer die Differenz aus Ausgangs- und Eingangs-Umsatzsteuer abführen, die als Umsatzsteuer-Zahllast bezeichnet wird.

Umsatzsteuer (Ausgangs-Umsatzsteuer)
– Vorsteuer (Eingangs-Umsatzsteuer)
= Umsatzsteuer-Zahllast

Die **Umsatzsteuer-Zahllast** stellt die Besteuerung der auf der eigenen Unternehmensstufe entstandenen Wertschöpfung dar.

Dieses System soll anhand des Ausgangsbeispiels noch einmal verdeutlicht werden:

Stufe	Verkaufspreis (netto)	Umsatzsteuer	Einkaufspreis (netto)	Vorsteuer	Mehrwert	USt-Zahllast
1. Winzer	300,00	57,00			300,00	57,00
2. Weinhändler	400,00	76,00	300,00	57,00	100,00	19,00
3. Restaurant	1 900,00	361,00	400,00	76,00	1 500,00	285,00
					1 900,00	361,00
Gast	2 261,00					

Der Winzer liefert Wein für 300,00 € zzgl. 19% Umsatzsteuer an den Weinhändler. Da der Winzer keinen Vorlieferanten hat, kann er keine Vorsteuer in Abzug bringen und muss folglich 57,00 € USt-Zahllast, nämlich 19% auf seine Wertschöpfung, an das Finanzamt abführen.
Der Weinhändler schuldet dem Finanzamt 76,00 € aufgrund seines Verkaufs in Höhe von 400,00 €.

Die Vorsteuer in Höhe von 57,00 € aufgrund seines Einkaufs beim Winzer kann er in Abzug bringen und zahlt an das Finanzamt nur noch die Differenz von 19,00 €, die wiederum die Besteuerung von 19% von 100,00 €, seiner Wertschöpfung, darstellen.

Entsprechend erfolgt die Besteuerung auf der Stufe des Restaurants.

In der Summe führen die Unternehmen insgesamt 361,00 € Umsatzsteuer an das Finanzamt ab.
Die Zahlungen stellen jedoch keine (erfolgswirksame) Belastung für die einzelnen Unternehmen dar, da die Umsatzsteuer-Beträge dem jeweils nachfolgenden Abnehmer in Rechnung gestellt werden.
Gleichzeitig entsprechen die 361,00 € genau dem Steuerbetrag, der dem Gast innerhalb des Rechnungsbetrages von 2 261,00 € in Rechnung gestellt wird. Dieser hat als Endverbraucher den Gesamtbetrag zu tragen, d.h. wirtschaftlich aufzubringen.
Da Steuerschuldner (Unternehmer) und Steuerträger (Endverbraucher) nicht dieselben Personen sind, gehört die Umsatzsteuer zur Gruppe der indirekten Steuern.

Rechtsgrundlage für die Umsatzsteuer *(USt)* ist das ***Umsatzsteuergesetz (UStG)***.

Im *UStG* wird geregelt,

- wer zur Umsatzsteuer herangezogen wird,
- welche Vorgänge der Umsatzsteuer unterliegen und
- wie die Besteuerung durchgeführt wird.

Grundsätzlich wird nur der Unternehmer zur Umsatzsteuer herangezogen, der eine Lieferung oder sonstige Leistung ausführt.

Zu den Lieferungen i.S. des *UStG* gehören einerseits Warenlieferungen, z. B. von Lebensmitteln und Getränken, aber auch sonstige Lieferungen, z. B. von BGA, Fuhrpark, Reinigungsmitteln, Blumen, Büromaterial usw.
Bei den Leistungen handelt es sich um Dienstleistungen im weitesten Sinne. Darunter fallen z. B. auf der Verkaufsseite der Verkauf von Speisen und Getränken und von Übernachtungsleistungen einschließlich Nebenleistungen wie Telefon-, Garagen-, Saunanutzung usw. Daneben unterliegen z. B. auch Reparatur-, Wartungs- und verschiedene Beratungsleistungen (Steuerberater, Werbeagentur usw.) der Umsatzsteuer.

Die meisten Lieferungen und Leistungen werden mit dem **Regelsteuersatz** von **19 %** besteuert.

Einige Vorgänge unterliegen dem **ermäßigten Steuersatz** von **7 %** oder sind steuerbefreit.
(Auf die übrigen Steuersätze soll hier nicht weiter eingegangen werden.)

Mit dem ermäßigten Steuersatz werden u.a. die folgenden Lieferungen belegt:

- Lebensmittel
  - einschließlich Milch und Milcherzeugnisse
  - ausschließlich so genannte Luxuslebensmittel (wie Langusten, Hummer, Austern, Schnecken und Kaviar)
- Kaffee, Tee, Mate
- Leitungswasser
- Bücher, Zeitungen, Zeitschriften
- Blumen und Pflanzen

Wesentliche Steuersätze für Lieferungen und sonstige Leistungen im Gastgewerbe

Einkauf	Steuersatz	Verkauf	Steuersatz
Lebensmittel		**Speisen**	
→ Grundnahrungsmittel	7 %	→ Außerhausverkauf	7 %
→ Luxuslebensmittel	19 %	→ Verzehr an Ort und Stelle	19 %
Getränke	19 %	**Getränke**	19 %
		Logis inkl. Nebenleistungen	19 %
Dienstleistungen	19 %	**sonstige Dienstleistungen**	19 %

Da im Gastgewerbe steuerfreie Umsätze unbedeutend sind, sei lediglich auf den *§ 4 UStG* verwiesen, in dem die Steuerbefreiungen abschließend aufgezählt werden.

Ebenfalls steuerfrei sind die sog. durchlaufenden Posten. Dazu gehören z.B vom Gastronomen im fremden Namen und für fremde Rechnung vereinnahmte Beträge, wie für Theaterkarten usw.

2.2.2.2 Buchen der Vorsteuer

Das Buchen einer Vorsteuer erfolgt im Rahmen des Rechnungseingangs.

Nach *§ 22 UStG* ist der Unternehmer dazu verpflichtet, die Nettowerte (Entgelte) für die empfangene Lieferung oder Dienstleistung und die darauf entfallende Steuer (Vorsteuer) getrennt zu erfassen.

Der Unternehmer kann die Vorsteuer von seiner Umsatzsteuerschuld, die aufgrund eigener Verkäufe entsteht, abziehen, da die Vorsteuer für ihn eine Forderung gegenüber dem Finanzamt darstellt. Demzufolge ist auch das Vorsteuerkonto als Forderungskonto ein aktives Bestandskonto.

§ 15 UStG setzt für den Vorsteuerabzug allerdings voraus, dass die empfangenen Rechnungen acht Angaben enthalten *(vgl. § 14 (4) UStG)*:

1. Den Namen und die Anschrift des leistenden Unternehmers und des Leistungsempfängers,
2. die Steuernummer oder die Umsatzsteuer-Identifikationsnummer des leistenden Untermehmers,
3. das Ausstellungsdatum,
4. eine fortlaufende Rechnungsnummer,
5. die Menge und die handelsübliche Bezeichnung des Gegenstandes der Lieferung oder Art und den Umfang der sonstigen Leistung,
6. den Zeitpunkt der Lieferung oder sonstigen Leistung,
7. das nach Steuersätzen aufgeschlüsselte Entgelt (= Nettowert) für die Lieferung oder sonstige Leistung sowie jede im Voraus vereinbarte Minderung des Entgelts und
8. den anzuwendenen Steuersatz sowie den auf das Entgelt entfallenden Steuerbetrag.

Vinum *feine Weine aus Deutschland*

Vinum, Akazienstr. 10, 47011 Bergstatt (1)

Hotel-Restaurant Bergstatter Hof
Ringstraße 88
47011 Bergstatt

Vinum
Weingroßhandlung
Akazienstr. 10

47011 Bergstatt
Tel: 0 23 45/5 79 22
Fax: 0 23 45/ 5 79 23

Sparkasse Bergstatt
BLZ 880 550 00
Kto. Nr. 367 845 10

Kunden-Nr. 225
Lieferung: 15.07.20.. (6)

(4) (3)

Rechnung-Nr. 1990 vom 16.07.20..

Menge	Art.-Nr.	Text	Einzelpreis €	Gesamtpreis €
(5) 120 Fl.	1024	Pfälzer Ritterberg	5,00	600,00 (7)
Gesamt-Netto				600,00
(8) zzgl. 19% Umsatzsteuer				114,00
Gesamtbetrag				714,00

Vielen Dank für Ihren Auftrag!

Steuer-Nr. 45/321/75037 (2)

Für die Buchung ist die Rechnung in folgende Bestandteile aufzugliedern:

100%	→ Nettowert	= Warenwert
+ 19%	→ (Eingangs-)Umsatzsteuer	= Vorsteuer
119%	→ Bruttowert/Rechnungsbetrag	= VaLL

Daraus ergibt sich der nachstehende Buchungssatz:

Datum	Konto Soll	Konto Haben	€ Soll	€ Haben
16.07.	1130 WV-Getränke		600,00	
	1405 Vorsteuer 19 %	3300 VaLL	114,00	714,00

S	1130 WV-Getränke	H
16.07.	600,00	

S	3300 VaLL	H
	16.07.	714,00

S	1405 Vorsteuer 19 %	H
16.07.	114,00	

Im Konto „WV-Getränke“ wird nur der Nettowert der gekauften Ware (Warenwert) erfasst. Zusätzlich zum Warenwert hat der Lieferant Umsatzsteuer in Rechnung gestellt, die im Konto „Vorsteuer“ als Forderung gegenüber dem Finanzamt gebucht wird.
Der Gesamtrechnungsbetrag wird dem Lieferanten geschuldet und wird demzufolge im Konto „Verbindlichkeiten aL“ ausgewiesen.

In so genannten **Kleinbetragsrechnungen**, deren Gesamtbetrag **150,00 €** nicht übersteigen darf, müssen das steuerpflichtige Entgelt und die darauf entfallende Umsatzsteuer nicht getrennt ausgewiesen werden.
Es ist ausreichend, wenn der Bruttorechnungsbetrag und der Steuersatz angegeben werden. In diesem Fall kann der Unternehmer gem. *§ 33 UStDV* die Umsatzsteuer selbst berechnen.

Beispiel

Kleinbetragsrechnung Blumen brutto 53,50 € incl. 7% USt.

Die Blumenbinderei
Inh. Anke Meier
Florastraße 4
47011 Bergstatt

Rechnung für... *Hotel Bergstatter Hof*

Anzahl	Warenbezeichnung	Betrag
5	*Blumengestecke*	*53,50*

Rechnungsbetrag dankend erhalten incl. *7* %Steuer
Betrag *53,50*
X EURO ....

Datum: *28.04.20..* Unterschrift: *Meier*

© stedler - Rechnung - Ordernr. 200230

Da nur der Bruttobetrag (107%) ausgewiesen ist, muss zunächst der Nettobetrag oder der Steuerbetrag ermittelt werden, um so auf den dritten Betrag schließen zu können.

Formeln:

$$\frac{\text{(Brutto)-Rechnungsbetrag}}{1{,}07} = \text{Nettobetrag}$$

oder:

$$\frac{\text{(Brutto)-Rechnungsbetrag} \times 100}{107} = \text{Nettobetrag}$$

$$\frac{\text{(Brutto)-Rechnungsbetrag} \times 7}{107} = \text{Steuerbetrag}$$

In diesem Fall setzt sich die Rechnung also wie folgt zusammen:

100%	→ Nettowert	50,00
+ 7%	→ (Eingangs-)Umsatzsteuer	3,50
107%	→ Bruttowert	53,50

Folglich heißt der Buchungssatz:

Datum	Konto Soll	Konto Haben	€ Soll	€ Haben
28.04.	6655 Dekoration		50,00	
	1401 Vorsteuer 7 %	3300 VaLL	3,50	53,50

Entsprechend den beiden vorangehenden Beispielen ist z.B. auch beim Kauf von Anlagegütern wie BGA, Fuhrpark oder beim Eingang von Dienstleistungsrechnungen zu buchen.
Die Mehrungen auf den Anlagekonten oder auf den Aufwandskonten werden mit den Nettowerten, die in Rechnung gestellte Umsatzsteuer wird auf den jeweiligen Vorsteuerkonten gesondert und der Bruttowert erscheint als Gesamtrechnungsbetrag im Verbindlichkeitskonto oder in einem Finanzkonto erfasst.

2.2.2.3 Buchen der Umsatzsteuer

Wie bei den Eingangsrechnungen hat der Unternehmer auch beim Buchen von Ausgangsrechnungen Aufzeichnungspflichten zu erfüllen.

Nach *§ 22 UStG* hat er die steuerpflichtigen Entgelte (Nettowerte) in der Buchführung ersichtlich zu machen.

Beispiel 1

Getränkerechnung Hotel-Restaurant Bergstatter Hof netto 200,00 € + 38,00 € = 238,00 €

Hotel-Restaurant Bergstatter Hof

Hotel-Restaurant Bergstatter Hof, Ringstraße 88, 47011 Bergstatt

Firma
Heinz Siebert GmbH
Bahnhofstraße 33
47011 Bergstatt

Hotel-Restaurant Bergstatter Hof
Inh. Ralf Neumann
Ringstraße 88

47011 Bergstatt
Tel: 0 23 45 / 543-0
Fax: 0 23 45 / 543-88
eMail BergstatterHof.Bergstatt@abc.de

Sparbank Bergstatt
BLZ 880 500 00
Kto. Nr. 987 654 3

Steuer-Nr. 24/565/85376

Rechnungsdatum: 04.08. 20..

Rechnung-Nr. 0356

Wir bedanken uns für Ihren Aufenthalt am 04.08.20.. in unserem Haus und berechnen Ihnen:

Getränke lt. Beleg	200,00 €
19 % Umsatzsteuer	38,00 €
Gesamtbetrag	238,00 €

Bitte überweisen Sie den Gesamtbetrag auf unser o.g. Konto.

Für die Buchung sollte die Ausgangsrechnung zunächst in ihre Bestandteile aufgegliedert werden:

100%	→ Nettowert	= Getränkeumsatz
+ 19%	→ (Ausgangs-)Umsatzsteuer	= Umsatzsteuer
119%	→ Bruttowert/Rechnungsbetrag	= FaLL

Daraus ergibt sich folgender Buchungssatz:

Datum	Konto Soll	Konto Haben	€ Soll	€ Haben
04.08.	1200 FaLL	5030 Getränkeumsatz	238,00	200,00
		3805 Umsatzsteuer 19 %		38,00

Darstellung im Hauptbuch:

S 1200 FaLL H

S		H	
04.08.	238,00		

S 5030 Getränkeumsatz 19 % H

S		H	
		04.08.	200,00

S 3805 USt 19 % H

S		H	
		04.08.	38,00

Im Konto „Getränkeumsatz“ wird nur das Entgelt (der Nettowert) der verkauften Ware erfasst. Zusätzlich zum Nettowert wird dem Gast Umsatzsteuer in Rechnung gestellt, die im Konto „Umsatzsteuer“ als Verbindlichkeit gegenüber dem Finanzamt gebucht wird. Der Gast schuldet den Gesamtrechnungsbetrag, der demzufolge im Konto „FaLL“ ausgewiesen wird.

Der ermäßigte Steuersatz von 7 %, den der Gesetzgeber für den Verkauf von Lebensmitteln vorsieht, gilt nicht für den Verkauf und Verzehr von Speisen an Ort und Stelle, also im Restaurant.
Lediglich der Verkauf von Speisen außer Haus unterliegt dem Umsatzsteuersatz von 7 %.

Die unterschiedliche Besteuerung mit 19 % und 7 % begründet der Gesetzgeber damit, dass bei einem „komfortablen“ Verzehr an Ort und Stelle die Dienstleistung im Vordergrund der Gesamtleistung steht, während beim Außer-Haus-Verkauf die Lieferung der Nahrungsmittel vorrangig ist und somit der ermäßigte Steuersatz zum Ansatz kommt.

Um in den „Genuss“ des ermäßigten Steuersatzes zu kommen, muss von vornherein ein Verzehr an Ort und Stelle ausgeschlossen sein. Diese Voraussetzung ist nach Auffassung der Oberfinanzdirektion Frankfurt erfüllt, wenn die Speisen in Transportverpackungen, z.B. Warmhalteverpackungen, überreicht werden.

Im Rahmen der Aufzeichnungspflichten besteht auch die Verpflichtung, die Umsätze mit vollem und ermäßigtem Umsatzsteuersatz auf separaten Konten zu buchen.
Werden diese Pflichten nicht beachtet, besteht die Gefahr, dass bei einer Betriebsprüfung die Inanspruchnahme des ermäßigten Steuersatzes verweigert wird.

Ein Barverkauf von Speisen im Wert von 150,00 € wäre im Außer-Haus-Verkauf zzgl. 7 % USt = 10,50 € also wie folgt zu buchen:

Datum	Konto Soll	Konto Haben	€ Soll	€ Haben
04.08.	1600 Kasse	5022 Speisenumsatz 7 %	160,50	150,00
		3801 Umsatzsteuer 7 %		10,50

Mit der Buchung im gesonderten Umsatzkonto und im Konto Umsatzsteuer 7% wird der Aufzeichnungspflicht gem. *§ 22 UStG* entsprochen.

2.2.2.4 Geleistete und erhaltene Anzahlungen

Geleistete Anzahlungen
Grundsätzlich dürfen Unternehmen Vorsteuerbeträge nur für bereits ausgeführte Lieferungen oder sonstige Leistungen in Abzug bringen.

Dieser Grundsatz wird jedoch im Zusammenhang mit geleisteten Anzahlungen durchbrochen. Allerdings müssen für den Vorsteuerabzug zwei Bedingungen erfüllt sein:

1. Es liegt eine Anzahlungsrechnung mit gesondertem USt-Ausweis vor und
2. die Anzahlung ist bereits erfolgt.

Anzahlungen können z.B. im Zusammenhang mit dem Erwerb von Sachanlagen oder einer umfangreichen Vorratslieferung erfolgen.
Entsprechend erfolgen die Buchungen z.B. im Konto „0700 Anzahlungen (auf Sachanlagen)“ oder „1180 Geleistete Anzahlungen (auf Vorräte)“.

Beispiel 1.1

Anzahlungsrechnung vom Tischler/Möbelhändler für Ausbau Restaurant. 8 000,00 € + 1 520,00 € = 9 520,00 €
Bezahlung erfolgt am 25.07. durch Banküberweisung.

Tischlerarbeiten und Innenausbau *Olaf Mehnert*
individuelle Ausführungen für den Privat- und Geschäftsbereich

Olaf Mehnert, Innenausbau, Leibnitzstraße 7, 47011 Bergstatt

Hotel-Restaurant Bergstatter Hof
Ringstraße 88
47011 Bergstatt

Leibnitzstraße 7

47011 Bergstatt
Tel: 0 23 45 / 5 78 22
Fax: 0 23 45 / 5 87 23

Sparbank Bergstatt
BLZ 880 550 00
Kto. Nr. 389 456 5

Steuer-Nr. 24/454/76593

Rechnungsdatum: 25.07.20..

Sehr geehrte Damen und Herren,

als Anzahlung für den Ausbau Ihres Restaurants erlaube ich mir zu berechnen:

Netto	8 000,00 €
zuzüglich 19 % Umsatzsteuer	1 520,00 €
Gesamtbetrag	9 520,00 €

Ich bitte um Überweisung des Betrages auf mein o.g. Konto.

Mit freundlichem Gruß

Aufgrund der erfüllten Voraussetzungen für den Vorsteuerabzug wird bei Überweisung der Anzahlung wie folgt gebucht:

Datum	Konto Soll	Konto Haben	€ Soll	€ Haben
25.07.	0700 Anzahlungen		8 000,00	
	1405 Vorsteuer 19 %	1800 Bank	1 520,00	9 520,00

Die geleistete Anzahlung stellt für den Unternehmer eine Forderung – in diesem Fall auf Lieferung der Restauranteinrichtung – dar.

Deshalb ist das Anzahlungskonto auch ein aktives Bestandskonto.

Beispiel 1.2

Nach erfolgter Lieferung wird die Endabrechnung ausgestellt:

Tischlerarbeiten und Innenausbau ***Olaf Mehnert***
individuelle Ausführungen für den Privat- und Geschäftsbereich

Olaf Mehnert, Innenausbau, Leibnitzstraße 7, 47011 Bergstatt

Hotel-Restaurant Bergstatter Hof
Ringstraße 88
47011 Bergstatt

Leibnitzstraße 7

47011 Bergstatt
Tel: 0 23 45 / 5 78 22
Fax: 0 23 45 / 5 87 23

Sparbank Bergstatt
BLZ 880 550 00
Kto. Nr. 389 456 5

Steuer-Nr. 24/454/76593

Rechnungsdatum: 12.08. 20..

Sehr geehrte Damen und Herren,

für den Ausbau Ihres Restaurants im Zeitraum vom 28.07. bis 10.08.20.. erlaube ich mir abschließend zu berechnen:

Netto		20 000,00 €
zuzüglich 19 % Umsatzsteuer		3 800,00 €
Gesamtbetrag		23 800,00 €
abzüglich Anzahlung	8 000,00	
zuzüglich 19 % Umsatzsteuer	1 520,00	9 520,00 €
noch zu zahlen		14 280,00 €

Ich bitte um Überweisung des Betrages auf mein o.g. Konto.

Mit freundlichem Gruß

a) Zunächst wird die gesamte Lieferung gebucht.

Datum	Konto Soll	Konto Haben	€ Soll	€ Haben
12.08.	0500 BGA		20 000,00	
	1405 Vorsteuer 19 %	3300 VaLL	3 800,00	23 800,00

b) Außerdem ist die vorher gebuchte Anzahlung aufzulösen.

Datum	Konto Soll	Konto Haben	€ Soll	€ Haben
12.08.	3300 VaLL	0700 Anzahlungen	9 520,00	8 000,00
		1405 Vorsteuer 19 %		1 520,00

Beispiel 1.3

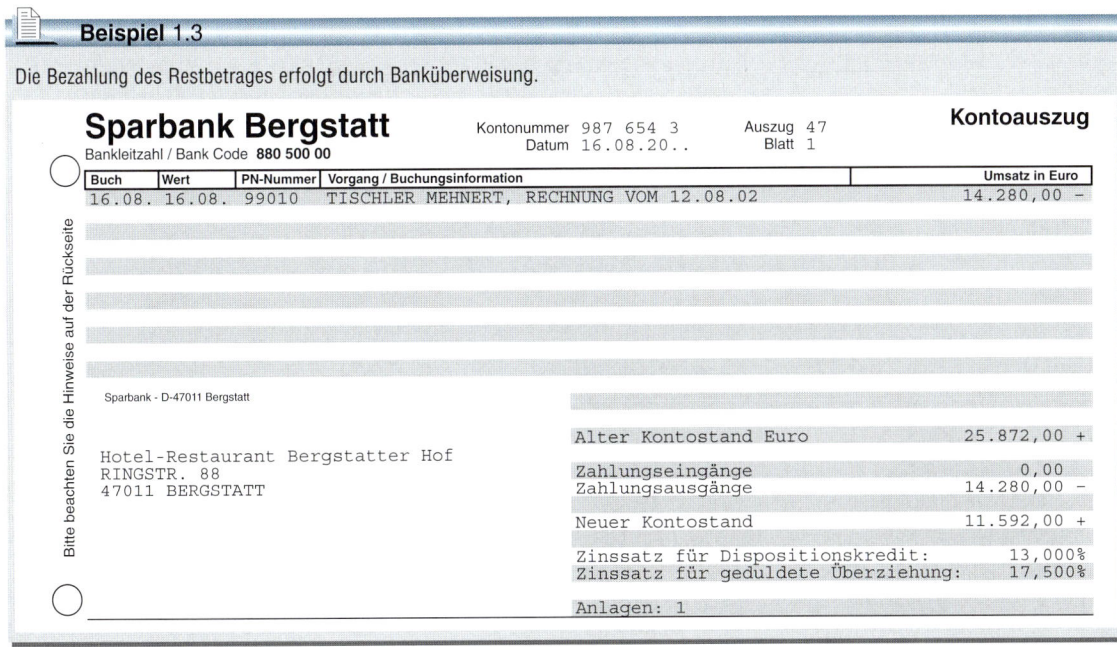

Die Bezahlung des Restbetrages erfolgt durch Banküberweisung.

Sparbank Bergstatt
Bankleitzahl / Bank Code **880 500 00**

Kontonummer 987 654 3 Datum 16.08.20..
Auszug 47 Blatt 1

Kontoauszug

Buch	Wert	PN-Nummer	Vorgang / Buchungsinformation	Umsatz in Euro
16.08.	16.08.	99010	TISCHLER MEHNERT, RECHNUNG VOM 12.08.02	14.280,00 -

Bitte beachten Sie die Hinweise auf der Rückseite

Sparbank - D-47011 Bergstatt

Hotel-Restaurant Bergstatter Hof
RINGSTR. 88
47011 BERGSTATT

Alter Kontostand Euro	25.872,00 +
Zahlungseingänge	0,00
Zahlungsausgänge	14.280,00 -
Neuer Kontostand	11.592,00 +
Zinssatz für Dispositionskredit:	13,000%
Zinssatz für geduldete Überziehung:	17,500%
Anlagen: 1	

Datum	Konto Soll	Konto Haben	€ Soll	€ Haben
16.08.	3300 VaLL	1800 Bank	14 280,00	14 280,00

Darstellung im Hauptbuch:

S — 0500 BGA — H

Soll		Haben	
12.08.	20 000,00		

S — 0700 Anzahlung — H

Soll		Haben	
25.07.	8 000,00	12.08.	8 000,00

S — 1405 Vorsteuer 19 % — H

Soll		Haben	
25.07.	1 520,00	12.08.	1 520,00
12.08.	3 800,00		

S — 1800 Bank — H

Soll		Haben	
		25.07.	9 520,00
		16.08.	14 280,00
			23 800,00

S — 3300 VaLL — H

Soll		Haben	
12.08.	9 520,00	12.08.	23 800,00
16.08.	14 280,00		

Nach Erfassung sämtlicher Geschäftsvorfälle dieses Beispiels hat auf dem BGA-Konto eine Mehrung von 20 000,00 € stattgefunden, die Vorsteuer-Forderung wird mit 3 800,00 € ausgewiesen und das Bankkonto hat sich um insgesamt 23 800,00 € gemindert.

Erhaltene Anzahlungen

Werden vor Ausführung einer Leistung Anzahlungen vereinnahmt, so sind diese gem. *§ 13 UStG* der Umsatzsteuer zu unterwerfen.

Beispiel 2.1

Am 28.06. werden auf dem Bankkonto 2 975,00 € gutgeschrieben, die ein Kunde als Anzahlung für eine Veranstaltung am 05.07. überwiesen hat.

Weil die Leistung vom Hotel erst im Juli erbracht wird, stellt die erhaltene Anzahlung für den Betrieb noch keinen erfolgswirksamen Vorgang dar, sondern eine Verbindlichkeit (auf Erbringung der Leistung zu einem späteren Zeitpunkt).
Diese Schuld wird im passiven Bestandskonto „3250 Erhaltene Anzahlungen“ zum Ausdruck gebracht.

Entsprechend wird am 28.06. gebucht:

Datum	Konto Soll	Konto Haben	€ Soll	€ Haben
28.06.	1800 Bank	3250 erhaltene Anzahlung	2 975,00	2 500,00
		3805 USt 19 %		475,00

Beispiel 2.2

Nach Durchführung der Veranstaltung wird dem Kunden folgende Ausgangsrechnung erteilt:

Hotel-Restaurant Bergstatter Hof

Hotel-Restaurant Bergstatter Hof, Ringstraße 88, 47011 Bergstatt

Familie
Andreas Hill
Lessingstraße 13
47011 Bergstatt

Hotel-Restaurant Bergstatter Hof
Inh. Ralf Neumann
Ringstraße 88

47011 Bergstatt
Tel: 0 23 45 / 543-0
Fax: 0 23 45 / 543-88
eMail BergstatterHof.Bergstatt@abc.de

Sparbank Bergstatt
BLZ 880 500 00
Kto. Nr. 987 654 3

Steuer-Nr. 24/565/85376

Rechnungsdatum: 08.07. 20..

Rechnung-Nr. 0437

Wir bedanken uns für Ihren Aufenthalt in unserem Haus und berechnen für die Ausführung Ihrer Hochzeitsfeier am 05.07.20..:

Speisen und Getränke lt. Einzelbelegen	4 500,00 €
19 % Umsatzsteuer	855,00 €
Gesamtbetrag	5 355,00 €
abzüglich Anzahlung	2 975,00 €
Restbetrag	2 380,00 €

Bitte überweisen Sie den Restbetrag auf unser o.g. Konto.

a) Zunächst wird die gesamte Leistung gebucht:
(Hier aus Vereinfachungsgründen keine Umsatzdifferenzierung)

Datum	Konto Soll	Konto Haben	€ Soll	€ Haben
05.07.	1200 FaLL	5000 Umsatzerlöse	5 355,00	4 500,00
		3805 USt 19 %		855,00

b) Gleichzeitig muss die vereinnahmte Anzahlung aufgelöst werden.

Datum	Konto Soll	Konto Haben	€ Soll	€ Haben
05.07.	3250 Erhaltene Anzahlung		2 500,00	
	3805 USt 19 %	1200 FaLL	475,00	2 975,00

Beispiel 2.3

Am 12.07. erfolgt die Restzahlung des Kunden durch Banküberweisung in Höhe von 2 380,00 €.

Datum	Konto Soll	Konto Haben	€ Soll	€ Haben
12.07.	1800 Bank	1200 FaLL	2 380,00	2 380,00

Bestandskonto

S	1200 FaLL		H
05.07.	5 355,00	05.07.	2 975,00
		12.07.	2 380,00

S	3250 Erhaltene Anzahlung		H
05.07.	2 500,00	28.06.	2 500,00

S	1800 Bank		H
28.06.	2 975,00		
12.07.	2 380,00		
	5 355,00		

S	3805 USt 16 %		H
05.07.	475,00	28.06.	475,00
		05.07.	855,00

Erfolgskonto

S	5000 Umsatzerlöse		H
		05.07.	4 500,00

Nach sämtlichen Buchungen verbleibt auf dem Erlöskonto eine Mehrung von 4 500,00 €, das Umsatzsteuer-Konto weist eine Verbindlichkeit von 855,00 € aus und auf dem Bankkonto hat eine Mehrung von 5 355,00 € stattgefunden.

2.2.2.5 Umsatzsteuer-Voranmeldung und -Vorauszahlung

Grundsätzlich ist das Kalenderjahr der Besteuerungszeitraum für die Umsatzsteuer *(§ 16 UStG)*.
Für diesen Zeitraum wird dem Finanzamt auch die (jährliche) Umsatzsteuererklärung abgegeben.
§ 18 UStG sieht jedoch sogenannte **Voranmeldungen** auf einem amtlichen Vordruck (s. Anhang) vor, die dem Finanzamt grundsätzlich auf elektronischem Weg zu übermitteln sind. Im Vordruck wird dem Finanzamt mitgeteilt, welche **Vorauszahlungen** bzw. Guthaben sich aufgrund der erfolgten Geschäftsvorfälle während des laufenden Jahres ergeben haben.

Regel-Voranmeldungszeitraum ist das Kalendervierteljahr. Beträgt die Umsatzsteuerschuld für das vorangegangene Kalenderjahr jedoch mehr als 6 136,00 €, ist der Kalendermonat Voranmeldungszeitraum.
Beträgt die Umsatzsteuerschuld für das vorangegangene Kalenderjahr nicht mehr als 512,00 €, so kann das Finanzamt den Unternehmer von der Verpflichtung der Abgabe der Voranmeldung befreien.
Unabhängig von der Höhe der Umsatzsteuerschuld ist für Unternehmensgründer im Kalenderjahr der Betriebseröffnung sowie im darauf folgenden Jahr der Monat der relevante Zeitraum.

Sowohl die Voranmeldung (Mitteilung) als auch die vom Unternehmer berechnete Vorauszahlung haben bis zum 10. Tag nach Ablauf des Voranmeldungszeitraums zu erfolgen. Berechnete Guthaben kann das Finanzamt entweder dem Unternehmer erstatten oder mit anderen Steuerverbindlichkeiten verrechnen (Umbuchungen).

Bei Nichteinhaltung der Fristen können vom Finanzamt Verspätungs- und Säumniszuschläge festgesetzt werden.

2.2.2.6 Dauerfristverlängerung und Sondervorauszahlung

Für viele Unternehmer ist es schwierig, die Buchführung so zeitnah zu erstellen, dass die gesetzlichen Fristen für die Abgabe der Voranmeldung und folglich auch für die Entrichtung der Vorauszahlungen eingehalten werden können.
Deshalb kann der Unternehmer beim Finanzamt einen Antrag auf Dauerfristverlängerung stellen und so eine Verlängerung für die Abgabe der Voranmeldungen und die Entrichtung der Vorauszahlungen um einen Monat erreichen *(§§ 46 bis 48 UStDV)*.

Die Fristverlängerung wird bei Monatszahlern (nicht bei Quartalszahlern) unter der Auflage gewährt, dass eine Sondervorauszahlung geleistet wird *(§ 47 UStDV)*.
Die Sondervorauszahlung beträgt 1/11 der Summe der Vorauszahlungen des Vorjahres.

Der Antrag und die Sondervorauszahlung müssen bis zum 10. Februar erfolgt sein.

2.2.2.7 Ermittlung und Buchung der Zahllast

Um auch in den Umsatzsteuerkonten darzustellen, ob der Unternehmer am Ende des jeweiligen Voranmeldungszeitraums eine Umsatzsteuerschuld oder ein -guthaben hat, sind die (Umsatz-) Steuerverbindlichkeiten mit den (Vor-)Steuerforderungen zu verrechnen.
Hierbei sind zwei Situationen denkbar.

(Aus Vereinfachungsgründen werden in den folgenden Beispielen jeweils nur ein Vorsteuer- und ein Umsatzsteuerkonto unterstellt.)

Beispiel 1 (Regelfall)

Im Laufe des Voranmeldungszeitraums Mai wurden aufgrund von Umsätzen insgesamt 2 460,00 € Umsatzsteuer gebucht. Die Vorsteuer, die in Rechnung gestellt wurde, betrug insgesamt 920,00 €.
Daraus ergibt sich für den Unternehmer eine Zahllast von 1 540,00 €.
Die Konten der Buchführung sollen diese Verbindlichkeit gegenüber dem Finanzamt widerspiegeln.
Deshalb wird das Vorsteuerkonto – als Konto mit dem geringeren (Forderungs-) Betrag – über das Umsatzsteuerkonto mit dem höheren (Verbindlichkeits-) Betrag abgeschlossen.
Die Buchung erfolgt am Ende des Voranmeldungszeitraums.

Der Buchungssatz hierfür lautet:

Datum	Konto Soll	Konto Haben	€ Soll	€ Haben
31.05.	3800 Umsatzsteuer	1400 Vorsteuer	920,00	920,00

Die Zahlung an das Finanzamt ist (ohne Dauerfristverlängerung) bis zum 10. des Folgemonats fällig.
Mit der Überweisung, z.B. am 07.06., erlischt die Umsatzsteuerverbindlichkeit vom Mai.

Der Buchungssatz für eine Überweisung lautet dann:

Datum	Konto Soll	Konto Haben	€ Soll	€ Haben
07.06.	3800 Umsatzsteuer	1800 Bank	1 540,00	1 540,00

S	1400 Vorsteuer		H
div.	920,00	31.05. USt	920,00

→

S	3800 Umsatzsteuer		H
31.05. VorSt	920,00	div.	2 460,00
07.06. Bank	1540,00		

S	1800 Bank		H
		07.06. USt	1 540,00

Beispiel 2

Im Laufe des Voranmeldungszeitraums Juni wurden insgesamt 2 460,00 € Umsatzsteuer gebucht.
Die Vorsteuer, u.a. aus dem Kauf neuer Küchenmaschinen, betrug insgesamt 3 740,00 €.
Daraus ergibt sich für den Unternehmer eine Umsatzsteuerforderung von 1 280,00 €.

Damit die Konten der Buchführung diese Forderung gegenüber dem Finanzamt widerspiegeln, wird das Umsatzsteuerkonto als Konto mit dem geringeren (Verbindlichkeits-) Betrag über das Vorsteuerkonto mit dem höheren (Forderungs-) Betrag abgeschlossen.

Auch für diese entgegengesetzte Situation lautet der Buchungssatz:

Datum	Konto Soll	Konto Haben	€ Soll	€ Haben
30.06.	3800 Umsatzsteuer	1400 Vorsteuer	2 460,00	2 460,00

Der Grund für denselben Buchungssatz trotz der entgegengesetzten Situationen liegt im unterschiedlichen Charakter der Konten:
Salden im aktiven Bestandskonto Vorsteuer werden im Haben gebucht, während Salden im passiven Bestandskonto Umsatzsteuer im Soll gebucht werden.

Mit der Erstattung des Finanzamts erlischt die Forderung.

Wird der Betrag z.B. am 28.07. auf dem Bankkonto gutgeschrieben, wird wie folgt gebucht:

Datum	Konto Soll	Konto Haben	€ Soll	€ Haben
28.07.	1800 Bank	1400 Vorsteuer	1 280,00	1 280,00

S — 1400 Vorsteuer — H

S			H
div.	3 740,00	30.06. USt	2 460,00
		28.07. Bank	1 280,00

S — 3800 Umsatzsteuer — H

S			H
30.06. VorSt	2 460,00	div.	2 460,00

S — 1800 Bank — H

S			H
28.07. VorSt	1 280,00		

Buchungen am Ende des Wirtschaftsjahres

Da die Umsatzsteuerzahlungen bzw. -erstattungen frühestens im Monat nach deren Entstehung erfolgen, ergibt sich zwangsläufig zum Jahresende eine Umsatzsteuerverbindlichkeit bzw. -forderung.

Diese ist in der Bilanz auszuweisen.
In diesem Fall ist dann nach Verrechnung der beiden Umsatzsteuerkonten folgende Abschlussbuchung zu erstellen:

Beträge aus Beispiel 1, jedoch Abrechnungsmonat Dezember

Datum	Konto Soll	Konto Haben	€ Soll	€ Haben
31.12.	3800 Umsatzsteuer	8900 SBK	1 540,00	1 540,00

S — 1400 Vorsteuer — H

S			H
div.	920,00	31.12. USt	920,00

S — 3800 Umsatzsteuer — H

S			H
31.12. VorSt	920,00	div.	2 460,00
SBK	1 540,00		

S — 8900 SBK — H

S			H
		USt	1 540,00

Beträge aus Beispiel 2, jedoch Abrechnungsmonat Dezember

Datum	Konto Soll	Konto Haben	€ Soll	€ Haben
31.12.	8900 SBK	1400 Vorsteuer	1 280,00	1 280,00

S	1400 Vorsteuer		H
div.	3 740,00	31.12. USt	2 460,00
		SBK	1 280,00

S	3800 Umsatzsteuer		H
31.12. VorSt	2 460,00	div.	2 460,00

S	8900 SBK		H
VorSt	1 280,00		

2.2.2.8 Buchungen in der Praxis

In der Buchführungspraxis sind i.d.R. differenziertere als die vorher beschriebenen Buchungen notwendig.

Die Umsatzsteuerzahlungen und -erstattungen können z.B. über die Konten
- 3820 Umsatzsteuervorauszahlungen und
- 1420 Umsatzsteuerforderungen

erfolgen.

Neben den vorher genannten Konten schlägt der SKR 70 noch diverse weitere Konten für den Themen- und Buchungsbereich Umsatzsteuer vor.

Trotz der vielfältigeren Konten in der Praxis bleibt das vorher beschriebene Buchungsprinzip bestehen.

Aufgaben

1. Erläutern Sie, warum die Umsatzsteuer „Mehrwertsteuer" genannt wird.

2. Ermitteln Sie die sich aus den folgenden Geschäftsvorfällen ergebende
   - → Vor- und Umsatzsteuer,
   - → die daraus resultierende Zahllast und
   - → die Wertschöpfung.

   a) Der Warenwert (netto) bezogener Getränke beträgt 800,00 €, der daraus erzielte Umsatzerlös (netto) beträgt 4 200,00 €.

   b) Der Rechnungsbetrag (brutto) für bezogene Lebensmittel beträgt 856,00 €, der daraus resultierende (Brutto-) Speisenumsatz im Restaurant beträgt 3 808,00 €.

   c) Der steuerpflichtige Monatsumsatz (netto) eines Restaurants setzt sich wie folgt zusammen:
   - → Speisenumsatz außer Haus 1 230,00 €
   - → Speisenumsatz im Restaurant 55 320,00 €
   - → Getränkeumsatz 45 780,00 €

   Der dafür erforderliche Wareneinkauf (netto) betrug für
   - → Lebensmittel 18 960,00 €
   - → Getränke 9 240,00 €

   d) Im Monat April betrugen die Umsätze eines Hotels 146 954,75 € einschl. 19 % USt.
   Die Summen der Eingangsrechnungen im selben Zeitraum gliedern sich wie folgt:
   - → 65 131,98 € einschl. 19 % USt,
   - → 14 920,00 € einschl. 7 % USt.

3. Welche Angaben müssen Rechnungen enthalten, damit Unternehmer die in Rechnung gestellte Umsatzsteuer als Vorsteuer in Abzug bringen können?

4. Was versteht man unter einer Kleinbetragsrechnung? Welche Voraussetzungen muss sie in Hinblick auf den Vorsteuerabzug erfüllen?

5. a) Wie begründet der Gesetzgeber unterschiedliche Umsatzsteuersätze für den Verzehr an Ort und Stelle und den Außer-Haus-Verkauf von Speisen?
   b) Welche Voraussetzung muss erfüllt sein, um den Verkauf von Speisen außer Haus nur mit 7 % USt belegen zu können?
   c) Welche Anforderung wird hinsichtlich der Aufzeichnungspflicht an die Buchführung gestellt?

6. a) In welche Bestandteile muss eine Eingangsrechnung für die Buchung untergliedert werden?
   b) Entscheiden und begründen Sie, ob das „Vorsteuer"-konto ein Bestands- oder ein Erfolgskonto ist.

7. a) In welche Bestandteile muss eine Ausgangsrechnung für die Buchung untergliedert werden?
   b) Entscheiden und begründen Sie, ob das „Umsatzsteuer"-konto ein Bestands- oder ein Erfolgskonto ist.

Fortsetzung nächste Seite

Aufgaben (Fortsetzung von Vorseite)

8. Bilden Sie die Buchungssätze für folgende Geschäftsvorfälle:

   a) Kauf von Getränken auf Ziel, netto 800,00 €.
   b) Barkauf von Büromaterial, brutto 595,00 €.
   c) Kauf eines Lieferwagens für netto 30 000,00 €. Die Bezahlung erfolgt später.
   d) Einem Gast wird eine Rechnung über 1 190,00 € für Übernachtung ausgestellt.
   e) Lebensmittel im Wert von 100,00 € (netto) werden eingekauft und sofort bar bezahlt.
   f) Im Restaurant werden Speisen für 190,00 € zzgl. USt und Getränke für 110,00 € zzgl. USt verkauft. Die Gäste zahlen sofort bar.
   g) Die Eingangsrechnung für Strom beträgt netto 900,00 € zzgl. 19 % USt.
   h) Ein Lebensmittellieferant stellt 428,00 € in Rechnung.
   i) Bareinkauf von Langusten, Rechnungsbetrag 476,00 €.
   j) Bareinkauf von Zeitschriften, 53,50 € einschl. 7 % USt.
   k) Für ein Bankett werden brutto 3 270,00 € in Rechnung gestellt.
   l) Rechnungseingang vom Rechtsanwalt für eine betriebliche Beratung über brutto 856,80 €.

9. Bilden Sie die Buchungssätze für die folgenden Geschäftsvorfälle:
   a) Für die Bestellung neuer Möbel für die Gästezimmer leistet ein Hotelier eine Anzahlung in Höhe von 14 280,00 € durch Banküberweisung. Die Voraussetzungen für den Vorsteuerabzug sind gegeben.
   b) Nach Lieferung der Möbel erhält der Hotelier folgende Endabrechnung:

Einrichtungsgegenstände netto	48 000,00 €
zzgl. 19 % USt	9 120,00 €
	57 120,00 €
abzgl. Anzahlung	14 280,00 €
noch zu zahlen	42 840,00 €

   c) Die Restzahlung erfolgt nach einer Woche durch Banküberweisung.

10. Bilden Sie die Buchungssätze für die folgenden Geschäftsvorfälle:
    a) Auf dem Bankkonto werden 5 950,00 € gutgeschrieben, die ein Kunde für eine noch auszurichtende Veranstaltung überwiesen hat.
    b) Nach Durchführung der Veranstaltung wird dem Kunden eine Rechnung ausgestellt, die einen noch zu zahlenden Betrag von 9 520,00 € ausweist.

11. Erläutern Sie, welche Verpflichtungen sich für den Unternehmer aus *§ 18 UStG* grundsätzlich ergeben.

12. Welche Folgen kann eine Nichteinhaltung der Verpflichtungen aus Aufgabe 11 haben?

13. a) Erläutern Sie die Erleichterungen, die sich aus den *§§ 46-48 UStDV* für den Unternehmer ergeben.
    b) Ergänzen Sie Ihre Erläuterungen durch ein konkretes Beispiel.

14. a) Bilden Sie für die folgenden Geschäftsvorfälle die Buchungssätze:
    1. Für die Reparatur des Lieferwagens werden 330,00 € in Rechnung gestellt und sofort bar bezahlt.
    2. Die Erlöse aus dem Verkauf im Restaurant betragen einschl. USt 51 040,00 €. Die Zahlungen erfolgen bar.
    3. Für eine Beratung stellt der Steuerberater 200,00 € zzgl. 19 % USt in Rechnung.
    4. Vom Bankkonto werden 85,60 € für ein Zeitschriftenabonnement abgebucht.
    5. Überweisung der USt-Zahllast des Vormonats in Höhe von 2 806,00 €.
    6. Für den Kauf eines neuen Lieferwagens werden 22 000,00 € zzgl. USt in Rechnung gestellt.
    7. Der Getränkelieferant schickt eine Rechnung über brutto 1 090,40 €.
    8. Einem Gast werden 400,00 € für Übernachtung in Rechnung gestellt. Der Gast zahlt sofort bar.
    9. Ein Lieferant stellt in Rechnung:
       Gemüse und Fleisch — Warenwerte insges. 480,00 €
       Kaviar, Austern — Warenwerte insges. 220,00 €

    b) Tragen Sie die Vorsteuer- und Umsatzsteuerbeträge aus den vorliegenden Fällen in die Konten ein. Führen Sie aus Vereinfachungsgründen nur zwei Konten; „Vorsteuer 7/19 %" und „Umsatzsteuer 19 %". Der Anfangsbestand im Konto Umsatzsteuer beträgt 2.806,00 €.
    c) Schließen Sie die Konten (für den Monat Januar) ab.
    d) Begründen Sie, wann eine Überweisung an das Finanzamt bei fristgerechter Zahlung erfolgen muss. Erstellen Sie den Buchungssatz für diese Situation.

15. Führen Sie für die folgenden Fälle das Grund- und Hauptbuch und erstellen Sie das GuV-Konto und SBK.

Anfangsbestände in €:

BGA	20 000,00 €
Warenvorräte	2 300,00 €
FaLL	800,00 €
Bank	7 320,00 €
Kasse	1 290,00 €
EK	11 480,00 €
Darlehen	18 000,00 €
VaLL	1 400,00 €
Umsatzsteuer (–VZ)	830,00 €

Geschäftsvorfälle:
1. Wareneinkauf auf Ziel, brutto 1 190,00 € (einschließlich 19 %)
2. Barkauf von Büromaterial, Rechnungsbetrag 104,72 €
3. Ein Gast zahlt eine offene Rechnung durch Banküberweisung, 140,00 €
4. Überweisung der Umsatzsteuer aus dem Vorjahr
5. Ausgangsrechnungen für Speisen und Getränke netto 4 200,00 €
6. Überweisung an einen Lieferanten, 440,00 €
7. Rechnungseingang für die Reparatur eines Küchengeräts, brutto 83,30 €
8. Umsätze Speisen und Getränke netto 1 300,00 €, die Gäste zahlen sofort bar

Abschlussangabe:
Warenbestand lt. Inventur: 1 900,00 €

Fortsetzung nächste Seite

Aufgaben (Fortsetzung von Vorseite)

16. Erstellen Sie die USt-Voranmeldung für den Monat September.
Im Falle eines Überschusses (Vorsteuerguthaben) soll die Verrechnung mit einer anderen Steuerart beantragt werden.

Das Hotel „Barbarossa", Barbarossastr. 13, 10779 Berlin, entrichtete im Vorjahr an das FA Schöneberg, Bülowstr. 85-88, 10783 Berlin, unter der Steuer-Nr. 12/615/43780 Umsatzsteuer-Vorauszahlungen in Höhe von 17 890,00 €.

Im Monat September erzielte das Unternehmen folgende Umsätze:

➜ Logis	82 850,00 €	(netto)
➜ F+B ges.	44 094,95 €	(brutto)
davon:	43 262,95 €	Verzehr an Ort und Stelle
	742,00 €	Speisen außer Haus
	90,00 €	Getränke außer Haus.

Außerdem wurden Provisionserträge in Höhe von 595,00 € brutto erzielt.

Im September wurden diverse Eingangsrechnungen verbucht; davon:

Anschaffung neue BGA, Rechnungsbetrag:		131 276,68 €
Lebensmittel	netto	8 253,00 €
Getränke	netto	5 240,00 €
übrige Eingangsrechnungen 7%	brutto	845,00 €
übrige Eingangsrechnungen 19%	brutto	3 316,59 €

17. Erstellen Sie für den Jahresabschluss das GuV-Konto und das SBK. Umsatzsteuer-Voranmeldungszeitraum ist das Kalendervierteljahr.

Anfangsbestände (in €):

BGA	150 000,00 €
Fuhrpark	20 000,00 €
Warenvorräte	10 000,00 €
Bank	60 000,00 €
Kasse	2 400,00 €
Eigenkapital	80 000,00 €
Darlehen	140 000,00 €
VaLL	21 080,00 €
Umsatzsteuer (–VZ)	1 320,00 €

Die Geschäftsvorfälle wurden aus Vereinfachungsgründen quartalsweise zusammengefasst.

I. Quartal

1. Lieferanten werden 3 050,00 € überwiesen.
2. Ausgangsrechnungen Logis, brutto 38 675,00 €.
3. Wareneinkauf auf Ziel, netto 3 000,00 €.
4. Überweisung der Pacht, 7 500,00 € zzgl. 19% USt.
5. Eingang der Stromrechnung, brutto 1 606,50 €.
6. Überweisung der USt-Verbindlichkeit des Vorjahres.
7. Der F&B-Umsatz beträgt brutto 9 758,00 €. Die Zahlungen erfolgten bar.
8. Überweisung der Löhne, 6 000,00 €.

II. Quartal

1. Überweisung der Pacht, 7 500,00 € zzgl. USt.
2. Für eine Kfz.-Reparatur werden 856,80 € bar bezahlt.
3. Gast zahlt eine offene Rechnung bar, 3 450,00 €.
4. Die USt-Verbindlichkeit des I. Quartals wird überwiesen.
5. Wareneinkäufe auf Ziel, brutto 4 129,30 €.
6. Kauf von BGA auf Ziel, netto 52 000,00 €.
7. Ausgangsrechnungen: Logis 36 000,00 € netto
   F&B 12 200,00 € netto.
8. Für die Rechnung aus 6. wird eine Teilüberweisung in Höhe von 30 000,00 € vorgenommen.
9. Überweisung der Löhne, 9 000,00 €.
10. Aus der Kasse werden 10 000,00 € auf das Bankkonto eingezahlt.
11. Bankgutschrift der Einzahlung aus 10.

III. Quartal

1. Überweisung der Pacht, 7 500,00 € zzgl. USt.
2. Kunden überweisen 22 000,00 €.
3. Der Steuerberater stellt netto 750,00 € in Rechnung.
4. Die F&B-Umsätze, die bar gezahlt wurden, betragen brutto 7 473,20 €.
5. Auf dem Bankkonto erfolgt eine Gutschrift für die USt des II. Quartals.
6. Durch Banküberweisung von 2 750,00 € werden offene Lieferantenrechnungen beglichen.
7. Für Logis werden Ausgangsrechnungen über netto 24 000,00 € ausgestellt.
8. Die Eingangsrechnung für Telefon beträgt brutto 975,80 €.
9. Überweisung der Löhne, 11 000,00 €.

IV. Quartal

1. Überweisung der Pacht, 7 500,00 € zzgl. USt.
2. Wareneinkäufe auf Ziel, netto 4 250,00 €.
3. Überweisung der USt-Verbindlichkeit des III. Quartals.
4. Die F&B-Umsätze, die bar gezahlt wurden, betragen netto 5 280,00 €.
5. Die Ausgangsrechnungen für Logis betragen brutto 14 922,60 €.
6. Für sonstige Aufwendungen gehen diverse Eingangsrechnungen über brutto 21 658,00 € ein.
7. Auf dem Bankkonto gehen diverse Gutschriften von Kunden ein, Gesamtbetrag 45 000,00 €.
8. Zum Ausgleich offener Lieferantenrechnungen werden insgesamt 37 000,00 € vom Bankkonto überwiesen.
9. Das Darlehen wird durch Bankeinzug in Höhe von 10 000,00 € getilgt.
10. Überweisung der Löhne, 7 000,00 €.
11. Aus der Kasse werden 17 000,00 € entnommen und auf dem Bankkonto eingezahlt.
12. Bankgutschrift des eingezahlten Bargeldes aus 11.

Abschlussangabe:
Warenbestand lt. Inventur: 12 470,00 €.

2.2.3 Beschaffungs- und Absatzbuchungen

Situation

Während der Sommerferien macht der Hotelfachschüler Hannes ein Praktikum im Hotel-Restaurant Bergstatter Hof. Weil Hannes keine konkrete Vorstellung davon hat, wie Buchführung in der Praxis aussieht, ist sein gewünschtes Einsatzfeld die Rechnungswesenabteilung.

Seine erste Tätigkeit besteht darin, Lieferantenrechnungen auf ihre rechnerische und sachliche Richtigkeit zu prüfen. Dabei stellt er fest, dass die Anschaffungskosten für Waren nicht nur vom Listenpreis, sondern auch von den bei der Bestellung vereinbarten Lieferungs- und Zahlungsbedingungen abhängen.

Kauft ein Gastronom z.B. Lebensmittel oder Getränke ein, so sind diese mit den Anschaffungskosten zu buchen.
Im *§ 255 HGB* werden Anschaffungskosten wie folgt definiert: „Anschaffungskosten sind die Aufwendungen, die geleistet werden, um einen Vermögensgegenstand zu erwerben und ihn in einen betriebsbereiten Zustand zu versetzen, soweit sie dem Vermögensgegenstand einzeln zugeordnet werden können. Zu den Anschaffungskosten gehören auch die Nebenkosten sowie die nachträglichen Anschaffungskosten. Anschaffungspreisminderungen sind abzusetzen.“
Die Anschaffungskosten für einen Gegenstand können sich also wie folgt zusammensetzen:

	Kaufpreis/Listenpreis
+	Anschaffungsnebenkosten
–	Anschaffungspreisminderungen
=	Anschaffungskosten (netto!)

2.2.3.1 Anschaffungsnebenkosten

In der Regel schließt der mit dem Lieferanten vereinbarte Kaufpreis eine Anlieferung der Waren mit ein, die Lieferung erfolgt dann „frei Haus“.

Beispiel 1

Am 10.04. erfolgt eine Lieferung von Wein und alkoholfreien Getränken „frei Haus“.

Der Getränkehändler stellt 400,00 € zzgl. 19 % Umsatzsteuer in Rechnung.

Datum	Konto Soll	Konto Haben	€ Soll	€ Haben
10.04.	1130 WV-Getränke		400,00	
	1405 Vorsteuer 19 %	3300 VaLL	76,00	476,00

In diesem Fall beinhaltet der gebuchte Warenwert bereits die Kosten für die Anlieferung.

Werden beim Wareneinkauf jedoch neben dem Kaufpreis zusätzliche Kosten in Rechnung gestellt, so handelt es sich hierbei um die so genannten Anschaffungsnebenkosten. Hierzu zählen z.B. Aufwendungen für Porto, Fracht, Verpackung, Transportversicherung und Zoll.

Mit Ausnahme von Zoll, Versicherung und Porto unterliegen diese Kosten, die auch als Bezugskosten bezeichnet werden, der Umsatzsteuer in Höhe von 19 %.

Erfolgt die Anlieferung der Ware jedoch durch den Lieferanten selbst, so unterliegen die von ihm in Rechnung gestellten Bezugskosten dem Umsatzsteuersatz, der auch für die Warenlieferung gilt.
„Die Nebenleistung (Bezugskosten) teilt das steuerliche Schicksal der Hauptleistung (Ware)“, das bedeutet, dass Fracht oder Verpackung für Lebensmittel mit 7 %, Fracht oder Verpackung für Getränke mit 19 % besteuert wird.

Da die Anschaffungsnebenkosten einen Teil der Anschaffungskosten für die Ware darstellen, können sie sofort in dem jeweiligen Warenkonto gebucht werden.

Beispiel 2

Eingangsrechnung für Getränke:

	Warenwert	900,00 €
+	Anlieferung	45,00 €
	Gesamtwert netto	945,00 €
+	19 % Umsatzsteuer	179.55 €
	Rechnungsbetrag	1 124,55 €

Datum	Konto Soll	Konto Haben	€ Soll	€ Haben
12.04.	1130 WV-Getränke		945,00	
	1405 Vorsteuer 19 %	3300 VaLL	179,55	1 124,55

Beispiel 3a

Eingangsrechnung für Lebensmittel:

	Warenwert	1 200,00 €
+	Anlieferung	60,00 €
	Gesamtwert netto	1 260,00 €
+	7 % Umsatzsteuer	88,20 €
	Rechnungsbetrag	1 348,20 €

Datum	Konto Soll	Konto Haben	€ Soll	€ Haben
14.04.	1120 WV-Lebensmittel		1 260,00	
	1401 Vorsteuer 7 %	3300 VaLL	88,20	1 348,20

Beispiel 3b

Erfolgen der Verkauf der Lebensmittel und die Anlieferung jedoch durch unterschiedliche Unternehmen, so werden zwei getrennte Rechnungen mit unterschiedlichen Umsatzsteuersätzen ausgestellt.

Eingangsrechnung Lebensmittel (vom Lebensmittelhändler):

	Warenwert	1 200,00 €
+	7 % Umsatzsteuer	84,00 €
	Rechnungsbetrag	1 284,00 €

Eingangsrechnung für die Anlieferung (vom Spediteur):
(unterstellt werden Anlieferungskosten wie im Beispiel 3a)

	Fracht	60,00 €
+	19 % Umsatzsteuer	11,40 €
	Rechnungsbetrag	71,40 €

Die Rechnungen werden dann wie folgt gebucht:

Datum	Konto Soll	Konto Haben	€ Soll	€ Haben
14.04.	1120 WV-Lebensmittel		1 200,00	
	1401 **Vorsteuer 7 %**	3300 VaLL	84,00	1 284,00

Datum	Konto Soll	Konto Haben	€ Soll	€ Haben
14.04.	1120 WV-Lebensmittel		60,00	
	1405 **Vorsteuer 19 %**	3300 VaLL	11.40	71,40

In beiden Fällen, 3a und 3b, werden im Konto 1120 Lebensmittel also Anschaffungskosten von insgesamt 1 260,00 € ausgewiesen.

Werden die Anschaffungsnebenkosten wie oben beschrieben im Bestandskonto gebucht, so sollte auch die Bewertung des lt. Inventur ermittelten Warenschlussbestandes zu den jeweiligen Kaufpreisen und den anteiligen Bezugskosten erfolgen.
Das bedeutet in Hinblick auf die Ermittlung des Wareneinsatzes, dass korrekterweise auch nur die anteiligen Bezugskosten für die tatsächlich verbrauchten Waren als Warenkosten in die Gewinn- und-Verlust-Rechnung fließen.

Weil die Bewertung des Warenschlussbestandes nach dieser Methode aber mit einem hohen Arbeitsaufwand verbunden ist, werden in der Praxis die Bezugskosten für Waren häufig getrennt von der Hauptleistung (Wareneingang) erfasst, und zwar sofort auf den jeweiligen Kostenkonten für den Wareneinsatz:

z.B.
Bezugskosten für Lebensmittel: ➜ 6020 WK-Lebensmittel

Bezugskosten für Getränke: ➜ 6030 WK-Getränke

Im Fall des Beispiels 3b wird dann wie folgt gebucht:

Datum	Konto Soll	Konto Haben	€ Soll	€ Haben
14.04.	1120 WV-Lebensmittel		1 200,00	
	1401 **Vorsteuer 7 %**	3300 VaLL	84,00	1 284,00

Datum	Konto Soll	Konto Haben	€ Soll	€ Haben
14.04.	6020 WK-Lebensmittel		60,00	
	1405 **Vorsteuer 19 %**	3300 VaLL	11,40	71,40

In diesem Fall fließen die Bezugskosten für die gesamte Warenlieferung sofort als Kostenfaktor in die Gewinn- und Verlust-Rechnung ein. Die Ermittlung des Warenschlussbestandes lt. Inventur erfolgt dann auf Basis des Kaufpreises anstatt auf Basis der Anschaffungskosten.

In der Praxis wird aus Vereinfachungsgründen häufig nach dieser Methode verfahren. An dieser Stelle wird jedoch für die nachfolgenden Geschäftsvorfälle die zuerst genannte Methode zugrunde gelegt, die die Erfassung der Waren zu Anschaffungskosten sicherstellt.

2.2.3.2 Anschaffungspreisminderungen

Anschaffungspreisminderungen können durch verschiedene Situationen begründet sein. Hierbei ist zu unterscheiden zwischen Preisminderungen, die sofort mit Abschluss des Kaufvertrages vereinbart werden, und solchen, die sich erst im Nachhinein ergeben.

Zu den Sofortnachlässen gehören **Rabatte**, die z.B. als Mengen-, Treue-, Wiederverkäufer- oder Sonderrabatte von vornherein feststehen und bereits bei Rechnungserteilung berücksichtigt werden.

Beispiel

Eingangsrechnung für Getränke:

	Listenpreis	800,00 €
–	5 % Mengenrabatt	40,00 €
	Nettopreis	760,00 €
+	19% Umsatzsteuer	144,40 €
	Rechnungsbetrag	904,40 €

Da der Rabatt sofort vom Listenpreis abgezogen wird, ist eine gesonderte Erfassung in der Buchführung nicht notwendig und es wird sofort der verminderte Warenwert gebucht.

Datum	Konto Soll	Konto Haben	€ Soll	€ Haben
16.04.	1120 WV-Getränke		760,00	
	1405 Vorsteuer 19 %	3300 VaLL	144,40	904,40

Zu den Preisnachlässen, die vom Lieferanten im Nachhinein gewährt werden, gehören
- Preisminderungen aufgrund von Rücksendungen und Gutschriften,
- Skonti und
- Boni.

Preisminderungen aufgrund von Rücksendungen und Gutschriften
Wenn der Lieferant den Kaufvertrag nicht ordnungsgemäß erfüllt, weil er z.B. zu viel, falsche oder mangelhafte Waren geliefert hat, wird die Lieferung beim Lieferanten beanstandet.

Entweder werden die Waren dann zurückgesendet oder – falls sie noch verwertbar sind – im Betrieb belassen.

Für die Rücksendung bzw. den festgestellten Mangel erteilt der Lieferant dem Käufer eine entsprechende Gutschrift.

Beispiel

Am 26.04. erfolgt eine Weinlieferung. Der Händler erteilt dafür die nachfolgende Rechnung:

Die Wein-Kompanie GmbH

Die Wein-Kompanie GmbH, Uhlandstraße 2, 47011 Bergstatt

Hotel-Restaurant Bergstatter Hof
Ringstraße 88
47011 Bergstatt

Uhlandstraße 2

47011 Bergstatt
Tel: 0 23 45/6654-1
Fax: 0 23 45/6654-2

Sparkasse Bergstatt
BLZ 880 550 00
Kto. Nr. 445 734 10

USt.-Id.-Nr. DE 987654321

Kunden-Nr. 417

Ihr Zeichen, Ihre Nachricht vom | Unser Zeichen, unsere Nachricht vom | Lieferdatum: 26.04.20..

Rechnung-Nr. 890 vom 26.04.20..

Menge	Art.-Nr.	Artikel	Einzelpreis €	Gesamtpreis €
120 Fl.	365	Pinot Grigio	4,00	480,00
19 % Umsatzsteuer				91,20
zu zahlender Rechnungsbetrag				571,20

Bitte überweisen Sie den Rechnungsbetrag auf unser o.g. Konto.

Die Eingangsrechnung wird wie folgt gebucht:

Datum	Konto Soll	Konto Haben	€ Soll	€ Haben
26.04.	1130 WV-Getränke		480,00	
	1405 Vorsteuer 19 %	3300 VaLL	91,20	571,20

Bei Annahme der Waren wird festgestellt, dass bei 30 Flaschen die Etiketten stark beschädigt sind und damit für den vorgesehenen Zweck nicht verwendbar sind.

Nach erfolgter Rücksendung erteilt der Lieferant am 30.04. eine Gutschrift.

Beispiel

Die **Wein-Kompanie** GmbH

Die Wein-Kompanie GmbH, Uhlandstraße 2, 47011 Bergstatt

Hotel-Restaurant Bergstatter Hof
Ringstraße 88
47011 Bergstatt

Uhlandstraße 2

47011 Bergstatt
Tel: 0 23 45/6654-1
Fax: 0 23 45/6654-2

Sparkasse Bergstatt
BLZ 880 550 00
Kto. Nr. 445 734 10

USt.-Id.-Nr. DE 987654321

Kunden-Nr. 417

Ihr Zeichen, Ihre Nachricht vom — Unser Zeichen, unsere Nachricht vom

Betr.: Reklamation unserer Lieferung vom 26.04.20..,
Rechnung-Nr. 890

Gutschrift-Nr. 922 vom 30.04.20..

Menge	Art.-Nr.	Artikel	Einzelpreis €	Gesamtpreis €
30 Fl.	365	Pinot Grigio	4,00	120,00
19 % Umsatzsteuer				22,80
				142,80

Die Gutschrift führt einerseits zu einer Minderung des ursprünglichen Warenwertes und demzufolge auch zu einer Minderung der beim Wareneingang angefallenen Vorsteuer. Die Buchungen in diesen Konten müssen also im Haben erfolgen.

Duch die Gutschrift mindert sich andererseits auch die Verbindlichkeit gegenüber dem Lieferanten.

Die Minderung der Verbindlichkeit wird im Soll gebucht.

Datum	Konto Soll	Konto Haben	€ Soll	€ Haben
30.04.	3300 VaLL	1130 WV-Getränke	142,80	120,00
		1405 Vorsteuer 19 %		22,80

S	1130 WV-Getränke		H
26.04.	480,00	30.04.	120,00

Warenwert: 360,00 € ≙ 100 %

S	1405 Vorsteuer 19 %		H
26.04.	91,20	30.04.	22,80

Vorsteuer: 68,40 € ≙ 19 %

S	3300 VaLL		H
30.04.	142,80	26.04.	571,20

VaLL: 428,40 € ≙ 119 %

Nachdem die Gutschrift gebucht ist, verbleiben im Getränkekonto nur noch der tatsächlich vorhandene Warenwert und im Vorsteuerkonto die darauf entfallende Umsatzsteuer. Das Verbindlichkeitskonto weist den Betrag aus, der dem Lieferanten noch geschuldet wird.

Entsprechend wird gebucht, wenn bei einer Warenlieferung ein Mangel festgestellt wird und mit dem Lieferanten eine Preisminderung ohne Rücksendung der Waren vereinbart wird.

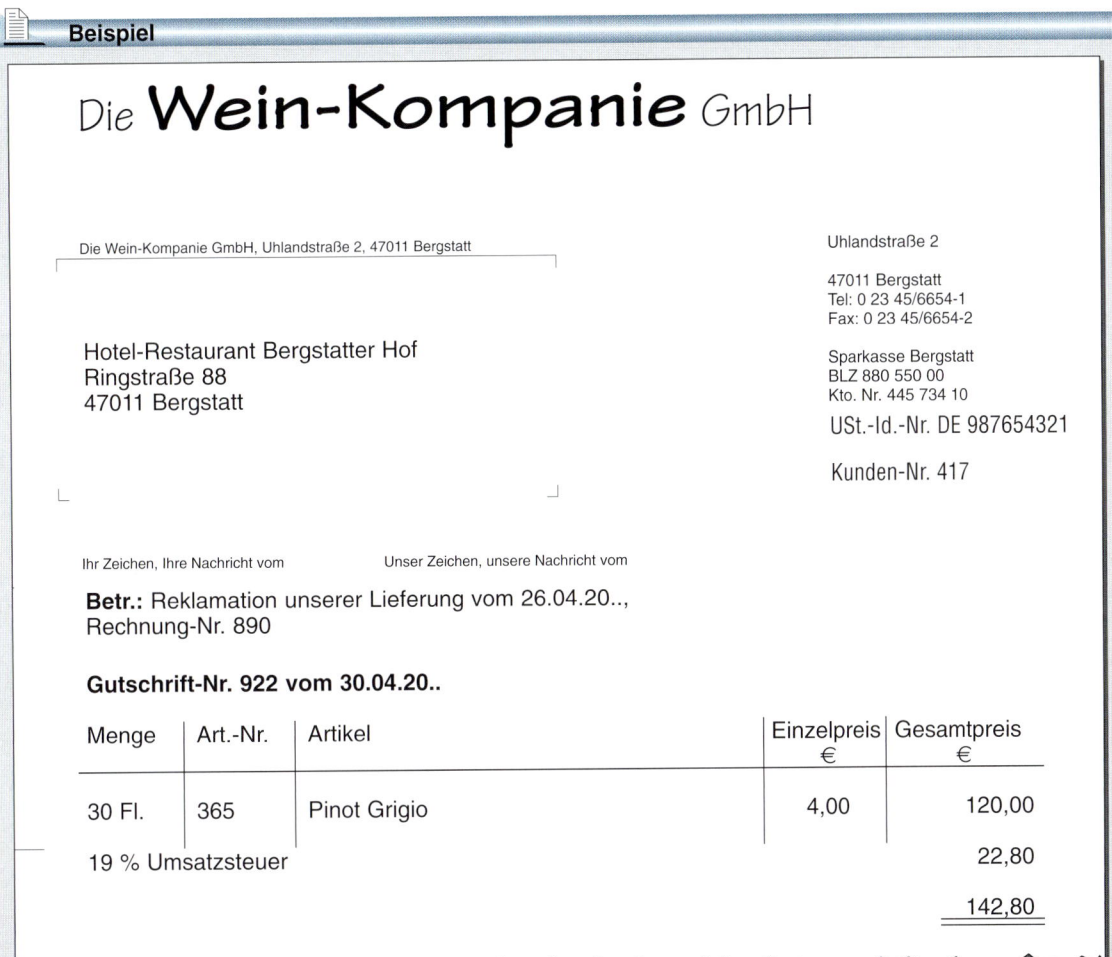

Beispiel

Am 30.04. werden Erdbeeren für netto 150,00 € + 7 % Umsatzsteuer (10,50 €) geliefert. Da die Erdbeeren von minderer Qualität sind, aber u.a. noch für die Herstellung von Maibowle und Erdbeersorbet verwendet werden können, wird mit dem Händler eine Preisminderung von 40 % vereinbart. Am 02.05. erfolgt vom Händler eine Gutschrift über 60,00 € zzgl. 4,20 Umsatzsteuer.

Datum	Konto Soll	Konto Haben	€ Soll	€ Haben
30.04.	1120 WV-Lebensmittel		150,00	
	1401 Vorsteuer 7 %	3300 VaLL	10,50	160,50
02.05.	3300 VaLL	1120 WV-Lebensmittel	64,20	60,00
		1401 Vorsteuer 7 %		4,20

Skonti

Beim Skonto handelt es sich um einen Preisabzug vom Rechnungsbetrag, den der Kunde bei Zahlung innerhalb einer vereinbarten kurzen Frist, z.B. 7 Tage, vornehmen kann. Dieser Abzug soll den Kunden dazu veranlassen, kurzfristig nach Eingang der Waren zu bezahlen und somit keinen Kredit beim Lieferanten in Anspruch zu nehmen. Es steht dem Kunden jedoch frei, dieses Angebot anzunehmen oder den Rechnungsbetrag erst innerhalb des normalen Zahlungsziels, z.B. einem Monat, zu begleichen.
In der Regel lohnt sich ein Skontoabzug aber für den Kunden sogar dann, wenn sein Bankkonto für die Zahlung kurzfristig überzogen wird und hierfür von der Bank Kontokorrentzinsen belastet werden.

Beispiel

Am 06.05. geht eine Getränkerechnung über 595,00 € ein.

Getränke **Lehmann** OHG

Getränke Lehmann OHG, Schlüterstraße 6, 47011 Bergstatt

Hotel-Restaurant Bergstatter Hof
Ringstraße 88
47011 Bergstatt

Schlüterstraße 6

47011 Bergstatt
Tel: 0 23 45/5587-1
Fax: 0 23 45/5587-2

Sparkasse Bergstatt
BLZ 880 550 00
Kto. Nr. 245 874 10

Steuer-Nr. 24/565/47935

Kunden-Nr. 264
Lieferschein-Nr. 1265

Ihr Zeichen, Ihre Nachricht vom — Unser Zeichen, unsere Nachricht vom — Lieferdatum: 05.05.20..

Rechnung-Nr. 1158 vom 05.05.20..

Warenwert der gelieferten Artikel lt. Lieferschein	500,00 €
19 % Umsatzsteuer	95,00 €
Rechnungsbetrag	595,00 €

Zahlbar innerhalb von 30 Tagen,
innerhalb von 7 Tagen unter Abzug von 2 % Skonto.

Per 05.05. .. wird der gesamte Rechnungsbetrag gebucht:

Datum	Konto Soll	Konto Haben	€ Soll	€ Haben
05.05.	1130 WV-Getränke		500,00	
	1405 Vorsteuer 19 %	3300 VaLL	95,00	580,00

Am 09.05. werden vom Bankkonto unter Abzug von 2 % Skonto 583,10 € an den Lieferanten überwiesen.

	Rechnungsbetrag	595,00 €
–	2 % Skonto	11,90 €
	Zahlbetrag	583,10 €

Sparbank Bergstatt
Bankleitzahl / Bank Code **880 500 00**

Kontonummer 987 654 3 Auszug 31
Datum 09.05.20.. Blatt 1

Kontoauszug

Buch	Wert	PN-Nummer	Vorgang / Buchungsinformation	Umsatz in Euro
09.05.	09.05.	99010	GETRÄNKE LEHMANN OHG, RG. 1158 V. 05.05. .. KUNDEN-NR. 264, ABZÜGL. 2% SKONTO	583,10 –

Bitte beachten Sie die Hinweise auf der Rückseite

Parbank - D-47011 Bergstatt

HOTEL-RESTAURANT BERGSTATTER HOF
RINGSTR. 88
47011 BERGSTATT

Alter Kontostand Euro	5 417,50 +
Zahlungseingänge	0,00
Zahlungsausgänge	583,10 –
Neuer Kontostand	4 834,40 +
Zinssatz für Dispositionskredit:	13,000%
Zinssatz für geduldete Überziehung:	17,500%
Anlagen: 1	

Wie bei Gutschriften bewirkt der Skontoabzug beim Käufer eine Minderung der Anschaffungskosten für die Waren.

Als Folge der Warenminderung verringert sich auch der auf die Waren entfallene Vorsteuerbetrag. Beide Werte müssen korrigiert werden.

Ermittlung der Korrekturbeträge:

	Rechnungs-beträge	2 % Skonto	Beträge nach Skontoabzug
100 % Nettowert	500,00 €	10,00 €	490,00 €
+ 19 % Vorsteuer	95,00 €	1,90 €	93,10 €
119 % Bruttowert	595,00 €	11,90 €	583,10 €

Wird der Skontobetrag vom Rechnungsbetrag ermittelt (2 % von 595,00 € = 11,90 €), so handelt es sich wie bei dem Rechnungsbetrag um einen Bruttowert, der hier 119 % entspricht.

Um aus diesem Bruttowert einerseits den Warenanteil und andererseits den Steueranteil herauszurechnen, kann wie folgt gerechnet werden:

Für die Ermittlung des Netto-Warenanteils (x):

$$x = \frac{\text{Skontobetrag x 100 \%}}{119\ \%} \qquad x = \frac{11{,}90\ € \text{ x } 100\ \%}{119\ \%} = 10{,}00\ €$$

Für die Ermittlung des Vorsteueranteils (y):

$$y = \frac{\text{Skontobetrag x 19 \%}}{119\ \%} \qquad y = \frac{11{,}90\ € \text{ x } 19\ \%}{119\ \%} = 1{,}90\ €$$

Die Überweisung an den Lieferanten unter Abzug von Skonto wird dann wie folgt gebucht:

Datum	Konto Soll	Konto Haben	€ Soll	€ Haben
09.05.	3300 VaLL	1800 Bank	595,00	583,10
		1130 WV-Getränke		10,00
		1405 Vorsteuer 19 %		1,90

S	1130 WV-Getränke		H
05.05.	500,00	09.05.	10,00

S	1405 Vorsteuer 19 %		H
05.05.	95,00	09.05.	1,90

S	3300 VaLL		H
09.05.	595,00	05.05.	595,00

S	1800 Bank		H
		09.05.	583,10

Warenwert: 490,00 € ≙ 100 %

Vorsteuer: 93,10 € ≙ 19 %

Bank: 583,10 € ≙ 119 %

Nachdem die Überweisung gebucht ist, verbleiben im Konto „Warenvorräte Getränke“ nur noch der um den Skontobetrag verminderte Wert (= die Anschaffungskosten der Waren) und im Vorsteuerkonto die darauf entfallende Umsatzsteuer.

Vom Bankkonto wurden 98 % (100 % - 2 % Skonto) des Rechnungsbetrages überwiesen.

Das Ergebnis ändert sich nicht, wenn die Anschaffungspreisminderungen zunächst in einem gesonderten Konto „erhaltene Skonti“ gebucht werden, das als Unterkonto des Kontos „1130 Warenvorräte Getränke“ geführt wird.

Skonti auf Lebensmittelrechnungen werden entsprechend gebucht. Wird der Abzugsbetrag vom Brutto-Rechnungsbetrag ermittelt, so stellt auch dieser einen Bruttowert dar, der jedoch 107 % entspricht. Dieser Wert ist aufzuteilen in den Korrekturwert für das Lebensmittelkonto (100 %) und den Korrekturwert für das Vorsteuerkonto (7 %).
(Für die Berechnung der Netto- und Steuerbeträge sind die Formeln ensprechend abzuwandeln.)

Boni

Auch der Bonus stellt eine Form des nachträglichen Preisnachlasses dar. Die Gewährung ist an bestimmte Bedingungen geknüpft, z.B. einen Mindestumsatz innerhalb eines viertel-, halb- oder jährlichen Zeitraums. Einige Lieferanten staffeln den Preisnachlass nach der Höhe des Umsatzes, den der Kunde bei ihm erreicht hat. Mit der Bonusgewährung will der Lieferant seinen Kunden einen Anreiz bieten, möglichst große Mengen bei ihm einzukaufen.
Auch erhaltene Boni führen zu einer Minderung der Anschaffungskosten der Waren, die eine Minderung der Vorsteuerbeträge zur Folge haben.

Beispiel

Da die für einen Bonus vereinbarte Menge Bier abgenommen wurde, erteilt die Brauerei nach Ablauf des ersten Halbjahres am 15.07. eine Gutschrift in Höhe von 750,00 € zzgl. 142,50 € Umsatzsteuer, die wie folgt gebucht wird:

Datum	Konto Soll	Konto Haben	€ Soll	€ Haben
15.07.	3300 VaLL	1130 WV-Getränke	892,50	750,00
		1405 Vorsteuer 19 %		142,50

S	3300 VaLL		H
15.07.	892,50		

S	1130 WV-Getränke		H
		15.07.	750,00

S	1405 Vorsteuer 19 %		H
		15.07.	142,50

Der Gesamtgutschriftsbetrag wird im Soll des Kontos Verbindlichkeiten aL gebucht. Damit wird die „Quasi-Forderung“ gegenüber dem Lieferanten aufgezeigt, die entweder mit einer noch offenen oder zukünftigen Rechnung des Lieferanten bei Bezahlung verrechnet werden kann.

2.2.3.3 Leergut/Leihverpackungen

Im Zusammenhang mit Warenlieferungen werden häufig auch Leihverpackungen wie Leergut, Kisten, Fässer etc. in Rechnung gestellt.
Werden diese Verpackungen an den Lieferanten zurückgegeben, erfolgt hierfür – in der Regel mit der nächsten Rechnung – eine Gutschrift.

Grundsätzlich könnten diese Geschäftsvorfälle mit in den jeweiligen Warenkonten gebucht werden.

Aus Kontrollgründen ist aber eine getrennte Erfassung vorzuziehen.

Beispiel

➜ Am 10.12. erfolgt folgende Eingangsrechnung:

600 Flaschen Wein à 5,00 €	3 000,00 €
600 Flaschen Leergut à 0,25 €	150,00 €
Gesamtbetrag netto	3 150,00 €
19 % Umsatzsteuer	598,40 €
Rechnungsbetrag	3 748,50 €

➜ Aufgrund der Leergutrückgabe von 420 Flaschen erfolgt am 30.12. folgende Gutschrift:

420 Flaschen Leergut à 0,25 €	105,00 €
19 % Umsatzsteuer	19,95 €
Gutschrift	124,95 €

▶ Am 31.12. erfolgt eine Inventur. Dabei werden von der o.g. Lieferung noch 140 Flaschen Leergut gezählt.

Aufgrund der o.g. Bedingungen hätte der Leergutbestand am 31.12. 180 Flaschen betragen müssen.

10.12.	Zugang	600 Fl. à 0,25 €	150,00 €
30.12.	Abgang	420 Fl. à 0,25 €	105,00 €
31.12.	Sollbestand	180 Fl. à 0,25 €	45,00 €

Da am 31.12. nur 140 Flaschen bei der Inventur gezählt wurden, ist es denkbar, dass z.B. 40 Flaschen im Betrieb nicht als Leergut, sondern als Altglas behandelt wurden.

Diese 40 Flaschen, die nicht mehr gegen eine Gutschrift an den Lieferanten zurückgegeben werden können, stellen für den Betrieb zusätzliche Kosten dar, (die in Zukunft nach entsprechender Instruktion der Arbeitnehmer vermeidbar sein könnten). Außerdem entstehen unnötige Kosten für die jetzt erforderliche Altglasentsorgung.

31.12.	Sollbestand	180 Fl.	45,00 €
	Istbestand	140 Fl.	35,00 €
	Schwund	40 Fl.	10,00 €

Durch eine getrennte Erfassung der Leihverpackungen, z.B. auf dem Konto „1139 (Warenvorräte) Leergut" kann die Kontrolle erleichtert werden.

Datum	Konto Soll	Konto Haben	€ Soll	€ Haben
10.12.	1130 WV-Getränke		3 000,00	
	1139 WV-Leergut		150,00	
	1405 Vorsteuer 19 %	3300 VaLL	598,50	3 748,50
30.12.	3300 VaLL	1139 WV-Leergut	124,95	105,00
		1405 Vorsteuer 19 %		19,95
31.12.	8900 SBK	1139 WV-Leergut	35,00	35,00
	6039 WK-Leergut	1139 WV-Leergut	10,00	10,00
	8100 GuV	6039 WK-Leergut	10,00	10,00

Nachfolgend wird auszugsweise nur der Bereich Leergut dargestellt

S **1139 WV-Leergut** H

10.12.	150,00	30.12.	105,00
		WK-L.	10,00
		31.12. SBK	35,00

S **3300 VaLL** H

30.12.	124,95	10.12.	178,50

S **6039 WK-Leergut** H

31.12.	10,00	31.12. GuV	10,00

S **1405 Vorsteuer 19 %** H

20.12.	28,50	30.12.	19,95

S **8900 SBK** H

WV-Leergut	35,00		

S **8100 GuV** H

WK-Leergut	10,00		

Für die Buchung des „Schwunds" im Bereich Leergut kann alternativ zum Konto „6039 Warenkosten Leergut" auch das Konto „7995 Außerordentliche Aufwendungen" angesprochen werden.

2.2.3.4 Gewährte Preisnachlässe

Preisnachlässe werden nicht nur bei der Beschaffung von Waren vom Lieferanten gewährt, sondern sind auf der Verkaufsseite dem Kunden gegenüber genauso möglich. Auch bei den gewährten Preisnachlässen kann unterschieden werden in Preisnachlässe, die sofort oder nachträglich gewährt werden.
Die Buchungen für die gewährten Preisnachlässe erfolgen analog zu denen für erhaltene Nachlässe.

Beispiel

Im Rahmen der Aktion „5 Mal zum vollen Preis, das 6. Mal zum halben Preis" wird einem Gast, der jetzt zum sechsten Mal im Hotel-Restaurant Bergstatter Hof übernachtet, nur 50 % des sonst üblichen Betrages in Rechnung gestellt.
Der reguläre Rechnungsbetrag beträgt 357,00 €, aufgrund des Rabatts werden dem Gast für diesen Aufenthalt nur 178,50 € berechnet. Die Rechnung wird sofort bar bezahlt.

Da der Rabatt sofort gewährt wird, ist eine gesonderte Erfassung in der Buchführung nicht notwendig.

Es kann sofort der verminderte Umsatzerlös und die darauf entfallene Umsatzsteuer gebucht werden.

Datum	Konto Soll	Konto Haben	€ Soll	€ Haben
10.08.	1600 Kasse	5010 Beherbergungsumsatz	178,50	150,00
		3805 Umsatzsteuer 19 %		28,50

Preisnachlässe aufgrund von Mängelrügen
Wird eine mangelhafte Leistung vom Gast reklamiert, so wird auch der Gastwirt oder Hotelier seinen Kunden einen Preisnachlass gewähren.

Beispiel

Am 12.08. wird einem Kunden ein Büfett außer Haus geliefert und für 1 200,00 € zzgl. 7 % Umsatzsteuer in Rechnung gestellt. Am 13.08. reklamiert der Kunde, dass das Büfett nicht dem vereinbarten Niveau entsprochen habe.

Man einigt sich auf eine Preisminderung von 25 %, wofür der Kunde noch am 13.08. eine Gutschrift erhält. Am 15.08. zahlt der Kunde den verbleibenden Betrag bar.

Datum	Konto Soll	Konto Haben	€ Soll	€ Haben
12.08.	1200 FaLL	5022 Speisenumsatz 7 %	1 284,00	1 200,00
		3801 Umsatzsteuer 7 %		84,00
13.08.	5022 Speisenumsatz 7 %	1200 FaLL	300,00	321,00
	3801 Umsatzsteuer 7 %		21,00	
15.08.	1600 Kasse	1200 FaLL	963,00	963,00

S 1200 FaLL H

S		H	
12.08.	1 284,00	13.08.	321,00
		15.08.	963,00

S 5022 Speisenumsatz 7 % H

S		H	
13.08.	300,00	12.08.	1 200,00

S 3801 Umsatzsteuer 7 % H

S		H	
13.08.	21,00	12.08.	84,00

S 1600 Kasse H

S		H	
15.08.	963,00		

Kasse:	963,00 € ≙ 107 %
Speisenumsatz:	900,00 € ≙ 100 %
Umsatzsteuer:	63,00 € ≙ 7 %

Durch den Preisnachlass hat sich in diesem Fall der Umsatz von 1 200,00 € auf 900,00 €, der Zahlungseingang von 1 284,00 € auf 963,00 € reduziert.

Ein Preisnachlass aufgrund einer Reklamation hat also negative Auswirkungen sowohl auf den Erfolg als auch auf die Liquidität des Unternehmens.

Diese Folgen sind vermeidbar, wenn die Gäste mit den Dienstleistungen des Betriebes zufrieden sind. Um alle Reklamationen, denen stattgegeben wird, sichtbar und damit kontrollierbar zu machen, erfassen einige Betriebe Preisnachlässe aufgrund von Reklamationen auf gesonderten Konten (z.B. 5029 Minderungen Speisenumsatz 7 %).

Diese Konten werden im Laufe des Jahres als Unterkonten des jeweiligen Umsatzkontos geführt und am Ende eines (monatlichen oder jährlichen) Abrechnungszeitraums über das Hauptkonto abgeschlossen.

Hier wird aus Vereinfachungsgründen für die nachfolgenden Geschäftsvorfälle auf gesonderte Reklamationskonten verzichtet.

Wie bereits im Kap. 2.2.3.2 erläutert, gewähren Lieferanten gastgewerblicher Betriebe Hotels und Gaststätten bei schneller Begleichung ihrer Rechnungen teilweise Skonti. Andererseits hat natürlich auch ein gastgewerblicher Betrieb die Möglichkeit, seinen Kunden/Gästen, z.B. bei Rechnungen über durchgeführte Veranstaltungen, Skonto zu gewähren.

Bezahlt ein Kunde innerhalb einer vorgegebenen Frist seine Rechnung unter Abzug von Skonto, so führt auch dieser Abzug einerseits zu einer Minderung der Umsatzerlöse und der darauf anfallenden Umsatzsteuer, andererseits zu einer Minderung des Zahlungsbetrages.

Beispiel

Am 15.08. wird einem Kunden die folgende Rechnung erteilt:

Hotel-Restaurant Bergstatter Hof

Hotel-Restaurant Bergstatter Hof, Ringstraße 88, 47011 Bergstatt

Familie
Reinhard Lührmann
Ewiges Tal 16 b
47011 Bergstatt

Hotel-Restaurant Bergstatter Hof
Inh. Ralf Neumann
Ringstraße 88

47011 Bergstatt
Tel: 0 23 45 / 543-0
Fax: 0 23 45 / 543-88
eMail BergstatterHof.Bergstatt@abc.de

Sparbank Bergstatt
BLZ 880 500 00
Kto. Nr. 987 654 3

Steuer-Nr. 24/565/85376

Ihr Zeichen, Ihre Nachricht vom — Unser Zeichen, unsere Nachricht vom — Rechnungsdatum: 15.08.20..

Rechnung-Nr. 0753

Sehr geehrter Herr Lührmann,

wir bedanken uns für Ihren Auftrag und erlauben uns für die am 14.08.20.. gelieferten Speisen und Getränke wie folgt zu berechnen:

Warmes und kaltes Büfett (wie vereinbart)	2 700,00 €
7 % Umsatzsteuer	189,00 €
Getränke (lt. Einzelaufstellung)	1 100,00 €
19 % Umsatzsteuer	209,00 €
Gesamtbetrag	4 198,00 €

Bei Zahlung innerhalb von 5 Tagen 3 % Skonto,
innerhalb von 10 Tagen 1,5 % Skonto,
innerhalb von 30 Tagen ohne Abzug.

Am 19.08. erfolgt auf dem Bankkonto eine Gutschrift vom Kunden Lührmann in Höhe von 4 072,06 €

Ermittlung der Korrekturbeträge:

	Rechnungsbeträge	3 % Skonto	Beträge nach Skontoabzug
100 % Nettowert	2 700,00 €	81,00 €	2 619,00 €
+ 7 % Vorsteuer	189,00 €	5,67 €	183,33 €
100 % Nettowert	1 100,00 €	33,00 €	1 067,00 €
+ 19 % Vorsteuer	209,00 €	6,27 €	215,27 €
Rechnungsbetrag	4 198,00 €	125,94 €	4 072,06 €

Die Ausstellung der Rechnung sowie die Bezahlung werden wie folgt gebucht:

Datum	Konto Soll	Konto Haben	€ Soll	€ Haben
15.08.	1200 FaLL	5022 Speisenumsatz 7 %	4 198,00	2 700,00
		3801 Umsatzsteuer 7 %		189,00
		5030 Getränkeumsatz		1 100,00
		3805 Umsatzsteuer 19 %		209,00
19.08.	1800 Bank		4 072,06	
	5022 Speisenumsatz 7 %		81,00	
	3801 Umsatzsteuer 7 %		5,67	
	5030 Getränkeumsatz		33,00	
	3805 Umsatzsteuer 19 %	1200 FaLL	6,27	4 198,00

Aufgaben

1. Wie werden Anschaffungskosten im *HGB* definiert?
2. Nennen Sie Beispiele für Anschaffungsnebenkosten.
3. Begründen Sie, welchen Umsatzsteuersätzen die Anschaffungsnebenkosten unterliegen.
4. Erstellen Sie die Buchungssätze für die folgenden Geschäftsvorfälle.
   a) Der Fischlieferant stellt folgende Rechnung:

Artikel	**Warenwert** (netto) €	**Verpackung** (netto) €
Hummer	214,80	5,00
Kaviar	318,80	
Garnelenschwänze	131,20	3,50
frischer Lachs	101,20	3,00

   b) Für eine „Eillieferung" stellt der Käsehändler 450,00 € zzgl. USt in Rechnung.
   An den anliefernden Spediteur werden 15,40 € bar gezahlt.
5. Beschreiben Sie für den Geschäftsvorfall 4b) eine alternative Buchungsvariante.
6. Erläutern Sie die möglichen Preisnachlässe beim Wareneinkauf und deren wertmäßige Auswirkungen im Unternehmen.
7. Beschreiben Sie die jeweiligen Buchungen und deren Auswirkungen.
8. Erstellen Sie die Buchungssätze für die folgenden Geschäftsvorfälle.
   a) Ein Frischdienst-Express stellt folgende Nettopreise in Rechnung:

Wild und Geflügel lt. Bestellung	248,00 €
Verpackung	9,50 €
Versand	20,40 €

   Auf den Warenwert wird ein Sofortrabatt von 5 % gewährt.

   b) Die Rechnung aus a) wird unter Abzug von 2 % Skonto bezahlt.
   c) Für Getränke stellt der Lieferant 1 500,00 € + 285,00 € USt in Rechnung.
   d) Aufgrund von Mängeln der Getränke unter c) wird ein Teil der Lieferung an den Lieferanten zurückgeschickt. Es erfolgt eine Gutschrift in Höhe von 279,65 € brutto.
   e) Der Restbetrag aus c) und d) wird unter Abzug von 3 % Skonto überwiesen.
   f) Irrtümlich hat der Fischlieferant zu viel berechnet. Daraufhin erfolgt eine Gutschrift über folgende Artikel:

Artikel	**Nettogesamtpreis**
Hummer	71,60 €
Aal	83,40 €

   g) Für eine offene Getränkerechnung werden an den Lieferanten nach Abzug von 3 % Skonto 1 001,43 € überwiesen.
   h) Zum Ausgleich einer Lebensmittelrechnung werden an den Lieferanten nach Abzug von 2 % Skonto 880,82 € überwiesen.
   i) Zum Ausgleich einer Getränkerechnung wird eine Überweisung vom Postbankkonto durchgeführt. Der vom Lieferanten gewährte Skontobetrag in Höhe von 20,88 € (= 2,5 % vom Rechnungsbetrag) kann in Anspruch genommen werden.
   j) Eine offene Lieferantenrechnung wird durch Banküberweisung unter Abzug von 1,5 % Skonto beglichen. Der Lieferant hatte Lebensmittel zum Nettopreis von 726,00 € und Getränke zum Nettopreis von 439,00 € in Rechnung gestellt.
   k) ➜ Für eine Bierlieferung stellt die Brauerei 618,80 € in Rechnung.
   ➜ Aufgrund der vereinbarten Abnahmemengen erfolgt ein Bonus der Brauerei für das vergangene Quartal in Höhe von 285,60 € brutto.
   ➜ Der Differenzbetrag wird überwiesen.

Fortsetzung nächste Seite

Aufgaben (Fortsetzung von Vorseite)

9. Bilden Sie die Buchungssätze für die folgenden Geschäftsvorfälle.
   a) Auszug aus einer Getränkerechnung:

Leergut (1 200 Fl.)	300,00 €
19 % USt	57,00 €
Rechnungsbetrag	357,00 €

   b) Bei der nächsten Lieferung werden 800 Flaschen Leergut an den Lieferanten zurückgegeben, woraufhin eine Gutschrift erfolgt.
   c) Der Leergutbestand per 31.12. beträgt lt. Inventur 340 Flaschen.
   Bilden Sie die vorbereitende Abschlussbuchung und die Abschlussbuchungen.

10. Erstellen Sie anhand der folgenden Angaben sämtliche Buchungssätze.

Eingangsrechnung 1	Warenwert Wein	2 000,00 €
	+ Pfand (400 Fl.)	80,00 €
Eingangsrechnung 2	Warenwert Wein	2 400,00 €
	+ Pfand (480 Fl.)	96,00 €
	– Pfandrücknahme (390 Fl.)	78,00 €

Der bei der Inventur gezählte Schlussbestand an Leergut beträgt 475 Flaschen.

11. Bilden Sie die Buchungssätze für die folgenden Geschäftsvorfälle.

   a) Einem Kunden werden für ein Catering einschl. Service 3 867,50 € inkl. 19 % USt. in Rechnung gestellt.
   b) Der Kunde aus a) beanstandet die Rechnung berechtigterweise.
   Daraufhin wird ihm eine Gutschrift in Höhe von 15 % erteilt.
   c) Nach 10 Tagen überweist der Kunde aus a)/b) den Restbetrag.
   d) Ein Getränkelieferant stellt netto 1 280,00 € in Rechnung.
   e) Bei einem Lieferanten werden Lebensmittel reklamiert. Daraufhin gewährt er einen Preisnachlass in Höhe von 494,40 € brutto.
   f) Eine Übernachtungsrechnung über 416,50 € brutto wurde fälschlicherweise als Getränkerechnung gebucht.
   g) Ein Teil der Lieferung aus d) wird aufgrund von Mängeln an den Lieferanten zurückgeschickt.
   Der Lieferant erteilt ein Gutschrift über 285,60 € brutto.
   h) Eine Getränkerechnung über 297,50 € brutto wurde versehentlich zweimal als Eingangsrechnung gebucht.
   i) Die Differenz aus den Fällen d) und g) wird durch Banküberweisung beglichen.
   j) Ein Kunde, dem für die Außer-Haus-Lieferung von Speisen eine Rechnung ausgestellt wurde, erteilt eine Mängelrüge. Daraufhin erfolgt ein Zahlungsnachlass von 15 %, das sind 133,75 €.
   k) Der Kunde aus j) überweist den Restbetrag unter Abzug von 2 % Skonto.

12. Ermitteln Sie anhand der folgenden Werte den Rohgewinn und die Wareneinsatzquote.

Warenanfangsbestand	2 000,00 €
Warenschlussbestand lt. Inventur	1 200,00 €
Umsatzerlöse (netto!)	29 200,00 €
von Lieferanten erhaltene Gutschriften (netto)	500,00 €
den Kunden gewährte Gutschriften (netto)	300,00 €
Wareneinkäufe	8 000,00 €

13. a) Erstellen Sie für den Jahresabschluss das GuV-Konto und das SBK.
   b) Ermitteln Sie die WE-Quoten Speisen, Getränke und gesamt.
   c) Ermitteln Sie den Rohgewinn.

Anfangsbestände:

BGA	56 000,00 €
WV-Lebensmittel	3 610,00 €
WV-Getränke	5 250,00 €
WV-Leergut	820,00 €
Bank	37 630,00 €
Kasse	2 390,00 €
Eigenkapital	47 050,00 €
Verbindlichkeiten	57 410,00 €
Umsatzsteuer	1 240,00 €

Geschäftsvorfälle:

1) Einkauf von Lebensmitteln auf Ziel, netto 1 450,00 €.
2) Zieleinkauf von Wein zu folgenden Bedingungen: Der Listenpreis beträgt 860,00 €, der Lieferant gewährt einen Rabatt von 10 %, für Kisten und Flaschen wird ein Pfand von netto 68,40 € berechnet.
3) Der anliefernde Spediteur zu 2. wird bar bezahlt, 47,60 €.
4) Banküberweisung der offenen Umsatzsteuer-Zahllast aus dem Vorjahr.
5) Ein Teil der Lebensmittel aus Fall 1 wurde falsch geliefert. Nach einer Rücksendung erteilt der Lieferant eine Gutschrift über netto 80,00 €.
6) Zieleinkauf von Fruchtsäften, netto 480,00 €.
7) Aufgrund einer Reklamation zu 6. erteilt der Lieferant eine Gutschrift über 77,35 € brutto.
8) Für die Rechnung aus 1. abzügl. der Gutschrift aus 5. wird eine Banküberweisung unter Abzug von 2 % Skonto vorgenommen.
9) Barverkauf von Speisen und Getränken im Haus:

Speisen brutto	4 593,40 €
Getränke brutto	3 177,30 €

10) Der Getränkehändler gewährt eine Umsatzrückvergütung (Bonus) von netto 200,00 €.
11) Für eine Familienfeier wird ein kaltes Büfett außer Haus geliefert.
Dafür wird die folgende Rechnung ausgestellt:

Speisen netto	2 860,00 €
Getränke netto	1 360,00 €
Service netto	260,00 €

12) Die Rechnung aus 2. wird durch Banküberweisung beglichen.
13) Der Kunde unter 11. beanstandet die mangelhafte Qualität des Büfetts und des Service.
Daraufhin wird ihm ein Nachlass von 30 % auf Speisen und Service gewährt.
14) Der Kunde überweist den Restbetrag aus 11. und 13. unter Abzug von 2 % Skonto.
15) Für Speisen (19 %) werden insgesamt brutto 5 402,60 €, für Getränke brutto 8 064,90 € in Rechnung gestellt.
16) Banküberweisungen für Löhne, 7 000,00 €.
17) Banküberweisung für Pacht, 4 500,00 €.
18) Eingangsrechnungen für diverse sonstige Betriebs- und Verwaltungsaufwendungen (hier aus Vereinfachungsgründen zusammengefasst) 6 200,00 € zzgl. 19 % USt.
19) Der Unternehmer entnimmt 9 000,00 € bar für private Zwecke.

Schlussbestände lt. Inventur:

Lebensmittel:	2 370,00 €
Getränke:	4 190,00 €
Leergut:	810,00 €

2.2.4 Zahlungsverkehr

2.2.4.1 Geldverrechnungskonten

In der Praxis erfolgt die Erfassung der Geschäftsvorfälle nach Buchungskreisen.

Dafür werden die Belege nach Belegarten wie
- Eingangsrechnungen,
- Ausgangsrechnungen,
- Bank,
- Kasse,
- interne Belege

sortiert und als unterschiedliche Buchungskreise geführt.

Verfügt ein Betrieb über mehrere Bankverbindungen, z.B. Postbank und Commerzbank, so werden die Belege für jede Bankverbindung einem gesonderten Buchungskreis zugeordnet.

Kontoauszug

Kontonummer 0 645 999 105 Auszug 004
Datum 30.04.20.. Blatt 1

Postbank
Bankleitzahl **100 100 10**

Bitte beachten Sie die Hinweise auf der Rückseite

Buch	Wert	PN-Nummer	Vorgang / Buchungsinformation	Umsatz in Euro
30.04.	30.04.	3901	UBERWEISUNG COMMERZBANK	2.000,00 -

Postbank Berlin - D-10916 Berlin

Hotel Prinz
Prinzenstraße 15
10793 Berlin

Alter Kontostand Euro	12.255,65 +
Zahlungseingänge	0,00
Zahlungsausgänge	2.000,00 -
Neuer Kontostand	10.255,65 +
Zinssatz für Dispositionskredit:	13,000%
Zinssatz für geduldete Überziehung:	17,500%
Anlagen: 1	

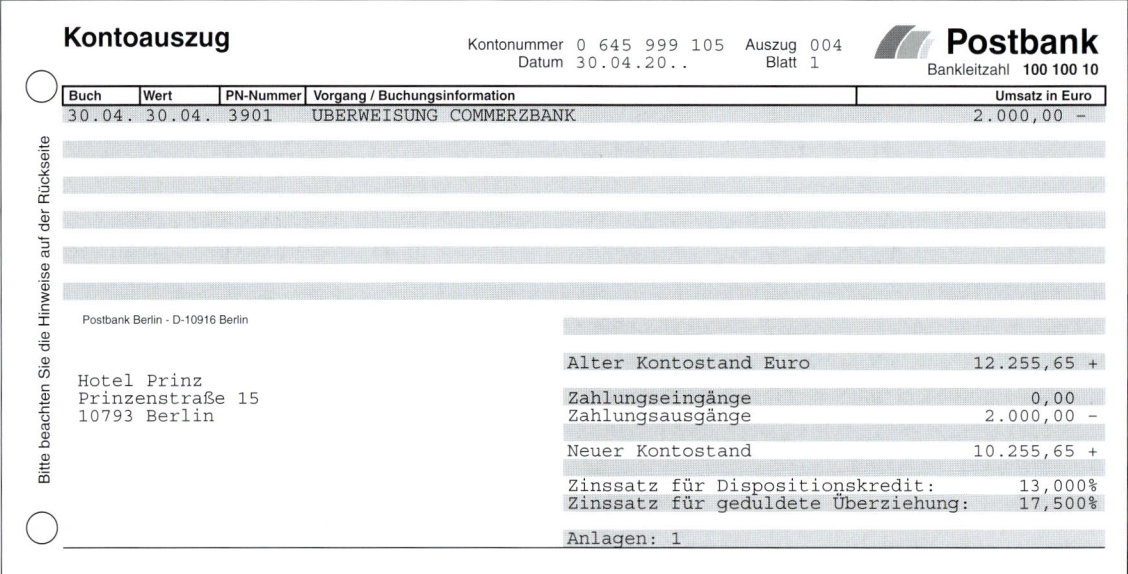

Kontoauszug Postbank 30.04.20..

COMMERZBANK

BLZ	Kontonummer	erstellt am	Auszug	Blatt
111 100 20	853 411 00	03.05.20..	097	001

BU-TAG	VORGANG	letzter Auszug vom 30.04.20.. SALDO ALT	EURO	
				5.026,66 +
03.05.	1802	GUTSCHRIFT		2.000,00 +

00001 0000000061 000007654 xzpth013

Comerzbank AG, Postfach 10 00, 10715 Berlin

Hotel Prinz
Prinzenstraße 15
10793 Berlin

SALDO NEU	EURO	7.026,66 +
SALDO ALT	EURO	5.026,66 +

Bitte erheben Sie Einwendungen gegen einzelne Buchungen unverzüglich. Schecks, Wechsel und sonstige Einzuspapiere schreiben wir unter dem Vorbehalt des Eingangs gut. Lastschriften und Schecks können noch bis zum zweiten Buchungstag nach der Belastung storniert werden.

Kontoauszug Commerzbank 03.05.20..

Beispiel

Vom (eigenen) Postbankkonto werden am 30.04. 2 000,00 € auf das (eigene) Commerzbankkonto überwiesen.
Am 03.05. werden die 2 000,00 € auf dem Konto bei der Commerzbank gutgeschrieben.

Denkbar wäre am 30.04. die Buchung
→ Commerzbank an Postbank 2 000,00 € 2 000,00 €.

Dadurch wären sowohl die Minderung des Postbankkontos als auch die Mehrung des Commerzbankkontos per 30.04. gebucht.

Diese Buchung würde jedoch innerhalb der Buchführung zu einem falschen Kontobestand des Commerzbankkontos führen, da der Zugang hier erst 3 Tage später erfolgt.

Würde dieselbe Buchung erst am 03.05. erfolgen, wäre per 30.04. ein falscher Postbankbestand in der Buchführung aufgezeigt, da hier bereits am 30.04. die Minderung stattfand.
Zur Vermeidung dieser Ungenauigkeit wird in der Praxis ein Zwischenkonto
→ **1460 Geldtransit** angesprochen.

Am 30.04. wird im Buchungskreis Postbank wie folgt gebucht:

Datum	Konto Soll	Konto Haben	€ Soll	€ Haben
30.04.	1460 Geldtransit	1700 Postbank	2 000,00	2 000,00

Durch diese Buchung wird die Minderung auf dem Postbankkonto erfasst, während durch die Sollbuchung der Betrag auf dem Geldtransitkonto quasi „geparkt" wird.

Am 03.05. erfolgt im Buchungskreis Commerzbank die Buchung der Mehrung auf dem Commerzbankkonto, während der „geparkte" Geldbetrag durch eine Habenbuchung ausgeglichen wird.

Datum	Konto Soll	Konto Haben	€ Soll	€ Haben
03.05.	1800 Commerzbank	1460 Geldtransit	2 000,00	2 000,00

S 1700 Postbank H

S		H	
		30.04.	2 000,00

S 1800 Commerzbank H

S		H	
03.05.	2 000,00		

S 1460 Geldtransit H

S		H	
30.04.	2 000,00	03.05.	2 000,00

Das Einschalten des Kontos Geldtransit erfüllt mehrere Funktionen:

1. stimmen nur bei einer Buchung der Geldbewegungen über dieses Konto die Bestände in der Buchführung mit den Ist-Beständen auf den Kontoauszügen überein.

2. wird die Abstimmung der Buchungen zwischen den Buchungskreisen erleichtert.

3. erfüllt das Konto Geldtransit auch eine Kontrollfunktion, inwieweit die Beträge, die von einem Bankkonto überwiesen wurden, auch tatsächlich auf dem anderen Konto gutgeschrieben wurden.
   Mit der Gutschrift auf dem zweiten Konto (spätestens im Folgemonat) muss das Geldtransitkonto ausgeglichen sein.

Sowohl aufgrund der Buchführungspraxis, die Geschäftsvorfälle sortiert nach unterschiedlichen Buchungskreisen zu buchen, als auch aufgrund der unter 3. genannten Kontrollfunktion ist es sinnvoll, auch Bareinzahlungen auf das eigene Bankkonto über das Konto Geldtransit zu buchen, selbst dann, wenn die Gutschrift auf dem Bankkonto am Tag der Entnahme aus der Kasse erfolgt.

2.2.4.2 Abrechnungen mit Kreditkarteninstituten und Reiseveranstaltern

Situation

Anhand der Auswertung des Nachtlaufs werden in der Rechnungswesenabteilung des Hotel-Restaurants Bergstatter Hof die Umsätze des Vortages erfasst. Einige Gäste zahlten bar, die meisten Gäste beglichen ihre Rechnung jedoch mit Kreditkarte. Zwei Logisgäste hatten die Übernachtung bei einem Reiseveranstalter gebucht und erhielten von dem Veranstalter einen Voucher.

Kreditkartenabrechnungen

In vielen Betrieben der Hotellerie und Gastronomie gehört die Akzeptanz von Kreditkarten zu den selbstverständlichen Dienstleistungen.

Diese Dienstleistung ist jedoch für den Betrieb mit unterschiedlichen Kosten verbunden.

Einerseits verlangt die Einführung eines elektronischen Zahlungsverkehrs technische Voraussetzungen, z.B. ein Kartenterminal. Den Hauptkostenfaktor stellen aber die von den Kreditkarteninstituten in Rechnung gestellten Provisionen dar.

Diese hängen sowohl von dem jeweiligen Kreditkartenunternehmen als auch von den vereinbarten Abrechnungszeiträumen ab. Daneben sind die mit den Kreditkartenunternehmen abgerechneten Umsätze für die Höhe der Provision mitbestimmend. In der Regel liegen die Provisionen zwischen 2 % und 7 %.

Nach Ablauf des vereinbarten Abrechnungszeitraums überweisen die Kreditkartenunternehmen den um die Provision und die darauf anfallende Umsatzsteuer verminderten Rechnungsbetrag auf das Bankkonto des Hoteliers.

Citicorp
Kartenservice GmbH

Citibank
Card Acceptance

Ein Unternehmen
der Citibank-Gruppe

Postfach 16 01 42
D-60064 Frankfurt

Tel.: (0 69) 26 03 52
Fax: (0 69) 26 03 50 0

E-Mail:
cco.ca©citicorp.com

CITICORP®

Citicorp Kartenservice GmbH, Postfach 16 01 42, D-60064 Frankfurt

Hotel-Restaurant Bergstatter Hof
Ringstraße 88
47011 Bergstatt

TELEFON-DURCHWAHL 05921/86-6000
NORDHORN, 09.04.20..

ÜBERWEISUNG AN BANKKONTO
BLZ

ABRECHNUNGSDATUM: 07.04.20..
UNSERE REFERENZ 999921051054210510542

SEITE 1

IHRE VERTRAGS-NR: 1787

	EINREICHUNGS-BETRAG EUR	SERVICEGEBÜHR* %	SERVICEGEBÜHR* EUR	19% MWST. EUR	AUSZAHLUNGS-BETRAG EUR
ABRECHNUNGS-NR. 06040001	142,00 –				
EINREICHUNGSDATUM 06.04.20..	74,00 –	3,35	2,48	0,47	71,05 – EUR
EINREICHUNGSDATUM 06.04.20..	68,00 –	3,35	2,28	0,43	65,29 – EUR
VISA	142,00 –		4,76	0,90	136,34 – EUR

ÜBERWIESEN AM: 09.04.20..
* GEM. ANGABE IN SERVICEVEREINBARUNG

Abrechnung VISA

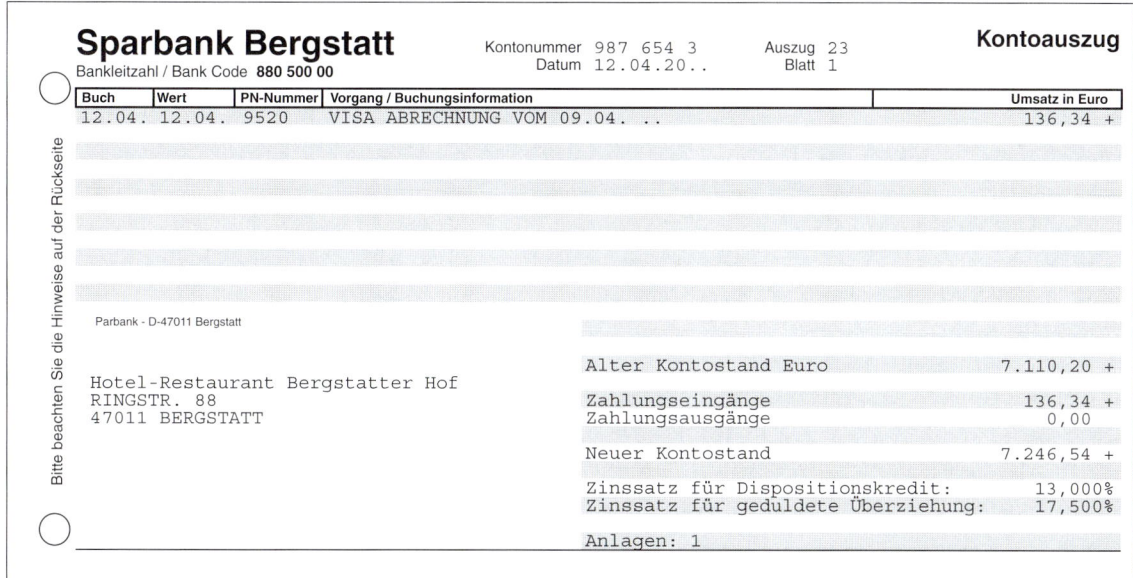

Sparbank Bergstatt Kontonummer 987 654 3 Auszug 23 **Kontoauszug**
Bankleitzahl / Bank Code **880 500 00** Datum 12.04.20.. Blatt 1

Buch	Wert	PN-Nummer	Vorgang / Buchungsinformation	Umsatz in Euro
12.04.	12.04.	9520	VISA ABRECHNUNG VOM 09.04. ..	136,34 +

Bitte beachten Sie die Hinweise auf der Rückseite

Parbank - D-47011 Bergstatt

Hotel-Restaurant Bergstatter Hof
RINGSTR. 88
47011 BERGSTATT

Alter Kontostand Euro	7.110,20 +
Zahlungseingänge	136,34 +
Zahlungsausgänge	0,00
Neuer Kontostand	7.246,54 +
Zinssatz für Dispositionskredit:	13,000%
Zinssatz für geduldete Überziehung:	17,500%

Anlagen: 1

Gutschrift auf Kontoauszug

Beispiel

Am 06.04. haben zwei Gäste des Hotel-Restaurants Bergstatter Hof ihre Logisrechnungen über insgesamt 142,00 € mit Kreditkarte gezahlt.

Am 09.04. erfolgt eine Abrechnung von VISA.
Am 12.04. wird der Abrechnungsbetrag auf dem Bankkonto gutgeschrieben.

Zunächst ist die Bezahlung der Hotelrechnung zu buchen.
Da dem Hotel noch kein Geld zugeflossen ist, besteht zum Zeitpunkt der Zahlung lediglich eine Forderung gegenüber dem Kreditkarteninstitut.

Datum	Konto Soll	Konto Haben	€ Soll	€ Haben
06.04.	1210 Forderungen VISA	5010 Beherbergungsumsatz	142,00	119,33
		3805 Umsatzsteuer 19 %		22,67

Im Zusammenhang mit der Buchung des Zahlungseingangs erfolgt i.d.R. auch die Buchung der Kreditkartenabrechnung.

Das Kreditkarteninstitut berechnet seine Netto-Provision vom Brutto-Erlös des Hotels. Zuzüglich zur Netto-Provision werden 19 % Umsatzsteuer in Rechnung gestellt.

		€	€
Bruttoerlös			142,00
Nettoprovision	(142,00 € x 3,35%)	4,76	
Umsatzsteuer	(4,76 € x 19%)	0,90	
Gesamtabzug			5,66
Erstattungsbetrag			136,34

Die in Rechnung gestellte Provision stellt für den Hotelier einen Aufwand dar und wird auf das Konto 6775 Kreditkartenprovision gebucht.

Datum	Konto Soll	Konto Haben	€ Soll	€ Haben
12.04.	1800 Bank		136,34	
	6775 Kreditkartenprovision		4,76	
	1405 Vorsteuer 19 %	1210 Forderungen VISA	0,90	142,00

S	6775 Kreditkartenprovision		H
12.04.	4,76	GuV	4,76

S	Beherbergungsumsatz		H
GuV	119,33	06.04.	119,33

S	8100 Gewinn- und Verlustkonto		H
KKProvision	4,76	Beh.-umsatz	119,33
	= 3,99 %		= 100 %

Das GuV-Konto verdeutlicht noch einmal, dass der Erfolg des Unternehmens geschmälert wird, wenn Gäste die Möglichkeit haben, mit Kreditkarte zu zahlen.
Da die (Netto-) Provisionen – wie vorher beschrieben – von den Bruttoerlösen ermittelt werden, jedoch nur die Nettoerlöse erfolgswirksam sind, ist der prozentuale Aufwand für das Unternehmen real noch höher als nominal (hier 3,99% statt 3,35%).

Abrechnungen von Reisebüros und -veranstaltern
Werden Hotelgäste beispielsweise durch Reiseveranstalter oder -büros vermittelt, so werden dem Hotel für diese Vermittlungsleistungen Provisionen in Rechnung gestellt.
Die Buchungen und Auswirkungen unterscheiden sich im Wesentlichen nicht von den vorher beschriebenen.
Die Rahmenbedingungen für die jeweilige Abrechnungssituation können jedoch variieren.

Eine Möglichkeit besteht in der reinen Vermittlungsleistung von Seiten eines Reisebüros oder Hotelreservierungsunternehmens. In diesem Fall wird dem Hotel vom Vermittler für jede Vermittlung eine Provision in Rechnung gestellt, während die Gäste ihre vollständige Rechnung im Hotel zahlen.
Eine andere Möglichkeit besteht darin, dass der Gast im Reisebüro oder bei einem Reiseveranstalter eine Reise bucht und gegen Bezahlung einen Voucher (Gutschein) erhält. Der Gast „zahlt" im Hotel durch Überreichung des Vouchers.
Nach Ablauf des Aufenthalts reicht der Hotelier den Voucher beim Veranstalter ein und erhält daraufhin den Gegenwert des Vouchers abzüglich einer Provision.
Bei beiden Varianten hängt die Höhe der Provision von der getroffenen Vereinbarung (5-25%) ab.
Möglich sind – die bereits im vorangegangenen Abschnitt beschriebenen –
- Nettoprovisionen vom Bruttoerlös
  wie auch
- Bruttoprovisionen vom Bruttoerlös.

Beispiel 1 (Nettoprovision vom Bruttoerlös)

Für zwei Übernachtungen zahlt der Gast Meier, der über einen Hotelreservierungsservice gebucht hat, 90,00 € am 08.06. in bar.

Das Hotelreservierungsunternehmen stellt am 12.06. für die Reservierung 12,5% vom Übernachtungspreis zzgl. Umsatzsteuer in Rechnung.

Datum	Konto Soll	Konto Haben	€ Soll	€ Haben
08.06	1600 Kasse	5010 Beherbergungsumsatz	90,00	75.63
		3805 Umsatzsteuer 19 %		14,37
12.06.	6777 Reservierungskosten		11,25	
	1405 Vorsteuer 19 %	3300 VaLL	2,14	13,39

Beispiel 2 (Bruttoprovision vom Bruttoerlös)

Ein Ehepaar übergibt am 17.08. im Hotel-Restaurant Bergstatter Hof einen Voucher für 7 Übernachtungen in Höhe von von 595,00 €. Nach Ablauf der Aufenthaltsdauer reicht das Hotel den Voucher beim Reiseveranstalter ein und erhält am 29.08. eine Bankgutschrift in Höhe von 476,00 €. (Mit dem Reiseveranstalter TIU besteht eine Provisionsvereinbarung von brutto 20%.)

	Bruttoerlös	595,00 €
–	Bruttoprovision (595,00 € x 20%)	119,00 €
=	Erstattungsbetrag	476,00 €

$$\frac{\text{Bruttoprovison}}{119\%} = \text{Nettoprovision} \quad \frac{119{,}00\ €}{119\ \%} = 100{,}00\ €$$

Datum	Konto Soll	Konto Haben	€ Soll	€ Haben
17.08.	1202 Forderungen TIU	5010 Beherbergungsumsatz	595,00	500,00
		3805 Umsatzsteuer 19 %		95,00
29.08.	1800 Bank		476,00	
	6776 Provision TIU		100,00	
	1405 Vorsteuer 19 %	1202 Forderungen TIU	19,00	595,00

Aufgaben

1. Erläutern Sie die Funktionen, die das Geldtransitkonto erfüllt.
2. Erstellen Sie die Buchungssätze für die folgenden Geschäftsvorfälle.
   a) Am 07.08. wird vom betrieblichen Bankkonto Wechselgeld für die Kasse in Höhe von 1 000,00 € abgehoben. (2 Buchungen)
   b) Am 29.12. werden von dem Konto bei der Sparkasse 10 000,00 € auf das Konto bei der Volksbank überwiesen. Die Gutschrift auf dem Volksbankkonto erfolgt am 31.12.
   c) Erstellen Sie die Abschlussbuchung und die Eröffnungsbuchung für das Geldtransitkonto für den Fall, dass die Gutschrift aus dem Fall b) erst am 02.01. auf dem Volksbankkonto erfolgt.
   d) Am 04.01. wird die „Geldbombe" des vorangegangenen Tages in Höhe von 3 200,00 € auf dem Bankkonto gutgeschrieben.

3. Ihnen liegt die folgende Abrechnung von EURO Kartensysteme vor:

EURO Kartensysteme

EURO Kartensysteme
EUROCARD und eurocheque GmbH

EURO Kartensysteme
Service GmbH

Postanschrift:
D-60294 Frankfurt/Main

Telefon (069) 7933–2025
Telefax (069) 7933–2299

Hotel Am Stadtturm
Am Markt 7
23552 Lübeck

Kunden-Nr. 154 444
Rechnung-Nr. 9999 420 108 37

Rechnungsdatum: 25.04.20..

IHRE EC/MC ABRECHNUNGSWAEHRUNG IST EUR

Sammler Nr.	Einreichungs-datum	Abrechnungs-datum	Primanota	Beleg-Anz.	Einr.Brutto/ Abr. Brutto	Währung	Disagio % Satz	Kurs/ Disagio	MWSt. 19 %	Netto-Betrag
023006	17.04.	18.04.	10856096000	4	235,50	EUR	3,75	8,83	1,68	224,99
025761	19.04.	20.04.	11061225000	5	452,30	EUR	3,75	16,96	3,22	432,12
023477	20.04.	21.04.	11153692000	4	108,00	EUR	3,75	4,05	0,77	103,18
010098	21.04.	22.04.	11234886000	2	140,50	EUR	3,75	5,27	1,00	134,23
020322	22.04.	23.04.	11353338000	1	80,40	EUR	3,75	3,02	0,57	76,81
			elektr. Summe		1.016,70	EUR		38,13	7,24	971,33
Endsumme					1.016,70	EUR		38,13	7,24	971,33

Ihr Guthaben von EUR 971,33 haben wir auf das Konto Nr. 568681 BLZ 100 0000 überwiesen

a) Erläutern Sie diese Abrechnung.

b) Erstellen Sie anhand der Abrechnung die laufenden Buchungen
   ba) für die eingereichten Umsätze vom 17.04. bis 22.04.
   bb) für die Bankgutschrift von EURO am 26.04.

Fortsetzung nächste Seite

Aufgaben (Fortsetzung von Vorseite)

4. Ein Hotel erzielt in der Zeit vom 06.05. bis 12.05. Logisumsätze (netto) in Höhe von 2 350,00 €, die von den Gästen mit EUROCARD beglichen werden.
   Am 17.05. erfolgt auf dem Bankkonto des Hotels eine Gutschrift von EUROCARD unter Abzug von 3,75 % Provision.
   Erstellen Sie sämtliche Buchungen.

5. Am 23.05. werden auf dem Bankkonto 1 170,04 € von American Express für die Umsätze der vorangegangenen Woche gutgeschrieben.
   Mit American Express wurde eine Provision in Höhe von 6 % vereinbart.
   Erstellen Sie
   a) die Abrechnung
   b) die Buchung am 23.05.

6. Erstellen Sie für die folgenden Situationen die Buchungssätze aus Sicht des Hotels „Meerblick".
   Ein Reisebüro vermittelt eine Reisegruppe mit 20 Logisgäs-ten für 3 Nächte bei Unterbringung in Doppelzimmern. Der Übernachtungspreis pro Doppelzimmer beträgt 80,00 €/Nacht.

   a) Bei Abreise zahlt die Gruppe bar.
   b) Für die Vermittlung stellt das Reisebüro 8 % Provision zzgl. Umsatzsteuer in Rechnung.
      Bemessungsgrundlage für die Provision ist der Bruttoübernachtungspreis.
   c) Die Vermittlungsprovision wird durch Banküberweisung bezahlt.

7. Dem Hotel „Alpenblick" wird eine Reisegruppe mit 54 Logisgästen für zwei Nächte bei Unterbringung im Doppelzimmer vermittelt. Der Übernachtungspreis pro Doppelzimmer beträgt 90,00 €/Nacht.

   a) Bei Abreise werden 12 Doppelzimmer mit VISA, 6 Doppelzimmer mit Eurocard und 9 Doppelzimmer bar bezahlt.
   b) Eine Woche später gehen auf dem Bankkonto die Gutschriften der Kreditkartenunternehmen ein.
      VISA berechnet 3,5 % Provision, Eurocard berechnet 3 % Provision.
   c) Das Reisebüro stellt 12 % Provision inkl. Umsatzsteuer vom Bruttoübernachtungspreis in Rechnung, die durch Banküberweisung beglichen wird.

   Erstellen Sie die Buchungssätze.

8. Bei Anreise übergibt ein Gast einen Voucher für Logis im Wert von 880,00 € (brutto).

   a) Nach Ablauf der Aufenthaltsdauer wird der Voucher beim Reiseveranstalter eingereicht.
   b) Eine Woche später erfolgt eine Gutschrift auf dem Bankkonto unter Abzug einer Provision von 10 % inkl. 16 % Umsatzsteuer.

   Erstellen Sie die Buchungssätze.

9. Ein Logisgast übergibt bei Anreise einen Voucher im Wert von 490,00 €.

   a) Nach Ablauf der Aufenthaltsdauer wird der Voucher beim Veranstalter eingereicht.
   b) 6 Tage später erfolgt eine Gutschrift vom Veranstalter in Höhe von 428,75 €.

   Erstellen Sie die Buchungssätze.

10. Erstellen Sie für den Jahresabschluss das GuV-Konto und das SBK.

    Anfangsbestände:

BGA	66 300,00 €
WV-Lebensmittel	2 800,00 €
WV-Getränke	2 400,00 €
FaLL	1 400,00 €
Kasse	2 110,00 €
Postbank	2 420,00 €
Bank	6 310,00 €
Eigenkapital	27 120,00 €
Darlehen	40 000,00 €
VaLL	16 380,00 €
Umsatzsteuer	240,00 €

Geschäftsvorfälle:

1. Ausgangsrechnung für eine Außer-Haus-Lieferung für
   – Speisen (netto) 910,00 €
   – Getränke (netto) 460,00 €
2. Für die Vermittlung von Gästen wird an ein Reisebüro Provision in Höhe von 115,20 € zzgl. Umsatzsteuer überwiesen. (Die Eingangsrechnung wurde noch nicht gebucht.)
3. Auf dem Postbankkonto werden 2 114,60 € als Ausgleich einer offenen Getränkerechnung gutgeschrieben. Der Kunde hat 3 % Skonto in Abzug gebracht.
4. Das Bankkonto wird belastet für:
   a) Umsatzsteuer in Höhe von 240,00 €
   b) Überweisung der offenen Lebensmittelrechnung über 481,50 € unter Abzug von 2,5 % Skonto
   c) Darlehenszinsen in Höhe von 100,00 €
5. Eingangsrechnung für Wein
   – Warenwert 1 200,00 €
   – Fracht (netto) 36,00 €
6. Umsatzerlöse bar inkl. 19 % USt
   – Speisen 11 316,80 €
   – Getränke 9 964,40 €
   Umsatzerlöse mit Kreditkarte inkl. 19 % USt
   – Speisen 3 815,20 €
   – Getränke 3 280,60 €
7. Lebensmitteleinkauf bar, netto 2 480,00 €
8. Kauf eines Faxgerätes zum Rechnungsbetrag von 380,80 €
9. Barkauf von Büromaterial für netto 120,00 €.
10. Vom Bankkonto werden 1 000,00 € auf das Konto bei der Postbank überwiesen.
11. Das Faxgerät aus 8. wird unter Abzug von 3 % Skonto durch Banküberweisung bezahlt.
12. Auf dem Postbankkonto werden die 1 000,00 € aus Fall 10. gutgeschrieben.
13. Banküberweisung für Löhne und Gehälter, 7 500,00 €
14. Eingangsrechnung für Werbematerial, Rechnungsbetrag 618,80 €
15. Der Getränkelieferant gewährt einen Bonus von 300,00 € netto.
16. Die Summe der Barentnahmen zwecks Einzahlung auf das Bankkonto beträgt 20 000,00 €.
17. Bankgutschrift vom Kreditkartenunternehmen:
    Abrechnungsbetrag brutto 2 150,00 €
    Provision 4 %
18. Auf dem Bankkonto werden aufgrund von Bareinzahlungen insgesamt 18 500,00 € gutgeschrieben.
19. Vom Bankkonto werden 2 000,00 € zur Darlehenstilgung abgebucht.

Schlussbestände lt. Inventur:

Lebensmittel:	1 348,75 €
Getränke:	1 056,00 €

2.2.5 Privat

Situation

Jedes Jahr im Februar macht das Hotel-Restaurant Bergstatter Hof Betriebsferien. In dieser Zeit werden zunächst die notwendigen Renovierungsarbeiten im Hotel durchgeführt.
Anschließend fährt der Inhaber Herr Neumann mit seiner Familie für zwei Wochen in den wohlverdienten Erholungsurlaub.

Für diesen Zweck entnimmt Herr Neumann in der Regel Bargeld aus der Geschäftskasse und nutzt die betriebliche Kreditkarte.

Kaufleute, die ihr Unternehmen als Einzelunternehmer oder in der Rechtsform einer Personengesellschaft führen, beziehen im Gegensatz zu geschäftsführenden Gesellschaftern einer GmbH kein Gehalt.
Ihr Einkommen besteht aus dem Gewinn, der (hoffentlich) im Laufe des Jahres erwirtschaftet wird.
Da Unternehmer aber – genau wie Privatpersonen – zur Bestreitung des Lebensunterhalts finanzielle Mittel benötigen, werden diese häufig aus dem Betrieb entnommen.

2.2.5.1 Private Geldentnahmen

Beispiel

Für seinen Urlaub entnimmt Herr Neumann 1 000,00 € aus der Geschäftskasse. Damit die Entnahme im Kassenbuch und in der Buchführung erfasst werden kann, erstellt er einen Eigenbeleg.

Quittung

EUR *1 000,00*

Nr.

inkl. % MwSt./EUR

EUR in Worten *Eintausend* — Cent wie oben

von *Kasse*

für *Privat*

dankend erhalten.

Ort/Datum *Bergstatt, 14.02.20..* *Neumann*

Buchungsvermerke — Stempel/Unterschrift des Empfängers

Zweckform Quittung

Privatentnahmen sind Wertübertragungen aus dem betrieblichen in den privaten Bereich und stellen eine vorweggenommene Gewinnausschüttung an den Unternehmer dar.
Durch Entnahmen für private Zwecke darf der Erfolg des Unternehmens nicht beeinflusst werden, aber die Minderungen des Eigenkapitals und des betrieblichen Vermögens, z.B. der Kasse, müssen erfasst werden. Die Minderungen des Eigenkapitals könnten direkt auf dem Eigenkapitalkonto im Soll gebucht werden.

Zur besseren Übersicht werden sie aber im Laufe des Jahres auf einem Unterkonto des Eigenkapitalkontos, dem Konto „Privatentnahmen“, erfasst.

Datum	Konto Soll	Konto Haben	€ Soll	€ Haben
14.02.	2100 Privatentnahmen	1600 Kasse	1 000,00	1 000,00

Für den Jahresabschluss wird das Konto „Privatentnahmen“ mit der Summe der Entnahmen, die im Laufe des Jahres getätigt wurden, über das Eigenkapitalkonto abgeschlossen.

Beispiel

Im Laufe des Jahres wurden vom Inhaber des Hotel-Restaurants Bergstatter Hof diverse Privatentnahmen mit einem Gesamtbetrag von 27 800,00 € aus der Kasse bzw. vom Bankkonto des Betriebes vorgenommen.

Per 31.12. erfolgt der Abschluss des Kontos Privatentnahmen mit folgender Buchung:

Datum	Konto Soll	Konto Haben	€ Soll	€ Haben
31.12.	2000 Eigenkapital	2100 Privatentnahmen	27 800,00	27 800,00

S 2100 Privatentnahmen H

S		H	
30.01.	1 500,00	EK	27 800,00
14.02.	1 000,00		
10.03.	3 000,00		
30.04.	5 000,00		
15.06.	5 200,00		
28.07.	4 500,00		
08.09.	2 300,00		
31.10.	1 900,00		
28.11.	2 500,00		
27.12.	900,00		
	27 800,00		27 800,00

S 2000 Eigenkapital H

S		H	
Privatentnahmen	27 800,00	AB	34 000,00

In der Praxis kommen die unterschiedlichsten Arten von privaten Geldentnahmen vor, z.B. die Bezahlung privater Steuern, Versicherungen und sonstiger Vorgänge durch Bank- oder Barzahlung mit betrieblichen Mitteln. Die Buchungen für diese unterschiedlichen Vorfälle können entweder auf dem (Sammel-)Konto „Privatentnahmen" oder auf unterschiedlichen Entnahmekonten gebucht werden (siehe Kontenrahmen).

2.2.5.2 Private Geldeinlagen

Werden dem Unternehmen aus dem Privatbereich finanzielle Mittel zugeführt, so mehren diese das Eigenkapital und das betriebliche Vermögen, z.B. die Bank. Die Mehrungen des Eigenkapitals könnten direkt auf dem Eigenkapitalkonto im Haben gebucht werden. Zur besseren Übersicht werden sie aber im Laufe des Jahres auch auf einem Unterkonto des Eigenkapitalkontos, dem Konto „Privateinlagen", erfasst.

Beispiel

Um eine Belastung mit Kontokorrentzinsen zu vermeiden, zahlt der Inhaber des Hotel-Restaurants Bergstatter Hof am 28.04. 3 000,00 € aus privaten Mitteln auf das betriebliche Bankkonto ein.

Datum	Konto Soll	Konto Haben	€ Soll	€ Haben
28.04.	1800 Bank	2180 Privateinlagen	3 000,00	3 000,00

Am Ende des Jahres wird das Konto Privateinlagen mit der Summe der Einlagen, die im Laufe des Jahres getätigt wurden, über das Eigenkapitalkonto abgeschlossen.

Beispiel

Im Laufe des Jahres wurden vom Inhaber des Hotel-Restaurants Bergstatter Hof mehrere private Geldeinlagen mit einem Gesamtbetrag von 5 000,00 € vorgenommen. Per 31.12. erfolgt der Abschluss des Kontos Privateinlagen mit folgender Buchung:

Datum	Konto Soll	Konto Haben	€ Soll	€ Haben
31.12.	2180 Privateinlagen	2000 Eigenkapital	5 000,00	5 000,00

S	2180 Privateinlagen		H
EK	**5 000,00**	28.04.	3 000,00
		10.08.	500,00
		15.12.	1 500,00
	5 000,00		5 000,00

S	2000 Eigenkapital		H
		AB	34 000,00
		Privateinlagen	**5 000,00**

Zusammenfassend lässt sich feststellen:

- Vorfälle, die gleichzeitig der Privatsphäre des Unternehmers und dem Betrieb zuzuordnen sind, werden in Unterkonten des Eigenkapitals erfasst.
- Privatentnahmen mindern das Eigenkapital und werden im Soll gebucht.
- Privateinlagen mehren das Eigenkapital und werden im Haben gebucht.
- Für den Jahresabschluss werden die Privatkonten über das Eigenkapitalkonto abgeschlossen.
- Privatvorgänge dürfen den Erfolg des Unternehmens nicht beeinflussen.

2.2.5.3 Entnahme von Gegenständen für private Zwecke

In gastronomischen Betrieben ist es üblich, dass der Unternehmer nicht nur Geld, sondern auch Gegenstände, z.B. Lebensmittel und Getränke, für private Zwecke aus dem Betrieb entnimmt.

Aus Gründen der Steuergerechtigkeit soll jedoch sichergestellt werden, dass ein Unternehmer, der sich aus seinem Unternehmen selbst versorgt, nicht besser gestellt wird als ein Endverbraucher.

Deshalb regelt *§ 3 i.V.m. § 1 UStG*, dass die Entnahme von Gegenständen für private Zwecke wie Lieferungen des Unternehmens an eine andere Privatperson zu behandeln ist, d.h., die Vorgänge sind umsatzsteuerpflichtig.

Die Buchung erfolgt auf gesonderten Ertragskonten, z.B.

- 5910 Entnahme von Gegenständen 19 % USt
- 5915 Entnahme von Gegenständen 7 % USt

Als Bemessungsgrundlage für die privaten Entnahmen werden Nettoeinkaufspreise angesetzt, die auch die Bemessungsgrundlage für die Berechnung der Umsatzsteuer darstellen *(§ 10 UStG)*.
Sind die Nettoeinkaufspreise nicht feststellbar, z.B. für gebrauchte Gegenstände des Anlagevermögens, so gelten die Wiederbeschaffungskosten (= Kosten, die für die Beschaffung des Gegenstandes zum Zeitpunkt der Entnahme aufzuwenden wären) als Bemessungsgrundlage.

Das folgende Beispiel soll den Gesamtzusammenhang verdeutlichen.

Beispiel

Am 03.12. kauft das Hotel-Restaurant Bergstatter Hof Wein für 100,00 € netto auf Ziel ein.
Herr Neumann, der Inhaber des Hotels, entnimmt am 20.12. für eine private Feier Wein zum ursprünglichen Nettoeinkaufspreis von 100,00 € aus dem Lager.
Der Lagerbestand per 31.12. beträgt 0,00 €.

Laufende Buchungen:

Datum	Konto Soll	Konto Haben	€ Soll	€ Haben
03.12.	1130 WV-Getränke		100,00	
	1405 Vorsteuer 19 %	3300 Verbindlichkeiten	19,00	119,00
20.12.	2100 Privatentnahmen	5910 Entnahme von Gegenständen 19 %	119,00	100,00
		3805 Umsatzsteuer 19 %		19,00

Vorbereitende Abschlussbuchung:

Datum	Konto Soll	Konto Haben	€ Soll	€ Haben
31.12.	6030 WK-Getränke	1130 WV-Getränke	100,00	100,00

Abschlussbuchungen:

Datum	Konto Soll	Konto Haben	€ Soll	€ Haben
31.12.	8900 GuV	6030 WK-Getränke	100,00	100,00
31.12.	5910 Entnahme von Gegenständen 19 %	8900 GuV	100,00	100,00

S	1130 WV-Getränke		H
03.12.	100,00	31.12.	100,00

S	2100 Privatentnahmen		H
20.12.	**119,00**		

S	6030 WK-Getränke		H
31.12.	100,00	GuV	100,00

S	5910 Entn. v. Gegenst.		H
GuV	100,00	20.12.	100,00

S	1402 Vorsteuer 19 %		H
03.12.	**19,00**		

S	3805 Umsatzsteuer 19 %		H
		20.12.	**19,00**

S	GuV-Konto		H
WK-Getränke	100,00	Entn. v. Gegenst.	100,00

Aus dem vorstehenden Beispiel lässt sich das folgende Resümee ziehen:

1. Die Entnahme von Gegenständen für private Zwecke mindert das Eigenkapital in Höhe des Bruttowertes der Waren.
   Der Bruttowert ist der Wert, den auch ein Endverbraucher beim Einkauf einer Ware zu leisten hat.

2. Aufgrund des Wareneinkaufs besteht für das Unternehmen ein Anspruch auf Vorsteuererstattung in Höhe von 19,00 €.
   Durch die Lieferung an die „Privatperson Unternehmer" entsteht jedoch eine Umsatzsteuerverbindlichkeit in derselben Höhe.
   D.h., dass das Unternehmen den Vorsteueranspruch aus der Lieferung quasi verliert, weil die Waren nicht für betriebliche Zwecke verbraucht wurden.

3. Die Privatentnahme des Weins aus dem Lager fließt in die Warenkosten Getränke ein. Da die Entnahme andererseits aber als Ertrag gebucht wird, ist der gesamte Vorgang für das Unternehmen erfolgsneutral.

2.2.5.4 Entnahme von Gegenständen zu Pauschbeträgen

In der Gastronomie ist es üblich, dass die Versorgung der Unternehmerfamilie mit Speisen und Getränken im Betrieb erfolgt.
Aus Vereinfachungsgründen darf die Bemessungsgrundlage für diese Entnahme von Gegenständen anhand von amtlich festgelegten **Pauschbeträgen** ermittelt werden.
Wird die Anwendung dieser Vereinfachungsregel vom Unternehmer gewählt, bleiben die tatsächlichen Entnahmemengen unberücksichtigt, d.h., sowohl größere oder auch urlaubs- oder krankheitsbedingte geringere Warenentnahmen dürfen die Bemessungsgrundlage (den Pauschbetrag) nicht verändern.
Möchte der Unternehmer niedrigere Beträge als die Pauschbeträge geltend machen, kann er die Vereinfachungsregel nicht anwenden. Stattdessen muss er entsprechende **Einzelnachweise** führen.
Die Pauschbeträge werden i.d.R. jährlich mit BMF-Schreiben im Bundessteuerblatt bekannt gegeben.
Sie sind Jahreswerte für eine Person. Für Kinder vom 2. bis zum vollendeten 12. Lebensjahr ist die Hälfte des jeweiligen Wertes anzusetzen.

Pauschbeträge für unentgeltliche Wertabgaben (Sachentnahmen) für das Kalenderjahr 20..

Gewerbezweig	Jahreswert für eine Person ohne Umsatzsteuer		
	ermäßigter Steuersatz	voller Steuersatz	insgesamt
	€	€	€
Bäckerei	776,00	394,00	1 170,00
Fleischerei	616,00	923,00	1 539,00
Gast- und Speisenwirtschaften			
a) mit Abgabe von kalten Speisen	739,00	1 108,00	1 847,00
b) mit Abgabe von kalten und warmen Speisen	1 022,00	1 822,00	2 844,00
Getränkeeinzelhandel		332,00	332,00
Café und Konditorei	788,00	677,00	1 465,00
Milch, Milcherzeugnisse, Fettwaren und Eier (Einzelhandel)	468,00	62,00	529,00
Nahrungs- und Genussmittel (Einzelhandel)	1 071,00	517,00	1 588,00
Obst, Gemüse, Südfrüchte und Kartoffeln (Einzelhandel)	246,00	185,00	431,00

Beispiel

Zum Haushalt der Eheleute Neumann, die das Hotel-Restaurant Bergstatter Hof betreiben, gehört eine 10-jährige Tochter.

Die monatliche Buchung der Warenentnahmen erfolgt auf Grundlage der Pauschbeträge.

Berechnung der Pauschbeträge:

	7 %	19 %	insgesamt
Jahreswert für eine Person	1 022,00	1 822,00	
Monatswert für eine Person	85,16	151,83	
Monatswert für Familie Neumann			
2 Erwachsene u. 1 Kind (50%)			
= Entnahme von Gegenständen	212,92	379,58	
Umsatzsteuer	14,90	72,12	
Privatentnahme brutto	227,82	451,70	679,52

Buchung:

Datum	Konto Soll	Konto Haben	€ Soll	€ Haben
12 x mtl.	2100 Privatentnahmen	5915 Entnahme von Gegenständen 7 %	679,52	212,92
		3801 Umsatzsteuer 7 %		14,90
		5910 Entnahme von Gegenständen 19 %		379,58
		3805 Umsatzsteuer 19 %		72,12

Aus dem vorstehenden Beispiel ist zu entnehmen, dass:

- die Entnahme von Gegenständen für private Zwecke der Umsatzsteuer unterliegt.

In der Praxis ist es üblich, die Warenentnahmen aus Vereinfachungsgründen anhand von Pauschbeträgen zu erfassen.

2.2.5.5 Private Nutzung betrieblicher Gegenstände

Neben der Entnahme von Waren findet in der gastgewerblichen Praxis auch häufig eine Nutzung betrieblicher Gegenstände für private Zwecke statt.
Hier ist besonders die Nutzung betrieblicher PKWs zu nennen.
Die steuerliche Behandlung dieser Situation hat sich in den letzten Jahren mehrmals geändert, sodass an dieser Stelle nur auf die Regelungen ab 01.01.2004 eingegangen werden soll.

Für Fahrzeuge, die
- nach dem 01.01.2004 angeschafft wurden und
- auch für unternehmensfremde (= private) Zwecke genutzt werden

erfolgt bei der Anschaffung zunächst der volle Vorsteuerabzug.
Das Gleiche gilt für sämtliche Anwendungen, die in Verbindung mit dem Fahrzeug stehen, z. B. Benzin- oder Reparaturkosten.
Der durch die private Nutzung veranlasste Aufwandsanteil unterliegt jedoch

a) der Umsatzbesteuerung gem. *§ 3 (9a) Nr. 1 UStG* und
b) der Ertragsbesteuerung gem. *§ 4 (1) Satz 2 EStG.*

Der Privatanteil der Kfz.-Nutzung lässt sich mittels Fahrtenbuch-Methode oder auf Basis der sogenannten „1%-Regelung" des *§ 6 (1) Nr. 4 S. 2 EStG* ermitteln.

Seit 01.01.2006 ist die Anwendung der 1%-Regelung jedoch auf Fahrzeuge des notwendigen Betriebsvermögens (d. h. betriebliche Nutzung mehr als 50 %) beschränkt.
Bei Anwendung dieser Regelung ist als Abgeltung für die nicht mit Vorsteuern belasteten Aufwendungen, wie z. B. Kfz.-Versicherung, ein pauschaler Abschlag von 20 % vorzunehmen.
Werden Fahrzeuge bis zu 50 % betrieblich genutzt, bleibt für die Ermittlung des privaten Nutzungsanteils nur die Fahrtenbuch-Methode.
Bei Anwendung dieser Regelung sind aus den Gesamtaufwendungen die nicht mit Vorsteuern belasteten Kosten auszuscheiden.

▶ 1%-Regelung
(Pauschalierungsmethode)

Die Entnahme ist mit 1 % des Brutto-Listenpreises zum Zeitpunkt der Erstzulassung pro Monat der Nutzung zu bewerten.

Mit diesem pauschalen Ansatz sind dann sämtliche Kosten abgegolten, die mit der privaten Fahrzeugnutzung entstanden sind.

Umsatzsteuerfrei bleiben hiervon jedoch pauschal 20 %.

▶ Fahrtenbuch-Methode
(Nachweismethode)

Hier wird durch das ordnungsgemäße Führen eines Fahrtenbuchs nachgewiesen, wie hoch der Anteil der privaten Fahrten an der Gesamtfahrleistung ist. Der Nutzungswert errechnet sich aus dem ermittelten Privatanteil laut Fahrtenbuch an den gesamten Kosten.
Aus den Gesamtkosten ist für Umsatzsteuerzwecke der nicht mit Vorsteuern belastete Anteil auszuscheiden.

Beispiel

Herr Neumann, Inhaber des Hotel EUROPA, kauft am 01.12.07 einen neuen Pkw, den er überwiegend betrieblich aber auch privat nutzt. Die Anschaffungskosten für den Wagen, die dem Listenpreis entsprechen, betragen 35 000,00 € zzgl. 6 650,00 € USt.

Alternative A:
Bei Anwendung der **1%-Regelung** ist zur Erfüllung der einkommen- und umsatzsteuerlichen Anforderung für den Monat Dezember wie folgt zu buchen:

Buchung:

Datum	Konto Soll	Konto Haben	€ Soll	€ Haben
31.12.07	2100 Privatentnahmen	5920 Entnahme von Nutzungleistungen 19 % USt	479,81	333,20
		3805 Umsatzsteuer 19 %		63,31
		5925 Entnahme von Nutzungsleistungen ohne USt		83,30

Berechnung der Bemessungsgrundlage:

Brutto-Listenpreis x 1 % pro Monat	
41 650,00 € x 1 % =	416,50 €
davon 20 %, umsatzsteuerfrei	83,30 €
Rest umsatzsteuerpflichtig	333,20 €

Alternative B:
Von den im Dezember 07 gefahrenen Kilometern entfallen laut Fahrtenbuch 30 % auf privat veranlasste Fahrten. Bis zum 31.12.07 wurden Kfz-Kosten einschließlich Benzinkosten, Kfz-Versicherung und Abschreibung (zum Thema Abschreibung siehe Kapitel 2.3.2.2) von insgesamt 1 100,00 € gebucht.
In den 1 100,00 € sind 150,00 € Kfz-Kosten enthalten, auf die keine Umsatzsteuer entfiel.

Berechnung des privaten Nutzungsanteils:

Umsatzsteuerpflichtig	950,00 € x 30 % =	285,00 €
Umsatzsteuerfrei	150,00 € x 30 % =	45,00 €

Buchung:

Datum	Konto Soll	Konto Haben	€ Soll	€ Haben
31.12.07	2100 Privatentnahmen	5920 Entnahme von Nutzungleistungen 19 % USt	384,15	285,00
		3805 Umsatzsteuer 19 %		54,15
		5925 Entnahme von Nutzungsleistungen ohne USt		45,00

Mit der Buchung der Privatentnahme soll ein Ausgleich dafür geschaffen werden, dass der Unternehmer – im Gegensatz zu Privatpersonen – die Möglichkeit hat,

a) sämtliche Fahrzeugkosten – auch wenn sie teilweise privat verursacht werden – gewinnmindernd zu buchen und
b) die Vorsteuerbeträge aus Eingangsrechnungen – auch wenn diese teilweise privat verursacht werden – im Rahmen der Umsatzsteuer-Vorauszahlungen „erstatten" zu lassen.

Neben den vorher beschriebenen Fällen sind in der Praxis unter umsatz- und einkommensteuerrechtlichen Gesichtspunkten noch weitere Situationen, z. B. die private Nutzung betrieblicher Telekommunikationsgeräte oder Entnahme von Leistungen zu erfassen, auf die in diesem Buch aber nicht weiter eingegangen werden soll.

2.2.5.6 Erfolgsermittlung durch Eigenkapitalvergleich

Der Erfolg eines Unternehmens wird durch Gegenüberstellung der Aufwendungen und Erträge im Gewinn- und Verlustkonto ermittelt.
§ 4 Abs. 1 EStG beschreibt eine weitere Variante der Erfolgsermittlung: den Eigenkapitalvergleich.

„Gewinn ist der Unterschiedsbetrag zwischen dem Betriebsvermögen (= Eigenkapital) am Schluss des Wirtschaftsjahres und dem Betriebsvermögen (= Eigenkapital) am Schluss des vorangegangenen Jahres, ...“

Beispiel

Erfolgsermittlung durch Eigenkapitalvergleich von Hotel X und Y

	X	Y
Eigenkapital am 31.12.2007	130 000,00 €	210 000,00 €
Eigenkapital am 31.12.2006 (= 01.01.2007)	105 000,00 €	240 000,00 €
EK-Mehrung (Gewinn)	25 000,00 €	
EK-Minderung (Verlust)		– 30 000,00 €

Diese Ergebnisse stimmen jedoch nur unter der Voraussetzung, dass im Laufe des Jahres keine privaten Entnahmen oder Einlagen getätigt wurden, denn diese hätten das Eigenkapital gemindert bzw. gemehrt, ohne dass eine unternehmerische Tätigkeit stattgefunden hätte.
Sind also im Laufe des Wirtschaftsjahres private Vorgänge gebucht worden, so müssen diese in Hinblick auf eine Erfolgsermittlung per 31.12. neutralisiert werden.

Das heißt, dass Privatentnahmen, die vorher das Eigenkapital gemindert haben, zu dem bisher ermittelten Ergebnis addiert, Privateinlagen, die vorher das Eigenkapital erhöht haben, subtrahiert werden müssen.

Beispiel

Im Hotel X und Hotel Y haben im Laufe des Jahres diverse Privatentnahmen und -einlagen stattgefunden. Für eine Erfolgsermittlung sind sie zu neutralisieren.

	X	Y
EK am 31.12.2007	130 000,00 €	210 000,00 €
EK am 31.12.2006 (= 01.01.2007)	105 000,00 €	240 000,00 €
= EK-Mehrung bzw. EK-Minderung	**25 000,00 €**	**– 30 000,00 €**
+ Privatentnahmen	10 000,00 €	75 000,00 €
– Privateinlagen	50 000,00 €	20 000,00 €
= Erfolg (Verlust bzw. Gewinn)	**– 15 000,00 €**	**25 000,00 €**

Dieselbe Situation stellt sich im Eigenkapitalkonto der Betriebe X und Y wie folgt dar:

S — Eigenkapital X — H

S		H	
		AB	105 000,00
Privatentnahmen	10 000,00	Privateinlagen	50 000,00
Verlust	15 000,00		
SB	130 000,00		
	155 000,00		155 000,00

S — Eigenkapital Y — H

S		H	
		AB	240 000,00
Privatentnahmen	75 000,00	Privateinlagen	20 000,00
		Gewinn	25 000,00
SB	210 000,00		
	285 000,00		285 000,00

Aufgaben

1. Erstellen Sie die Buchungssätze, und geben Sie jeweils die Auswirkung auf den Erfolg und auf das Eigenkapital an.

Geschäftsvorfall:	Buchungssatz Konten:	€	€	Auswirkung auf den Erfolg	Auswirkung auf das EK
1. Der Unternehmer N. überweist zum Ausgleich der privaten Telefonrechnung 60,00 € von seinem Geschäftskonto.					
2. N. kauft für die Verwaltung einen PC für 1 500,00 € (netto) auf Ziel.					
3. N. kauft Büromaterial für brutto 249,90 € und zahlt sofort bar.					
4. Am Wochenende lädt N. seine Familie bei einem Ausflug zum Essen ein und bezahlt 96,00 € bar.					
5. Den Rechnungsbetrag für den Kauf aus 2. überweist N. von seinem privaten Bankkonto.					
6. Getränkerechnungen in Höhe von 595,00 € werden von Gästen sofort bar beglichen.					

2. Bilden Sie den Buchungssatz für die nachfolgende Eingangsrechnung, die mit der betrieblichen Kreditkarte bezahlt wurde.

Berücksichtigen Sie, dass Vorsteuerbeträge nur für betrieblich verursachte Einkäufe abziehbar sind.

MAKRO Großmärkte GmbH

MAKRO GmbH & Co. KG. Nonnendammallee 12-18. 47011 Bergstatt

Hotel-Restaurant Bergstatter Hof
Ringstraße 88
47011 Bergstatt

Nonnendammallee 12-18
47011 Bergstatt

47011 Bergstatt
Tel: 0 23 45/213-0
Fax: 0 23 45/ 213-457

Sparbank Bergstatt
BLZ 880 550 00
Kto. Nr. 9557443

Steuer-Nr. 21/579/15722

Liefer- und Rechnungsdatum: 24.05.20..

RECHNUNG-Nr. 0024789

Art.-Nr.	Menge	Einheit	Artikelbezeichnung	Preis/Einheit	Preis gesamt	USt-Satz
39084	200	Pak.	Kaffee Portionspackungen	2,00 €	400,00 €	B
65923	20	Pak.	Büroablagekörbe	12,50 €	250,00 €	A
76390	25	Fl.	Flüssigreiniger/Bad	4,00 €	100,00 €	A
32947	40	Pak.	Babynahrung/3 Monate	1,25 €	50,00 €	B
48567	20	Fl.	Champagner Hieser	22,00 €	440,00 €	A
33847	400	Pak.	Frühstückskäse, portioniert	0,55 €	220,00 €	B
76787	80	Pak.	WC-Frisch	1,00 €	80,00 €	A
98787	4	St.	Babykleidung	17,50 €	70,00 €	A
45454	60	Fl.	Friuli Chardonnay	5,00 €	300,00 €	A
25343	30	Pak.	Knochenschinken à 1,9 kg	10,00 €	300,00 €	B

Warenwert	**netto**	**USt**	**brutto**
A 19 % USt	1 240,00 €	235,60 €	1 475,60 €
B 7 % USt	970,00 €	67,90 €	1 037,90 €
Summe	2 210,00 €	303,50 €	2 513,50 €
Kreditkarte			**2 513,50 €**
Rückgeld			**0,00 €**

Fortsetzung nächste Seite

Aufgaben (Fortsetzung von Vorseite)

3. Bilden Sie die Buchungssätze.

   a) Die private Krankenversicherung in Höhe von 220,00 € wird durch Banküberweisung (vom betrieblichen Konto) beglichen.
   b) Aus der Kasse werden 400,00 € für private Zwecke entnommen.
   c) Aus dem Lager werden Lebensmittel im Wert von 200,00 € netto und Getränke im Wert von 150,00 € netto für private Zwecke entnommen.
   d) Vom privaten Bankkonto werden 500,00 € auf das betriebliche Bankkonto überwiesen.
   e) Die private Miete in Höhe von 850,00 € wird vom (betrieblichen) Bankkonto überwiesen.
   f) Für eine private Feier werden Getränke im Nettowert von 300,00 € und Lebensmittel im Nettowert von 500,00 € entnommen.

4. Ermitteln und buchen Sie die Pauschbeträge für die monatlichen Warenentnahmen.

   a) Peter Brinkmann betreibt das Bistro „Weissensee", in dem Getränke und kleine kalte Speisen angeboten werden. Zu seinem Haushalt gehören keine weiteren Personen.
   b) Ina und Manfred Schulze betreiben das Restaurant „Zur Sonne". Ihre Kinder Paul und Pauline sind 11 und 14 Jahre alt.
   c) Tanja Schult, Inhaberin eines Catering-Service, erwirbt Anfang Juni 2007 einen Pkw zum Preis von 40 000,00 € zzgl. USt, den sie sofort bar bezahlt.
   Der Brutto-Listenpreis für den Pkw beträgt zum Zeitpunkt der Erstzulassung 52 200,00 €.
   Bis zum 31.12.2007 sind im Zusammenhang mit dem Pkw Kosten in Höhe von insgesamt 8 500,00 € gebucht worden, davon 400,00 € umsatzsteuerfrei.
   c1) Buchen Sie die Anschaffung des Pkw.
   c2) Buchen Sie die private Nutzung des Pkw unter Anwendung der 1 %-Regelung.
   c3) Welcher Betrag ist für die private Nutzung des Pkw zu buchen, wenn Frau Schult durch Fahrtenbuch einen betrieblichen Nutzungsanteil von 75 % nachweist?

5. Erstellen Sie für den Jahresabschluss das GuV-Konto und das SBK.

Anfangsbestände in €:

BGA	60 000,00 €
Fuhrpark	40 000,00 €
WV-Lebensmittel	2 400,00 €
WV-Getränke	1 030,00 €
FaLL	3 400,00 €
Bank	75 000,00 €
Kasse	1 300,00 €
EK	110 400,00 €
Darlehen	50 000,00 €
VaLL	21 500,00 €
USt	1 230,00 €

Geschäftsvorfälle:

Aus Vereinfachungsgründen werden mehrere gleichartige Geschäftsvorfälle zusammengefasst!

→ Für die Umsatzsteuer/Vorsteuer sind jeweils zwei Konten (7 %/19 %) zu führen.

1. Zahlung der Miete durch Banküberweisung, 10 600,00 €.
2. Der Unternehmer U. begleicht offene Lieferantenrechnungen durch Überweisung von seinem privaten Bankkonto, 4 700,00 €.
3. Eingangsrechnung für Kfz.-Reparaturen, brutto 2 856,00 €.
4. U. zahlt die private Krankenversicherung durch Banküberweisung vom betrieblichen Konto, 500,00 €.
5. Banküberweisung von Kunden zum Ausgleich offener Rechnungen, 2 300,00 €.
6. U. legt in das Betriebsvermögen den zuvor privat genutzten PC inkl. Drucker ein, Wert 1 500,00 € (ohne USt!).
7. Überweisung der Umsatzsteuer des Vorjahres.
8. Eingangsrechnungen für Strom, brutto 3 610,21 €.
9. Banklastschrift für Darlehenszinsen, 3 400,00 €.
10. Lohnüberweisungen, insges. 29 130,00 €.
11. Zieleinkauf von Lebensmitteln für brutto 23 129,49 € und von Getränken für brutto 13 459,31 €.
12. Umsatzerlöse bar:
    - außer Haus Speisen, netto 2 300,00 €
    - Verzehr an Ort und Stelle Speisen, brutto 71 910,90 €
    - Getränke, brutto 62 344,10 €
13. Eingangsrechnungen sonstige betriebliche Aufwendungen:
    umsatzsteuerfrei 1 150,00 €
    7 % netto, 450,00 €
    19 % netto, 14 962,50 €
14. a) Bareinzahlungen auf das Bankkonto, insges. 125 000,00 €.
    b) Gutschriften auf Bankkonto, insges. 120 000,00 €.
15. Für größere private Anschaffungen wurden vom Bankkonto 70 000,00 € abgehoben.
16. Ein Kfz.-Händler stellt für einen neuen Pkw, der mehr als 50 % betrieblich genutzt werden soll, 28 000,00 € zzgl. 19 % USt in Rechnung.
17. Insgesamt wurden offene Rechnungen in Höhe von 50 000,00 € durch Banküberweisungen beglichen.

Abschlussangaben:

a) Zu buchen sind die Sachentnahmen für private Zwecke. Der Pauschbetrag (netto) zum ermäßigten Steuersatz beträgt 2 555,00 €, der Pauschbetrag (netto) zum vollen Steuersatz beträgt 4 555,00 €.
b) Der Listenpreis für den neuen Pkw (s. Fall 16) beträgt einschließlich Umsatzsteuer 38 080,00 €. Die Anschaffung erfolgte am 01. Oktober des Jahres.
c) SB lt. Inventur: Lebensmittel: 850,00 €, Getränke: 2 600,00 €.

6. Begründen Sie, warum für eine Erfolgsermittlung durch Eigenkapitalvergleich Privatentnahmen addiert und Privateinlagen subtrahiert werden müssen.

7. Ermitteln Sie anhand der folgenden Angaben den Erfolg durch Eigenkapitalvergleich (Betriebsvermögensvergleich).

   a)

Eigenkapital am Ende des Wirtschaftsjahres	35 000,00 €
Eigenkapital am Anfang des Wirtschaftsjahres	25 000,00 €
Privatentnahmen	45 000,00 €
Privateinlagen	15 000,00 €

   b)

Privatentnahmen	5 000,00 €
Privateinlagen	95 000,00 €
Eigenkapital am Ende des vorangegangenen Wirtschaftsjahres	140 000,00 €
Eigenkapital am Ende des laufenden Wirtschaftsjahres	220 000,00 €

8. Ermitteln Sie den Erfolg des Unternehmens.
Per 31.12. 2007 wird in der Buchführung des Hotels Z Vermögen in Höhe von 320 000,00 € und Schulden in Höhe von 205 000,00 € ausgewiesen.
Im August 2007 hat der Inhaber eine Erbschaft in Höhe von 50 000,00 € in das Unternehmen eingebracht.
Für die Finanzierung des privaten Lebensunterhalts der Familie wurden im Laufe des Jahres 2007 Entnahmen aus dem Betrieb in Höhe von 32 000,00 € getätigt.
Der Eigenkapitalbestand per 31.12.2006 betrug 92 000,00 €.

2.2.6 Personalkosten

Situation

Für die Mitarbeiter des Hotel-Restaurant Bergstatter Hof wurden die Lohn- und Gehaltsabrechnungen für den Monat August erstellt.

Stefanie Krause, die seit Anfang des Monats als Restaurantfachfrau im Betrieb beschäftigt ist, „studiert" ihre erste Lohnabrechnung mit Interesse.

2.2.6.1 Bestandteile der Lohn- und Gehaltsabrechnungen

Beispiel

Die Lohnabrechnung von Stefanie Krause sieht wie folgt aus:

Lohn-/Gehaltsabrechnung

Abrechnungszeitraum:	Januar 20..	
Name:	Stefanie Krause	
Bruttolohn		1 500,00 €
Lohnsteuer *(St.Kl. I)*	125,08 €	
Solidaritätszuschlag	6,87 €	
Kirchensteuer *(ev.)*	11,25 €	143,20 €
Sozialversicherung:		
– Krankenversicherung	122,25 €	
– Pflegeversicherung	12,75 €	
– Rentenversicherung	149,25 €	
– Arbeitslosenversicherung	31,50 €	315,75 €
Nettolohn/Auszahlungsbetrag		1 041,05 €

Der Auszahlungsbetrag wurde auf Ihr Konto bei der Sparkasse, Kto-Nr. 345 230, BLZ 497 800 00 überwiesen.

Ausgangspunkt für eine Lohn- oder Gehaltsabrechnung ist der **Bruttolohn** von Arbeitern oder das Bruttogehalt von Angestellten.
Neben den Grundlöhnen und -gehältern können die Bruttobeträge noch diverse weitere Bestandteile beinhalten, z.B.:

- Urlaubs- oder Weihnachtsgeld,
- Umsatzbeteiligungen,
- Arbeitgeberbeiträge zur Vermögensbildung und
- Sachbezüge in Form von Kost und Logis.

Sofern in dem Bruttolohn kein steuerfreier Bestandteil – z.B. Zuwendungen bis 358,00 € anlässlich einer Eheschließung oder der Geburt eines Kindes *(vgl. § 3 EStG)* – enthalten ist, stellt dieser Wert die Bemessungsgrundlage für die vom Arbeitgeber einzubehaltenden Steuern dar.

Die Höhe der **Lohnsteuer** ist von zwei Faktoren abhängig:

1. von der Höhe des Bruttolohns/-gehalts und
2. vom Familienstand und der Anzahl der Kinder des Arbeitnehmers.

Der Familienstand spiegelt sich in den Steuerklassen wider, die auf den Lohnsteuerkarten der Arbeitnehmer eingetragen sind.
Steuerklasse I ist z.B. für unverheiratete Arbeitnehmer und Steuerklasse IV für verheiratete Arbeitnehmer, bei denen der Ehepartner ebenfalls Arbeitslohn bezieht.
Die ermittelte Lohnsteuer ist wiederum Bemessungsgrundlage für den Solidaritätszuschlag und die (evangelische und katholische) Kirchensteuer.
Der Solidaritätszuschlag beträgt 5,5 % der Lohnsteuer. Gehört der Arbeitnehmer einer Religionsgemeinschaft an, so beträgt die Kirchensteuer 9 % der Lohnsteuer (Ausnahmen: Bayern und Baden-Württemberg 8 %).

Sozialversicherung
Arbeitnehmer sind gesetzlich zur Absicherung für den Fall von Krankheit, Pflegebedürftigkeit, Arbeitslosigkeit und zur finanziellen Altersvorsorge verpflichtet.
An dieser Risikoabsicherung muss sich der Arbeitgeber zur Hälfte beteiligen. (Ausschließlich vom Arbeitgeber sind dagegen die Beiträge der Unfallversicherung aufzubringen.)

Bemessungsgrundlage für die Sozialversicherung ist ebenfalls der Bruttolohn.
Für die einzelnen Sozialversicherungszweige werden (für das Jahr 2007) die folgenden Abzüge berechnet:

Versicherungszweig		Beitragssatz	Beitragsbemessunggrenze	
			alte Bundesländer	neue Bundesländer
Krankenversicherung	(KV)	ca. 14,5 % (13-16 %)	3 562,50 €	3 562,50 €
Pflegeversicherung	(PV)	1,7 %	3 562,50 €	3 562,50 €
Rentenversicherung	(RV)	19,9 %	5 250,00 €	4 550,00 €
Arbeitslosenversicherung	(AV)	4,2 %	5 250,00 €	4 550,00 €

Stand: 01.01.2007

Per 01.01.2005 wurde ein gesetzlicher Sonderbeitrag in Höhe von 0,9 % zur Finanzierung von Zahnersatz eingeführt, den die Arbeitnehmer allein zu tragen haben. Außerdem hat sich die Pflegeversicherung für Kinderlose um 0,25 % auf 1,95 % erhöht. Diese Erhöhung ist von den Arbeitnehmern zu tragen (AG = 0,85 %, AN = 1,1 %, gesamt = 1,95 %). Arbeitnehmer bis zum 23. Lebensjahr sind von der Erhöhung befreit.

Für die Kranken- und Pflegeversicherung besteht Versicherungspflicht bei Bruttoverdiensten bis zur Höhe der Beitragsbemessungsgrenze (s. Vorseite). Da die Wahl der Krankenversicherung für die Arbeitnehmer frei ist, variieren die prozentualen Abzüge in Abhängigkeit vom Versicherungsunternehmen.
Arbeitnehmer, deren Verdienst die Beitragsbemessungsgrenze überschreitet, können sich freiwillig bei einer Pflicht- oder Ersatzkasse versichern oder eine private Krankenversicherung abschließen.
Die Pflegeversicherung erfolgt automatisch bei der frei gewählten Krankenkasse oder der privaten Krankenversicherung.

Die Rentenversicherungsbeiträge werden an die Krankenkassen abgeführt und von dort an die „Deutsche Rentenversicherung" weitergeleitet.
Der Beitragssatz von 19,9 % (s.o.) wird maximal von der Beitragsbemessungsgrenze berechnet.
Für die Arbeitslosenversicherung gilt dieselbe Beitragsbemessungsgrenze wie für die Rentenversicherung.

Die Erstellung der Lohn- und Gehaltsabrechnungen erfolgt heute i.d.R. mithilfe von Lohnabrechnungsprogrammen. In diesem Fall sind für die beschäftigten Arbeitnehmer einmal die persönlichen (Stamm-) Daten, wie die Steuerklasse und Krankenkasse, zu erfassen, woraufhin die Abrechnung nach Angabe des gleich bleibenden oder variierenden Bruttobetrages ermittelt werden kann.
Steht keine Lohnsoftware zur Verfügung, kann die Erstellung der monatlichen Abrechnung durch die Nutzung von Abzugstabellen erleichtert werden.

Auszug Abzugstabelle für Brutto 1 500,00 €

MONAT

Lohn/Gehalt bis €	Abzüge an Lohnsteuer, Solidaritätszuschlag (SolZ) und Kirchensteuer (8%, 9%) in den Steuerklassen																								
	I – VI		ohne Kinderfreibeträge			I, II, III, IV		mit Zahl der Kinderfreibeträge ...																	
								0,5			1			1,5			2			2,5			3		
		LSt	SolZ	8%	9%		LSt	SolZ	8%	9%	SolZ	8%	9%	SolZ	8%	9%	SolZ	8%	9%	SolZ	8%	9%	SolZ	8%	9%
1 499,99	I,IV	124,75	6,86	9,98	11,22	I	124,75	—	5,31	5,97	—	1,45	1,63	—	—	—	—	—	—	—	—	—	—	—	—
	II	97,91	3,38	7,83	8,81	II	97,91	—	3,45	3,88	—	0,04	0,04	—	—	—	—	—	—	—	—	—	—	—	—
	III	—	—	—	—	III	—	—	—	—	—	—	—	—	—	—	—	—	—	—	—	—	—	—	—
	V	368,66	20,27	29,49	33,17	IV	124,75	2,80	7,60	8,55	—	5,31	5,97	—	3,26	3,66	—	1,45	1,63	—	—	—	—	—	—
	VI	394,66	21,70	31,57	35,51																				
1 502,99	I,IV	125,08	6,87	10,00	11,25	I	125,08	—	5,33	5,99	—	1,46	1,64	—	—	—	—	—	—	—	—	—	—	—	—
	II	98,25	3,45	7,86	8,84	II	98,25	—	3,47	3,90	—	0,05	0,05	—	—	—	—	—	—	—	—	—	—	—	—
	III	—	—	—	—	III	—	—	—	—	—	—	—	—	—	—	—	—	—	—	—	—	—	—	—
	V	369,00	20,29	29,52	33,21	IV	125,08	2,86	7,62	8,57	—	5,33	5,99	—	3,28	3,69	—	1,46	1,64	—	—	—	—	—	—
	VI	395,15	21,73	31,61	35,56																				
1 505,99	I,IV	126,83	6,97	10,14	11,41	I	126,83	—	5,46	6,14	—	1,56	1,76	—	—	—	—	—	—	—	—	—	—	—	—
	II	99,91	3,78	7,99	8,99	II	99,91	—	3,58	4,03	—	0,13	0,14	—	—	—	—	—	—	—	—	—	—	—	—
	III	—	—	—	—	III	—	—	—	—	—	—	—	—	—	—	—	—	—	—	—	—	—	—	—
	V	371,00	20,40	29,68	33,39	IV	126,83	3,20	7,76	8,73	—	5,46	6,14	—	3,38	3,80	—	1,56	1,76	—	—	—	—	—	—
	VI	397,16	21,84	31,77	35,74																				

2.2.6.2 Einfache Lohn- und Gehaltsbuchungen

Aus steuer- und sozialversicherungsrechtlichen Gründen sind für jeden Arbeitnehmer gesonderte Lohn- bzw. Gehalts(kartei)karten zu führen, die im Rahmen von Betriebsprüfungen als Grundlage für die Überprüfung der abgeführten Abzugsbeträge dienen.

Im Gegensatz zur Lohnbuchführung sind in der Finanzbuchführung nicht die Daten eines einzelnen Arbeitnehmers interessant, sondern die Buchung erfolgt anhand von einer Lohn- und Gehaltsliste, in der die Bestandteile der einzelnen Abrechungen zusammengestellt und als Summen zusammengefasst werden.

Beispiel

Lohn- und Gehaltsliste			Hotel – Restaurant Bergstatter Hof							August 20..
Name:	Brutto	LoSt	SolZ	KiSt	KV	PV	RV	AV	Netto	AG SV
Berger, A.	1 850,00	188,75	10,38	0,00	155,40	20,36	184,08	38,85	1 252,18	377,41
Heußen, D.	3 200,00	327,66	18,02	29,48 (ev.)	268,80	35,20	318,40	67,20	2 135,24	652,80
Krause, S.	1 500,00	125,08	6,87	11,25 (ev.)	122,25	12,75	149,25	31,50	1 041,05	302,25
Müller, O.	1 630,00	161,50	3,96	0,00	136,92	13,86	162,19	34,23	1 117,34	332,53
Reuter, P.	1 900,00	230,83	12,69	20,77 (r.k.)	164,35	20,90	189,05	39,90	1 221,51	392,35
Rose, M.	2 300,00	340,58	14,92	24,41 (ev.)	198,95	19,55	228,85	48,30	1 424,44	474,95
Summen	**12 380,00**	**1 374,40**	**66,84**	**85,91**	**1 046,67**	**122,62**	**1 231,82**	**259,98**	**8 191,76**	**2 532,29**

Bevor die Buchung für die vorliegenden Daten dargestellt wird, soll vorab der Charakter der einzelnen Posten und damit die Bedeutung für das Unternehmen erläutert werden.

Die mit den Arbeitnehmern vereinbarten **Bruttolöhne** und -gehälter stellen für den Arbeitgeber (Unternehmer) Kosten dar.
Zu buchen sind sie in dem Konto:
- **6210 Löhne u. Gehälter.**

Die vom Bruttolohn einbehaltenen steuerlichen Abzugsbeträge (**Lohnsteuer, Solidaritätszuschlag und Kirchensteuer**) müssen bis zum 10. des auf den Abrechnungszeitraum folgenden Monats vom Unternehmen an das zuständige Betriebsfinanzamt abgeführt werden.
Als kurzfristige Verbindlichkeiten sind sie zu buchen in dem Konto:
- **3730 Verbindlichkeiten aus Lohn- u. Kirchensteuern.**

Sämtliche Beiträge zur **Sozialversicherung** sind bis zum drittletzten Bankarbeitstag des Beschäftigungsmonats an die jeweiligen Krankenkassen der Arbeitnehmer (im obigen Beispiel lediglich an eine Krankenkasse) abzuführen.
Zu buchen sind sie in dem Konto:
- **3740 Verbindlichkeiten im Rahmen der sozialen Sicherheit.**

Bis zur Auszahlung des **Nettolohns** bzw. des Nettogehalts stellt auch dieser Betrag für den Arbeitgeber zunächst eine Verbindlichkeit dar.
Sie ist zu buchen in dem Konto:
- **3720 Verbindlichkeiten aus Lohn und Gehalt.**

Der Arbeitgeberanteil zur Sozialversicherung stellt für das Unternehmen einen weiteren Kostenfaktor dar, der im Konto
- **6220 gesetzliche soziale Aufwendungen gebucht wird.**

Da auch dieser Anteil an die jeweiligen Krankenkassen abzuführen ist, wird gleichzeitig das Konto
- **3740 Verbindlichkeiten im Rahmen der sozialen Sicherheit**

angesprochen.

Daraus ergeben sich für die Erfassung der monatlichen Personalkosten und der daraus resultierenden Verbindlichkeiten die nachfolgenden Buchungen. Dieser Vorgang wird als **Bruttolohnverbuchung** bezeichnet, da er im Rahmen der Bruttobuchungsmethode erfolgt.
Bruttolohnverbuchung deshalb, weil die Bruttowerte die Ausgangsgrößen für die Erfassung darstellen. Im Gegensatz hierzu ist auch eine Nettolohnverbuchung denkbar, auf die hier jedoch wegen ihrer geringen praktischen Bedeutung in Gastronomiebetrieben nicht eingegangen wird.

Datum	Konto Soll	Konto Haben	€ Soll	€ Haben
20.08.	6210 Löhne und Gehälter	3730 Verbindlichkeiten aus Lohn- und Kirchensteuer	12 380,00	1 527,15
		3740 Verbindlichkeiten im Rahmen der sozialen Sicherheit		2 661,09
		3720 Verbindlichkeiten aus Lohn und Gehalt		8 191,76

Buchung des Arbeitgeberanteils zur Sozialversicherung:

Datum	Konto Soll	Konto Haben	€ Soll	€ Haben
20.08.	6220 Gesetzliche soziale Aufwendungen	3740 Verbindlichkeiten im Rahmen der sozialen Sicherheit	2 532,29	2 532,29

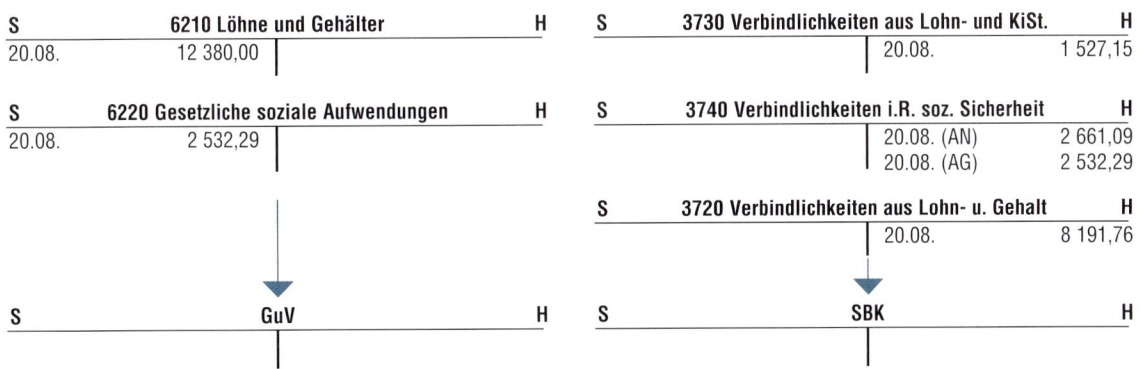

S	6210 Löhne und Gehälter		H
20.08.	12 380,00		

S	3730 Verbindlichkeiten aus Lohn- und KiSt.		H
		20.08.	1 527,15

S	6220 Gesetzliche soziale Aufwendungen		H
20.08.	2 532,29		

S	3740 Verbindlichkeiten i.R. soz. Sicherheit		H
		20.08. (AN)	2 661,09
		20.08. (AG)	2 532,29

S	3720 Verbindlichkeiten aus Lohn- u. Gehalt		H
		20.08.	8 191,76

S	GuV		H

S	SBK		H

Der Zweck der Bruttolohnverbuchung besteht im Erfolgskontenbereich in der **periodengerechten Erfolgsermittlung**, d.h. dass die Aufwendungen zum Zeitpunkt ihrer Entstehung erfasst werden, unabhängig von den Ausgaben.
Durch die Bruttolohnverbuchung wird im Bestandskontenbereich sichergestellt, dass die **Verbindlichkeiten** des Unternehmens im Zusammenhang mit den Lohn- und Gehaltsabrechnungen vollständig dargestellt werden.
Diese Auswirkungen sind besonders relevant im Rahmen der Dezember-Buchungen, die den Jahresabschluss (SBK und GuV) betreffen.

Ausgleich der Verbindlichkeiten

Seit Januar 2006 sind die Sozialversicherungsbeiträge am drittletzten Bankarbeitstag des Monats fällig, in dem die Beschäftigung ausgeübt wird.
Betriebe, die Arbeitnehmer mit wechselnden Löhnen bzw. variablen Lohnanteilen haben, müsen die Beiträge aufgrund des frühen Fälligkeitstermins schätzen. Verbleibende Restbeträge werden zum drittletzten Bankarbeitstag des Folgemonats fällig. (Im vorliegenden Beispiel werden einfachhaltshalber gleichbleibende Löhne unterstellt!)
Die gesamten Sozialversicherungsbeiträge sind an die jeweiligen Krankenkassen zu entrichten, die die Renten- und Arbeitslosenversicherungsbeiträge dann an die entsprechenden Versicherungsträger weiterleiten.
Zur Information der Krankenkasse hinsichtlich der Höhe und Zusammensetzung des geschuldeten Betrags muss der Unternehmer einen monatlichen Beitragsnachweis (seit 01.01.2006 grundsätzlich online) übermitteln.
Werden am Ende des Monats die Überweisungen der Sozialversicherungsbeträge an die Krankenkassen fristgerecht durchgeführt, führt die Buchung zum Ausgleich der Verbindlichkeiten im Rahmen der sozialen Sicherheit.

Datum	Konto Soll	Konto Haben	€ Soll	€ Haben
27.08.	3730 Verbindlichkeiten i. R. d. sozialen Sicherheit		5 193,38	
		1800 Bank		5 193,38

Der Ausgleich der Verbindlichkeiten aus Lohn erfolgt dann durch Überweisung der Nettolöhne an die Arbeitnehmer.

Unternehmen mit wenigen Arbeitnehmern führen i.d.R. noch einzelne Überweisungen aus, die dann auch einzeln zu buchen sind.

Unternehmen mit vielen Arbeitnehmern haben i.d.R. mit ihrer Hausbank eine DFÜ-Vereinbarung (DFÜ = Datenfernübertragung): Nachdem die Lohn- und Gehaltsabrechnungen im Betrieb erstellt worden sind, werden der Bank die Auszahlungsbeträge der einzelnen Mitarbeiter mitgeteilt, die dann zu einem vereinbarten Zeitpunkt auf die der Bank bekannten Konten der Mitarbeiter überwiesen werden.
Auf dem Kontoauszug des Unternehmens erscheint dann nur noch ein Überweisungsbetrag.
Unabhängig von den Rahmenbedingungen der Zah-lung wird wie folgt gebucht:

Datum	Konto Soll	Konto Haben	€ Soll	€ Haben
29.08.	3720 Verbindlichkeiten aus Lohn und Gehalt		8 196,76	
		1800 Bank		8 191,76

Beitragsnachweis

Angaben zur Firma

Betriebsnummer	97508140	Erstellungsdatum	20.08.20..
Betriebsstätte		Sendedatum	20.08.20..
Name	Hotel-Restaurant Bergstatter Hof	TAN	87 65 43 21
Straße			
PLZ/Ort	47011 Bergstatt		

Beitragsnachweis

Zeitraum von	01.08.2007
Zeitraum bis	31.08.2007
Dauer-Beitragsnachweis	Nein
Beitragsnachweis enthält Beiträge aus Wertguthaben, das abgelaufenen Kalenderjahren zuzuordnen ist	Nein
Korrektur-Beitragsnachweis für abgelaufene Kalenderjahre	Nein
Währung	Euro

Beiträge zur Krankenversicherung - allgemeiner Beitrag - (1000)	1981,93
Beiträge zur Krankenversicherung - erhöhter Beitrag - (2000)	0,00
Beiträge zur Krankenversicherung - ermäßigter Beitrag- (3000)	0,00
Beiträge zur Krankenversicherung für geringfügig Beschäftigte (6000)	0,00
Beiträge zur Rentenversicherung der Arbeiter - voller Beitrag - (0100)	2463,64
Beiträge zur Rentenversicherung der Angestellen - voller Beitrag - (0200)	0,00
Beiträge zur Rentenversicherung der Arbeiter - halber Beitrag - (0300)	0,00
Beiträge zur Rentenversicherung der Angestellten - halber Beitrag (0400)	0,00
Beiträge zur Rentenversicherung der Arbeiter für geringfügig Beschäftigte (0500)	0,00
Beiträge zur Rentenversicherung der Angestellten für geringfügig Beschäftigte (0600)	0,00
Beiträge zur Arbeitsförderung - voller Beitrag - (0010)	519,96
Beiträge zur Arbeitsförderung - halber Beitrag - (0020)	0,00
Beiträge zur sozialen Pflegeversicherung (001)	227,85
Umlage - Krankheitsaufwendungen - (U1)	0,00
Umlage - Mutterschaftsaufwendungen - (U2)	5,56
Gesamtsumme	5193,38
Beiträge für freiwillig Krankenversicherte zur Krankenversicherung	0,00
Beiträge für freiwillig Krankenversicherte zur Pflegeversicherung	0,00
Abzüglich Erstattung U1 / U2	0,00
Zu zahlender Betrag / Guthaben	5193,38

Angaben zur Einzugsstelle

Betriebsnummer	01234567
Name	IKK

WICHTIGES DOKUMENT - SORGFÄLTIG AUFBEWAHREN

Die Verbindlichkeiten aus Lohn- und Kirchensteuer (einschl. SolZ) sind so zu überweisen, dass sie am 10. des folgenden Monats beim zuständigen Betriebsfinanzamt eingegangen sind.

Die Kirchensteuer wird vom Finanzamt an die entsprechenden Religionsgemeinschaften weitergeleitet. Damit das Finanzamt weiß, welchen Gesamtbetrag das Unternehmen schuldet und wie sich dieser Betrag zusammensetzt, muss der Unternehmer – in Abhängigkeit von der Höhe der abgeführten Steuern des Vorjahres – eine monatliche oder vierteljährliche Lohnsteueranmeldung zu denselben Fristen abgeben.
Seit Januar 2005 wird die Lohnsteueranmeldung dem Finanzamt grundsätzlich auf elektronischem Weg übermittelt.

Steuernummer: 198/123/12346

Übertragungsprotokoll

H98NF66HVLRTILZKSJTDHU1YU5EI5DDQP

Empfangsdatum: 20.08.2007/17:55:37 Uhr

Lohnsteuer - Anmeldung

Anmeldezeitraum

August 2007

Übermittelt von:
Hotel-Restaurant
Bergstatter Hof
Ringstr. 88
47011 Bergstatt

Zahl der Arbeitnehmer 86 | 10

	Kz	Betrag
Summe der einzubehaltenden Lohnsteuer	42	1 374,40
abzüglich an Arbeitnehmer ausgezahltes Kindergeld	43	
Verbleiben	48	1 374,40
Solidaritätszuschlag	49	66,84
Evangelische Kirchensteuer	61	65,14
Römisch-katholische Kirchensteuer	62	20,77
Gesamtbetrag	83	1 527,15

Hinweis zu Säumniszuschlägen

Bitte beachten Sie, dass bei Zahlung der angemeldeten Steuer durch Hingabe eines Schecks erst der dritte Tag nach dem Tag des Eingangs des Schecks bei der zuständigen Finanzkasse als Einzahlungstag gilt (§ 224 Abs. 2 Nr. 1 Abgabenordnung. Fällt der dritte Tag auf einen Samstag, einen Sontag oder einen gesetzlichen Feiertag, gilt die Zahlung erst am nächstfolgenden Werktag als bewirkt. Gilt die Zahlung der angemeldeten Steuer durch Hingabe eines Schecks erst nach dem Fälligkeitstag als bewirkt, fallen Säumniszuschläge an (§ 240 Abs. 3 Abgabenordnung). Um diese zu vermeiden wird empfohlen, am Lastschriftverfahren teilzunehmen. Die Teilnahme am Lastschriftverfahren ist jederzeit widerruflich und völlig risikolos. Sollte einmal ein Betrag zu Unrecht abgebucht werden, können Sie diese Abbuchung bei ihrer Bank innerhalb von 6 Wochen stornieren lassen. Zur Teilnahme am Lastschriftverfahren setzen Sie sich bitte mit Ihrem Finanzamt in Verbindung.

Dieser Protokollausdruck ist nicht zur Übersendung an das Finanzamt bestimmt. Die Angaben sind auf ihre Richtigkeit hin zu prüfen. Sofern eine Unrichtigkeit festgestellt wird, ist eine berichtigte Steueranmeldung abzugeben.

Seite 1 von 1

Anhand der Banküberweisung an das Finanzamt wird dann der Ausgleich der Verbindlichkeit gebucht.

Datum	Konto Soll	Konto Haben	€ Soll	€ Haben
07.09.	3730 Verbindlichkeiten aus Lohn- und Kirchensteuer		1 527,15	
		1800 Bank		1 527,15

2.2.6.3 Vorschüsse

Löhne und Gehälter sind an einem bestimmten Tag fällig, im Gastgewerbe i.d.R am Ende des Monats.

Werden dem Arbeitnehmer jedoch vor diesem Fälligkeitstag Vorschüsse gezahlt, so handelt es sich hierbei nicht um Aufwendungen, sondern um Forderungen des Arbeitgebers gegenüber seinem Arbeitnehmer. Bei Auszahlung werden Vorschüsse auf das Konto

▶ **1340 Forderungen gegen Personal** gebucht.

Beispiel 1

Der Koch Lars Nolting erhält am 12. September einen Barvorschuss auf seinen Septemberlohn in Höhe von 200,00 €.

Datum	Konto Soll	Konto Haben	€ Soll	€ Haben
12.09.	**1340 Forderungen gegen Personal**	1600 Kasse	**200,00**	200,00

Beispiel 2

Die Lohnabrechnung für Lars Nolting sieht für den Monat September wie folgt aus:

	Bruttolohn	1 700,00 €
–	Lohnsteuer/SolZ/Kirchensteuer	205,03 €
–	Sozialversicherung	366,35 €
=	Nettolohn	1 128,62 €
–	bereits gezahlter Vorschuss	200,00 €
=	verbleibender Auszahlungsbetrag	928,62 €

Mit der Verrechnung des Vorschusses in der Abrechnung und Bruttolohnverbuchung ist die Forderung gegenüber dem Arbeitnehmer ausgeglichen.

Datum	Konto Soll	Konto Haben	€ Soll	€ Haben
25.09.	6210 Löhne und Gehälter	3730 Verbindlichkeiten aus Lohn- und Kirchensteuer	1 700,00	205,03
		3740 Verbindlichkeiten i.R. der sozialen Sicherheit		366,35
		1340 Forderungen gegen Personal		**200,00**
		3720 Verbindlichkeiten aus Lohn und Gehalt		928,62
25.09.	6220 Gesetzliche soziale Aufwendungen	3740 Verbindlichkeiten i.R. der sozialen Sicherheit	346,80	346,80

S	**1340 Forderungen gegen Personal**		H
12.09.	200,00	25.09.	200,00

2.2.6.4 Personalkosten mit vermögenswirksamen Leistungen

Mit dem 5. Vermögensbildungsgesetz wurde für Arbeitnehmer ein Anreiz geschaffen, auf freiwilliger Basis Teile ihres Lohnes oder Gehaltes vermögenswirksam anzulegen.
Anlageformen sind z. B. Vermögensbeteiligungen in Form von Investmentfonds und Aufwendungen nach dem Wohnungsbau-Prämiengesetz (Bausparen).

Die vermögenswirksamen Leistungen (VL) werden vom Staat unter bestimmten Voraussetzungen zusätzlich mit einer Prämie gefördert.

Dabei können zwei Prämien beantragt werden – die Investmentsparprämie und die Bausparprämie:

	Investmentsparprämie	Bausparprämie
VL jährlich gefördert bis	400,00 €	470,00 €
Höhe der Prämie	18 % = 17,00 €	9 % = 42,30 €
Einkommensgrenzen für Sparzulage	Bei Ledigen 17 900,00 € und bei Verheirateten 35 800,00 € zu versteuerndes Einkommen	

Die vermögenswirksamen Leistungen (vL) können aufgebracht werden

- vom Arbeitgeber,
- vom Arbeitnehmer oder
- vom Arbeitgeber und Arbeitnehmer zusammen.

Der Arbeitgeber darf monatlich max. 40,00 € (480,00 € jährlich) zu den vermögenswirksamen Leistungen beitragen, der Sparanteil der Arbeitnehmer ist unbegrenzt. Die Höhe der staatlichen Förderung für die vL ist von der Anlageform abhängig (s. o.).

In Abhängigkeit vom Arbeitgeber-Anteil an den vermögenswirksamen Leistungen variieren auch die Lohn- und Gehaltsabrechnungen.

Beispiel

Lars Nolting möchte ab Oktober vermögenswirksam sparen. Er hat bei seiner Bank einen Sparvertrag über einen monatlichen Sparbetrag von 34,00 € abgeschlossen, der in einen Aktienfonds fließt.

In Abhängigkeit von der Beteiligung seines Arbeitgebers an der Sparrate sieht die Lohnabrechnung wie folgt aus:

Lohnbestandteile / Sparraten-Anteil	a) AG 100%	b) AN 100%	c) AG/AN je 50%
Grundlohn	1 700,00 €	1 700,00 €	1 700,00 €
+ AG-Anteil VL.	34,00 €	0,00 €	**17,00 €**
Bruttolohn (steuer- und sozialversicherungspflichtig)	1 734,00 €	1 700,00 €	1 717,00 €
– LSt/SolZ/KiSt	214,96 €	205,03 €	209,99 €
– Sozialversicherung	373,68 €	366,35 €	370,02 €
Nettolohn	1 145,36 €	1 128,62 €	1 186,99 €
– VL-Sparrate	34,00 €	34,00 €	**34,00 €**
Auszahlungsbetrag	1 111,36 €	1 094,62 €	1 102,99 €

Soweit die vermögenswirksamen Leistungen vom Arbeitgeber getragen werden, erhöhen diese Beträge den Grundlohn/das Grundgehalt des Arbeitnehmers und damit die Bemessungsgrundlage für Steuern und Sozialversicherungsbeiträge.

Für den Arbeitgeber stellen sie zusätzliche Personalkosten dar und fließen mit in das Konto

- **6210 Löhne und Gehälter ein.**

(Eine Buchung in einem gesonderten Kostenkonto ist ebenso möglich.)

Die einbehaltenen Sparbeträge sind in jedem Fall vom Arbeitgeber abzuführen, deshalb stellen sie Verbindlichkeiten gegenüber dem Arbeitnehmer dar und sind im Konto

- **3770 Verbindlichkeiten aus Vermögensbildung** zu buchen.

Entsprechend den Lohnabrechnungen variieren die Bruttolohnverbuchungen:

Datum:	Konto Soll	Konto Haben	a) € Soll	a) € Haben	b) € Soll	b) € Haben	c) € Soll	c) € Haben
25.10.	6210 Löhne und Gehälter	3730 Verbindlichkeiten aus Lohn- u. Kirchensteuern	1 734,00	214,96	1 700,00	205,03	1 717,00	209,99
		3740 Verbindlichkeiten i.R. der sozialen Sicherheit		373,68		366,35		370,02
		3770 Verbindlichkeiten aus Vermögensbildung		**34,00**		**34,00**		**34,00**
		3720 Verbindlichkeiten aus Lohn und Gehalt		1 111,36		1 094,62		1 102,99
25.10.	6220 Gesetzliche soziale Aufwendungen	3740 Verbindlichkeiten i.R. der sozialen Sicherheit	353,73	353,73	346,80	346,80	350,28	350,28

Die Überweisung der VL auf das Sparkonto des Arbeitnehmers als Ausgleich der Verbindlichkeit wird in allen Fällen gleich gebucht:

Datum	Konto Soll	Konto Haben	€ Soll	€ Haben
29.10.	3770 Verbindlichkeiten aus Vermögensbildung		34,00	
		1800 Bank		34,00

2.2.6.5 Sachbezüge

In der Gastronomie ist es üblich, dass den Arbeitnehmern neben dem Geldlohn auch Sachbezüge zufließen. Dazu zählen vor allem **Kost und Logis**.
Sachbezüge gelten nach dem EStG als geldwerte Vorteile und sind damit steuer- und sozialversicherungsrechtlich genauso zu behandeln wie Geldlohn. Die Höhe der Sachbezüge wird aus Vereinfachungsgründen i. d. R. pauschal nach der amtlichen Sachbezugsverordnung festgelegt, deren Werte grundsätzlich jährlich neu bestimmt werden.

Sachbezugswerte für die Jahre 2007 und 2008

	monatlich	täglich
Freie Verpflegung	**205,00**	**6,84**
– davon Frühstück	**45,00**	**1,50**
– davon Mittagessen	**80,00**	**2,67**
– davon Abendessen	**80,00**	**2,67**
Freie Unterkunft		
– alte Bundesländer	**198,00**	
– neue Bundesländer	**192,06**	
Freie Verpflegung und Unterkunft		
– alte Bundesländer	**403,00**	
– neue Bundesländer	**397,06**	

▶ Freie Kost

Beispiel

Die Restaurantfachfrau Brigitte Roth erhält einen Grundlohn von 1 600,00 €. Da ihr im November an 20 Arbeitstagen jeweils Frühstück und Mittagessen im Betrieb gestellt wurde, wird in ihrer Lohnabrechnung ein Sachbezug für Verpflegung im Wert von insgesamt 83,40 € angesetzt.

(Frühstück:	20 x 1,50 € =	30,00 €
Mittagessen:	20 x 2,67 € =	53,40 €
Sachbezug:		83,40 €)

Frau Roth bekommt folgende Lohnabrechnung:

	Grundlohn	1 600,00 €
+	**Sachbezug Kost**	**83,40 €**
	Bruttolohn (steuer- u. sozialversicherungspflichtig)	1 683,40 €
–	Lohnsteuer/SolZ/Kirchensteuer	191,29 €
–	Sozialversicherung	358,57 €
=	Nettolohn	1 133,54 €
–	**Sachbezug Kost**	**83,40 €**
=	Auszahlungsbetrag	1 050,14 €

Frau Roth versteht nicht, warum in ihrer Abrechnung der Sachbezug einerseits zum Grundlohn addiert, andererseits aber wieder in Abzug gebracht wird. Daraufhin erklärt ihr eine Kollegin, dass die Addition erfolgt, weil die Leistung des Arbeitgebers ihr gegenüber ja nicht nur auf den Geldlohn beschränkt ist und die Gesamtleistung an sie der Steuer und Sozialversicherung unterworfen werden muss. Andererseits muss der Wert für die Verpflegung subtrahiert werden, weil die Arbeitnehmerin ja schon vom Betrieb im Laufe des Monats die Sachleistung in Form von Verpflegung erhalten hat, die nicht noch einmal in Form von Barlohn ausgezahlt werden soll.

Für den Arbeitgeber stellen Sachbezüge einerseits Personalkosten dar, die mit in das Konto

▶ **6210 Löhne und Gehälter**
eingehen könnten.

Um jedoch eine Übersicht darüber zu haben, wie hoch die Anteile der Geldlöhne und der Sachbezüge jeweils sind, ist es sinnvoll, diese getrennt zu erfassen, z.B. auf dem Konto

▶ **6211 Sachbezüge Kost.**

Wenn der Arbeitgeber seinen Mitarbeitern Kost zur Verfügung stellt, wird dieser Vorgang aus umsatzsteuerrechtlicher Sicht wie eine Leistung an einen Gast betrachtet, die mit 19 % Umsatzsteuer belastet wird. Dieser Umsatzsteueranteil ist in den amtlichen Sachbezugswerten bereits enthalten.
Demzufolge wird der Nettosachbezug z.B. im Ertragskonto

▶ **5881 Verrechnete Sachbezüge Kost**
gebucht.

Datum	Konto Soll	Konto Haben	€ Soll	€ Haben
25.08.	6210 Löhne und Gehälter	3730 Verbindlichkeiten aus Lohn- und Kirchensteuer	1 600,00 **83,40**	191,29
	6211 Sachbezüge Kost	3740 Verbindlichkeiten i.R. der sozialen Sicherheit		358,57
		5881 Verrechnete Sachbezüge Kost		**70,08**
		3805 Umsatzsteuer		**13,32**
		3720 Verbindlichkeiten aus Lohn und Gehalt		1 050,14
25.08.	6220 Gesetzliche soziale Aufwendungen	3740 Verbindlichkeiten i.R. der sozialen Sicherheit	343,42	343,42

▶ Freie Logis

Wird einem Arbeitnehmer die Möglichkeit gegeben, eine Unterkunft des Arbeitgebers kostenlos zu nutzen, so wird dieser geldwerte Vorteil, der auch nach der Sachbezugsverordnung bemessen werden kann, lohn- und sozialversicherungsrechtlich genauso behandelt wie freie Kost.

Umsatzsteuerrechtlich wird dieser Vorgang wie die langfristige Vermietung von Wohnraum eingeordnet, die nach *§ 4 UStG* grundsätzlich umsatzsteuerfrei ist.

Die Buchung des Sachbezugs Logis erfolgt in den Konten:

▶ **6212 Sachbezüge Logis**
und
▶ **5882 Verrechnete Sachbezüge Logis.**

Beispiel

Jannik Paulsen, der als Koch im Hotel-Restaurant Bergstatter Hof in Bergstatt (Rheinland) beschäftigt ist, erhält im November neben seiner monatlichen Vergütung von 1 400,00 € freie Kost und Logis. Seine Lohnabrechnung sieht wie folgt aus:

	Grundlohn	1 400,00 €
+	Sachbezug Kost	205,00 €
+	**Sachbezug Logis**	**198,00 €**
	Bruttolohn (steuer- u. sozialversicherungspflichtig)	1 803,00 €
–	Lohnsteuer/SolZ/Kirchensteuer	216,80 €
–	Sozialversicherung	388,56 €
=	Nettolohn	1 197,64 €
–	Sachbezug Kost	205,00 €
–	**Sachbezug Logis**	**198,00 €**
=	Auszahlungsbetrag	794,64 €

Dazu die Buchungen:

Datum	Konto Soll	Konto Haben	€ Soll	€ Haben
25.11.	6210 Löhne und Gehälter	3730 Verbindlichkeiten aus Lohn- und Kirchensteuer	1 400,00	216,80
	6211 Sachbezüge Kost	3740 Verbindlichkeiten i.R. der sozialen Sicherheit	205,80	388,56
	6212 Sachbezüge Logis	5881 Verrechnete Sachbezüge Kost	**198,00**	172,27
		3805 Umsatzsteuer 19 %		32,73
		5882 Verrechnete Sachbezüge Logis		**198,00**
		3720 Verbindlichkeiten aus Lohn- und Gehalt		794,64
25.11.	6220 Gesetzliche soziale Aufwendungen	3740 Verbindlichkeiten i.R. der sozialen Sicherheit	367,82	367,82

In den vorangegangenen Beispielen wurde jeweils der Fall unterstellt, dass den Arbeitnehmern **kostenlos** Kost und/oder Logis zur Verfügung gestellt wird.

Die oben dargestellte Erfassung im Rahmen der Lohn- und Gehaltsabrechnungen entfällt, sofern die Arbeitnehmer für die Leistungen mindestens einen Preis in Höhe der Sachbezugswerte bezahlen.

Wird nur ein Anteil gezahlt, so ergibt sich der geldwerte Vorteil aus dem Unterschiedsbetrag zwischen dem Sachbezugswert und der Zahlung der Arbeitnehmer.

▶ Sonstiges

Neben den beschriebenen Sachbezügen sind in der Praxis noch weitere geldwerte Vorteile möglich, z.B. die Überlassung von Kraftfahrzeugen für die private Nutzung oder der Bezug von Waren, die jedoch in diesem Buch nicht weiter behandelt werden sollen.

Wegen der sich ständig ändernden gesetzlichen Regelungen für die Behandlung **kurzfristig** und **geringfügig Beschäftigter** wird – gerade wegen der besonderen Relevanz für das Gastgewerbe – auf die täglich aktualisierenden Medien, insbesondere das **Internet** verwiesen.

Aufgaben

1. Nennen Sie die Bemessungsgrundlagen
   a) für die Lohnsteuer,
   b) für den Solidaritätszuschlag,
   c) für die Kirchensteuer,
   d) für die Sozialversicherung.

2. Erläutern Sie, wovon die Höhe des Lohnsteuerabzugs abhängt.

3. a) Erläutern Sie, wie sich die Sozialversicherung in der Lohn- und Gehaltsabrechnung zusammensetzt.
   b) Beschreiben Sie, wer die Sozialversicherung trägt.
   c) Welche Bedeutung hat die Beitragsbemessungsgrenze im Rahmen der Sozialversicherung?
   d) Wie wirkt sich eine Veränderung der Beitragssätze und Bemessungsgrundlagen der Sozialversicherung auf die Lohnnebenkosten der Arbeitgeber aus?

4. a) Innerhalb welcher Fristen muss der Arbeitgeber die einbehaltenen Abgaben abführen?
   b) Welche weiteren Verpflichtungen hat der Arbeitgeber im Rahmen der Lohn- und Gehaltsabrechnungen gegenüber dem Finanzamt und den Krankenkassen?

5. a) Erstellen Sie anhand der folgenden Angaben eine Gehaltsabrechnung für den Monat März für die Geschäftsführerin des Cafés „Biscotti". Das Bruttogehalt beträgt 3 100,00 €, die Lohnsteuer 585,00 € (St.-Klasse I, keine Kinder), der Solidaritätszuschlag 5,5 %, die Kirchensteuer 9 %. Der Krankenversicherungsbeitrag beträgt 14,5%.
   b) Erstellen Sie die Bruttolohnverbuchung
   c) Buchen Sie die folgenden Banküberweisungen
   ca) 25.3.: ➜ Überweisung an die Krankenkasse
   cb) 28.3.: ➜ Auszahlung an die Geschäftsführerin
   cc) 12.4.: ➜ Überweisung an das Finanzamt

6. a) Erstellen Sie zunächst mithilfe der nachstehenden Gesamtabzugstabelle die Lohnabrechnung für den 25-jährigen Restaurantfachmann Kai Neumann für den Monat April anhand der folgenden Angaben:
   Bruttolohn: 1 860,00 €
   Steuerklasse: V, keine Kinder
   Kirchensteuer: keine
   KV-Beitrag: 14,6 %
   b) Erstellen Sie sämtliche Buchungssätze in chronologischer Abfolge.
   Sämtliche Zahlungen erfolgen fristgerecht.

Fortsetzung nächste Seite

Aufgaben (Fortsetzung von Vorseite)

Sozialvers. KV (14,6 %) RV (19,9 %) AV (4,2 %) PV (1,7 %)	Lohn/ Gehalt bis €	Abzüge an LSt, SoLZ und KiSt in den Steuerklassen: I – VI	LSt	ohne Kinderfreibeträge: SolZ	8%	9%	I, II, III, IV	LSt	0,5 Kinderfreibeträge: SolZ	8%	9%
135,67	1 859,99	I,IV	219,91	12,09	17,59	19,79	I	219,91	8,59	12,50	14,06
184,92		II	190,83	10,49	15,26	17,17	II	190,83	7,08	10,30	11,58
39,03		III	19,83	—	1,58	1,78	III	19,83	—	—	—
15,80		V	497,50	27,36	39,80	44,77	IV	219,91	10,32	15,02	16,89
		VI	526,83	28,97	42,14	47,41					
136,00	1 862,99	I,IV	220,66	12,13	17,65	19,85	I	220,66	8,63	12,56	14,13
185,22		II	191,66	10,54	15,33	17,24	II	191,66	7,12	10,36	11,65
39,09		III	20,16	—	1,81	1,61	III	20,16	—	—	—
15,82		V	498,66	27,42	39,89	44,87	IV	220,66	10,36	15,08	16,96
		VI	528,00	29,04	42,24	47,52					

7. a) Erstellen Sie zunächst anhand des Auszugs aus der Lohn- und Gehaltsliste des Bistros „La Luna“
   - ➜ die Lohnsteuer-Anmeldung (Formular s. Anhang) und
   - ➜ den Beitragsnachweis (Formular s. Anhang).

   b) Erstellen Sie sämtliche Buchungssätze.

Lohn- und Gehaltsliste für den Monat Februar (in €)

Name	Brutto	LoSt	SoliZ	KiSt	KV	PV	RV	AV	Netto
Adam	...								
Becker	...								
Colb	...								
Dürr	...								
gesamt	9 800,00	1 764,00	97,02	123,00	803,60	96,80	975,10	205,80	5 734,68
AG-SV					715,40	83,30	975,10	205,80	

8. a) Erstellen Sie den Buchungssatz für nebenstehenden Beleg (Quittung).

   b) Erstellen Sie anhand der folgenden Angaben die Bruttolohnverbuchung für Olaf Müller (aus Fall a) für den Monat Mai.

Bruttolohn:	1 630,00 €
Steuerabzüge:	170,38 €
AN-Anteil zur Sozialversicherung	343,13 €
AG-Anteil zur Sozialversicherung	328,48 €

Quittung

Zweckform Quittung

EUR 300,00

Nr. | inkl. % MwSt./EUR

EUR in Worten: Dreihundert — Cent wie oben

von: Kasse

für: Lohnvorschuss Monat Mai

dankend erhalten.

Ort/Datum: Berlin, 10.05.20.. — Olaf Müller

Buchungsvermerke — Stempel/Unterschrift des Empfängers

Fortsetzung nächste Seite

Aufgaben (Fortsetzung von Vorseite)

c) Buchen Sie die Überweisung anhand des Belegs.

Konto-Nr. / Account No.
7234465200
Kontoauszug /Account Statement

BERLINER BANK Hardenbergstraße 32 10890 Berlin
Niederlassung der Bankgesellschaft Berlin Aktiengesellschaft

Bankleitzahl / Bank Code
10020000

Buchungstag Entry Dato	Wert Valute	Verwendungszweck Transaction	Buchungs-Nr. / Entry No.	EUR alter Kontostand / Previous Balance 2 110,88 H
29.05.20..		Olaf Müller	999001	816,49 S

Bitte Rückseite beachten / Please see reverse side

BERLINER BANK, Hardenbergstraße 32, 10890 Berlin

Hotel Berliner Hof
Barbarossastr. 10
10779 Berlin

Dispo-Kredit
EUR 7 515,99

EUR 1 294,39 H
neuer Kontostand / Closing Balance

Unser Angebot zur Fußball-WM: Europäische Aktien mit 100%-Sicherung ...

Erstellungsdatum Statement Date	Auszugsnummer Statement No.	Blatt Page
31.05.	11	1

Art.-Nr. 1103719 (11.2001)

9. Die Lohn- und Gehaltsliste eines Hotels für den Monat Juni weist folgende Summen aus:

➔ Bruttolöhne und -gehälter:	74 124,00 €
➔ einbehaltene Steuern:	10 518,00 €
➔ von Arbeitnehmern einbehaltene Sozialversicherung:	13 320,00 €
➔ gezahlte Vorschüsse für Juni:	2 800,00 €
➔ AG-Anteil zur Sozialversicherung:	12 580,00 €

a) Wie hoch sind die gesamten Personalkosten?
b) Wie hoch ist die Summe der Auszahlungsbeträge?
c) Buchen Sie die Banküberweisung der Sozialversicherung.

10. Beschreiben Sie die betrieblichen Situationen, die zu einer Buchung auf den folgenden Konten führen können:
a) 1340 Forderungen gegen Personal
b) 3720 Verbindlichkeiten aus Lohn und Gehalt
c) 6210 Löhne und Gehälter

11. a) Nennen Sie Beispiele für Anlageformen im Rahmen von vermögenswirksamen Leistungen.
b) Erläutern Sie, von wem vermögenswirksame Leistungen aufgebracht werden können.
c) Beschreiben Sie, was vermögenswirksame Leistungen für den Arbeitgeber darstellen können.

12. Das Gehalt einer Empfangsangestellten beträgt 2 000,00 €. Die Angestellte spart monatlich 40,00 €, die zur Hälfte von ihrem Arbeitgeber zusätzlich zum Gehalt getragen werden. Die monatlichen Abzüge betragen für

➔ Steuern:	307,22 €
➔ Sozialversicherungsabgaben:	434,52 €

a) Erläutern Sie, wie sich die vom Arbeitgeber getragenen vermögenswirksamen Leistungen auf den Bruttolohn, auf die Steuer und Sozialversicherungsabgaben und die Aufwendungen für den Arbeitgeber auswirken.
b) Berechnen Sie das Gesamtnettogehalt.
c) Buchen Sie die Überweisung des Auszahlungsbetrages auf das Girokonto der Arbeitnehmerin.
d) Buchen Sie die Überweisung der Sparrate auf das Sparkonto der Arbeitnehmerin.

13. Bilden Sie die Buchungssätze für die folgenden Geschäftsvorfälle:

a) Ein Auszubildender erhält einen Barvorschuss von 100,00 €.
b) Die einbehaltenen Abzüge werden überwiesen:

➔ an das Finanzamt	1 820,00 €
➔ an die AOK	1 650,00 €
➔ an die IKK	510,00 €

14. a) Nennen Sie zwei in der Gastronomie übliche Sachbezüge.
b) Wie werden Sachbezüge lohnsteuer- und sozialversicherungsrechtlich behandelt?
c) Wozu dient eine Sachbezugstabelle?
d) Wie fließen Sachbezüge in eine Lohn- oder Gehaltsabrechnung ein?

15. Die Empfangsangestellte Sabine Hill erhält ein Grundgehalt von 1 900,00 €.
In der Gehaltsabrechnung für September wird außerdem „freie Kost" berücksichtigt, und zwar: 12 x Frühstück, 20 x Mittagessen und 8 x Abendessen.
Die Berechnung erfolgt anhand der Sachbezugstabelle.

a) Erstellen Sie mithilfe der Sachbezugstabelle die Gehaltsabrechnung.
Die Steuerabzüge betragen 292,63 €, der AN-Anteil zur Sozialversicherung beträgt 424,47 €, der AG-Anteil zur Sozialversicherung beträgt 399,55 €.
b) Erstellen Sie die Bruttolohnverbuchung.

Fortsetzung nächste Seite

Aufgaben (Fortsetzung von Vorseite)

16. Frank Busse ist im F&B-Controlling beschäftigt und erhält ein Grundgehalt von 2 100,00 €. Da er aufgrund seines Arbeitsplatzes neu nach Bremen gezogen ist, nutzt er die Möglichkeit der Unterkunft und der vollen Verpflegung im Betrieb. Sein Arbeitgeber berücksichtigt hierfür die Werte aus der Sachbezugstabelle.
Die Steuerabzüge betragen 421,47 €, der AN-Anteil zur Sozialversicherung beträgt 529,39 €, der AG-Anteil 500,60 €.

➜ Erstellen Sie die Bruttolohnverbuchung.

17. Die Restaurantfachfrau Bianca Krömer, die in Magdeburg arbeitet, hat am 10. November einen Vorschuss in Höhe von 500,00 € auf ihren Novemberlohn in bar erhalten.
Der Novemberlohn setzt sich wie folgt zusammen:
Grundlohn 1 300,00 €, freie Verpflegung und freie Unterkunft, vermögenswirksame Leistungen von 40,00 € tragen Frau Krömer und ihr Arbeitgeber jeweils zur Hälfte.
Die Steuerabzüge betragen 188,13 €, der AN-Anteil zur Sozialversicherung beträgt 361,68 €, der AG-Anteil zur Sozialversicherung 341,97 €.

➜ Erstellen Sie die Lohnabrechnung und sämtliche Buchungssätze in chronologischer Abfolge. Sämtliche Zahlungen erfolgen fristgerecht.

18. Erstellen Sie den Jahresabschluss für das Hotel „Meerblick", das GuV-Konto und das SBK.

Anfangsbestände (in €):

Beb. Grundstück	210 000,00 €	Eigenkapital	100 263,00 €
Fuhrpark	43 105,00 €	Darlehen	282 000,00 €
BGA	125 220,00 €	VaLL	35 081,00 €
WV-Lebensmittel	1 035,00 €	Verb. Lohn- und Kirchensteuer	1 220,00 €
WV-Getränke	5 000,00 €	Umsatzsteuer (-VZ)	2 561,00 €
FaLL/Visa	21 119,00 €		
Bank	9 415,00 €		
Kasse	6 231,00 €		
	421 125,00 €		421 125,00 €

Geschäftsvorfälle:

1. Eingangsrechnung
   a) für Lebensmittel, netto 7 000,00 € zuzüglich Fracht 100,00 €
   b) für Getränke netto 2 850,00 € zuzüglich Fracht 72,00 €
2. Banklastschriften für:
   a) Umsatzsteuer 2 561,00 €, Gewerbesteuer 820,00 €,
   b) Einkommensteuer Inhaber 900,00 €, Lohnsteuer u. Solidaritätszuschlag 1 220,00 €.
3. Eingangsrechnung der Kfz.-Werkstatt für Inspektion, brutto 1 428,00 €
4. Rücksendung von verdorbenem Wein gegen Gutschrift des Lieferers, netto 60,00 €
5. Banklastschriften für Strom 467,75 € und Telefon 984,83 €, jeweils inkl. 19 % Umsatzsteuer
6. Ausgangsrechnung Logis, netto 11 800,00 €
7. Erstellen Sie anhand der folgenden Angaben eine Bruttolohnverbuchung:

Grundlöhne	9 580,00 €
Kost	616,00 €
Lohnsteuer	2 185,19 €
Kirchensteuer	168,81 €
Solidaritätszuschlag	5,5 %
AN-Anteil zur Sozialversicherung	1 456,17 €
AG-Anteil zur Sozialversicherung	1 346,00 €

8. a) Die Sozialversicherungsbeiträge werden überwiesen.
   b) Die Löhne werden überwiesen.
9. Kauf einer Kühlanlage gegen Brauerei-Darlehen, Listenpreis 6 000,00 €, darauf Rabatt 25 %, Montage netto 500,00 €
10. Restauranteinnahmen bar: Speisen 35 675,00 €, Getränke 29 376,00 €
11. Banklastschrift für offene Lebensmittelrechnung, nach Abzug von 2 % Skonto 2 516,64 €
12. Ein Gast leistet eine Anzahlung von 2 000,00 € durch Banküberweisung
13. Bankgutschrift von VISA über 12 887,88 €. Die einbehaltene Provision beträgt einschl. 19 % USt 644,12 €
14. Für eine private Feier werden Lebensmittel im Wert von 200,00 € und Getränke im Wert von 150,00 € aus dem Lager entnommen
15. Aufgrund einer Speisen-Reklamation erhält ein Kunde nachträglich eine Gutschrift über 178,00 € einschl. 19 % USt.
16. Eingangsrechnung für Büromaterial, netto 338,00 €
17. Umsatzerlöse Logis brutto 17 000,00 €, davon wurden bar 10 643,50 € gezahlt, der Rest mit Kreditkarten
18. Für einen Restauranteinbau wird eine Anzahlung von 5 000,00 € inkl. 19 % USt durch Banküberweisung geleistet
19. Sammelbuchungen:
    a) Bareinzahlungen auf das Bankkonto, 77 000,00 €
    b) Gutschriften auf dem Bankkonto aufgrund von Bareinzahlungen, 75 000,00 €
20. Insgesamt wurden vom Bankkonto 50 000,00 € für private Zwecke überwiesen

Abschlussangaben:

Schlussbestände lt. Inventur:	– Lebensmittel	1 200,00 €
	– Getränke	3 212,00 €

2.3 Jahresabschluss

§ 242 HGB verpflichtet alle Kaufleute dazu, einen Jahresabschluss zu erstellen, der aus Bilanz und Gewinn-und-Verlust-Rechnung (GuV) besteht. Für Kapitalgesellschaften kommen gemäß *§ 264 Abs. 1 HGB* noch Anhang und Lagebericht hinzu.
Das Steuerrecht greift diese Pflichten in *§140 AO* auf und erweitert den Kreis der Verpflichteten in *§141 AO.*
Auf die internationalen Rechnungslegungsgrundsätze, wie IAS (International Accounting Standards) und GAAP (Generally Accepted Accounting Principles) für den Konzernabschluss wird im Folgenden nicht weiter eingegangen.
Gerade für kleine und mittlere Betriebe in der Hotellerie und Gastronomie stehen nämlich nach wie vor die Regelungen des *HGB* im Mittelpunkt.
Die folgenden Ausführungen zum Jahresabschluss beschränken sich deshalb auf die Vorschriften des deutschen Handels- bzw. Steuerrechts.

2.3.1 Grundlagen

Situation

Im Hotel-Restaurant Bergstatter Hof wird der Jahresabschluss seit Jahren von einem bewährten Steuerberater erstellt. Auf seine Dienste soll auch in Zukunft, insbesondere hinsichtlich der Steuererklärung, nicht verzichtet werden. Die Kosten, die damit verbunden sind, aber auch die zunehmenden eigenen Buchführungskenntnisse veranlassen den Inhaber jedoch, möglichst viele Vorarbeiten selbst zu übernehmen.

Dazu gehören eine ganze Reihe von Arbeitsschritten zur Abstimmung der Buchführung.
Sie können zeitlich parallel zu der gesetzlich vorgeschriebenen Inventur und dem daraus folgenden Inventar (s. Kap. 2.1.3) durchgeführt werden.
Dadurch soll die Ordnungsmäßigkeit der Buchführung sichergestellt werden. Es sind außerdem alle Unterlagen zu überprüfen und bereitzustellen, die für die optimale Ausnutzung steuerlicher Möglichkeiten erforderlich sind.
Auf diese Weise soll im Hotel-Restaurant Bergstatter Hof dazu beigetragen werden, dass sich der Steuerberater auf den eigentlichen Abschluss konzentrieren kann.

Inhalt und Gliederung des Jahresabschlusses

In den Vorschriften der *§§ 238 - 263 HGB*, die für alle Kaufleute – also insbesondere auch für Einzelunternehmen und typische Personengesellschaften – gelten, finden sich keine detaillierten Gliederungsvorschriften für Bilanz und GuV-Rechnung. Deshalb wird auf entsprechende Regelungen für Kapitalgesellschaften (und bestimmte Personengesellschaften) zurückgegriffen. Für sie wird der Jahresabschluss in den ergänzenden Vorschriften der *§§ 264 ff. HGB* unter anderem um Anhang und Lagebericht erweitert.

Form, Umfang und Pflicht zur Veröffentlichung des Jahresabschlusses werden dabei von der Größe des Unternehmens abhängig gemacht:

Je größer die Kapitalgesellschaft, desto höher sind die Anforderungen an die Rechnungslegungspflichten. Die Einstufung in die jeweilige Größenklasse erfolgt nach *§ 267 HGB*.

Größenklassen nach *§ 267 HGB*			
Kapitalgesellschaften	**Bilanzsumme in €**	**Umsatzerlöse in €**	**Beschäftigte Anzahl**
kleine	bis 4 015 000,00	bis 8 030 000,00	bis 50
mittlere	bis 16 060 000,00	bis 32 120 000,00	bis 250
große	über 16 060 000,00	über 32 120 000,00	über 250

Für die Einordnung in die Größenklassen müssen mindestens zwei der genannten Merkmale, an zwei aufeinander folgenden Bilanzstichtagen zutreffen.

Für alle Kaufleute wird in *§ 247 Abs. 1 HGB* dagegen lediglich verlangt, in der Bilanz „das Anlage- und das Umlaufvermögen, das Eigenkapital, die Schulden sowie die Rechnungsabgrenzungsposten gesondert auszuweisen und hinreichend aufzugliedern". Da diese Anforderungen wenig detailliert sind, orientiert man sich für die Gliederung der Bilanz an den Vorschriften für Kapitalgesellschaften.

Demzufolge könnte die Gliederung der Bilanz für das Hotel-Restaurant Bergstatter Hof wie folgt aussehen:

Bilanzgliederung

Aktiva	**Passiva**
A Anlagevermögen	A Eigenkapital
I. Immaterielle Vermögensgegenstände	B Sonderposten mit Rücklageanteil
II. Sachanlagen	C Rückstellungen
1. Grundstücke, Gebäude	D Verbindlichkeiten
2. Technische Anlagen und Maschinen	1. Verbindlichkeiten gegenüber Kreditinstituten
3. Betriebs- und Geschäftsausstattung	2. Verbindlichkeiten aus Lieferungen und Leistungen
4. Anzahlungen und Anlagen im Bau	3. Sonstige Verbindlichkeiten
III. Finanzanlagen	E Rechnungsabgrenzungsposten
B Umlaufvermögen	
I. Vorräte	
1. Roh-, Hilfs- und Betriebsstoffe	
2. Unfertige Erzeugnisse	
3. Fertige Erzeugnisse	
4. Waren	
5. Anzahlungen	
II. Sonstige Umlaufgegenstände	
1. Forderungen aus Lieferungen und Leistungen	
2. Sonstige Forderungen	
3. Sonstige Vermögensgegenstände	
4. Wertpapiere	
5. Kassenbestand und Bankguthaben	
C Rechnungsabgrenzungsposten	

Auch für die **Gewinn-und-Verlust-Rechnung** orientieren sich Einzelunternehmen und Personengesellschaften an den Gliederungsvorschriften der Kapitalgesellschaften gemäß *§ 275 HGB*. Danach ist die GuV-Rechnung grundsätzlich in Staffelform zu erstellen. Zwei Verfahren sind zulässig: das **Gesamtkostenverfahren**, bei dem sämtliche Leistungen und Aufwendungen des Unternehmens einfließen, also auch Bestandsveränderungen. Das seltener verwendete **Umsatzkostenverfahren** kommt zum gleichen Ergebnis, es werden jedoch nur solche Kosten angesetzt, die mit den erzielten Erlösen unmittelbar zusammenhängen.

Im Folgenden wird für das Hotel-Restaurant Bergstatter Hof von der Anwendung des Gesamtkostenverfahrens ausgegangen.

Entsprechend lautet die für den Jahresabschluss erforderliche Gliederung der Gewinn-und-Verlust-Rechnung wie folgt:

Positionen der GuV
1. Umsatzerlöse
2. Erhöhung oder Verminderung des Bestands an fertigen und unfertigen Erzeugnissen
3. Andere aktivierte Eigenleistungen
4. Sonstige betriebliche Erträge = Gesamtleistung: Kann als Zwischenergebnis zur Erleichterung der Erfolgsanalyse ausgewiesen werden
5. Materialaufwand a) Aufwendungen für Roh-, Hilfs- und Betriebsstoffe und für bezogene Waren b) Aufwendungen für bezogene Leistungen = Rohergebnis (Saldo aus Gesamtleistung und Materialaufwand): Kleine und mittelgroße Kapitalgesellschaften dürfen anstelle der bisherigen Einzelpositionen das Rohergebnis in der GuV-Rechnung ausweisen.
6. Personalaufwand a) Löhne und Gehälter b) soziale Abgaben, Aufwendungen für Altersversorgung und für Unterstützung
7. Abschreibungen a) auf immaterielles Anlagevermögen und Sachanlagen b) Umlaufvermögen
8. Sonstige betriebliche Aufwendungen = Betriebsergebnis (BE) (Saldo aus Erträgen und Aufwendungen): kann als Zwischenergebnis ausgewiesen werden
9. Erträge aus Beteiligungen
10. Erträge aus anderen Wertpapieren und Ausleihungen des Finanzanlagevermögens
11. Zinsen und ähnliche Erträge
12. Abschreibungen auf Finanzanlagen und Wertpapiere des Umlaufvermögens
13. Zinsen und ähnliche Aufwendungen = Finanzergebnis (FE) (Saldo aus Erträgen [Pos. 9-11] und Aufwendungen [Pos. 12 und 13]): kann als Zwischenergebnis ausgewiesen werden.
14. Ergebnis der gewöhnlichen Geschäftstätigkeit (= BE + FE)
15. Außerordentliche Erträge
16. Außerordentliche Aufwendungen
17. Außerordentliches Ergebnis (Saldo aus a.o. Erträgen und a.o. Aufwendungen)
18. Steuern vom Einkommen und vom Ertrag
19. Sonstige Steuern
20. Jahresüberschuss/Jahresfehlbetrag

So wenig wie – in formaler Hinsicht – das Schlussbilanzkonto der laufenden Buchführung mit der Schlussbilanz im Rahmen des Jahresabschlusses identisch ist, so wenig entspricht das GuV-Konto der Buchführung der obigen Gewinn- und-Verlust-Rechnung. In beiden Fällen besteht jedoch inhaltliche Übereinstimmung.

Maßgeblichkeit der Handelsbilanz für die Steuerbilanz

Jeder Unternehmer ist zugleich Steuerpflichtiger. Deshalb muss er auch für die Besteuerung seinen Gewinn ermitteln. Das kann auf verschiedene Weise geschehen. Für Gewerbetreibende, die Bücher führen und Abschlüsse machen, schreibt *§ 5 Abs. 1 Satz 1 EStG* vor, dass sie für die steuerliche Gewinnermittlung das Betriebsvermögen anzusetzen haben, das nach den handelsrechtlichen Grundsätzen ordnungsmäßiger Buchführung anzusetzen ist.
Dieser Grundsatz ist das **Maßgeblichkeitsprinzip**. Als Steuerpflichtiger hat der Unternehmer aber auch steuerliche Vorschriften zu beachten (z.B. Bewertungsvorbehalt nach *§ 5 Abs. 6 EStG*). Deshalb lässt sich das Maßgeblichkeitsprinzip so formulieren:

Nach dem Maßgeblichkeitsprinzip sind die Ansätze der Handelsbilanz für die Steuerbilanz maßgebend, soweit das Steuerrecht keine anderen Ansätze zwingend vorschreibt.

Was also nach Handelsrecht in die Bilanz aufgenommen werden muss (Bilanzierungs**gebot**), muss aufgrund des Maßgeblichkeitsprinzips auch in die Steuerbilanz zwingend aufgenommen werden. Was jedoch laut *HGB* nicht aufgenommen werden darf (Bilanzierungs**verbot**), darf auch in der Steuerbilanz nicht erscheinen. Je nach Bilanzseite spricht man dabei von „**Aktivierung**" (z.B. einen Neuwagen durch Buchung unter „Fuhrpark" auf die Aktivseite aufnehmen) bzw. „**Passivierung**" (z.B. den für den Neuwagenkauf aufgenommenen Bankkredit durch Buchung unter „Verbindlichkeiten gegenüber Kreditinstituten" auf die Passivseite aufnehmen).
Besteht handelsrechtlich ein Aktivierungs**wahlrecht**, so gilt für die Steuerbilanz grundsätzlich ein Aktivierungsgebot (aus Gründen der Steuergerechtigkeit **muss** der Unternehmer alle Vermögensgegenstände in die Steuerbilanz aufnehmen, die er nach Handelsrecht aufnehmen **darf**). Besteht dagegen ein handelsrechtliches Passivierungswahlrecht, so folgt daraus im Grundsatz ein Passivierungsverbot für die Steuerbilanz: Passivposten, die nach Handelsrecht „nur" aufgenommen werden dürfen (aber nicht müssen), dürfen in der Steuerbilanz nicht erscheinen.

im Handelsrecht		im Steuerrecht
Bilanzierungsgebot	→	Bilanzierungsgebot
Bilanzierungsverbot	→	Bilanzierungsverbot
Aktivierungswahlrecht	→	Aktivierungsgebot
Passivierungswahlrecht	→	Passivierungsverbot

Hier wird der Unterschied in der Zielsetzung des Gesetzgebers deutlich: „Stelle dich nicht reicher dar, als du es bist!" (Handelsrecht, Gläubigerschutz), aber auch: „Mache dich nicht ärmer, als du es bist!" (Steuerrecht, gleichmäßige Besteuerung).
Die zunehmende Zahl von steuerrechtlichen Sondervorschriften hat dazu geführt, dass neben den Handelsbilanzen selbständige Steuerbilanzen zu erstellen sind. Die Aufstellung einer sogenannten „Einheitsbilanz" mit Ausgleichsposten für die steuerlichen Abweichungen reicht nicht mehr aus.

Bilanzierungs- und Bewertungsgrundsätze

Wer Überlegungen zum Jahresabschluss anstellt, sollte sich zunächst mit den allgemeinen Grundsätzen zu Bilanzierung und Bewertung auseinandersetzen. Sie geben die Grundrichtung vor und ermöglichen es so, in der Fülle von (steuer-)rechtlichen Einzelregelungen den Überblick zu behalten.
Laut *§ 243 Abs. 1 HGB* ist auch der Jahresabschluss nach den Grundsätzen ordnungsmäßiger Buchführung (s. Kapitel 1.3) aufzustellen. Für Bilanzierung und Bewertung sind deshalb vor allem die folgenden Grundsätze von Bedeutung:

Grundsatz der Wahrheit

Dieser Begriff wird wegen des Absolutheitsanspruchs des ethischen Begriffes der „Wahrheit" zunehmend durch die Begriffe „Richtigkeit", „Wahrhaftigkeit" oder „Zweckmäßigkeit" ersetzt und definiert.
Eine Bilanz ist richtig, wenn:
- die Bezeichnungen der Posten genau den Inhalt treffen (Maschinen unter „Maschinen"!)
- die Positionen rechnerisch richtig sind (keine Rechenfehler unterlaufen sind)
- die Positionen „richtig" bewertet wurden.
  Problem: gesetzlich zugelassene oder vorgeschriebene Bewertungen sind zwar immer gesetzmäßig, brauchen aber noch lange nicht zweckmäßig oder richtig zu sein.
  Grundsatz: Der Zweck bestimmt die Bewertung; unter den Möglichkeiten wird die zweckmäßigste gewählt, soweit ein Wahlrecht besteht.

Grundsatz der Klarheit

§ 243 Abs. 2 HGB fordert bezüglich des Abschlusses ausdrücklich: „Er muss klar und übersichtlich sein."
Sowohl in Bilanz als auch in Gewinn- und-Verlust-Rechnung müssen deshalb alle Posten eindeutig bezeichnet und übersichtlich aufgegliedert werden. Insbesondere dürfen Gegenstände, die in ihrer Art verschieden sind (wie etwa Gebäude und Maschinen), nicht unter einem Bilanzposten zusammengefasst werden

Grundsatz der Vollständigkeit

Alle Vermögens- und Kapitalposten sind festzuhalten, auch wenn sie nur noch einen Erinnerungswert darstellen. Dies geht aus *§ 246 Abs. 1 HGB* hervor.

Formelle Bilanzkontinuität

Sie ist gegeben, wenn die Schlussbilanz eines Jahres mit der „Eröffnungsbilanz" des folgenden Jahres übereinstimmt. Es geht also um den Übergang von einer abgeschlossenen zu einer neu zu eröffnenden Rechnungsperiode, auch wenn die Eröffnungswerte erst im Laufe des Jahres vorgetragen werden können. Handelsrechtlich spricht man hier von der formellen Bilanzkontinuität oder Bilanzidentität *(§ 252 Abs. 1 Nr. 1 HGB).* Steuerrechtlich heißt der Vorgang Bilanzzusammenhang.

Materielle Bilanzkontinuität

§ 252 Abs. 1 Nr. 6 HGB verlangt, dass einmal angewandte Bewertungsmethoden beibehalten werden (Grundsatz der Stetigkeit). Es handelt sich um eine Soll-Vorschrift, sodass in begründeten Ausnahmefällen ein Methodenwechsel möglich bleibt *(§ 252 Abs. 2 HGB).* Steuerrechtlich ist hier der Begriff des Bewertungszusammenhangs zu finden.
So wurde im Hotel-Restaurant Bergstatter Hof beispielsweise die Lagerhaltung im Bereich Putz- und Reinigungsmittel gänzlich neu gestaltet: Jetzt kann immer nur das Material entnommen werden, das zuerst angeschafft worden ist. Die Fortsetzung der bisher angewendeten Bewertung nach der lifo-Methode (siehe Kapitel 2.3.3.1) stünde deshalb im Widerspruch zu den tatsächlichen Gegebenheiten: Ein Wechsel der Methode ist erforderlich und zulässig.

Grundsatz der Periodenabgrenzung

„Aufwendungen und Erträge des Geschäftsjahres sind unabhängig von den Zeitpunkten der entsprechenden Zahlungen im Jahresabschluss zu berücksichtigen“ *(§ 252 Abs. 1 Nr. 5 HGB).* In der laufenden Buchführung wird der Einfachheit halber jedoch häufig „bei Zahlung“ gebucht, die periodengerechte Aufwands- und Ertragsabgrenzung (zeitliche Abgrenzung) muss dann im Rahmen der vorbereitenden Abschlussbuchungen vorgenommen werden.

Grundsatz der Unternehmensfortführung

Bei der Bewertung der im Jahresabschluss ausgewiesenen Vermögensgegenstände und Schulden ist nach *§ 252 Abs. 1 Nr. 2 HGB* grundsätzlich von der Fortführung der Unternehmenstätigkeit auszugehen („Going-Concern-Prinzip“).

Grundsatz der Einzelbewertung

„Die Vermögensgegenstände und Schulden sind zum Abschlussstichtag einzeln zu bewerten“*(§ 252 Abs. 1 Nr. 3 HGB).*
Durch die Einzelbewertung wird verhindert, dass ein Wertausgleich zwischen gemeinsam bewerteten Vermögensgegenständen stattfindet und so im Einzelfall bestehende Risiken verschleiert werden. Andere zulässige Bewertungsverfahren (Gruppenbewertung, Festbewertung, siehe Kapitel 2.3.2.4 und 2.3.3.1) stellen daher immer eine Ausnahme von diesem Grundsatz dar.

Grundsatz der Vorsicht

Es ist vorsichtig zu bewerten *(§ 252 Abs. 1 Nr. 4 HGB)*, das heißt – einfach ausgedrückt –, der Kaufmann soll sich nicht „reicher“ darstellen, als er es ist. In diesem Grundsatz zeigt sich das Anliegen des Gläubigerschutzes, das im Handelsrecht zentrale Bedeutung hat. Insofern ist der Grundsatz der Vorsicht die dominierende Größe, auf die viele einzelne Bewertungsprinzipien letztlich zurückzuführen sind.

Realisationsprinzip

Das Realisationsprinzip als GoB wird in *§ 252 Abs. 1 Nr. 4, 2. Halbsatz HGB* in Verbindung mit dem Vorsichtsprinzip noch einmal aufgegriffen:
„Gewinne sind nur zu berücksichtigen, wenn sie am Abschlussstichtag realisiert sind.“

Imparitätsprinzip

Aus dem kaufmännischen Vorsichtsdenken ergibt sich andererseits, dass Verluste schon zu berücksichtigen sind, wenn sie noch nicht eingetreten, aber zu erwarten sind. Verluste (Aufwendungen) sind also gegenüber Gewinnen (Erträgen) ungleich (impar) zu behandeln. Im Ergebnis wird dadurch sowohl dem Gläubigerschutz als auch der Kapitalerhaltung Rechnung getragen.

Den handelsrechtlich dominierenden Vorschriften des Vorsichts-, Realisations- und Imparitätsprinzips entspricht es auch, dass Vermögensgegenstände nach dem **Niederstwertprinzip**, Schulden aber mit ihrem **Höchstwert** angesetzt werden müssen. Diese Regelungen werden im weiteren Verlauf dieses Kapitels genauer erläutert. Die untenstehende Übersicht soll den Zusammenhang zwischen den wichtigsten Prinzipien der Bewertung noch einmal verdeutlichen:
Handelsrechtliche Regelungen zum Jahresabschluss verfolgen den Zweck des Gläubigerschutzes, aber auch den Zweck des Anteilseignerschutzes. Das daraus folgende Prinzip der vorsichtigen Bewertung bedeutet auch, dass ein Bild der tatsächlichen (= realisierten) Verhältnisse gegeben wird.
Das wird bezüglich der Gewinne konsequent eingehalten, bezüglich der Verluste wird das Realisationsprinzip sozusagen „durchbrochen“: Sie sind bereits zu berücksichtigen, wenn sie noch nicht realisiert sind. Niederst- und Höchstwertprinzip, welche die Bildung von „stillen“ Reserven geradezu fordern, sind die Folge dieser Überlegungen und ergeben sich auf der Aktiv- bzw. Passivseite der Bilanz als Konsequenz kaufmännischer Vorsicht.

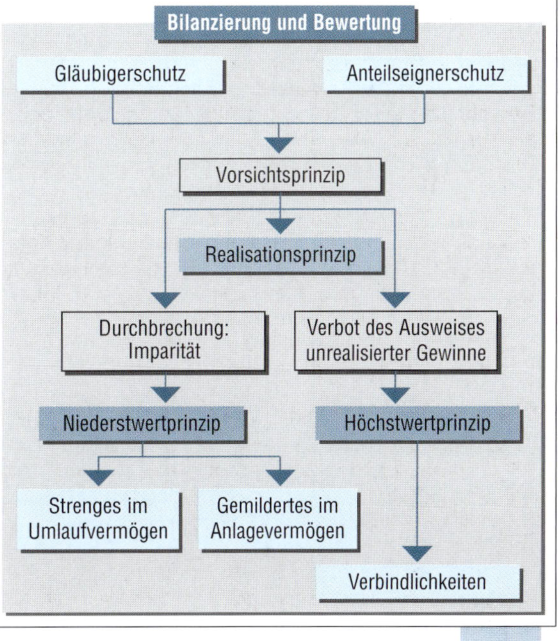

Aufgaben

1. Welche Teile bilden den Jahresabschluss?

2. Für welche Unternehmen ist die Form für GuV und Bilanz vorgeschrieben?

3. Welche Aufgaben hat der Anhang?

4. Welche Aufgaben hat der Lagebericht?

5. Wie sind die Größenklassen der Kapitalgesellschaften eingeteilt, und welche Folgen hat die Zuordnung?

6. Zwei Absolventen einer Hotelfachschule betreiben gemeinsam ein Hotel in der Form einer OHG. Welche Vorschriften des *HGB* treffen auf sie zu?

7. Die „Gemini-Hotels" werden in der Form einer GmbH geführt. Sie gehören zur Gruppe der kleinen Kapitalgesellschaften.

   → Welche Kriterien gelten für die Zuordnung in diese Gruppe?
   → Welche formalen Vorschriften gelten für GuV und Bilanz?
   → Welche Rechnungsunterlagen haben die „Gemini-Hotels" offenzulegen?
   → Welche Fristen gelten für die Gesellschaft hinsichtlich der Erstellung des Jahresabschlusses und der Offenlegung?
   → Was gilt für sie hinsichtlich der Prüfungspflicht?

8. Eine Catering-GmbH in Hamburg hatte am Bilanzstichtag des Jahres 1 eine Bilanzsumme von 6,1 Mio € und zum 31.12. des Jahres 2 eine Bilanzsumme von 6,3 Mio €. Die Umsatzerlöse betrugen ersten Jahr 11,55 Mio € und im zweiten 12,1 Mio €. Die Anzahl der Arbeitnehmer ohne Auszubildende betrug in beiden Jahren im Durchschnitt 124.

   → Zu welcher Gruppe von Gesellschaften gehört die GmbH?
   → Welche Vorschriften hinsichtlich Prüfung und Offenlegung gelten für sie?
   → Welche Änderung ergäbe sich für die Prüfung, wenn die Gesellschaft in eine AG gewandelt würde?

9. Erläutern sie die Begriffe:

   → Ergebnis des gewöhnlichen Geschäftsbetriebs
   → außerordentliches Ergebnis
   → Jahresüberschuss bzw. Jahresfehlbetrag

   und stellen Sie deren Zusammenhang dar.

10. Stellen Sie anhand des *HGB* die Unterschiede zwischen der GuV nach Gesamtkostenverfahren und GuV nach Umsatzkostenverfahren fest. Stellen Sie dabei fest, welche zusätzlichen Angaben beim Umsatzkostenverfahren nötig sind.
    Beurteilen Sie die Eignung der einen oder anderen Methode für einen Hotel- und Gaststättenbetrieb, und begründen Sie Ihre Ansicht.

11. Was versteht man unter dem Maßgeblichkeitsprinzip und dem umgekehrten Maßgeblichkeitsprinzip?

12. Ergänzen Sie die folgenden Aussagen im Hinblick auf die Bilanzierungsvorschriften:

    → Bei handelsrechtlichem Bilanzierungsgebot, besteht steuerrechtlich ....
    → Bei handelsrechtlichem Aktivierungswahlrecht besteht steuerrechtlich ....
    → Bei handelsrechtlichem Passivierungswahlrecht besteht steuerrechtlich ....
    → Bei handelsrechtlichem Bilanzierungsverbot, besteht steuerrechtlich ....

13. Welche Forderungen müssen nach folgenden Grundsätzen erfüllt werden?

    → Grundsatz der Bilanzklarheit
    → Grundsatz der Vollständigkeit
    → Going-Concern-Prinzip

14. Was bedeutet eine periodengerechte Zurechnung von Aufwand und Ertrag?

2.3.2 Behandlung des Anlagevermögens

Situation

Im Hotel-Restaurant Bergstatter Hof ist ein neuer PKW-Kombi, Typ „Carry“, bestellt worden, der vorwiegend im Partyservice eingesetzt werden soll.
Als Sonderausstattung ist für dieses „Catering-Mobil“ ein modernes Navigationssystem vorgesehen.
Außerdem soll auch ein Satz Winterräder mitgeliefert werden. Der Laderaum muss mit besonderen Regalen, Halterungen und Containern ausgestattet werden.
Mit dem örtlichen Kfz-Händler wurde ein Rabatt von 10 % auf den Listenpreis ausgehandelt.
Der Umbau des Kombis wird von einer Spezialwerkstatt übernommen, die Zulassung des Fahrzeugs wird vom Hotel-Restaurant Bergstatter Hof selbst übernommen und erfolgt Anfang Januar.

Zum Anlagevermögen zählen Vermögensgegenstände, die dazu bestimmt sind, dauernd dem Geschäftsbetrieb zu dienen *(§ 247 Abs. 2 HGB)*.

Das sind vor allem Sachanlagen wie Grundstücke und Gebäude, Maschinen und technische Anlagen, Betriebs- und Geschäftsausstattung, Fuhrpark, aber auch immaterielle Vermögensgegenstände und Finanzanlagen, also alle Konten der Kontenklasse 0.

Kapitalgesellschaften müssen in der Bilanz oder im Anhang die Entwicklung der einzelnen Posten des Anlagevermögens darstellen *(§ 268 Abs. 2 HGB)*.
Zu diesem Zweck wird ein Anlagenspiegel oder Anlagengitter erstellt, das die entsprechenden Werte für jeden einzelnen Posten ausweist. Die Aussagekraft der Bilanz wird dadurch wesentlich erweitert: Neben die Zeitpunktbetrachtung zum Bilanzstichtag tritt die Erläuterung von mengen- und wertmäßigen Entwicklungen.

Anlagenspiegel/Anlagengitter

Posten des Anlagevermögens	Anschaffungs- oder Herstellungskosten	Zugänge im Geschäftsjahr	Abgänge im Geschäftsjahr	Umbuchungen +/–	Abschreibungen kumuliert	Zuschreibungen	Buchwert 31.12. Geschäftsjahr	Buchwert 31.12. Vorjahr	Abschreibung im Geschäftsjahr
entsprechend der Bilanzgliederung	historischer Wert bei Anschaffung	zu Anschaffungs- oder Herstellungskosten	zu Anschaffungs- oder Herstellungskosten	zu Anschaffungs- oder Herstellungskosten	über die Lebensdauer	im Geschäftsjahr	Wert zum Jahresabschluss	Anfangsbestand Geschäftsjahr	nach gewählter Methode

Grundlage für die Erstellung des Anlagengitters ist das Anlagenverzeichnis, in dem sämtliche Wirtschaftsgüter auf Inventarbögen oder Karteikarten aufgezeichnet werden. In einer EDV-Anlagenbuchführung werden die Karteikarten durch Stammdatensätze ersetzt. Im Anlagenverzeichnis sind alle Gegenstände des Anlagevermögens aufzuzeichnen, die noch im Betrieb sind, auch wenn sie voll abgeschrieben sind. Es sind in der Regel folgende Eintragungen vorzunehmen:

- Konto-Nummer lt. Kontenplan
- Bezeichnung des Anlagengegenstandes
- betrieblicher Standort des Gegenstandes
- Tag der Anschaffung bzw. Herstellung
- Anschaffungs- bzw. Herstellungskosten
- Nutzungsdauer in Jahren
- Abschreibungsmethode
- Abschreibungsprozentsatz
- jährliche Abschreibung
- Abgangstag
- Bilanzwert am 01.01. des Geschäftsjahres
- Zugänge im Geschäftsjahr
- Abschreibung im Geschäftsjahr
- Abgänge im Geschäftsjahr
- Bilanzwert zum 31.12. des Geschäftsjahres

Ein so geführtes Anlagenverzeichnis dient nicht nur als Grundlage für die Abschreibungen, es erspart dem Unternehmer auch die körperliche Bestandsaufnahme zum Bilanzstichtag *(§ 241 Abs. 2 HGB)*. Häufig wird das Verzeichnis im laufenden Jahr nicht ständig fortgeführt, sodass es bei den Vorbereitungsarbeiten zum Jahresabschluss zu bearbeiten ist.

In der Anlagenbuchführung sind insofern drei Vorgänge von besonderer Bedeutung:

1. Zugänge im Anlagevermögen
2. Behandlung während der Nutzungsdauer (Abschreibungen)
3. Abgänge im Anlagevermögen.

Obwohl – streng genommen – nur die Abschreibungen zu den vorbereitenden Abschlussbuchungen zählen und Zu- und Abgänge eigentlich laufende Buchungen sind, sollen alle drei Vorgänge im Folgenden zusammenhängend behandelt werden.

2.3.2.1 Zugänge im Anlagevermögen

Anschaffungskosten

Wie bereits im Kapitel 2.2.3 erläutert, sind beim Kauf eines Vermögensgegenstandes die Anschaffungskosten nach *§ 255 Abs. 1 HGB* anzusetzen:

„Anschaffungskosten sind die Aufwendungen, die geleistet werden, um einen Vermögensgegenstand zu erwerben und ihn in einen betriebsbereiten Zustand zu versetzen, soweit sie dem Vermögensgegenstand einzeln zugeordnet werden können.

Zu den Anschaffungskosten gehören auch die Nebenkosten sowie die nachträglichen Anschaffungskosten. Anschaffungspreisminderungen sind abzusetzen."

Anschaffungskosten setzen sich also wie folgt zusammen:

Anschaffungspreis

\+ **Anschaffungsnebenkosten,** (wie Verpackungskosten, Eingangsfrachten, Transportkosten, Rollgelder, Zölle, Transportversicherungen, Lagergelder, Abladekosten, Provisionen, Grunderwerbsteuer, Notar-, Gerichts- und Registerkosten, Fundamentierungs-, Montage- und Aufstellungskosten)

\+ **Nachträgliche Anschaffungskosten**, (z.B. Anlieger- und Erschließungsbeiträge für ein Grundstück bei späterer Änderung des Bebauungsplans)

– **Anschaffungspreisminderungen**, (wie Rabatte, Skonti, Boni)

= **Anschaffungskosten**

Zinsen und Damnum[1] als Geldbeschaffungskosten gehören nicht zu den Anschaffungskosten. Auch die nach *§ 15, 1 UStG* abziehbare Vorsteuer zählt nicht dazu *(§ 9b Abs. 1 EStG)*. Daraus ergibt sich, dass nicht abziehbare Vorsteuer zu den Anschaffungskosten gehört.

Beim Kauf des Geschäftswagens aus der obigen Situation wären also alle genannten Positionen in die Berechnung der Anschaffungskosten einzubeziehen.

Ihre genaue Ermittlung ist von besonderer Bedeutung, weil die Anschaffungskosten die Bemessungsgrundlage für die spätere Abschreibung bilden. Zugleich stellen sie einen Höchstwert dar, der in der Bilanz auch dann nicht überschritten werden kann, wenn spätere Wertsteigerungen – bei Grundstücken etwa – diesen Gedanken nahe legen.

Beispiel

Beim Kauf des „Catering-Mobils" fallen folgende Beträge an:

Rechnung des Händlers:

Listenpreis PKW-Kombi „Carry"	16 740,00 €
– Rabatt 10 %	1 674,00 €
Fahrzeugwert	15 066,00 €
+ 4 Komplett-Winterräder	448,00 €
+ Überführung	378,00 €
Nettobetrag	15 892,00 €
+ Umsatzsteuer 19 %	3 019,48 €
Rechnungsbetrag	18 911,48 €

Zulassung des Fahrzeugs:

Gebühren Zulassungsstelle	38,00 €
+ Kennzeichen-Schilder	30,00 €
+ Umsatzsteuer 19 % (nur auf Schilder)	5,70 €
Gesamtbetrag	73,70 €

Rechnung der Werkstatt:

Einbauteile	1 200,00 €
+ Arbeitslohn	840,00 €
Leistungswert	2 040,00 €
+ Umsatzsteuer 19 %	387,60 €
Rechnungsbetrag	2 427,60 €

Unabhängig davon, zu welchem Datum die einzelnen Rechnungen gestellt, bezahlt oder gebucht wurden, steht fest, dass alle enthaltenen Beträge zu den Anschaffungskosten des Fahrzeugs gehören. In ihrer Summe stellen sie also die Bemessungsgrundlage für die späteren Abschreibungen dar.

„Insgesamt" würde der Kauf die Konten also wie folgt berühren:

0550 Fuhrpark	18 000,00 €	
1405 Vorsteuer 19%	3 412,78 €	
an 1800 Bank		21 412,78 €

[1] Beispielsweise kommt es bei der Kreditvergabe einer Bank je nach Kreditart und -form vor, dass der Kreditzurückzahlungsbetrag (Zinsen nicht berücksichtigt) höher ist als der Kreditauszahlungsbetrag. Die Differenz zwischen Rückzahlungs- und Auszahlungsbetrag bezeichnet man als Damnum oder Disagio (Kap. 2.3.5.1).

Herstellungskosten

Während die Anschaffungskosten in Handels- und Steuerbilanz identisch sind, gibt es für die Herstellungskosten unterschiedliche Bestimmungen: Ein Anlagegut, das nicht käuflich erworben, sondern selbst oder durch Fremdleistungen erstellt wurde, muss in der Bilanz mit seinen Herstellungskosten bewertet werden.

Der Begriff der Herstellungskosten ist gesetzlich geregelt und darf nicht mit den Herstellkosten der Kalkulation verwechselt werden: „Herstellungskosten sind die Aufwendungen, die durch den Verbrauch von Gütern und die Inanspruchnahme von Diensten für die Herstellung eines Vermögensgegenstands, seine Erweiterung oder für eine über seinen ursprünglichen Zustand hinausgehende wesentliche Verbesserung entstehen“ *(§ 255 Abs. 2 Satz 1 HGB).*

Der Ansatz zu Herstellungskosten spielt außerhalb der Gastronomie auch eine wichtige Rolle bei der Bewertung von Halb- und Fertigerzeugnissen des Umlaufvermögens, die auf Lager produziert werden.

Wie Anschaffungskosten sind auch die Herstellungskosten von Gegenständen des Anlagevermögens ein Höchstwert und Ausgangsbasis für mögliche Abschreibungen.
Die unterschiedlichen Bestimmungen des Handels- *(§ 255, Abs. 2 und Abs.3 HGB)* und Steuerrechts *(§ 6 Abs. 1 i. V. m. Abschn. R 6.3 EStR)* veranschaulicht die folgende Übersicht:

Herstellungskosten – Bestandteile und Umfang

	nach Handelsrecht	nach Steuerrecht
Materialeinzelkosten	Aktivierungsgebot	Aktivierungsgebot
Fertigungseinzelkosten	Aktivierungsgebot	Aktivierungsgebot
Sondereinzelkosten der Fertigung	Aktivierungsgebot	Aktivierungsgebot
Materialgemeinkosten	Aktivierungswahlrecht	Aktivierungsgebot
Fertigungsgemeinkosten	Aktivierungswahlrecht	Aktivierungsgebot
Abschreibungen des Anlagevermögens, soweit sie durch die Fertigung veranlasst sind	Aktivierungswahlrecht	Aktivierungsgebot
▶ Kosten der allgemeinen Verwaltung	Aktivierungswahlrecht	Aktivierungswahlrecht
▶ Aufwendungen für soziale Einrichtungen des Betriebes	Aktivierungswahlrecht	Aktivierungswahlrecht
▶ Aufwendungen für freiwillige soziale Leistungen	Aktivierungswahlrecht	Aktivierungswahlrecht
▶ Aufwendungen für betriebliche Altersversorgung	Aktivierungswahlrecht	Aktivierungswahlrecht
▶ Zinsen für fertigungsbedingtes Fremdkapital	Aktivierungswahlrecht	Aktivierungswahlrecht
▶ Vertriebskosten	Aktivierungsverbot	Aktivierungsverbot

Gegenstände des Anlagevermögens sind also mit ihren Anschaffungs- bzw. Herstellungskosten zu aktivieren und ins Anlagenverzeichnis aufzunehmen. Aus steuerlichen Gründen werden nach Anschaffungs-/Herstellungskosten und Nutzungsdauer drei verschiedene Gruppen von Anlagegütern unterschieden:

1. Anlagegüter, deren Wert auf eine mehrjährige Nutzungsdauer verteilt wird (Regelfall)
2. Anlagegüter bis zu einem Wert von netto 60,00 € oder einer Nutzungsdauer von unter einem Jahr
3. Anlagegüter mit einem Wert zwischen netto 40,00 € und 410,00 € (geringwertige Wirtschaftsgüter). Diese Grenze wird ab dem 01.01.2008 auf 150,00 € gesenkt.
4. Anlagegüter mit einem Anschaffungswert (netto) zwischen 150,00 € und 1 000,00 €.

zu 1.: Die Anlagegüter werden zu Anschaffungs- bzw. Herstellungskosten beim Kauf aktiviert, ins Anlagenverzeichnis aufgenommen und über die Nutzungsjahre abgeschrieben.

zu 2.: Diese Wirtschaftsgüter sind als sofort abziehbare Betriebsausgaben bei Anschaffung als Aufwand zu behandeln, also nicht bei den Anlagegütern zu erfassen. Diese Kleinbeträge können beispielsweise auf Konten wie „6690 Sonstige Betriebskosten“ gebucht werden. Sie erscheinen daher auch nicht im Anlagenverzeichnis.

zu 3.: Geringwertige Wirtschaftsgüter (GWG) können – unabhängig von ihrer Nutzungsdauer – im Jahr der Anschaffung in voller Höhe abgeschrieben werden. Sie sind separat auf dem Konto „0670 Gering-wertige Wirtschaftsgüter“ zu erfassen oder dahin umzubuchen, wenn ihr Wert später – etwa durch Skontoabzug – die Grenze von 410,00 € (bis 31.12.2007) bzw. 150,00 € (ab 01.01.2008) erreicht.

Bis zum Ende des Anschaffungsjahres bleibt dann das Wahlrecht, sie in voller Höhe abzuschreiben oder ihren Wert auf die Nutzungsdauer zu verteilen. Auch sie müssen – sofern sie auf dem Konto 0670 separat erfasst wurden – im Anlagenverzeichnis nicht aufgeführt werden. Die weiteren Voraussetzungen für die GWG-Sofortabschreibung werden im nächsten Kapitel erläutert.

zu 4.: Anlagegüter im Wert zwischen 150,00 € und 1 000,00 € sind – bei Anschaffung ab dem 01.01.2008 – in einem Pool zusammenzufassen und über 5 Jahre zu je 20 % linear abzuschreiben.

2.3.2.2 Abschreibungen auf das Anlagevermögen

Die Kosten für die Nutzung von Gebäuden, Maschinen, Geschäftsausstattung usw. im Betriebsprozess werden durch Abschreibungen erfasst.

Abschreibungen vermindern den Wertansatz für diese Anlagegegenstände in der Bilanz. Das folgt aus der Tatsache, dass sie im Lauf der Zeit abgenutzt werden oder einfach durch technische Neuerungen, Geschmacks- oder Modewechsel an Wert verlieren. Insofern entspricht der durch Abschreibung verminderte Wertausweis in der Bilanz der Idee des Gläubigerschutzes, es gibt also eine Pflicht zur Abschreibung.

Andererseits stellen Abschreibungen Aufwand dar und mindern deshalb den in der GuV-Rechnung auszuweisenden und zu versteuernden Gewinn. Im Interesse einer gerechten bzw. gleichmäßigen Besteuerung müssen deshalb neben die Pflicht zur Abschreibung auch Regeln und Höchstgrenzen für ihre Handhabung treten.

Abschreibungen nach Handelsrecht

Diesen Überlegungen folgend schreibt das Handelsrecht in *§ 253 HGB* für das Anlagevermögen vor, dass es höchstens mit den Anschaffungs- oder Herstellungskosten, vermindert um planmäßige Abschreibungen (= ***„fortgeführte AHK“***) bzw. außerplanmäßige Abschreibungen, anzusetzen ist. **Planmäßig** abzuschreiben sind nach *§ 253 Abs. 2* alle Vermögensgegenstände, deren **Nutzung zeitlich begrenzt** ist, wobei der Plan die AHK auf die voraussichtliche Nutzungsdauer zu verteilen hat. Über das „Wie“ der Verteilung wird keine Aussage gemacht!

Außerplanmäßige Abschreibungen können bei allen Gegenständen des Anlagevermögens (also auch bei solchen, deren Nutzung nicht zeitlich begrenzt ist) hinzukommen, um sie am Bilanzstichtag mit einem niedrigeren beizulegenden Wert auszuweisen (Kapitalgesellschaften dürfen das nur bei Finanzanlagen, *§ 279 Abs. 1*).

Hier handelt es sich um ein Wahlrecht, das aber dann zur **Pflicht** wird, wenn die Wertminderung **voraussichtlich dauerhaft** ist (gemildertes Niederstwertprinzip). Anlässe für außerplanmäßige Abschreibungen sind häufig nicht vorhersehbare Ereignisse wie Unfall, Brand, Überschwemmung, aber auch Veralterung durch technischen Fortschritt oder Fehlinvestition.

Beispiel

So könnte im Hotel-Restaurant Bergstatter Hof ein betriebliches Grundstück, auf das nicht planmäßig abgeschrieben wird, weil seine Nutzung nicht zeitlich begrenzt ist, außerplanmäßig abgeschrieben werden, wenn durch größere Straßenbaumaßnahmen die weitere Nutzung als Liegewiese für die Gäste ausgeschlossen ist.
Handelt es sich um eine vorübergehende Maßnahme (etwa: In 3 Jahren soll die neue Umgehungsstraße fertig gestellt sein und die Belastung für das Grundstück entfällt dann wieder), so besteht ein Wahlrecht: Der Grundstückswert kann in der Bilanz beibehalten werden oder es wird auf einen niedrigeren Wert außerplanmäßig abgeschrieben. Ist die Wertminderung jedoch von Dauer (etwa: Die genehmigte Trassenführung schließt eine weitere Nutzung des Grundstücks dauerhaft aus), so muss auf den niedrigeren Wert abgeschrieben werden.

§ 253 Abs. 4 lässt noch weiter gehende Abschreibungen „im Rahmen vernünftiger kaufmännischer Beurteilung“ zu (gemäß *§ 279 HGB* aber nicht für Kapitalgesellschaften). Absatz 5 bestimmt schließlich, dass ein einmal berechtigter niedrigerer Wert auch dann beibehalten werden darf, wenn die Gründe dafür nicht mehr bestehen.
Dies zeigt erneut die handelsrechtliche Betonung von kaufmännischer Vorsicht, Substanzerhaltung und Gläubigerschutz. Für Kapitalgesellschaften gilt allerdings das Wertaufholungsgebot nach *§ 280 HGB*.

Abschreibungen im Steuerrecht

Der planmäßigen Abschreibung in der Handelsbilanz entspricht in der Steuerbilanz die Absetzung für Abnutzung (AfA). Die Bestimmungen sind sehr detailliert und müssen für die Steuerbilanz beachtet werden. Darauf weist der Bewertungsvorbehalt in *§ 5 Abs. 6 EStG* ausdrücklich hin.
In *§ 6 Abs. 1 Nr. 1 EStG* wird für **abnutzbare Wirtschaftsgüter** des Anlagevermögens bestimmt, dass sie mit den um die Absetzung für Abnutzung verminderten AHK zu bewerten sind.

Für **die anderen Wirtschaftsgüter** sind gemäß *§ 6 Abs. 1 Nr. 2 EStG* im Grundsatz ihre AHK anzusetzen. In beiden Fällen kann bei voraussichtlich dauernder Wertminderung der niedrigere Teilwert angesetzt werden (**Teilwertabschreibung**). Bei einer voraussichtlich dauernden Wertminderung sind also abnutzbare und nicht abnutzbare Anlagegegenstände außerplanmäßig abzuschreiben, handelsrechtlich auf den niedrigeren Wert, steuerrechtlich auf den niedrigeren Teilwert.

Bemessungsgrundlage
Ausgangswert für die Abschreibung sind auch hier die Anschaffungs- oder Herstellungskosten. Es wird jedoch ausdrücklich vermerkt, dass auch der „an deren Stelle tretende Wert" in Frage kommt. Dies kann vor allem der Einlagewert sein, wenn ein Vermögensgegenstand aus dem Privatbereich in das Unternehmen eingebracht wird (in diesem Fall ist *§ 6 Abs. 1 Nr. 5 Satz 1 EStG* zu berücksichtigen). Für die Bemessungsgrundlage der steuerlichen Abschreibung ist außerdem *§ 7 Abs. 1 Satz 5 EStG* („Abschreibungsverbrauch") zu beachten.

Beginn der Abschreibung
Im laufenden Jahr angeschaffte, hergestellte oder von privat eingebrachte Anlagen sind grundsätzlich zeitanteilig abzuschreiben.

Aus Vereinfachungsgründen war es jedoch bis zum 31. 12. 2003 zulässig, bei beweglichen Wirtschaftsgütern im Anschaffungsjahr nach einer so genannten „Vereinfachungsregel" abzuschreiben: bei Anschaffungen in der ersten Jahreshälfte konnte die volle Jahresabschreibung angesetzt werden, bei Anschaffung in der zweiten Jahreshälfte die halbe Jahresabschreibung.

Wurde eine Maschine mit einer 5jährigen Nutzungsdauer also beispielsweise im November angeschafft, so konnte im Anschaffungsjahr die halbe Jahresabschreibung angesetzt werden. In den Jahren 2 bis 5 wurde dann jeweils der Jahreswert abgeschrieben, sodass im Jahr 6 noch für ein halbes Jahr abgeschrieben werden musste.

Diese Vereinfachungsregel ist gestrichen worden, sodass im obigen Beispiel bei Anschaffung im November 2004 nur zeitanteilig – also für 2 Monate – abgeschrieben werden darf.

Nutzungsdauer
Die betriebsgewöhnliche oder voraussichtliche Nutzungsdauer (ND) gibt an, wie viele Jahre ein bestimmtes Anlagegut erfahrungsgemäß genutzt werden kann. Auf diese Zeit ist dann der Anschaffungswert durch die AfA zu verteilen: je kürzer die Nutzungsdauer, desto höher die jährliche Abschreibung.

Maßgeblich für die Nutzungsdauer sind die amtlichen AfA-Tabellen des Bundesfinanzministers, wobei Branchentabellen gegenüber den allgemeinen Tabellen Vorrang haben. Wer schneller als dort angegeben abschreiben möchte, muss entsprechende Nachweise beibringen (z.B. durchgehend häufigere Ersatzbeschaffung).

Im Folgenden ist die AfA-Tabelle für das Gastgewerbe beispielhaft abgedruckt. Anlagegüter, die dort nicht aufgeführt werden, sind der AfA-Tabelle für die allgemein verwendbaren Anlagegüter zu entnehmen.

AfA-Tabelle Gastgewerbe

Lfd. Nr.	Anlagegüter	Nutzungsdauer in Jahren
1	**Ausschanksäulen**	5
2	**Barschränke**	5
3	**Bartheken**	5
4	**Bettgestelle aus Holz oder Metall**	10
5	**Bieraufzüge**	10
6	**Bilder**	
6.1	hochwertige Gemälde (ab 2 500,00 €)	20
6.2	hochwertige Grafik, Aquarelle, Zeichnungen (ab 1 000,00 €)	20
6.3	sonstige Gemälde	10
6.4	sonstige (Druck-)Grafik	5
7	**Brat- und Backöfen**	5
8	**Bühnenvorhänge**	8
9	**Vitrinen**	8
10	**Elektro-Kleingeräte**	3
11	**Lastenfahrstühle**	10
12	**Fernsehgeräte** (in Fremdenzimmern)	3
13	**Fettabscheider**	10
14	**Fitnessgeräte**	5
15	**Garderoben**	10
16	**Geschirrspülmaschinen**	5
17	**Herde**	5
18	**Hühnerbratroste** (elektrisch, mit Gas oder Kohle)	5
19	**Infrarotheizung** (beweglich)	5
20	**Kaffeemaschinen** (elektrisch)	5
21	**Kaffeemühlen** (elektrisch)	5
22	**Kassen** (mechanisch und elektronisch)	5
23	**Kegelbahnen**	8
24	**Kippbratpfannen**	5
25	**Kochkessel**	7
26	**Küchenspülbecken** (falls Betriebsvorrichtung)	10
27	**Kühlanlagen** (elektrisch)	5
28	**Läufer**	3
29	**Markisen**	8
30	**Möbel** (einschl. Einbaumöbel)	
30.1	antik und hochwertig	12
30.2	übrige	10
31	**Musik- und Beschallungsanlagen** (einschl. Musikboxen)	4
32	**Musikinstrumente**	
32.1	Flügel	15
32.2	Klaviere	10
33	**Oberhitzer** (Salamander)	5
34	**Plattierungsausrüstungen**	8
35	**Polstermöbel in Bars, Hallen und Restaurants**	5
36	**Radios**	3
37	**Reinigungsgeräte** (Staubsauger, Shampoonierer)	3
38	**Rühr-, Schlag- und Speiseeismaschinen**	7
39	**Sahneautomaten**	7
40	**Service- und Tranchierwagen**	5
41	**Teigknet- und -mischmaschinen**	10
42	**Teigwalzen**	10
43	**Tennisanlagen**	10
44	**Teppiche und Brücken**	
44.1	hochwertige Orientteppiche (Anschaffungskosten über 500,00 €/m^2)	15
44.2	normale	5
44.3	einfache	3
45	**Theken** (einfach)	8
46	**Theken- und Kellnerausgaben** (fahrbar)	5
47	**Unterhaltungsautomaten**	3
48	**Video-Übertragungsgeräte**	3
49	**Wärmeschränke**	8
50	**Wäschereiausrüstungen**	7
51	**Wäschereimaschinen** (automatisch)	7
52	**Wasseraufbereitungsanlagen**	10
53	**Zimmermädchenwagen**	3

Geringwertige Wirtschaftsgüter

Das bereits erwähnte Wahlrecht, geringwertige Wirtschaftsgüter im Jahr der Anschaffung (aber auch nur in diesem!) in voller Höhe abschreiben zu dürfen oder sich für die Verteilung der AHK auf die Nutzungsdauer zu entscheiden, ergibt sich aus *§ 6 Abs. 2 EStG*. Danach müssen folgende Voraussetzungen gegeben sein:

1. Es muss sich um abnutzbare, bewegliche Wirtschaftsgüter handeln.
2. Sie müssen selbständig nutzbar sein.
3. Die Anschaffungs- oder Herstellungskosten dürfen 410,00 € (bis 31.12.2007 bzw. 150,00 € (ab 01.01.2008) nicht überschreiten.
4. Sie müssen auf einem besonderen Konto oder in einem besonderen Verzeichnis erfasst werden.

Das Kriterium der selbstständigen Nutzbarkeit führt dazu, dass beispielsweise ein Drucker nicht als GWG behandelt werden kann, weil er nur zusammen mit einem Computer, nicht aber selbstständig nutzbar ist. Andererseits können als selbstständig nutzbar betrachtet werden: Anlagegegenstände für Büro-, Gaststätten-, Hotel- und Ladeneinrichtungen selbst dann, wenn sie in Stil und Funktion aufeinander abgestimmt sind; die Erstausstattung eines Betriebes, wie Möbel, Textilien, Wäsche, Geschirr und Besteck eines Hotels oder einer Gaststätte (im Einzelnen siehe dazu *Abschn. H 6.13 EStR*). Hier wird deutlich, dass die 150,00 €- (alt: 410,00 €) Grenze auf das einzelne Anlagegut zu beziehen ist. Werden also 20 Sessel zu je 150,00 € gekauft, so darf am Jahresende selbstverständlich der Gesamtbetrag von 3 000,00 € abgeschrieben werden. In diesem Zusammenhang ist auch die Behandlung von Computerprogrammen zu erwähnen: Obwohl sie im Grunde immaterielle Wirtschaftsgüter sind, zählt man so genannte ***„Trivialprogramme"*** zu den materiellen und zugleich abnutzbaren und beweglichen Wirtschaftsgütern. Damit können dann also auch Computerprogramme (z.B. selbstständig lauffähige Programme in „Office-Paketen"), deren Anschaffungskosten nicht mehr als 150,00 € (alt: 410,00 €) betragen, als geringwertige Wirtschaftsgüter im Jahr der Anschaffung in voller Höhe abgeschrieben werden.

Beispiel

Kauf eines Diktiergerätes und des entsprechenden Wiedergabe-Sets am 15.10. für brutto 182,00 € auf Ziel.
Vereinbarungsgemäß wird am 25.10. unter Abzug von 2 % Skonto per Banküberweisung gezahlt

Buchung am 15.10.:

		Soll	Haben
0500 Geschäftsausst.		152,14	
1405 Vorsteuer 19 %		29,06	
	an 3300 VaLL		182,00

Buchung am 25.10.:

		Soll	Haben
3300 VaLL		182,00	
	an 1800 Bank		178,36
	0500 Geschäftsausst.		3,06
	1405 Vorsteuer 19 %		0,58

Durch den Skontoabzug sind die Anschaffungskosten für das Gerät unter 150,00 € gesunken, es ist zum „Geringwertigen Wirtschaftsgut" geworden. Wenn am Jahresende die volle Abschreibung gewählt werden soll, muss es zunächst umgebucht und dann abgeschrieben werden:

Umbuchung:

		Soll	Haben
0670 GWG	an 0500 Geschäftsausst.	149,48	149,48

Abschreibung:

		Soll	Haben
7350 AfA GWG	an 0670 GWG	149,48	149,48

Diese Vorgehensweise empfiehlt sich, da während des Jahres oft noch nicht feststeht, ob ein Vermögensgegenstand durch nachträgliche Preisminderungen möglicherweise zum GWG wird oder ob am Jahresende tatsächlich voll abgeschrieben werden soll. Deshalb sollte nicht schon beim Kauf auf 7350 gebucht werden, was rein rechtlich auch zulässig wäre, wenn die Wertgrenze von vorne herein unterschritten wird.

Erinnerungswert

„Die AfA ist grundsätzlich so zu bemessen, dass die Anschaffungs- oder Herstellungskosten nach Ablauf der betriebsgewöhnlichen Nutzungsdauer des Wirtschaftsguts voll abgesetzt sind" *(Abschn. R 7.4 Abs. 3 EStR)*. Es kann also nach dem gesetzlichen Wortlaut auf 0,00 € abgeschrieben werden.
Wegen der besseren Überwachung des Bestands und des Anlagenabgangs kann allerdings ein Erinnerungswert von 1,00 € für jedes Anlagegut oder für jede Bilanzposition empfehlenswert sein.

Abschreibungsmethoden

Während im Handelsrecht lediglich vorgeschrieben wird, dass „planmäßig" abzuschreiben ist und die Abschreibung den Grundsätzen ordnungsmäßiger Buchführung entsprechen muss, lässt das Steuerrecht, seiner Grundtendenz entsprechend, nur bestimmte Abschreibungsmethoden zu:

Lineare Abschreibung

Abnutzbare Anlagegüter können linear abgeschrieben werden (Absetzung für Abnutzung in gleichen Jahresbeträgen, *§ 7 Abs. 1 Satz 1 EStG*), das heißt, die AHK werden gleichmäßig auf die Jahre lt. betriebsgewöhnlicher Nutzungsdauer verteilt.

Beispiel

Das „Catering-Mobil" aus der Situation S. 113
(Kfz, AK 18 000,00 €, ND 6 J.)

$$\text{Abschreibungsbetrag} = \frac{\text{AK}}{\text{ND}} = \frac{18.000{,}00\ €}{6\ \text{J.}} = 3\ 000{,}00\ €/\text{Jahr}$$

$$\text{Abschreibungssatz} = \frac{100\ \%}{6\ \text{J.}} = 16^2/_3\ \%$$

Abschreibungsplan:

Jahr	Anfangsbestand	AfA linear	Schlussbestand
1	18 000,00 €	3 000,00 €	15 000,00 €
2	15 000,00 €	3 000,00 €	12 000,00 €
3	12 000,00 €	3 000,00 €	9 000,00 €
4	9 000,00 €	3 000,00 €	6 000,00 €
5	6 000,00 €	3 000,00 €	3 000,00 €
6	3 000,00 €	2 999,00 €	1,00 €
			(Erinnerungswert)

Darüber hinaus sind auch steuerrechtlich Abschreibungen für außergewöhnliche technische oder wirtschaftliche Abnutzung zulässig; soweit der Grund hierfür in späteren Wirtschaftsjahren entfällt, ist eine entsprechende Zuschreibung vorzunehmen.

Degressive Abschreibung
Abnutzbare bewegliche Anlagegüter können – bei Anschaffung bis zum 31.12.2007 – statt linear auch degressiv (Absetzung für Abnutzung in fallenden Jahresbeträgen, *§ 7 Abs. 2 EStG*) abgeschrieben werden, das heißt, dass die Abschreibungsbeträge von Jahr zu Jahr kleiner werden. Die einzige steuerlich zulässige Form der degressiven Abschreibung ist die geometrisch-degressive, bei der ein gleichbleibender Prozentsatz auf den jeweiligen Restbuchwert (Schlussbestand) angewandt wird.

Die zulässige degressive Abschreibung ist auch in ihrer Höhe begrenzt: Der anzuwendende Prozentsatz darf höchstens das Doppelte (bei Anschaffung vor dem 01.01.2001 und in den Jahren 2006 und 2007 das Dreifache) des bei der linearen Abschreibung in Betracht kommenden Abschreibungssatzes betragen **und** 20 % (bei Anschaffung vor dem 01.01. 2001 und in den Jahren 2006 und 2007 30 %) nicht überschreiten.

Im Rahmen der Unternehmenssteuerreform 2008 wird die degressive Abschreibung ab dem 01.01.2008 völlig abgeschafft, allerdings nur für Neufälle. Die bestehenden degressiven Abschreibungspläne für Anlagen, die bis zum 31.12.2007 in Dienst gestellt werden, bleiben erhalten. Deshalb soll auf die Erläuterung der Vorgehensweise bei den degressiven Abschreibungen im Folgenden verzichtet werden.

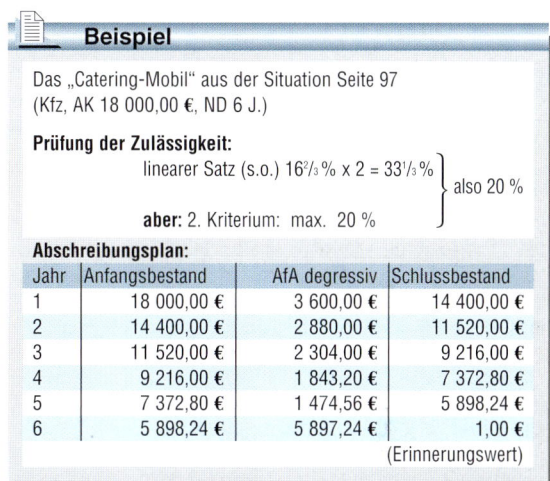

Beispiel

Das „Catering-Mobil" aus der Situation Seite 97 (Kfz, AK 18 000,00 €, ND 6 J.)

Prüfung der Zulässigkeit:
linearer Satz (s.o.) $16^2/_3$ % x 2 = $33^1/_3$ %
aber: 2. Kriterium: max. 20 %
} also 20 %

Abschreibungsplan:

Jahr	Anfangsbestand	AfA degressiv	Schlussbestand
1	18 000,00 €	3 600,00 €	14 400,00 €
2	14 400,00 €	2 880,00 €	11 520,00 €
3	11 520,00 €	2 304,00 €	9 216,00 €
4	9 216,00 €	1 843,20 €	7 372,80 €
5	7 372,80 €	1 474,56 €	5 898,24 €
6	5 898,24 €	5 897,24 €	1,00 €
			(Erinnerungswert)

Da nur während der Nutzungsdauer abgeschrieben werden darf, ergibt sich bei dieser Methode im letzten Jahr der Nutzung ein unverhältnismäßig hoher Abschreibungsbetrag zur Erreichung des Erinnerungswertes. Auch deshalb ist es sinnvoll, von einem bestimmten Zeitpunkt an zur linearen Abschreibung überzugehen. Dieser Wechsel von der degressiven zur linearen Abschreibungsmethode (nicht aber der umgekehrte Weg) ist auch steuerrechtlich zulässig, *(§ 7 Abs. 3 EStG)*.

Der Wechsel empfiehlt sich von dem Jahr an, ab dem die linearen Abschreibungsbeträge größer werden als die der degressiven AfA. Die Berechnung der linearen AfA hat dabei vom (Rest-)Buchwert und der Restnutzungsdauer auszugehen.

Wurde degressiv abgeschrieben, so sind zusätzliche Abschreibungen für außergewöhnliche Abnutzung nicht zulässig.

Beispiel

Das „Catering-Mobil" aus der Situation Kap. 2.3.2 (Kfz, AK 18 000,00 €, ND 6 J.)

Prüfung der Zulässigkeit: linearer Satz (s.o.) $16^2/_3$ % x 2 = $33^1/_3$ %
aber: 2. Kriterium: max. 20 %
} also 20 %

Abschreibungsplan:

Jahr	Anfangsbestand	AfA degr./lin.		Schlussbestand	Prüfung: AB:R-ND
1	18 000,00	3 600,00		14 400,00	18 000 : 6 = 3 000
2	14 400,00	2 880,00		11 520,00	14 400 : 5 = 2 880
3	11 520,00		2 880,00	8 640,00	11 520 : 4 = 2 880
4	8 640,00		2 880,00	5 760,00	
5	5 760,00		2 880,00	2 880,00	
6	2 880,00		2 879,00	1,00	
				(Erinnerungswert)	

Das letzte Beispiel zeigt, dass durch den Übergang auf lineare Abschreibung einerseits der Vorteil der höheren degressiven Abschreibung zu Beginn der Lebensdauer genutzt werden kann, andererseits die hohe Restwertbildung am Ende der Nutzungsdauer vermieden wird. Um festzustellen, wann der Übergang stattfinden sollte, wird geprüft, welcher Betrag sich ergäbe, wenn man den Buchwert (Anfangsbestand) des jeweiligen Jahres von nun an linear statt degressiv abschreiben würde. Daher die Rechnung in der letzten Spalte: jeweils Anfangsbestand dividiert durch Rest-Nutzungsdauer.

Es zeigt sich, dass die Abschreibungswerte im 2. Nutzungsjahr identisch sind, die lineare Abschreibung ab dem dritten Jahr höher ist als die degressive, der Übergang also jetzt erfolgen sollte.

Dies kann man verallgemeinern: Wenn degressiv mit 20 % abgeschrieben wird, so bedeutet dies, dass im 5.-letzten Jahr der Nutzungsdauer degressive und lineare Abschreibung gleich hoch sind (100 % Restbuchwert : 5 Jahre = 20 %/Jahr), der Übergang also in diesem bzw. im nächsten Jahr erfolgen sollte. Dies gilt immer dann, wenn die Nutzungsdauer zwischen 6 und 10 Jahren liegt.
Bei einer kürzeren Nutzungsdauer ist unter diesen Gesichtspunkten von vorneherein die lineare Abschreibung günstiger, bei einer längeren Nutzungsdauer kommt für die degressive Abschreibung nur das Doppelte des linearen Satzes (also weniger als 20 %) in Frage.

Abschreibung nach Maßgabe der Leistung
Bei abnutzbaren beweglichen Anlagegütern, bei denen dies wirtschaftlich begründet ist, kann nach Inanspruchnahme (Leistung) abgeschrieben werden, sofern der auf das einzelne Jahr entfallende Umfang der Leistung nachgewiesen werden kann (*§7 Abs. 1 Satz 6*).
Es müssen folgende Größen bekannt sein:

- Anschaffungs- oder Herstellungskosten
- Gesamtleistung der Anlage (ggf. geschätzt)
- Leistung der Anlage im einzelnen Geschäftsjahr

Bei dieser Methode ist also nicht die Nutzungsdauer, sondern die mögliche Gesamtleistung bzw. Nutzungsabgabe zugrunde zu legen, z. B. zu fahrende Kilometer, Maschinenstunden, zu produzierende Stücke. Die AHK werden dann entsprechend der jährlichen Leistungsabgabe auf die einzelnen Nutzungsjahre verteilt.

Auch nach dieser Methode könnte man einen Geschäftswagen abschreiben, da die jährliche Fahrleistung durch Führung eines Fahrtenbuchs oder noch einfacher durch den Tachometerstand festgestellt werden kann. Selbstverständlich können die Abschreibungen erst nach Ende des jeweiligen Jahres ermittelt und nicht von vorneherein geplant werden. Mit dieser Einschränkung ist das folgende Beispiel zu betrachten:

Beispiel

Das „Catering-Mobil“ aus der Situation Kap. 2.3.2 (Kfz, AK 18 000,00 €, geschätzte voraussichtliche Gesamtleistung: 150 000 km)

Abschreibungsbetrag je Leistungseinheit: $\frac{\text{AK}}{\text{km}} = \frac{18\,000{,}00\ €}{150\,000\ \text{km}} = 0{,}12\ €$ je km

Abschreibungsbetrag im jeweiligen Jahr = gefahrener km laut Tachostand x 0,12 € je km

Abschreibungsverlauf:

Jahr	gefahrener km	Anfangsbestand	AfA nach Leistung	Schlussbestand
1	29 800	18 000,00	3 576,00	14 424,00
2	26 300	14 424,00	3 156,00	11 268,00
usw.	wie	"	"	"
"	Tachometerstand	"	"	"

Ein Wechsel von der Abschreibung nach Maßgabe der Leistung zur linearen Abschreibung ist zulässig.

Einzelregelungen
Der Geschäfts- oder Firmenwert ist – sofern er aktiviert werden durfte – auf 15 Jahre linear abzuschreiben (*§ 7 Abs. 1 Satz 3 EStG*). Die Abschreibungen für Gebäude sind in *§ 7 Abs. 4 bis 5a EStG* geregelt.
Die in *§§ 7a bis 7k EStG* enthaltenen Regelungen, werden gewährt, weil bestimmte Investitionen wirtschafts- oder sozialpolitisch als steuerlich förderungswürdig betrachtet werden, wie z.B. Sonderabschreibungen und Ansparabschreibungen zur Förderung kleiner und mittlerer Betriebe (*§ 7g EStG*).

Buchung der Abschreibung

Unabhängig von der gewählten bzw. vorgeschriebenen Abschreibungsmethode, nach der die Abschreibungswerte bestimmt werden, sind Abschreibungen nach einem einheitlichen Muster zu buchen:

> **Aufwandskonto (Abschreibungen)**
> **an Bestandskonto (Anlagevermögen).**

Der Wert wird also **direkt** auf dem Bestandskonto gemindert (= **direkte Abschreibung**).
Im Folgenden wird diese direkte Abschreibung beispielhaft mit den Zahlen der linearen Abschreibung auf das Catering-Mobil dargelegt. (Die indirekte Abschreibung wird hier nicht weiter erläutert, da ihre Wiedergabe in der zu veröffentlichenden Bilanz nur für Nicht-Kapitalgesellschaften auf freiwilliger Basis überhaupt erlaubt ist.)

Beispiel

Das „Catering-Mobil" des Hotel-Restaurants Bergstatter Hof soll also linear abgeschrieben werden.
Das führt zu jährlich wiederkehrenden Buchungen mit den folgenden Buchungssätzen:

			Soll	Haben
Für die Abschreibung:	7424 Abschreibungen auf Fuhrpark		3 000,00	
		an 0550 Fuhrpark		3 000,00

Damit wird jährlich (bei der linearen Abschreibung auch wertmäßig gleich bleibend) das Bestandskonto vermindert und ein Aufwand für die (Ab-) Nutzung des Anlagegutes im Betriebsprozess erfasst.

			Soll	Haben
Beim Abschluss:	8100 GuV-Konto		3 000,00	
		an 7424 Abschreibungen auf Fuhrpark		3 000,00
	und (im ersten Jahr):			
	8900 Schlussbilanzkonto		15 000,00	
		an 0550 Fuhrpark		15 000,00

Damit wird die Abschreibung gewinnmindernd im GuV-Konto abgeschlossen und das Bestandskonto mit Jahr für Jahr geringerem Endbestand im Schlussbilanzkonto.

Im **Hauptbuch** ergibt sich für das erste Jahr folgendes Bild:

S	**0550 Fuhrpark**		H
AB	18 000,00		3 000,00
		SB	15 000,00
	18 000,00		18 000,00

S	**7424 Abschreibung auf Fuhrpark**		H
AfA	3 000,00	GuV	3 000,00
	3 000,00		3 000,00

S	**8900 SBK**		H
0550	15 000,00		

S	**8100 GuV**		H
7424	3 000,00		

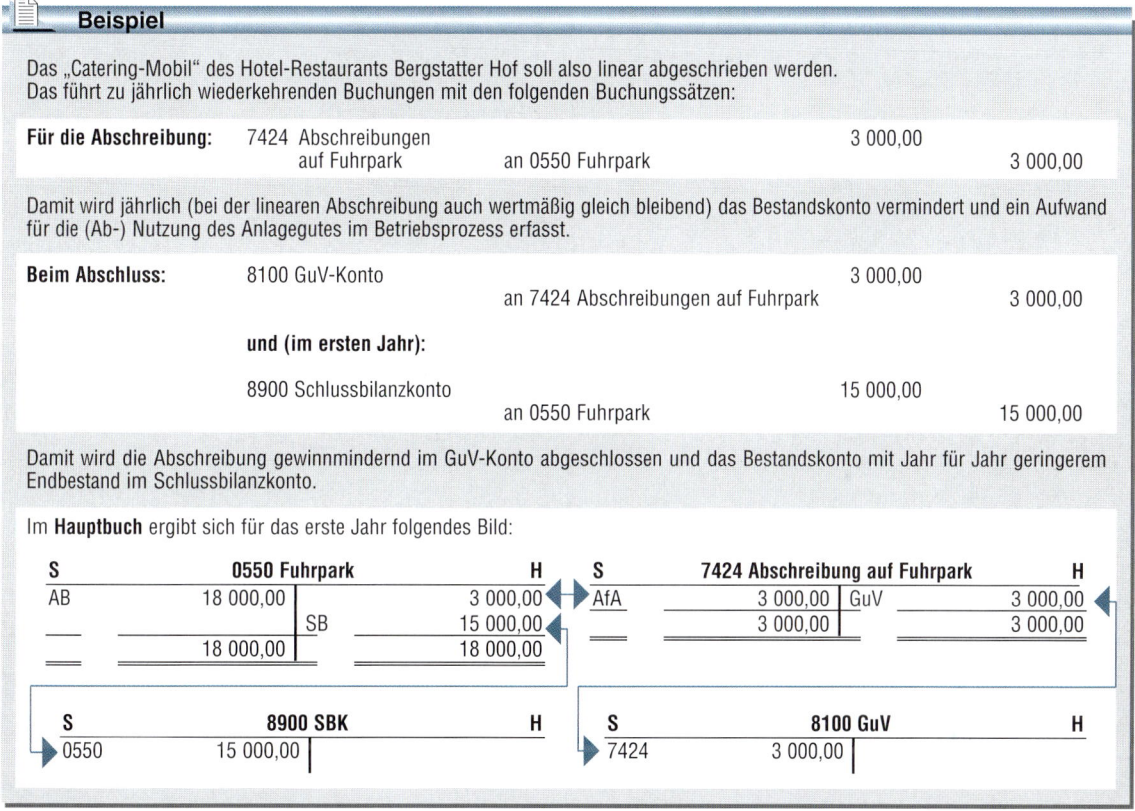

2.3.2.3 Abgänge im Anlagevermögen

Gegenstände des Anlagevermögens verbleiben selbstverständlich nicht immer bis Ablauf der Nutzungsdauer oder darüber hinaus im Unternehmen:

Sie können vorzeitig ausfallen oder zerstört werden; dies ist dann durch außerplanmäßige Abschreibung zu erfassen. Weitaus häufiger aber werden sie vor Ablauf der Nutzungsdauer verkauft, in Zahlung gegeben oder für private Zwecke entnommen. In den seltensten Fällen wird der Verkaufs- oder Entnahmewert mit dem ausgewiesenen Buchwert übereinstimmen; er wird vielmehr höher oder niedriger sein. Deshalb muss zunächst der aktuelle Buchwert ermittelt werden.
Im Jahr des Ausscheidens durfte schon immer nur die zeitanteilige Abschreibung angesetzt werden (Abschn. *R 7.4 Abs. 8 EStR*).

Zur Vereinfachung kann nach Monaten so abgeschrieben werden, dass ein angefangener Monat ganz in die Abschreibung einbezogen wird. Generell gilt dann:

Verkaufspreis (netto)	>	**Buchwert**	➜	**Erträge aus Anlageabgängen**
Verkaufspreis (netto)	<	**Buchwert**	➜	**Verluste aus Anlageabgängen**

Erträge aus Anlageabgängen

Beispiel

Angenommen, das „Catering-Mobil" des Hotel-Restaurants Bergstatter Hof ist seit März des Jahres 1 linear abgeschrieben worden.
Da es für das erfolgreiche Außer-Haus-Geschäft mittlerweile zu klein geworden ist, soll es am 7. September des Jahres 4 an einen Metzger verkauft werden, der auch die Einbauten und Regale sehr gut nutzen kann. Deshalb ist er bereit, brutto 8 925,00 € bar zu bezahlen.

Der Wagen steht zum Zeitpunkt des Verkaufs noch mit dem Anfangsbestand des Jahres 4, also 9 000,00 € zu Buche und muss zur Ermittlung des aktuellen Buchwertes zunächst für 9 Monate abgeschrieben werden:

$$\frac{\text{Jahresabschreibung x 9}}{12} = \frac{3\,000{,}00 \text{ x } 9}{12} = 2\,250{,}00 \text{ €}$$

Abschreibung im Jahr 4 vor Verkauf:

7424 Abschreibungen auf Fuhrpark	2.250,00 €	
an 0550 Fuhrpark		2 250,00 €

Buchwert zum Verkaufszeitpunkt daher 9 000,00 – 2 250,00 €........ ➜ 6 750,00 €
Das Hotel-Restaurant erhält brutto aber 8 925,00 €, das sind netto .... ➜ 7 500,00 €
„Gewinn" (Erträge aus Anlageabgängen, Kto. 5500) .... ➜ 750,00 €

Buchung des Verkaufs am 07.09.:

1600 Kasse	8 925,00 €	
an 0550 Fuhrpark		6 750,00 €
5500 Ertr. a. Anl.-abg.		750,00 €
3805 USt 19 %		1 425,00 €

Im **Hauptbuch** ergibt sich folgendes Bild (Konten „Kasse" und „USt" nicht dargestellt)

S	0550 Fuhrpark		H
AB	9 000,00	7424	2 250,00
		1600	6 750,00
		SB	0
	9 000,00		9 000,00

S	7424 Abschreibung auf Fuhrpark		H
0550	2 250,00	8100	2 250,00

S	5500 Erträge aus Anlageabgängen		H
8100	750,00	1600	750,00

S	8100 GuV		H
7424	2 250,00	5500	750,00

Im Anlagegitter am Ende des Jahres 4 würde sich das „Catering-Mobil" wie folgt wiederfinden:

Anlagenspiegel/Anlagengitter

Posten des Anlage-vermögens	Anschaf-fungs- oder Herstellungs-kosten	Zugänge im Geschäfts-jahr	Abgänge im Geschäfts-jahr	Um-buchungen +/–	Abschrei-bungen kumuliert	Zuschrei-bungen	Buchwert 31.12. Geschäfts-jahr	Buchwert 31.12. Vorjahr	Abschrei-bungen im Geschäfts-jahr
Fuhrpark	18 000,00 €		18 000,00 €				0	9 000,00 €	2 250,00 €

Angenommen, der Wagen wird nicht verkauft, sondern bis auf den Erinnerungswert abgeschrieben und im Jahr 7 für private Zwecke entnommen:
Es muss der Wert zum Zeitpunkt der Entnahme ermittelt und angesetzt werden. Dies könnte z. B. ein Wert aus anerkannten Gebrauchtwagenlisten sein, in diesem Beispiel etwa 1 800,00 €.
Die Differenz zum Buchwert muss auch hier gewinnerhöhend als Ertrag gebucht werden.

Dies stellt quasi eine Korrektur vorheriger (zu hoher) Abschreibungen dar.
Der Fall wäre wie folgt zu buchen:

2100 Privat	2 142,00 €	
an 0550 Fuhrpark		1,00 €
5500 Ertr. a. Anl-abg.		1 799,00 €
3805 USt 19 %		342,00 €

Im Anlagegitter am Ende des Jahres 7 wären in diesem Fall folgende Eintragungen zu finden:

Anlagenspiegel/Anlagengitter

Posten des Anlage-vermögens	Anschaf-fungs- oder Herstellungs-kosten	Zugänge im Geschäfts-jahr	Abgänge im Geschäfts-jahr	Um-buchungen +/–	Abschrei-bungen kumuliert	Zuschrei-bungen	Buchwert 31.12. Geschäfts-jahr	Buchwert 31.12. Vorjahr	Abschrei-bungen im Geschäfts-jahr
Fuhrpark	18 000,00 €		18 000,00 €				0	1	0,00 €

Verluste aus Anlageabgängen

Beispiel

Angenommen, das „Catering-Mobil" des Hotel-Restaurants Bergstatter Hof ist seit März des Jahres 1 linear abgeschrieben worden. Es wird am 26. Februar des Jahres 5 für brutto 4 640,00 € verkauft.

Der Wagen steht zum Zeitpunkt des Verkaufs noch mit dem Anfangsbestand des Jahres 5, also 6 000,00 €, zu Buche und muss zur Ermittlung des aktuellen Buchwertes zunächst für 2 Monate abgeschrieben werden:

$$\frac{\text{Jahresabschreibung x 2}}{12} = \frac{3\,000 \text{ x } 2}{12} = 500{,}00\ €$$

Abschreibung im Jahr 5 vor Verkauf:

7424 Abschreibungen auf Fuhrpark		500,00 €	
	an 0550 Fuhrpark		500,00 €

Buchwert zum Verkaufszeitpunkt daher 6 000,00 – 500,00 € ➜	5 500,00 €
Das Hotel-Restaurant erhält brutto aber 4 760,00 € das sind netto ➜	4 000,00 €
Verlust aus Anlageabgängen, Kto. 7450 ➜	1 500,00 €

Buchung des Verkaufs am 26.02.:

1600 Kasse		4 760,00 €	
7450 Verl. a. Anl.-abg.		1 500,00 €	
	an 0550 Fuhrpark		5 500,00 €
	3805 USt 19 %		760,00 €

Im **Hauptbuch** ergibt sich folgendes Bild (Konten „Kasse" und „USt" nicht dargestellt)

S 0550 Fuhrpark H

S			H
AB	6 000,00	7424	500,00
		1600/7450	5 500,00
		SB	0
	6 000,00		6 000,00

S 7424 Abschreibung auf Fuhrpark H

S			H
0550	500,00	8100	500,00

S 7450 Verluste aus Anlageabgängen H

S			H
1600	1 500,00	8100	1 500,00

S 8100 GuV H

S			H
7424	500,00		
7450	1 500,00		

In diesem Fall hätte das Anlagegitter am Ende des Jahres 5 folgendes Aussehen:

Anlagenspiegel/Anlagengitter

Posten des Anlage-vermögens	Anschaf-fungs- oder Herstellungs-kosten	Zugänge im Geschäfts-jahr	Abgänge im Geschäfts-jahr	Um-buchungen +/–	Abschrei-bungen kumuliert	Zuschrei-bungen	Buchwert 31.12. Geschäfts-jahr	Buchwert 31.12. Vorjahr	Abschrei-bungen im Geschäfts-jahr
Fuhrpark	18 000,00 €		18 000,00 €				0	6 000,00 €	500,00 €

Schließlich soll noch der Fall betrachtet werden, dass das Fahrzeug beim Kauf eines neuen Geschäftswagens in Zahlung gegeben wird:
Die AHK des Neuwagens sollen 43 792,00 € brutto betragen, für das „Catering-Mobil" sollen die Daten aus dem letzten Fall gelten: also Inzahlungnahme am 26.02. des Jahres zu brutto 4 760,00 €.

Nach Buchung der Abschreibung (wie oben), ist es zu empfehlen, den Vorgang zu zerlegen und in drei Schritten zu buchen:

1. Kauf des neuen Wagens

0550 Fuhrpark		36 800,00 €	
1405 Vorsteuer		6 992,00 €	
	an 3300 VaLL		43 792,00 €

2. Verkauf des Altwagens

3300 VaLL		4 760,00 €	
7450 Verl. a. Anl.-abg.		1 500,00 €	
	an 0550 Fuhrpark		5 500,00 €
	3805 USt 19 %		760,00 €

3. Zahlung des Restkaufpreises

3300 VaLL		39 032,00 €	
	an 1800 Bank		39 032,00 €

Nebenrechnung:

Kfz neu, netto	36 800,00 €	
USt 19 %	6 992,00 €	
Rechnungsbetrag brutto		43 792,00 €
Kfz alt, netto	4 000,00 €	
USt 19 %	760,00 €	
Rechnungsbetrag brutto		4 760,00 €
Restbetrag (Verbindlichkeit)		39 032,00 €

Wenn unterstellt wird, dass der Neuwagen ebenfalls auf 6 Jahre linear abgeschrieben wird, ergibt sich **folgendes Anlagegitter am Ende des Jahres 5**:

Anlagenspiegel/Anlagengitter

Posten des Anlage-vermögens	Anschaf-fungs- oder Herstellungs-kosten	Zugänge im Geschäfts-jahr	Abgänge im Geschäfts-jahr	Um-buchungen +/–	Abschrei-bungen kumuliert	Zuschrei-bungen	Buchwert 31.12. Geschäfts-jahr	Buchwert 31.12. Vorjahr	Abschrei-bungen im Geschäfts-jahr
Kfz alt	18 000,00 €		18 000,00 €				0	6 000,00 €	500,00 €
Kfz neu		36 800,00 €			6 133,00 €				6 133,00 €

2.3.2.4 Bewertung des Anlagevermögens

Die Konten des Anlagevermögens werden im Laufe des Jahres weniger häufig als andere angesprochen. Wenn deshalb Falschbuchungen korrigiert, vergessene Zu- bzw. Abgänge ggf. in Verbindung mit der Inventur nachgebucht, vor allem aber die planmäßige und außerplanmäßige Abschreibungen erfolgt sind, ist im Grunde alles getan, was für Abstimmung, Bilanzierung und Bewertung des Anlagevermögens notwendig ist. Das Anlagegitter bzw. das interne Anlagenverzeichnis kann erstellt werden.

Eine Besonderheit sollte beim Anlagevermögen abschließend noch aufgegriffen werden: Abweichend vom Grundsatz der Einzelbewertung kommt nach *§ 240 Abs. 3 HGB für* **Sachanlagen** (steuerrechtlich nur **bewegliche** Sachanlagen) auch der Ansatz eines Festwertes in Betracht:
Danach können Gegenstände des Anlagevermögens unter bestimmten Voraussetzungen mit gleichbleibender Menge und gleichbleibendem Wert (Festwert) angesetzt werden. Sie müssen dann nicht ins Anlagenverzeichnis aufgenommen werden, vor allem aber muss eine körperliche Bestandsaufnahme dann nur alle drei Jahre durchgeführt werden.

Voraussetzungen für diesen Ansatz:

- die Güter müssen regelmäßig ersetzt werden,
- im Hinblick auf den Gesamtwert des Unternehmens von nachrangiger Bedeutung sein
- dürfen sich in Größe, Wert und Zusammensetzung nur wenig verändern

Solche Bestände könnten in einem Hotel beispielsweise Hotelwäsche, Bestecke, Geschirr sein. Sie werden immer dem Bedarf entsprechend in gleicher Weise bevorratet und durch Nachkauf ergänzt.
Ihr Wert ist – gemessen am Unternehmenswert – unbedeutend. Durch den ständigen Nachkauf schwankt der Bestand nur wenig in Größe, Wert und Zusammensetzung. Da auch diese Güter im Lauf der Zeit abgenutzt werden, wird bei erstmaligem Ansatz nicht ihr voller Anschaffungswert als Festwert angesetzt, sondern nur 40 bis 50 % des Wertes. Solange dieser Festwert dann gleich bleibt, werden die Zukäufe als Aufwendungen gebucht. Alle drei Jahre sind die Werte durch Inventur zu überprüfen und gegebenenfalls anzupassen. Für die Anpassung gilt:

Wert bei Inventur	Anpassung des Festwertes
Werterhöhung um **mehr als 10** % festgestellt	neuer höherer Festwert **muss** angesetzt werden
Werterhöhung um **weniger als 10** % festgestellt	Festwert **kann** beibehalten werden
Wertminderung festgestellt – unabhängig von ihrer Höhe	neuer niedrigerer Festwert **muss** angesetzt werden

Die Gruppenbewertung nach *§ 240 Abs. 4 HGB* ist eine weitere Ausnahme vom Grundsatz der Einzelbewertung. Sie ist sowohl im Anlage- als auch im Umlaufvermögen zulässig und wird deshalb im folgenden Kapitel noch einmal aufgegriffen.

Aufgaben

1. Was gehört mindestens zu den Anschaffungskosten

   a) nach Handelsrecht,
   b) nach Steuerrecht?

2. Was versteht man unter „Anschaffungsnebenkosten", was unter „nachträglichen Anschaffungskosten"?

3. Berechnen Sie die Anschaffungskosten für den unter folgenden Bedingungen angeschafften Kleinlieferwagen:
   Listenpreis 32 000,00 €, 10 % Rabatt und 2 % Skonto. Überführungskosten 180,00 €, erste Tankfüllung 60,00 €, Zulassung 120,00 €, nachträglich eingebaute Standheizung 892,50 € brutto.

4. In den hauseigenen Werkstätten (Schreinerei und Polsterei) werden Stilmöbel für das Hotel, die antiquarisch gekauft wurden, aufgearbeitet. Folgende Werte sind auf der Auftragsliste erfasst:

Anschaffungskosten der Möbel	6 000,00 €
Material für Bearbeitung Polsterung	3 100,00 €
Materialgemeinkosten	5 %
Fertigungslöhne Schreiner	400,00 €
Fertigungsgemeinkosten	80 %
Fertigungslöhne Polsterer	600,00 €
Fertigungsgemeinkosten	60 %

   Für Verwaltungsgemeinkosten werden 8,5 % eingerechnet. Mit welchem Wert sind die Möbel nach Steuerrecht mindestens zu aktivieren, wenn auf volle € abgerundet wird?

5. Was versteht man unter dem Begriff „Abschreibung"?

6. Welche Rechnungsgrundlagen können für die Berechnung der Abschreibung verwendet werden?

7. Was versteht man unter planmäßiger Abschreibung?

8. Charakterisieren Sie die lineare und die degressive Abschreibung.

9. Was versteht man unter geringwertigen Wirtschaftsgütern? Wie können sie abgeschrieben werden?
   An welche Voraussetzungen ist diese Abschreibung geknüpft?

10. Ermitteln Sie den jährlichen Abschreibungsbetrag und den Abschreibungsprozentsatz für die lineare Abschreibung einer Anlage im Anschaffungswert von 124 000,00 € bei einer Nutzungsdauer von 8 Jahren.

Fortsetzung nächste Seite

Aufgaben (Fortsetzung von Vorseite)

11. Berechnen Sie den Restwert nach 3 Jahren der Nutzung für eine Anlage im Wert von 12 000,00 €, die mit 20 % degressiv abgeschrieben worden ist.

12. Eine Anlage mit einer Nutzungsdauer von 10 Jahren ist zu einem Anschaffungswert von 80 000,00 € am Beginn eines zurückliegenden Jahres angeschafft worden.

   → Stellen Sie die Abschreibungstabelle für diese Anlage bei degressiver Abschreibung (20 %) auf.
   → Begründen Sie, warum und wann von der degressiven auf die lineare Abschreibung übergegangen werden sollte, und ermitteln Sie den entsprechenden Betrag für die lineare Abschreibung.
   → Erstellen Sie die Abschreibungstabelle, wenn der Wechsel der Abschreibungsmethode gewählt wird.

13. Wie hoch waren die Abschreibungsbeträge am Ende des Anschaffungsjahres (bei Nutzung der Vereinfachungsregel) für folgende bewegliche Wirtschaftsgüter:

Nr.	AW €	Tag der Anschaffung	ND Jahre	Abschreibungsart
1	100 000,00	15.02.	10	linear
2	160 000,00	18.08.	8	linear
3	120 000,00	15.03.	7	degressiv
4	210 000,00	23.12.	6	degressiv

14. Ein Kleinbus für den Flughafentransfer wurde zu 30 000,00 € angeschafft. Seine betriebsgewöhnliche Gesamtleistung wird auf 200 000 km geschätzt.
Wie hoch ist die Abschreibung nach Maßgabe der Leistung, wenn im laufenden Geschäftsjahr laut Tachometer 78 000 km gefahren wurden?

15. Wann darf nach Handelsrecht eine außerplanmäßige Abschreibung durchgeführt werden?

16. Wann besteht eine handelsrechtliche Verpflichtung, eine außerplanmäßige Abschreibung durchzuführen?

17. Bei welchen Wirtschaftgütern sind außerplanmäßige Abschreibungen möglich?

18. Welcher Zusammenhang besteht zwischen außerplanmäßiger Abschreibung und Teilwertabschreibung?

19. Auf welche Wirtschaftsgüter kann eine außerplanmäßige bzw. Teilwertabschreibung durchgeführt werden?

20. Eine Kaffeemaschine mit einer Nutzungsdauer von 5 Jahren wurde zu 10 000,00 € angeschafft und linear abgeschrieben. Zu Beginn des 3. Jahres wird ihr Wert durch eine Explosion um 1 000,00 € zusätzlich gemindert.

   → Berechnen Sie die Abschreibung und buchen Sie die Abschreibung für das 3. Jahr.
   → Berechnen Sie die Abschreibung für die Jahre 4 und 5.

21. Berechnen Sie die Abschreibung im Jahr der Anschaffung für die folgenden Fälle:

   → Eine Vakuumgerät wurde am 24. März angeschafft, AW 12 000,00 €; ND 12 Jahre; lineare Abschreibung.
   → Eine neue Kühltheke wurde für das Bistro angeschafft. Sie ist beweglich. Anschaffung am 28. November zu 24 000,00 €, ND 6 Jahre, degressive Abschreibung (20 % Vereinfachungsregel).
   → Anschaffung von 20 Stühlen für die Terrasse, je 150,00 € netto bei 2 % Skonto am 14. Juli, höchstzulässige Abschreibung.
   → Ein Pkw wurde am 24. März zu 18 000,00 € angeschafft. Seine Gesamtleistung ist auf 150 000 km festgelegt. Es wurden im Anschaffungsjahr 32 800 km gefahren.

22. Eine Kühltruhe, deren Anschaffungskosten 4 000,00 € betrugen, wird seit vier Jahren linear mit 20 % abgeschrieben. Im September des 5. Nutzungsjahres wird die Kühltruhe verkauft

   → Berechnen Sie den Buchwert zum Zeitpunkt der Veräußerung.
   → Buchen Sie den Verkauf, wenn per Scheck
   a) 400,00 €,
   b) 100,00 € für die Maschine gezahlt wurden.

23. Eine längst bis auf den Erinnerungswert abgeschriebene alte Kellnerkasse wird einem Stammgast, der sie unbedingt in seiner Hausbar aufstellen möchte, für 100,00 € bar verkauft. Buchen Sie den Verkauf.

24. Eine Waschmaschine aus der Hotelwäscherei, die bei einer betriebsgewöhnlichen Nutzungsdauer von 7 Jahren und einem Anschaffungswert von 17 150,00 € mit den höchstzulässigen Beträgen abgeschrieben worden ist, befindet sich im 5. Nutzungsjahr.
Die hoteleigene Wäscherei soll aus Kostengründen aufgegeben werden, die Arbeiten werden an ein Wäschereiunternehmen außer Haus vergeben. Ein Käufer für die verbliebene Waschmaschine konnte gefunden werden. Er ist bereit, die Maschine zu übernehmen, will aber nicht mehr als 3 000,00 € bar dafür zahlen.

   → Ermitteln Sie den Buchwert zum Zeitpunkt des Verkaufs, dem 25.09. des 5. Nutzungsjahres.
   → Buchen Sie den Verkauf für 3 000,00 € bar.
   → Welche Werte wären anzusetzen, wenn die Maschine erst im November des Anschaffungsjahres gekauft worden wäre?

Fortsetzung nächste Seite

Aufgaben (Fortsetzung von Vorseite)

25. Der Kaufpreis für ein bebautes Grundstück betrug 400 000,00 €, davon 100 000,00 € für Grund und Boden.
Es wurden 80 % gezahlt und für den Rest des Kaufpreises wurde eine Hypothek übernommen.
An Nebenkosten waren netto zu entrichten: für den Makler 5 % des Kaufpreises und für den Notar 4 100,00 €.
Die Gerichtskosten betrugen 1 600,00 € und die Grunderwerbsteuer 3,5 % des Kaufpreises.

→ Bestimmen Sie den zu bilanzierenden Anschaffungswert.
→ Buchen Sie die Anschaffung, wenn alle Beträge per Bank überwiesen werden.
→ Bestimmen Sie die jährliche Abschreibung bei einem Abschreibungssatz von 2 %.
→ Buchen Sie die Abschreibung im Anschaffungsjahr, wenn als Zeitpunkt des wirtschaftlichen Zugangs der 16.03. des Jahres gilt.

26. Eine der Attraktionen, die das Hotel bietet, ist der Verleih von geländetauglichen Trikes, mit denen die Gäste – schon nach kurzer Einweisung durch das Hotelpersonal – die Gegend erkunden können.
Für diese Fahrzeuge wird eine Unterstellhalle von den Haushandwerkern selbst erstellt. Im vorangegangenen Jahr waren bereits 3 100,00 € auf dem Konto „Anlagen im Bau“ aktiviert worden.
In diesem Jahr weist die Auftragsliste aus:

Material	1 200,00 €
Fertigungslöhne	4 200,00 €
Fremdleistungen, netto	600,00 €

An Gemeinkosten werden eingerechnet: Material 6 %, Fertigung 80 %.

→ Ermitteln Sie den Wert, der im laufenden Jahr zu aktivieren ist.
→ Welcher Wert ist insgesamt zu aktivieren, wenn die Anlage am Ende des laufenden Jahres fertiggestellt wurde?
→ Geben Sie die erforderlichen Buchungen für das laufende Jahr an.

27. Für die Küche ist eine neue Spülstraße angeschafft worden. Der Listenpreis beträgt 30 000,00 €, die Nutzungsdauer 7 Jahre.
Der Lieferant gewährt 10 % Rabatt, die Banküberweisung erfolgt unter Abzug von 2 % Skonto. Folgende weitere Kosten werden in Rechnung gestellt und gleichzeitig per Bank überwiesen:

Transportkosten, netto	1 200,00 €
Fundamentbau, netto	1 300,00 €
Montagekosten, netto	600,00 €
Anschluss- und Prüfkosten, netto	400,00 €
Probelauf mit erstem Verbrauchsmaterial, netto	60,00 €

→ Berechnen Sie die Anschaffungskosten der am 12.10.2004 angeschafften Anlage.
→ Buchen Sie die Anschaffung.
→ Berechnen und buchen Sie die lineare Abschreibung am Jahresende.
→ Berechnen Sie den Restwert zum 31.12.2004.

28. Was versteht man unter einem Anlagenspiegel und welchen Inhalt hat er?

29. Die Telefonanlage im Hotel, Anschaffungskosten 20 000,00 €, betriebsgewöhnliche Nutzungsdauer 7 Jahre gilt, bereits nach vier Jahren als völlig veraltet. Der Teilwert am Ende des vierten Jahres beträgt 2 400,00 €. Die Anlage wurde zunächst degressiv und ab dem steuerlich günstigsten Zeitpunkt linear abgeschrieben. Am Ende des vierten Jahres wurde eine außerplanmäßige Abschreibung vorgenommen. Drei Monate später wird die Anlage gegen eine andere Einrichtung (Tel2) ausgetauscht, deren Anschaffung 25 000,00 € netto kostet. Die alte Anlage (Tel1) wird dabei für 2 500,00 € in Zahlung genommen.

→ Berechnen Sie die entsprechenden Werte und buchen Sie den Kauf der neuen Anlage, die per Banküberweisung bezahlt wird.
→ Stellen Sie in einem Anlagespiegel die Entwicklung vom Kauf der ersten Anlage bis zum 2. Nutzungsjahr der neuen Anlage dar.

30. Fertigen Sie nach den folgenden Angaben einen Anlagenspiegel für das Hotel-Restaurant Bergstatter Hof für die Zeit vom 1.1. – 31.12. des Jahres 9.

Konto	Gegenstand	Anschaffungstag	AHK €	ND in Jahren	AfA-Art	Bilanzwert am 1.1.9
	Nicht abnutzbares AV					
0200	Grundstück 1	4.3.0	80 000,00			80 000,00
	Grundstück 2	2.4.4	30 000,00			30 000,00
	Abnutzbares AV					
0200	Hotelbau	10.1.1	720 000,00	50	lin	604 800,00
	Abstellplätze	1.1.5	40 000,00	10	lin	24 000,00
	Hofbefestigung	2.9.9	30 000,00	10	lin	
	Maschinen					
0400	Kühlanlage	12.3.5	90 000,00	8	degr	38 400,00
	Transportband	24.6.8	60 000,00	10	degr	53 000,00
	Betriebseinrichtung					
0500	Hotel	20.1.1	120 000,00	10	lin	24 000,00
	Restaurant	30.2.1	79 200,00	10	lin	16 500,00

Fortsetzung nächste Seite

Aufgaben (Fortsetzung von Vorseite)

31. Fertigen Sie eine Anlagenverzeichnis nach den folgenden Angaben für die Zeit von 1.1. – 31.12. des Jahres 8 an.

Konto	Gegenstand	Anschaffungstag	AHK €	ND in Jahren	AfA-Art	Bilanzwert am 1.1.8
	Nicht abnutzbares AV					
0200	Grundstück: Friedrichstr. 9	1.7.0	10 000,00			10 000,00
	Grundstück: Friedrichstr. 7	7.9.0	7 000,00			7 000,00
	Grundstück: Ringstr. 45	4.7.1	8 500,00			8 500,00
	Abnutzbares AV					
0200	Hotellbauten: Friedrichstr. 7	6.5.1	120 000,00	50	lin.	104 000,00
	Verwaltungsbau: Ringstr. 45	1.1.2	80 000,00	50	lin.	70 400,00
0400	Mikrowelle	4.2.6	2 400,00	4	lin.	1 250,00
	Kombidämpfer	18.2.6	5 800,00	5	lin.	3 626,00
	Kühlschrank	14.11.7	4 200,00	10	degr.	4 060,00
	Vakuumgerät	17.3.5	6 960,00	5	lin.	4 408,00
	Induktionsherd	17.2.7	8 880,00	10	degr.	7 252,00
	Kühltheke	4.4.8	6 200,00	12 1/2	degr.	
0500	Hoteleinrichtung	15.6.1	79 800,00	10	lin.	27 265,00
	Restauranteinrichtung	20.7.1	39 960,00	10	lin.	13 986,00
	Bareinrichtung	17.8.8	15 000,00	10	degr.	
	Lagereinrichtung	6.6.6	4 800,00	10	lin.	4 040,00
	Büroeinrichtung	12.4.7	12 000,00	6	lin.	10 500,00
	Personalcomputer	7.3.5	13 500,00	5	lin.	5 850,00
	Schreibmaschine	13.1.6	1 500,00	4	lin.	750,00
0550	Pkw 1	8.2.6	25 488,00	6	lin.	17 346,00
	Pkw 2 – Kombi	4.10.7	18 000,00	5	lin.	17 100,00

32. Fertigen Sie ein Anlagenverzeichnis für die Firma Felix Schneider für die Zeit vom 1.1.-31.12. des Jahres 6.

Konto	Gegenstand	Anschaffungstag	AHK €	ND in Jahren	AfA-Art	Bilanzwert am 1.1.6
	Nicht abnutzbares AV					
0200	Grundstück 1	2.4.0	100 000,00			100 000,00
	Grundstück 2	11.2.1	80 000,00			80 000,00
	Grundstück 3	14.9.2	40 000,00			40 000,00
0200	**Abnutzbares AV**					
	Betriebsgebäude	15.10.0	820 000,00	50	lin.	733 900,00
	Nebengebäude	1.1.2	80 000,00	50	lin.	73 600,00
	Parkplätze	1.4.3	24 000,00	10	lin.	17 400,00
0400	**Maschinen**					
	Stromaggregat	24.1.4	24 000,00	10	degr.	15 360,00
	Transportanlage	26.3.2	39 900,00	8	degr.	17 024,00
	Fertigungsband	18.8.6	36 000,00	6	degr.	
0500	**Betriebs- und Gesch.ausst.**					
	Betriebseinrichtung	1.1.1	90 000,00	10	lin.	45 000,00
	Büroeinrichtung	1.1.1	20 000,00	10	lin.	10 000,00
	Einrichtung Konferenzbereich	27.3.3	31 680,00	8	lin.	24 420,00
	Einrichtung Halle	14.9.4	18 000,00	6	degr.	13 440,00

2.3.3 Bewertung des Umlaufvermögens

Situation

„Die Erfassung des Anlagevermögens ist nicht wirklich schwierig, die Inventur bei den Vorräten ist es doch, die immer wieder viel Arbeit verursacht!“

Diesen Stoßseufzer hört man nicht nur im Hotel-Restaurant Bergstatter Hof, wenn die körperliche Bestandsaufnahme im Umlaufvermögen ansteht.

Glücklicherweise müssen jedoch auch hier nicht die sprichwörtlichen „Erbsen“ gezählt werden.

Es gibt vielmehr neben der zeitlichen Streckung der körperlichen Bestandsaufnahme (s. Kapitel 2.1.3) auch eine Reihe von Möglichkeiten, die Bewertung des Umlaufvermögens – abweichend von der grundsätzlich gebotenen Einzelbewertung – zu erleichtern.

2.3.3.1 Bewertung der Vorräte

Zum Umlaufvermögen zählen die Wirtschaftsgüter, die zur Veräußerung, Verarbeitung oder zum Verbrauch angeschafft oder hergestellt worden sind, insbesondere Roh-, Hilfs- und Betriebsstoffe, Erzeugnisse und Waren, aber auch Forderungen und Bank- bzw. Kassenbestände.

Ausgangspunkt und Obergrenze der Bewertung sind – wie im Anlagevermögen – die Anschaffungs- oder Herstellungskosten. Vermögensgegenstände des Umlaufvermögens werden nicht planmäßig abgeschrieben. Aus wirtschaftlicher Sicht ist dies meist auch nicht erforderlich, da das Umlaufvermögens ja gerade **nicht** über längere Zeit im Betrieb verbleibt. Ist dies doch der Fall, z.B. im Weinlager, so wird durch die Lagerung der Wert eher erhöht.

Dennoch ist eine Reihe von gesetzlichen Bestimmungen vorgesehen, die für die Bewertung des Umlaufvermögens im Einzelfall auch Abschreibungen erforderlich machen:

Das Handelsrecht schreibt in *§ 253 Abs. 3 HGB* vor, dass Abschreibungen auf das Umlaufvermögen dann vorgenommen werden **müssen** (**strenges Niederstwertprinzip**), wenn ihr Börsen- oder Marktwert oder der diesen Gütern am Abschlussstichtag beizulegende Wert niedriger ist als ihre Anschaffungs- oder Herstellungskosten.

Es ist also am **Bilanzstichtag** der Wert der Vorräte – unabhängig davon, mit welchem der zulässigen Verfahren er ermittelt wurde – mit dem aktuellen Tageswert zu vergleichen, und der niedrigere von beiden Werten ist zwingend anzusetzen.

Aufgrund des Maßgeblichkeitsprinzips ist in der Steuerbilanz ebenso zu verfahren, obwohl dort ausdrücklich ein Wahlrecht für die Abschreibung auf den niedrigeren Wert formuliert ist *(§ 6 Abs. 1 Nr. 2 EStG)*.

Weitere Abschreibungen dürfen hinzukommen (**Wahlrecht** *nach § 253 Abs. 3 S. 3 HGB*), wenn sie nach vernünftiger kaufmännischer Beurteilung notwendig sind, um zu verhindern, dass in der nächsten Zukunft der Wertansatz dieser Vermögensgegenstände aufgrund von Wertschwankungen herabgesetzt werden muss. Schließlich darf der Wert durch Abschreibungen „im Rahmen vernünftiger kaufmännischer Beurteilung“ bei Nicht-Kapitalgesellschaften sogar noch weiter herabgesetzt werden (**Wahlrecht** *nach § 253 Abs. 4 HGB)*.

Grundsatz der Einzelbewertung

Auch für die Vermögensgegenstände des Umlaufvermögens gilt der Grundsatz der Einzelbewertung. So ist es jedem Kaufmann unbenommen, jeden Gegenstand seines Vermögens im strengsten Sinne einzeln zu bewerten. Gerade im Vorratsvermögen ist dies aber aufgrund der Vielzahl unterschiedlicher Artikel kaum praktikabel.

Durchschnittsbewertung

Die Durchschnittsbewertung kommt in Betracht, wenn die Anschaffungskosten von beweglichen Wirtschaftsgütern, die nach Maß, Zahl oder Gewicht bestimmt werden (= vertretbare Wirtschaftsgüter), wegen Schwankungen der Einstandspreise im Laufe des Wirtschaftsjahres im Einzelnen nicht mehr einwandfrei festgestellt werden können. Es kann in diesen Fällen mit dem gewogenen Mittel der im Laufe des Wirtschaftsjahres erworbenen und gegebenenfalls zu Beginn des Wirtschaftsjahres vorhandenen Wirtschaftsgüter bewertet werden *(Abschn. R 6.8 Abs. 3 EStR)*.

Beispiel

Im Hotel-Restaurant Bergstatter Hof wurde bei der Inventur ein Bestand von 450 Flaschen des als Hausmarke angebotenen Sektes festgestellt. In der Lagerkartei sind lediglich Anfangsbestand und Zugänge vermerkt worden:

Datum	Vorgang	Menge Flaschen	Preis €/Fl.	Wert €
01.01.	Anfangsbestand	420		2 520,00 €
20.02.	Zugang	360	6,40 €	2 304,00 €
18.06.	Zugang	600	6,20 €	3 720,00 €
29.10.	Zugang	720	6,80 €	4 896,00 €
		2 100		13 440,00 €

Am Bilanzstichtag liegt der Preis laut aktueller Preisliste des Weingutes bei 6,75 €/Flasche.

Nach dem gewogenen Durchschnitt ergibt sich der Anschaffungspreis, indem die Summe der Werte durch die Summe der Mengen dividiert wird.

Dieser durchschnittliche Preis ist dann mit dem Tageswert am Bilanzstichtag zu vergleichen. Mit dem niedrigeren dieser beiden Preise ist dann der Endbestand von 450 Flaschen zu bewerten:

$$\text{Durchschnittliche Anschaffungskosten} = \frac{13\,440{,}00\text{ €}}{2\,100\text{ Fl.}} = \underline{\underline{6{,}40\text{ €/Fl.}}}$$

Anschaffungskosten < aktueller Marktpreis

Bewertung des Inventurbestandes zu Anschaffungskosten: 450 Fl. x 6,40 €/Fl. = <u>2 880,00 €</u>

Verbrauchsfolgeverfahren

Ein Inventurvereinfachungsverfahren, das für gleichartige Vermögensgegenstände des Vorratsvermögens angewendet werden kann, ist die Unterstellung bestimmter Verbrauchsfolgen nach *§ 256 HGB*. Danach kann für den Wertansatz unterstellt werden:

fifo: **f**irst **i**n – **f**irst **o**ut:	was zuerst angeschafft wurde, wird auch zuerst verbraucht
lifo: **l**ast **i**n – **f**irst **o**ut:	was zuletzt angeschafft wurde, wird zuerst verbraucht

oder eine sonstige bestimmte Reihenfolge (z.B. hifo: highest in – first out, lofo: lowest in – first out) sofern es den Grundsätzen ordnungsmäßiger Buchführung entspricht.

Nach *HGB* sind grundsätzlich alle genannten (und weitere) Verfahren zulässig, sofern die unterstellte Fiktion nicht offensichtlich der tatsächlichen Verbrauchsfolge widerspricht.
In der Steuerbilanz ist als Verfahren mit unterstellter Verbrauchsfolge aber nur das lifo-Verfahren gemäß *§ 6 Abs. 1 Nr. 2a EStG* zulässig.
Die steuerrechtliche Einschränkung bezüglich anderer Verfahren bedeutet jedoch nicht, dass die Rechenmethode von fifo nicht angewendet werden darf: first in – first out ist bei (leicht) verderblichen Vorräten, wie etwa den Lebensmitteln im Hotel-Restaurant Bergstatter Hof, geradezu zwingend die tatsächliche Verbrauchsfolge. Insoweit liegt also keine **unterstellte** Verbrauchsfolge vor – und nur diese wird durch Abschn. *R 6.9 Abs. 1 EStR* für nicht zulässig erklärt.
Deshalb sollen im Folgenden sowohl lifo als auch fifo am Sekt-Beispiel (siehe unten) aufgezeigt werden.

lifo-Verfahren

Beispiel

Im Hotel-Restaurant Bergstatter Hof wurde bei der Inventur ein Bestand von 450 Flaschen des als Hausmarke angebotenen Sektes festgestellt. In der Lagerkartei sind lediglich Anfangs-bestand und Zugänge vermerkt worden:

Datum	Vorgang	Menge Flaschen	Preis €/Fl.	Wert €
01.01.	Anfangsbestand	420		2 520,00 €
20.02.	Zugang	360	6,40 €	2 304,00 €
18.06.	Zugang	600	6,20 €	3 720,00 €
29.10.	Zugang	720	6,80 €	4 896,00 €
		2 100		13 440,00 €

Am Bilanzstichtag liegt der Preis laut aktueller Preisliste des Weingutes bei 6,75 €/Flasche.
„lifo" bedeutet, dass unterstellt wird, dass der jeweils zuletzt gekaufte Sekt zuerst verbraucht wurde.
Für die Bewertung des Inventurbestandes heißt das, dass die noch vorhandenen Flaschen diejenigen sind, die am längsten gelagert sind, also noch aus dem Anfangsbestand des Jahres stammen.

Auch bei dieser Methode ist der gefundene Wert mit dem Tageswert am Bilanzstichtag zu vergleichen; der niedrigere Wert ist dann anzusetzen:

420 Flaschen laut Anfangsbestand	=	2 520,00 €
+ 30 Flaschen v. 20.02 = 30 x 6,40	=	192,00 €
= 450 Flaschen (Anschaffungskosten nach lifo)	=	2 712,00 €

450 Flaschen zum aktuellen Marktpreis: 450 Fl. x 6,75 €/Fl. = 3 037,50 €

Anschaffungskosten (2 712,00 €) < aktueller Marktpreis (3 037,50 €)
→ Bewertung des Inventurbestandes nach lifo: 450 Flaschen = <u>2 712,00 €</u>

Rechentechnisch sind zwei Formen der Verbrauchsfolgeverfahren zu unterscheiden, eine periodenbezogene und eine permanente Ermittlung, je nachdem, ob gemäß der unterstellten Verbrauchsfolge eine Bestandsbewertung nur zum Jahresende vorgenommen wird oder ob die Zugänge fortlaufend erfasst und nach jedem Abgang eine entsprechende Bewertung erfolgt.
Im obigen und im folgenden Beispiel wird die periodenbezogene Ermittlung dargestellt.

fifo-Verfahren

Beispiel

Im Hotel-Restaurant Bergstatter Hof wurde bei der Inventur ein Bestand von 450 Flaschen des als Hausmarke angebotenen Sektes festgestellt. In der Lagerkartei sind lediglich Anfangsbestand und Zugänge vermerkt worden:

Datum	Vorgang	Menge Flaschen	Preis €/Fl.	Wert €
01.01.	Anfangsbestand	420		2 520,00 €
20.02.	Zugang	360	6,40 €	2 304,00 €
18.06.	Zugang	600	6,20 €	3 720,00 €
29.10.	Zugang	720	6,80 €	4 896,00 €
		2 100		13 440,00 €

Am Bilanzstichtag liegt der Preis laut aktueller Preisliste des Weingutes bei 6,75 €/Flasche.

„fifo“ bedeutet, dass unterstellt wird, dass der jeweils zuerst gekaufte Sekt auch zuerst verbraucht wurde.

Für die Bewertung des Inventurbestandes heißt das, dass die noch vorhandenen Flaschen diejenigen sind, die gegen Jahresende gekauft wurden.

Auch bei dieser Methode ist der gefundene Wert mit dem Tageswert am Bilanzstichtag zu vergleichen; der niedrigere Wert ist dann anzusetzen:

AK je Flasche, Lieferung 29.10. = 6,80 €

Anschaffungskosten lt. fifo > aktueller Marktpreis

Bewertung des Inventurbestandes
zum Marktpreis: 450 Fl. x 6,75 €/Fl. = 3 037,50 €

Der nach Durchschnitts-, lifo- beziehungsweise fifo-Methode ermittelte Endbestand setzt sich also folgendermaßen zusammen:

Endbestand nach Bewertungsmethode		
Durchschnittsmethode	**lifo-Methode**	**fifo-Methode**
Der Endbestand setzt sich zusammen aus		
→ Anfangsbestand → und allen Zugängen	→ Anfangsbestand → und evtl. den ersten Zugängen	→ den letzten Zugängen

Selbstverständlich stehen die Verfahren nicht alljährlich zur (beliebigen) Auswahl.

Vielmehr ist ein einmal gewähltes Verfahren auch in der Folgezeit entsprechend dem handelsrechtlichen Grundsatz der Bewertungsstetigkeit beizubehalten.

Im Steuerrecht wird festgelegt, dass vom einmal gewählten lifo-Verfahren in den folgenden Wirtschaftsjahren nur mit Zustimmung des Finanzamtes abgewichen werden kann *(§ 6 Abs. 1 Nr. 2a EStG)*.

Daher muss auch im Hotel-Restaurant Bergstatter Hof aufgrund des für die einzelne Gruppe von Vermögensgegenständen gewählten Verfahrens jeweils nur ein Wert ermittelt werden, der dann mit dem Tageswert zu vergleichen ist.

Das obige Beispiel hat gezeigt, dass bei tendenziell steigenden Preisen die lifo-Methode zum niedrigsten Wertansatz führt. Dieser Ansatz ist nach dem Grundsatz der Vorsicht im Interesse der Substanzerhaltung anzustreben.

Bewertung mit einem Festwert

§ 256 HGB eröffnet weitere Bewertungsvereinfachungsverfahren, indem er die Anwendung des *§ 240 Abs. 3 und 4* ausdrücklich auch für den Jahresabschluss zulässt:
Laut *§ 240 Abs. 3 HGB* dürfen neben Gegenständen des Sachanlagevermögens auch Roh-, Hilfs- und Betriebsstoffe (also nicht die fertigen und unfertigen Erzeugnisse und nicht die Handelswaren) mit einem Festwert angesetzt werden, wenn die oben (s. Kapitel 2.3.2.4) beschriebenen Voraussetzungen gegeben sind.
Roh-, Hilfs- und Betriebsstoffe sind die Vorräte, aus denen das Unternehmen Erzeugnisse herstellt. Bei der Herstellung gehen die Roh-, Hilfs- und Betriebsstoffe unmittelbar in das Erzeugnis ein, die Rohstoffe (z.B. Fleisch, Fisch, Gemüse) als Hauptbestandteile und die Hilfsstoffe (z.B. Öl, Bratfett) als Nebenbestandteile. Die Betriebsstoffe (z.B. Gas, Heizöl) werden bei der Erstellung der gastronomischen Leistung verbraucht.

Gruppenbewertung

§ 240 Abs. 4 HGB: „Gleichartige Vermögensgegenstände des Vorratsvermögens sowie andere gleichartige oder annähernd gleichwertige bewegliche Vermögensgegenstände und Schulden können jeweils zu einer Gruppe zusammengefasst und mit dem gewogenen Durchschnittswert angesetzt werden."

Die Zusammenfassung in Gruppen ist ein Bewertungsvereinfachungsverfahren, das sich rechentechnisch ebenfalls der oben beschriebenen Durchschnittsmethode bedient.

Es ist im Umlaufvermögen – im Gegensatz zum Festwert – nicht auf die Roh-, Hilfs- und Betriebsstoffe beschränkt, hier kommen auch eigene Erzeugnisse und Handelswaren in Frage.

2.3.3.2 Bewertung der Forderungen aus Lieferungen und Leistungen

Eine Forderung aus Lieferungen und Leistungen (FaLL) ist das Recht (des Gastronomen), von einem anderen (Gast) aufgrund eines Schuldverhältnisses (Bewirtungs-, Beherbergungsvertrag) eine Leistung (Zahlung des vereinbarten Preises) zu verlangen.

Forderungen aus Lieferungen und Leistungen entstehen – anders ausgedrückt – immer dann, wenn im Hotel-Restaurant Bergstatter Hof eine Ausgangsrechnung erstellt und erst später bezahlt wird.

Beispiel

So wurden am 20. August des Jahres 1 einem ortsansässigen IT-Unternehmen, der Tellkomm AG, für Übernachtungen anlässlich einer Seminarveranstaltung im Hotel-Restaurant Bergstatter Hof 714,00 € brutto in Rechnung gestellt und wie folgt gebucht:

Die Forderung entsteht:

1200 FaLL		714,00 €	
	an 5010 Beherb.umsatz		600,00 €
	3805 USt 19 %		114,00 €

Das Konto „FaLL" ist ein Sachkonto, das den Gesamtbestand an Forderungen ausweist.

Vor Abschluss des Sachkontos ist eine Bestandsaufnahme der Forderungen aus Lieferungen und Leistungen (Buchinventur) durchzuführen. Dabei werden die Salden der Personenkonten der Kunden in einer Saldenliste zusammengestellt, addiert und mit dem Saldo des Sachkontos abgeglichen.
Sobald eine Leistung „auf Ziel" erbracht wurde, ist der Anspruch auf Gegenleistung bewirkt und die Forderung ist ein Vermögensgegenstand, der – wenn noch vorhanden – beim Jahresabschluss zu bewerten ist.

FaLL sind mangels spezifischer Vorschriften wie das sonstige Umlaufvermögen auch *(siehe § 253 Abs. 1 und 3 HGB sowie § 6 Abs. 1 Nr. 2 EStG)* mit den Anschaffungskosten zu erfassen. Diese stimmen mit dem in der Ausgangsrechnung genannten Bruttobetrag (Nennwert) überein.

Dem Prinzip vorsichtiger Bewertung entspricht es, wenn die FaLL in der Bilanz in einwandfreie und zweifelhafte Forderungen unterschieden werden.
Forderungen, die uneinbringlich sind, werden abgeschrieben, wobei die darin enthaltene Umsatzsteuer zu korrigieren ist.

Eine Forderung wird zweifelhaft, wenn berechtigte Zweifel an der Zahlungsbereitschaft bzw. Zahlungsfähigkeit des Schuldners entstehen. Dies ist immer dann der Fall, wenn ein gerichtliches Mahnverfahren ansteht, ein Vergleichs- oder Insolvenzverfahren beantragt wird, ein Wechselprotest erfolgt usw. Die Forderung ist dann zweifelhaft zu stellen.

Beispiel

So hat das Hotel-Restaurant Bergstatter Hof von September bis November mit bisher drei Mahnungen vergeblich die Zahlung der TellKomm AG-Rechnung angefordert und deshalb die Rechnung am 25.11. des Jahres zweifelhaft gestellt:

Die Forderung wird zweifelhaft gestellt:

1240 Zweifelhafte Ford.		714,00 €	
	an 1200 FaLL		714,00 €

Abschreibungen auf Forderungen

Bei den als „zweifelhaft" ausgewiesenen Forderungen muss am Bilanzstichtag der anzusetzende Wert geschätzt werden.

Der geschätzte Ausfall jeder einzelnen Forderung (spezielles Kreditrisiko) ist dementsprechend abzuschreiben.

Wenn eine Forderung teilweise uneinbringlich wird, darf also nur der verbleibende Wert in der Bilanz ausgewiesen werden. Forderungen sind daher abzuschreiben. Dies kann **direkt** erfolgen, indem der Forderungsverlust durch Verminderung des Wertes **im Konto Forderungen** erfasst wird.

Bei der **indirekten** Methode bleibt der Forderungsbestand unverändert, es wird ihm ein Korrekturposten „**Wertberichtigungen** auf Forderungen" gegenübergestellt. Im Folgenden wird nur die Darstellung bei direkter Abschreibung gezeigt. Auch dabei ist jedoch zu beachten, dass die in der Forderung enthaltene Umsatzsteuer so lange nicht korrigiert werden darf, bis der Forderungsausfall nicht endgültig feststeht.

Erst dann nämlich hat sich die Bemessungsgrundlage für die Umsatzsteuer geändert *(§ 17 UStG)*.

Beispiel

Im Hotel-Restaurant Bergstatter Hof trifft Mitte Dezember die befürchtete Nachricht ein, dass über das Vermögen der Tellkomm AG das Insolvenzverfahren eröffnet worden ist. Gleichzeitig teilt der Insolvenzverwalter mit, dass die Quote voraussichtlich 40 % betragen wird. Daraus ergibt sich eine Abschreibung von 60 % des Nettowertes, da die Umsatzsteuer unangetastet bleibt, solange der Forderungsausfall „nur" geschätzt ist.

Die Forderung wird teilweise abgeschrieben:

6664 Ford. verluste		360,00 €	
	an 1240 Zweifelh.Ford.		360,00 €

Die 360,00 € werden als Aufwand über die GuV-Rechnung abgeschlossen und mindern so einerseits den Gewinn. Andererseits mindern sie den Wert der in der Bilanz auszuweisenden Forderung: 714,00 – 360,00 = 354,00 am 31.12.

(Sollte allerdings bereits feststehen, dass die Forderung in voller Höhe uneinbringlich ist, so wird sie unter Korrektur der Umsatzsteuer „voll" abgeschrieben:

6664 Ford. verluste		600,00 €	
3805 USt 19 %	an 1240 Zweifelh.Ford.	114,00 €	714,00 €

(Die Abschreibung schmälert als Aufwand den Gewinn, während die Umsatzsteuerberichtigung im Soll zu einer Kürzung der Zahllast führt.)

Wenn das **Insolvenzverfahren** abgeschlossen ist, also endgültig feststeht, ob und wie viel Forderungsausfall tatsächlich entsteht, sind mehrere Varianten denkbar:

a) Die Abschlusszahlung beträgt tatsächlich genauso viel wie erwartet.

b) Die Abschlusszahlung beträgt wie befürchtet weniger als erwartet.

c) Die Abschlusszahlung beträgt überraschenderweise mehr als erwartet.

Finden diese Fälle im Jahr des Entstehens der Forderung statt, so kann das Konto „Forderungsverluste" um die zu viel oder zu wenig abgeschriebenen Beträge korrigiert werden.

Geht eine Abschlusszahlung – wie im folgenden Beispiel – jedoch erst im Folgejahr ein, so muss die Korrektur über die Konten für außerordentliche Erträge bzw. außerordentliche Aufwendungen erfolgen.

In allen Fällen (außer: Forderung wird in ursprünglicher Höhe überwiesen) ist eine anteilige USt-Korrektur erforderlich.

Beispiel

Abschlusszahlung, Variante a)

Mitte März des Folgejahres werden 285,60 € per Bank an das Hotel-Restaurant Bergstatter Hof überwiesen. Der Rest der Forderung ist uneinbringlich:

	Gesamtbetrag	Nettowert	USt
Ursprüngliche Forderung	714,00 €	600,00 €	114,00 €
– Abschreibung	360,00 €	360,00 €	
erwarteter Betrag	354,00 €	240,00 €	114,00 €
erhaltener Betrag	285,60 €	240,00 €	45,60 €
Korrekturen		0,00 €	– 68,40 €

1800 Bank		285,60 €	
3805 USt 19 %	an 1240 Zweifelh. Ford.	68,40 €	354,00 €

Abschlusszahlung, Variante b)

Mitte März des Folgejahres werden 178,50 € per Bank an das Hotel-Restaurant Bergstatter Hof überwiesen. Der Rest der Forderung ist uneinbringlich:

	Gesamtbetrag	Nettowert	USt
erwarteter Betrag (s.o.)	354,00 €	240,00 €	114,00 €
erhaltener Betrag	178,50 €	150,00 €	28,50 €
Korrekturen		– 90,00 €	– 85,50 €

1800 Bank		178,00 €	
3805 USt 19 %		85,50 €	
6795 a.o. Aufw.	an 1240 Zweifelh. Ford.	90,00 €	
			354,00 €

Abschlusszahlung, Variante c)

Mitte März des Folgejahres werden 392,70 € (= 55 % der ursprünglichen Forderung) per Bank an das Hotel-Restaurant Bergstatter Hof überwiesen. Der Rest der Forderung ist un-einbringlich:

	Gesamtbetrag	Nettowert	USt
erwarteter Betrag (s.o.)	354,00 €	240,00 €	114,00 €
erhaltener Betrag	392,70 €	330,00 €	67,70 €
Korrekturen		90,00 €	– 51,30 €

1800 Bank		392,70 €	
3805 USt 19 %	an 1240 Zweifelh. Ford.	51,30 €	354,00 €
	5880 a.o. Erträge		90,00 €

Pauschalwertberichtigungen auf Forderungen

Erfahrungsgemäß muss auch bei scheinbar einwandfreien Forderungen mit einem gewissen Ausfall gerechnet werden, selbst wenn dafür noch keine speziellen Anhaltspunkte vorliegen.
Aufgrund dieses allgemeinen Kreditrisikos ist es gestattet, diese Forderungen als Gruppe pauschal zu bewerten.
Es wird eine indirekte Abschreibung auf den Nettobetrag der gesamten einwandfreien Forderungen vorgenommen. Daraus ergibt sich, dass eine pauschale Berichtigung bei zweifelhaften Forderungen nicht erlaubt ist.
Die Höhe der Pauschalwertberichtigung wird aufgrund der Forderungsausfälle der letzten 3 bis 5 Jahre ermittelt.
Eine Umsatzsteuerkorrektur ist nicht möglich, da kein tatsächlicher Forderungsausfall feststeht. Da es für Unternehmen, die ihre Bilanzen veröffentlichen müssen (offenlegungspflichtige Unternehmen), verboten ist, Wertberichtigungen als Passivposten auszuweisen, wird die Pauschalwertberichtigung im Folgenden auf Konto „1248 Pauschalwertberichtigungen auf Forderungen" gegengebucht, das als Unterkonto des Forderungskontos zu betrachten ist.
Für den Bilanzausweis kann das Wertberichtigungskonto dann über Konto „1200 Forderungen aLL" abgeschlossen werden. Damit wird die Pauschalwertberichtigung zum Zwecke der Bilanzierung in eine direkte Abschreibung umgewandelt.
Die Wertberichtigung kann aber auch als Korrekturposten auf der Aktivseite von den Forderungen abgesetzt werden:

Beispiel

Forderungen und sonstige Vermögensgegenstände

1. FaLL	5 000,00 €	
– Pauschalwertberichtigung auf Forderungen	150,00 €	4 850,00 €

Eine Pauschalwertberichtigung sorgt für den richtigen (vorsichtigen) Ausweis der FaLL zum Bilanzstichtag. Wird im Folgejahr eine einwandfreie Forderung tatsächlich uneinbringlich, so kann der Forderungsausfall mit der Wertberichtigung verrechnet werden. Dadurch wird nach und nach die vorsorglich gebildete Pauschalwertberichtigung aufgelöst.

Beispiel

Bildung der Pauschalwertberichtigung

Im Hotel-Restaurant Bergstatter Hof wird eine kombinierte Einzel- und Pauschalbewertung des Forderungsbestandes vorgenommen. Es sind zum Bilanzstichtag Forderungen aus Übernachtungen in Höhe von insgesamt 8 568,00 € auszuweisen. Darunter befindet sich auch die zweifelhafte Forderung gegen die Tellkomm AG (s.Beispiel Kap. 2.3.3.2 – 1. Seite) in Höhe von 714,00 €. Aufgrund der Erfahrungen der letzten Jahre soll eine Pauschalwertberichtigung von 2,5 % auf die einwandfreien Forderungen gebildet werden.

Forderungen insgesamt	8 568,00 €	
– Zweifelhafte Forderung	714,00 €	→ (wird einzeln und direkt abgeschrieben, wie oben gezeigt)
zu korrigierende einwandfreie Forderungen	7 854,00 €	
das sind netto	6 600,00 €	
davon 2,5 % pauschal zu berichtigen	165,00 €	

Gebucht wird dann wie folgt:

6673 Einstellung in Pauschalwertberichtigungen auf Forderungen	an	1248 Pauschalwertberichtigungen a. Forderungen	165,00 €	165,00 €

Für den Bilanzausweis ist dann gegebenenfalls zu buchen:

1248 Pauschalwertberichtigungen a. Forderungen	an	1200 Forderungen	165,00 €	165,00 €

Damit wären die einwandfreien Forderungen aus Konto 1200 in der Bilanz (wie nach direkter Abschreibung) mit 7 854,00 – 165,00 = 7 689,00 € auszuweisen.

Im Folgenden wird gezeigt, wie zu verfahren ist, wenn am Bilanzstichtag noch Pauschalwertberichtigungen aus dem Vorjahr vorhanden sind:

Beispiel

Anpassung der Pauschalwertberichtigung

Im Hotel-Restaurant Bergstatter Hof beträgt der Gesamtbestand an einwandfreien Forderungen zum Bilanzstichtag 19 635,00 € einschließlich 19 % Umsatzsteuer. Das Konto Pauschalwertberichtigungen auf Forderungen enthält aus dem Vorjahr noch 250,00 €. Es sollen 2,5 % pauschal berichtigt werden

zu korrigierende einwandfreie Forderungen brutto	19 635,00 €	
das sind netto	16 500,00 €	
davon 2,5 % Pauschalwertberichtigung erforderlich		412,50 €
– Pauschalwertberichtigung bereits vorhanden		250,00 €
= Pauschalwertberichtigung zu buchen		162,50 €

Gebucht wird dann wie folgt:

6673 Einstellung in Pauschalwertberichtigungen auf Forderungen	an	1248 Pauschalwertberichtigungen a. Forderungen	162,50 €	162,50 €

Ist die noch bestehende „alte" Pauschalwertberichtigung höher als die aktuell erforderliche, läge sie also in der obigen Situation bei 500,00 €, so ergibt sich folgendes:

Pauschalwertberichtigung erforderlich (s.o.)	412,50 €
– Pauschalwertberichtigung bereits vorhanden	500,00 €
= Pauschalwertberichtigung zu korrigieren	– 87,50 €

Gebucht wird dann wie folgt:

1248 Pauschalwertberichtigungen auf Forderungen	an	5600 Erträge aus der Herabsetzung zu Pauschalwertber. a. Forderungen	87,50 €	87,50 €

In beiden Fällen wäre es auch denkbar, zunächst die „alte" Wertberichtigung vollständig aufzulösen und danach die neu errechnete vollständig zu buchen.

Aufgaben

1. Von einem Restaurant wurde in einem Wirtschaftsjahr Wein gleicher Sorte und Qualität zu folgenden Preisen bezogen:

Zugang/Datum	Menge/Flaschen	Preis/Fl.€ netto
15.03.	250	3,70 €
14.06.	400	3,55 €
28.10.	200	3,80 €

Bestand am 31.12.: 210 Flaschen, Tageswert: 3,75 €

Zeigen Sie, wie der Bestand nach den grundsätzlich (steuerrechtlich) in Frage kommenden Verfahren zu bewerten ist.

2. Ein Hotelbetrieb hat für die Gästezimmer Give-aways eingekauft. Für einen dieser Artikel liegt folgende Aufzeichnung vor:

erworben am Datum	Menge/Stück	Einzelpreis/€ netto
15.01.	300	2,00
12.04.	400	1,50
22.06.	600	1,20
01.09.	300	1,50
10.12.	100	1,80

Wert am Bilanzstichtag: 1,80 €
Am Jahresende sind lt. Inventur noch 200 Stück vorhanden.

- → Zu welchem Wert wäre der Endbestand zu bilanzieren bei
- → Durchschnittsbewertung,
- → Bewertung nach dem lifo-Verfahren,
- → Bewertung nach dem fifo-Verfahren?
- → Angenommen, in dem Betrieb wurden diese Vorräte bisher mit ihrem Durchschnitt bewertet. Begründen Sie, welcher Wert dann aufgrund der obigen Zahlen für dieses Jahr anzusetzen ist.

3. Ein Catering-Unternehmen hat in einem Geschäftsjahr die folgenden Einkäufe einer bestimmten Warensorte erfasst:

Zugang/Datum	Menge/kg	Preis/kg/€, netto
14.01.	250	4,30 €
26.03.	290	4,25 €
08.05.	200	4,45 €
18.08.	400	4,40 €
19.10.	350	4,55 €
18.12.	300	4,50 €

Verbrauch im laufenden Jahr: 1 480 kg lt. Lagerbuchhaltung; die Zahlen stimmen mit den Inventurwerten überein, Tageswert am 31.12.: 4,45 €.

Nehmen Sie die Bewertung unter folgenden Bedingungen vor:

- → Aus der Lagerung geben sich keine Anhaltspunkte für eine Verbrauchsfolge. Ferner kann nicht festgestellt werden, aus welcher Lieferung der Inventurbestand stammt.
- → Bei dem Produkt handelt es sich um Lebensmittel mit begrenzter Lagerfähigkeit.

4. In welche Gruppen werden Forderungen aus Lieferungen und Leistungen nach der Bonität eingeteilt?

5. Wie ist mit einer Forderung zu verfahren, wenn
   1) der Schuldner in Zahlungsverzug gerät und anschließend das Insolvenzverfahren über sein Vermögen eröffnet wird?
   2) der Insolvenzverwalter mitteilt, dass noch eine Quote von 20 % zu erwarten ist?
   3) am Ende des Insolvenzverfahrens noch 10 % der Forderung ausgeglichen werden und der Rest uneinbringlich ist.

   Erstellen Sie das Grundbuch und stellen Sie den Fall in Konten dar, wenn die Forderung 3 213,00 € betrug?

6. Geben Sie an, welche Buchungen an den folgenden Daten erforderlich sind:
   - → 26.07.: Ausgangsrechnung: Beherbergung 2 737,00 € brutto
   - → 15.09.: Wir erfahren, dass der Schuldner obiger Rechnung Vergleich beantragt hat.
   - → 28.12.: Nach einer ersten Gläubigerversammlung ist eine Vergleichsquote von 40 % in Aussicht.
   - → 07.02.: Es werden 1 094,80 € auf das Bankkonto des Gläubigers überwiesen.

7. Wie wäre die Abschlusszahlung aus Aufgabe 6 zu buchen, wenn die Vergleichsquote
   - → mit 45 % höher als erwartet,
   - → mit 30 % geringer als erwartet

   ausgefallen wäre?

8. Die Finanzbuchhaltung meldet für den Jahresabschluss folgende Außenstände aus der Debitorenliste:

FaLL einschl.19 % USt	17 220,49 €	
FaLL einschl. 7 % USt	449,40 €	
FaLL insgesamt		17 669,89 €

Am 15.12. hat ein Kunde das Insolvenzverfahren beantragt. Die in den Gesamtaußenständen enthaltenen Forderung beträgt 1 554,14 € einschl. 19 % USt.
Nach Mitteilung des Insolvenzverwalters kann mit einer Quote von 15 % gerechnet werden.
Auf die einwandfreien Forderungen soll erstmals eine Pauschalwertberichtigung gebildet werden. Das allgemeine Ausfallrisiko wurde mit 1,5 % ermittelt.
Nehmen Sie alle erforderlichen Buchungen vor und geben Sie an, mit welchem Wert die gesamten Außenstände zu bilanzieren sind.

9. Das Konto Pauschalwertberichtigung weist einen Wert von 6 800,00 € aus. Wie lauten die Buchungen für die beiden folgenden Fälle?
   - → Aufgrund der Erhöhung des Forderungsbestandes ist eine Erhöhung um 400,00 € nötig geworden.
   - → Aufgrund der Verminderung des Forderungsbestandes sind 600,00 € weniger auszuweisen.

10. Der Gesamtbestand an Forderungen beträgt am Jahresende 29 750,00 €. Darin sind folgende zweifelhafte Forderungen enthalten:

Fa. Maier KG	1 428,00 €	vermuteter Ausfall 65 %
Reisebüro Bauer	1 666,00 €	vermuteter Ausfall 70 %

und eine uneinbringliche Forderung gegenüber
Max Blume über 357,00 €

- → Berechnen und buchen Sie die erforderlichen Abschreibungen auf die zweifelhaften bzw. uneinbringlichen Forderungen.
- → Ermitteln und buchen Sie die Pauschalwertberichtigung, wenn der Prozentsatz aufgrund der Erfahrungen der vergangenen Jahre bei 2 % liegt.

2.3.4 Bewertung der Passiva

Situation

Nach den Gliederungsvorschriften in *§ 266 Abs. 3 HGB* gehören zu den Passiva:

- das Eigenkapital
- die Rückstellungen
- die Verbindlichkeiten
- die (passiven) Rechnungsabgrenzungsposten

Die einzelnen Posten dieser Bilanzgruppen sind mit entsprechenden Werten in der Bilanz auszuweisen.

2.3.4.1 Eigenkapital

Bei Einzelunternehmern gibt es als **„Eigenkapital"** nur das Kapitalkonto, bei OHGs die Kapitalkonten der Gesellschafter und bei KGs die Einlagen- und Verrechnungskonten der Kommanditisten sowie die Kapitalkonten der Komplementäre, die **„rechnerisch"** im Rahmen des Jahresabschlusses ermittelt werden.

Insofern ergibt sich für diese Positionen am Jahresende kein Bewertungsproblem. Dies gilt auch für das Hotel-Restaurant Bergstatter Hof: Sein Eigenkapital ist der Saldo zwischen Vermögen und Schulden.

Als Einzelunternehmung hat es ein variables Kapitalkonto, das durch Gewinne und Verluste aus der unternehmerischen Tätigkeit ebenso wie durch Einlagen und Entnahmen von privater Seite verändert wird.

Auch für den Ausweis der verschiedenen zum Eigenkapital zählenden Positionen bei Kapitalgesellschaften gibt es wenig gesetzliche Vorgaben.

§ 283 HGB legt schlicht fest, dass das gezeichnete Kapital mit dem Nennbetrag in der Bilanz anzusetzen ist. Darüber hinaus sind für Kapitalgesellschaften lediglich noch die Bestimmungen des *§ 272 HGB* zu beachten. Auch im *Einkommensteuergesetz* sind keine weiter gehenden besonderen Regelungen vorgesehen.

2.3.4.2 Sonderposten mit Rücklageanteil

§ 247 Abs. 3 HGB sieht vor, dass Passivposten, die für steuerliche Zwecke zulässig sind, auch in der Handelsbilanz gebildet werden dürfen (Wahlrecht). Sie sind als Sonderposten mit Rücklageanteil in der Bilanz zwischen Eigenkapital und Rückstellungen auszuweisen.
Diese Position in der Bilanz trägt der Tatsache Rechnung, dass Sonderposten mit Rücklageanteil von der Sache her Mischposten aus Eigen- und Fremdkapital darstellen.

Es handelt sich hierbei um steuerpolitisch motivierte Maßnahmen wie:

- Übertragung stiller Reserven bei Veräußerung
- Rücklagen für Ersatzbeschaffung
- Behandlung von Zuschüssen
- Anspar- und Sonderabschreibungen zur Förderung kleiner und mittlerer Betriebe

Grundsätzlich gilt für diese Positionen, dass im Jahr der Bilanzierung der Gewinn – und damit die Besteuerungsgrundlage – gemindert wird. Später sind die Posten aber entsprechend der steuerrechtlichen Vorschriften wieder gewinnerhöhend aufzulösen. Letztlich wirken sich die Sonderposten mit Rücklagenanteil insoweit also nur als Steuerstundung aus.

Diese steuerlichen Möglichkeiten sind im Einkommensteuergesetz sehr detailliert geregelt und werden – je nach steuerpolitischer Zielsetzung – immer wieder verändert und angepasst.

Ihre Wirkungsweise soll deshalb im Folgenden an einem einzigen Beispiel exemplarisch dargestellt werden – Rücklage für Ersatzbeschaffung nach *Abschn. R 6.6 EStR*.

Das gewählte Beispiel soll zugleich die Absicht des Gesetzgebers deutlich machen, die ähnlich auch für andere Sonderregelungen gilt.

Beispiel

Sonderposten mit Rücklageanteil: Rücklage für Ersatzbeschaffung

Das „Catering-Mobil" des Hotel-Restaurant Bergstatter Hof stand zu Beginn des letzten Nutzungsjahres noch mit 2 880,00 € zu Buche. Am 30.11. wurde der ordnungsgemäß verschlossene Wagen gestohlen, die Versicherung erstattete einen Betrag von 1 400,00 € per Banküberweisung. Der dringend benötigte neue Lieferwagen ist bereits bestellt, er wird im Januar für netto 24 000,00 € geliefert.

Im „alten" Jahr:

Entschädigung der Versicherung		1 400,00 €
Buchwert am 01.01.01	2 880,00 €	
– AfA bis 30.11.01 (2 880,00 : 12 x 11)	2 640,00 €	
Buchwert zum Zeitpunkt des Diebstahls	240,00 €	– 240,00 €
aufgedeckte stille Reserve		1 160,00 €

In diesem Fall kann die aufgedeckte stille Reserve als Sonderposten mit Rücklageanteil gebucht werden. Andernfalls hätte sie als „Ertrag aus dem Abgang von Anlagevermögen" den Jahresgewinn und damit die Besteuerungsgrundlage erhöht.

Gebucht wird dann wie folgt:

7427 Abschreibung auf Fuhrpark	an 0550 Fuhrpark	2 640,00 €	2 640,00 €
und Bildung der Rücklage:			
1800 Bank	an 0550 Fuhrpark	1 400,00 €	240,00 €
	2982 Sonderposten nach *Abschn. R 6.6 EStR*		1 160,00 €
Im „neuen" Jahr:			
Kauf des Ersatzwirtschaftsgutes:			
0550 Fuhrpark		24 000,00 €	
1405 Vorsteuer 19 %	an 1800 Bank	4 560,00 €	28 560,00 €
und Übertragung der Rücklage:			
2982 Sonderposten nach *Abschn. R 6.6 EStR*	an 0550 Fuhrpark	1 160,00 €	1 160,00 €

Auf diese Weise werden die Anschaffungskosten des Ersatzwirtschaftsgutes und damit die Bemessungsgrundlage für die Abschreibung des Neuwagens gemindert (24 000,00 € – 1 160,00 € = 22 840,00 €).
Es wird also im Ergebnis die Auflösung der Rücklage auf den Abschreibungszeitraum des neuen Fahrzeugs verteilt.

2.3.4.3 Rückstellungen

Rückstellungen dienen der exakten Periodenabgrenzung und zeitgerechten Gewinnermittlung. Sie werden gebildet, um Aufwendungen in der Erfolgsrechnung zu berücksichtigen, die zwar im laufenden Jahr wirtschaftlich verursacht worden sind, aber erst zu einem späteren Zeitpunkt wahrscheinlich zu Ausgaben führen. Sie unterscheiden sich also von Verbindlichkeiten, denn sie sind

- der Höhe und/oder
- der Fälligkeit nach unbestimmt.

Grundsätzlich wird wie folgt gebucht:

Bildung einer Rückstellung:
Aufwandskonto
der Klassen 6 oder 7
an Passivkonto „Rückstellungen"
Kontenklasse 3

Da durch die Bildung von Rückstellungen Aufwand erfasst wird, mindern sie den auszuweisenden und zu versteuernden Gewinn. Deshalb sind Bildung und Bewertung von Rückstellungen in *§ 249 HGB* und in den *§§ 5, 6* und *6a EStG* sowie den entsprechenden Abschnitten der Einkommensteuer-Richtlinien im Detail geregelt.

Das Handelsrecht unterscheidet Rückstellungen, die gebildet werden **müssen** (Passivierungsgebot: *§ 249 Abs. 1, Satz 1* und *2 HGB)* und solche, die gebildet werden **dürfen** (Passivierungswahlrecht: *§ 249 Abs. 1 Satz 3* und *Abs. 2 HGB). § 249 HGB* ist ein Ausschließlichkeitskatalog, d.h., für dort nicht genannte Tatbestände dürfen keine Rückstellungen gebildet werden *(§ 249 Abs. 3 Satz 1)*.

Rückstellungen nach *§ 249 HGB*

Passivierungsgebot Rückstellungen <u>müssen</u> gebildet werden	Passivierungswahlrecht Rückstellungen <u>dürfen</u> gebildet werden
für ungewisse Verbindlichkeiten: ➜ Pensionsverpflichtungen ➜ Garantieverpflichtungen ➜ zu erwartende Steuernachzahlungen ➜ Prozesskosten ➜ Jahresabschlusskosten	für Instandhaltungsaufwendungen, die im folgenden Geschäftsjahr nach Ablauf der Frist von 3 Monaten nachgeholt werden
für drohende Verluste aus schwebenden Geschäften	für andere Aufwendungen, ➜ die diesem oder einem früheren Geschäftsjahr zuzuordnen sind, ➜ in ihrer Eigenart genau umschrieben sind ➜ und die am Abschlussstichtag sicher oder wahrscheinlich, in Höhe und Zeitpunkt des Eintritts aber unbestimmt sind
für unterlassene Aufwendungen für Instandhaltung, die in den ersten 3 Monaten des folgenden Geschäftsjahres nachgeholt werden	
für Gewährleistungen, die ohne rechtliche Verpflichtung erbracht werden (Kulanzleistungen)	

Aufgrund des Maßgeblichkeitsgrundsatzes gilt für die Steuerbilanz:

- Rückstellungen, für die handelsrechtlich ein Passivierungsgebot besteht, sind in der Steuerbilanz ebenfalls anzusetzen, wenn steuerrechtliche Sondervorschriften dem nicht entgegenstehen (z.B. Rückstellung für unterlassene Instandhaltung, sofern innerhalb von drei Monaten nachgeholt).
- Rückstellungen, für die handelsrechtlich ein Passivierungswahlrecht besteht, dürfen in der Steuerbilanz nicht bilanziert werden.

Wenn die Höhe der Rückstellung geschätzt werden muss, so ist nach *§ 253 Abs. 1 HGB* „nur" der Betrag anzusetzen, der nach vernünftiger kaufmännischer Beurteilung notwendig ist. Das bedeutet, dass ungewisse Verbindlichkeiten nicht besonders pessimistisch – also besonders hoch – zu bewerten sind, vielmehr ist der Betrag anzusetzen, für den die höchste Wahrscheinlichkeit spricht. Für alle einmal gebildeten Rückstellungen – also auch für solche, die aufgrund eines Wahlrechts gebildet wurden – gilt nach *§ 249 Abs. 3 Satz 2 HGB*, dass sie nur aufgelöst werden dürfen, soweit der Grund für ihre Bildung entfallen ist. Wenn der Grund für eine Rückstellung aber weggefallen ist, so **muss** sie aufgelöst werden. Dies folgt aus den Grundsätzen ordnungsmäßiger Buchführung, weil eine Rückstellung ohne Rückstellungsgrund gegen den Grundsatz der Bilanzwahrheit verstoßen würde. Steuerlich hat die Auflösung einer Rückstellung zur Folge, dass in Höhe der Auflösung ein außerordentlicher Ertrag zu versteuern ist.

Beispiel

Rückstellung für Jahresabschlusskosten

Im Hotel-Restaurant Bergstatter Hof wird für den Abschluss des Jahres 1 aufgrund der Erfahrung aus früheren Jahren mit Kosten von 5 000,00 € für die Arbeit des Steuerberaters gerechnet. Deshalb wird ein entsprechender Betrag zurückgestellt und entsprechend gebucht:

6711 Steuerberatungskosten		5 000,00 €	
	an 3070 Sonstige Rückstellungen		5 000,00 €

Damit wird das Jahr 1 – periodengerecht – mit den Abschlusskosten belastet: Die Steuerberatungskosten werden gewinnmindernd über GuV abgeschlossen, das Rückstellungskonto geht als Passivposten in die Bilanz ein.
Wenn im neuen Jahr die Honorarforderung des Steuerberaters feststeht und bezahlt wird, ist die Rückstellung aufzulösen. Dabei sind ergebniswirksame Korrekturbuchungen erforderlich, wenn der Betrag nicht genau der geschätzten Rückstellung entspricht. Es sind also die folgenden 3 Varianten denkbar:

Variante a)
Die Zahlungsverpflichtung stimmt mit der Rückstellung überein: Die Forderung des Steuerberaters beträgt 5 000,00 € zuzüglich Umsatzsteuer. Der Betrag wird durch Banküberweisung beglichen:

3070 Sonstige Rückstellungen		5 000,00 €	
1405 VSt 19 %	an 1800 Bank	950,00 €	5 950,00 €

Variante b)
Die Zahlungsverpflichtung ist größer als die Rückstellung: Die Forderung des Steuerberaters beträgt 5 500,00 € zuzüglich Umsatzsteuer. Der Betrag wird durch Banküberweisung beglichen:

3070 Sonstige Rückstellungen		5 000,00 €	
1405 VSt 19 %		1 045,00 €	
6795 A.o. Aufwendungen	an 1800 Bank	500,00 €	6 545,00 €

Der zusätzliche Aufwand von 500,00 € betrifft das vergangene Jahr und wird deshalb nicht als Steuerberatungskosten des laufenden Jahres 2 gebucht.

Variante c)
Die Zahlungsverpflichtung ist kleiner als die Rückstellung: Die Forderung des Steuerberaters beträgt 4 000,00 € zuzüglich Umsatzsteuer. Der Betrag wird durch Banküberweisung beglichen:

3070 Sonstige Rückstellungen		5 000,00 €	
1405 VSt 19 %	an 1800 Bank	760,00 €	4 760,00 €
	5700 Ertr. a. d. Auflösung v. Rückst.		1 000,00 €

2.3.4.4 Verbindlichkeiten

Sämtliche Verbindlichkeiten sind nach *§ 253 Abs. 1 Satz 2* mit ihrem Rückzahlungsbetrag anzusetzen, also mit dem Betrag, der zur Begleichung der Verbindlichkeit aufgebracht werden muss.

So wird beispielsweise bei Darlehen oft nicht der gesamte Kreditbetrag ausgezahlt, sondern ein so genanntes Abgeld (= Disagio oder Damnum) ebenso abgezogen wie mögliche Bearbeitungsgebühren. Da allerdings die Kreditsumme zu 100 % zurückgezahlt werden muss, wird sie in voller Höhe im Haben ausgewiesen.

Steuerrechtlich ist nach *§ 6 Abs. 1 Nr. 3* in Verbindung mit *§ 6 Abs. 1 Nr. 2 EStG* grundsätzlich ebenso zu verfahren. Ein höherer Wert darf nur angesetzt werden, wenn der Erfüllungsbetrag voraussichtlich dauerhaft über dem Nennwert der Verbindlichkeit liegt. Verbindlichkeiten sind darüber hinaus steuerlich mit einem Zinssatz von 5,5 % abzuzinsen. Ausgenommen davon sind Verbindlichkeiten mit einer Laufzeit unter 12 Monaten und Verbindlichkeiten, die verzinslich sind oder auf einer Anzahlung beruhen.

Im Hotel-Restaurant Bergstatter Hof liegen nur (verzinsliche) Verbindlichkeiten gegenüber Kreditinstituten, Verbindlichkeiten aus Lieferungen und Leistungen sowie sonstige kurzfristigen Verbindlichkeiten und erhaltene Anzahlungen vor. Damit entfällt eine Abzinsung: Alle Verbindlichkeiten sind zunächst mit dem Betrag in die Schlussbilanz einzustellen, der beim Entstehen der Verbindlichkeit gebucht worden ist.

Dieser Betrag kann sich ändern, z.B. bei Währungsverbindlichkeiten.

Ergibt sich dabei ein höherer Erfüllungsbetrag, so ist dieser handelsrechtlich anzusetzen (Höchstwertprinzip bei Verbindlichkeiten). Es ist dabei unerheblich, ob die Erhöhung vorübergehend oder dauerhaft ist.

Beispiel

Verbindlichkeiten in fremder Währung
Ein Schweizer Weingut stellt dem Hotel-Restaurant Bergstatter Hof Mitte Dezember die diesjährige Weinlieferung in Rechnung, Rechnungsbetrag: 820,00 Sfr. Bei einem Umrechnungskurs von 1 Sfr = 0,69 € ist die Verbindlichkeit mit 565,80 € gebucht worden. Wenn der Wechselkurs sich zuungunsten des Hotel-Restaurant Bergstatter Hof verändert, z.B. auf 1 Sfr = 0,75 €, ist die Verbindlichkeit zum Jahresabschluss neu zu bewerten:

Wert am 31.12.	820,00 Sfr	x	0,75 €/Sfr	=	615,00 €
Wert bei -Entstehung	820,00 Sfr	x	0,69 €/Sfr	=	565,80 €
„Zuschreibung"					49,20 €

Zu buchen ist daher wie folgt:

6995 A.o. Aufwendungen an 3300 VaLL	49,20 €	49,20 €

Damit wird die Verbindlichkeit mit dem Wert angesetzt, der für die Rückzahlung wahrscheinlich aufzuwenden sein wird. Die gewinnmindernde Anpassung entspricht dem Grundsatz der kaufmännischen Vorsicht und dem Imparitätsprinzip.
Ändert sich der Kurs dagegen zugunsten des Hotel-Restaurants Bergstatter Hof, so bleibt der ursprünglich gebuchte Wert der Verbindlichkeiten in der Schlussbilanz erhalten. Eine gewinnerhöhende Anpassung kommt nicht in Frage, sie wäre ein Verstoß gegen das Realisationsprinzip.

Im Handelsrecht besteht also eine Pflicht, den höheren Wert anzusetzen. Dem steht steuerrechtlich ein Wahlrecht gegenüber, da Wertänderungen aufgrund von Wechselkursschwankungen in der Regel nicht von Dauer sind. Nach dem Maßgeblichkeitsgrundsatz ist dann aber das handelsrechtliche Ansatzgebot auch in der Steuerbilanz zu beachten.

Für Kapitalgesellschaften ist die Gliederung der Verbindlichkeiten in der Bilanz in *§ 266 Abs. 3 Gruppe C HGB* vorgeschrieben.

Nach *§ 285 Nr. 1 und 2 HGB* müssen sie im Anhang detaillierte Angaben über ihre Verbindlichkeiten machen. Zu diesem Zweck wird häufig ein so genannter „Verbindlichkeitsspiegel" in den Anhang zur Bilanz aufgenommen.

Auch Einzelunternehmer und Personengesellschaften orientieren sich an diesen Bestimmungen, um sicherzustellen, dass ihre Schulden „hinreichend" aufgeschlüsselt dargestellt werden, wie in *§ 247 Abs. 1 HGB* verlangt.

Aufgaben

1. Für eine durch Brand vernichtete Kaffeemaschine im Restwert von 3 000,00 € vergütet die Versicherung per Bank 3 500,00 €. Die neu beschaffte Maschine kostete netto 8 000,00 € und wird per Scheck bezahlt.
   Führen Sie die erforderlichen Buchungen durch.

2. Ein noch unbebautes Grundstück des Betriebsvermögens, das ursprünglich zur Erweiterung des Hotels gedacht war, hat einen Buchwert von 60 000,00 €. Wegen der neuen Straßenplanung wird das Grundstück enteignet. Noch im selben Jahr wird eine Entschädigung von 80 000,00 € per Bank überwiesen. Im folgenden Jahr wird ein entsprechen-des Grundstück zu 100 000,00 € angeschafft.
   Führen Sie die erforderlichen Buchungen durch.

3. Eine Maschine im Buchwert von 40 000,00 € wird durch Brand vernichtet. Die Versicherung zahlt im folgenden Monat eine Entschädigung von 50 000,00 €.
   Im kommenden Jahr wird eine Ersatzmaschine angeschafft. Ihr Wert beträgt netto

   → Fall a) 60 000,00 € netto

   → Fall b) 40 000,00 € netto

   → Nehmen Sie die Buchung zum Zeitpunkt der Vernichtung der Maschine vor.

   → Buchen Sie den Eingang der Versicherungsleistung.

   → Wie ist bei Neukauf der Maschine im Fall a) bzw. b) zu buchen?

4. Warum wird bei Betriebsprüfungen durch die Finanzbehörde die Position „Rückstellung" besonders sorgfältig geprüft?

5. Grenzen Sie die Bilanzposition „Rückstellungen" ab gegenüber „Rücklagen" und „Verbindlichkeiten".

6. Aufgrund einer Betriebsprüfung ist mit einer Gewerbesteuernachzahlung für das abgelaufene Geschäftsjahr in Höhe von etwa 600,00 € zu rechnen. Laut Steuerbescheid vom 02.02. des nächsten Jahres beträgt die Nachzahlung

   a) 600,00 €, b) 750,00 €, c) 475,00 €.

   Welche Buchungen sind am 31.12. und bei Begleichung der Steuerschuld durch Banküberweisung notwendig?

7. Die Anwaltskosten zu einem noch nicht entschiedenen Rechtsstreit werden am Bilanzstichtag (31.12.) auf 1 450,00 € geschätzt. Im Mai des folgenden Jahres ist der Prozess entschieden. Die anfallenden Kosten betragen einschließlich USt.

   a) 1 428,00 €, b) 2 142,00 €

   und werden am 28.05. durch Banküberweisung beglichen.

   Wie ist am 31.12. und am 28.05. zu buchen?

8. Ein deutsches Hotel einer amerikanischen Kette hat bei der Muttergesellschaft einen Kredit in Höhe von 200 000,00 US $ aufgenommen. Bei Kreditaufnahme betrug der Kurs für den US $ 1,90. Am 31.12. des Jahres (Bilanzstichtag) notiert der US $ mit 1,95.

   Wie ist bei Anschaffung und am Bilanzstichtag zu bilanzieren?

9. Wie wäre in Aufgabe 8 zu bilanzieren, wenn am 31.12. ein Kurs von 1,86 gilt?

10. Das Hotel-Restaurant Bergstatter Hof nimmt am 01.01. ein Darlehen über 120 000,00 € auf. Das Darlehen hat eine Laufzeit von 6 Jahren und eine Verzinsung von 8 %. Die Auszahlung beträgt 95 % und die Bearbeitungsgebühr 0,5 %.Die Bearbeitungsgebühr wird wie das Damnum sofort einbehalten.
    → Wie hoch ist der Auszahlungsbetrag?

    → Buchen Sie die Aufnahme des Darlehens, wenn die Differenz zwischen Darlehenssumme und Auszahlung aktiviert werden soll.

    → Buchen Sie zum Bilanzstichtag die Überweisung der Jahreszinsen, die Tilgung von $1/_6$ und die erforderliche Abschreibung.

    → Mit welchem Betrag ist das Darlehen am 31.12. zu bilanzieren?

    → Wie hoch sind die Aufwendungen, die dem Hotel-Restaurant Bergstatter Hof im Jahr der Darlehensaufnahme entstanden sind?

2.3.5 Zeitliche Abgrenzung

Situation

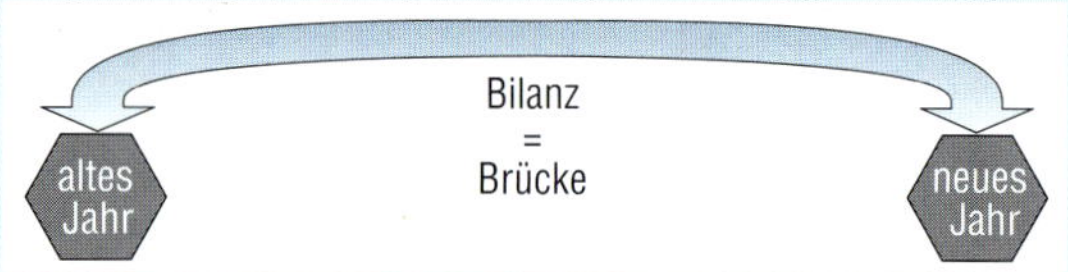

„Die Januar-Miete für die Schaukästen in der Hotelhalle ist bereits im Dezember an uns gezahlt worden.“

„Die Prämie für die Vollkasko-Versicherung unseres Catering-Mobils haben wir bereits Anfang November für ein halbes Jahr im Voraus gezahlt.“

„Die Dezember-Miete für die zusätzlich angemieteten Garagenstellplätze werden wir wie vereinbart im Januar überweisen.“

„Unser Geschäftsfreund, dem wir ein Darlehn gewährt haben, wird die Zinsen vertragsgemäß für ein halbes Jahr nachträglich Ende März überweisen.“

Auch wenn der Jahresabschluss eine Momentaufnahme für den 31.12. verlangt, die Geschäfte im Hotel-Restaurant Bergstatter Hof gehen weiter, vor und nach dem Bilanzstichtag werden laufend Einnahmen erzielt und Ausgaben getätigt. Darunter sind auch Zahlungen für Aufwendungen und Erträge während des Geschäftsjahres, die ganz oder teilweise dem neuen Geschäftsjahr zuzurechnen sind. Andererseits stehen am Ende des Geschäftsjahres möglicherweise noch Zahlungen für Aufwendungen und Erträge aus, die ganz oder teilweise in die Erfolgsrechnung des zu Ende gehenden Geschäftsjahres gehören.

Die Gesamtlebensdauer eines Unternehmens ist zum Zweck der Rechnungslegung in **Perioden**, die Rechnungsjahre (Handelsrecht = Geschäftsjahr; Steuerrecht = Wirtschaftsjahr), zerlegt. Für diese Teilabschnitte wird eine **periodengerechte Gewinnermittlung** angestrebt. Deshalb werden am Jahresende mithilfe der zeitlichen Abgrenzung Aufwendungen und Erträge den Perioden zugerechnet, in die sie gehören, unabhängig davon, wann die Geldbewegung stattfand oder stattfindet.

Dabei lassen sich grundsätzlich unterscheiden:

1. Aktive Rechnungsabgrenzung
2. Passive Rechnungsabgrenzung

} Transitorische Posten

3. Sonstige Forderungen
4. Sonstige Verbindlichkeiten

} Antizipaztive Posten

2.3.5.1 Transitorische Abgrenzung

Es gibt Ausgaben und Einnahmen des abgelaufenen Geschäftsjahres, die als Aufwendungen oder Erträge ganz oder teilweise dem folgenden Geschäftsjahr zuzurechnen sind. Sie müssen daher als Erfolg in eine spätere Periode hinübergehen. Von dem lateinischen Wort transire (= hinübergehen) abgeleitet, heißen diese Posten „Transitorische Posten“. Der Teil, der im kommenden Rechnungsjahr zu Aufwand oder Ertrag führt, ist abzugrenzen. Das Handelsrecht verlangt, dass Aufwendungen des nächsten Jahres über das Bestandskonto „Aktive Rechnungsabgrenzungsposten“ abgegrenzt werden *(§ 250 Abs. 1 Satz 1 HGB)*. Erträge der kommenden Rechnungsperiode sind dagegen über das Bestandskonto „Passive Rechnungsabgrenzung“ abzugrenzen *(§ 250 Abs. 2 HGB)*. Auch das Steuerrecht verlangt die Abgrenzung *(§ 5, Abs. 5, Satz 1 und 2 EStG)*. Zu Beginn des neuen Wirtschaftsjahres werden die Posten dann aufgelöst und die Beträge den Aufwands- bzw. Ertragskonten zugeführt. Insofern war die Bilanz das „Transportmittel“, die „Brücke“ für den Übergang ins neue Jahr. Umsatzsteuerliche Probleme im Zusammenhang mit der Jahresabgrenzung sollen der besseren Übersicht wegen in den Beispielen ausgeklammert bleiben, es erfolgt später lediglich eine kurze Erläuterung zur Umsatzsteuer.

Transitorische Posten

Sachverhalt	Übergang		Art der Abgrenzung
	altes Jahr	neues Jahr	
Die Ausgaben des alten Jahres betreffen wirtschaftlich das neue Jahr und müssen dort als Aufwand gebucht werden.	Ausgabe →	Aufwand	Aktive Rechnungsabgrenzung
Die Einnahmen des alten Jahres betreffen wirtschaftlich das neue Jahr und müssen dort als Ertrag gebucht werden.	Einnahme →	Ertrag	Passive Rechnungsabgrenzung

Beispiel

Die Januar-Miete für Schaukästen in der Halle des Hotel-Restaurant Bergstatter Hof (s. Situation, Kap. 2.3.5) in Höhe von 150,00 € ist bereits im Dezember per Bank überwiesen worden:

Buchung bei Zahlungseingang (Erstbuchung):

1800 Bank	an 5870 Sonstige Erträge	150,00 €	150,00 €

Buchung am 31.12. (Abgrenzungsbuchung):

5870 Sonstige Erträge	an 3900 Passiver Rechnungsabgrenzungsposten (PRAP)	150,00 €	150,00 €

Damit wird der Ertrag aus der Erfolgsrechnung des abgelaufenen Jahres herausgenommen, da er ja das folgende Jahr betrifft. Über Konto 3900 „Passiver Rechnungsabgrenzungsposten" (PRAP) wird der Betrag in die Bilanz übernommen und ins nächste Jahr „hinübergebracht".
(Es wäre auch möglich gewesen, sofort bei Zahlungseingang die Abgrenzung zu buchen; da aber die Überprüfung im Sinne der zeitlichen Abgrenzung beim Jahresabschluss ohnehin vorzunehmen ist, spricht nichts dagegen, den Zahlungsvorgang – wie oben gezeigt – zunächst ganz „normal" zu buchen.)

Sofort zu Beginn des nächsten Jahres ist nun tatsächlich ein betrieblicher Ertrag entstanden und der Rechnungsabgrenzungsposten wird erfolgswirksam aufgelöst.

Buchung (sofort) im neuen Jahr :

3900 PRAP	an 5870 Sonstige Erträge	150,00 €	150,00 €

Im obigen Fall war die Zahlung im alten Jahr in voller Höhe Ertrag für das neue Jahr.
Betrifft eine Zahlung sowohl das alte als auch das neue Jahr, so ist der abzugrenzende Betrag anteilig zu ermitteln, wie das folgende Beispiel zeigt:

Beispiel

Die Prämie für die Vollkasko-Versicherung des „Catering-Mobils" (s. Situation, Kap. 2.3.5) wurde bereits am 1. November für ein halbes Jahr im Voraus in Höhe von 420,00 € vom Bankkonto des Hotel-Restaurants Bergstatter Hof abgebucht.

Buchung bei Zahlungsausgang (Erstbuchung):

6620 Kfz-Kosten	an 1800 Bank	420,00 €	420,00 €

Zum Jahresabschluss ist nun der Betrag abzugrenzen, der die neue Rechnungsperiode betrifft, sonst wäre das alte Jahr mit zu viel und das neue Jahr mit zu wenig Aufwand belastet:
Die gezahlten 420,00 € betreffen 6 Monate, monatlich also (420,00 € : 6 Monate =) 70,00 €. Gezahlt wurde am 1. November, also für 2 Monate des alten Jahres und 4 Monate des neuen Jahres. Abzugrenzen – weil das neue Jahr betreffend – sind demnach 4 x 70,00 € = 280,00 €.

Buchung am 31.12. (Abgrenzungsbuchung):

1900 Aktiver Rechnungsabgrenzungsposten (ARAP)	an 6620 Kfz-Kosten	280,00 €	280,00 €

Damit wird der Aufwand für die Erfolgsrechnung des abgelaufenen Jahres periodengerecht reduziert.
Über Konto 1900 „Aktiver Rechnungsabgrenzungsposten" (ARAP) wird der abzugrenzende Teilbetrag in die Bilanz übernommen und ins nächste Jahr „hinübergebracht".

Im Hauptbuch ergibt sich folgendes Bild:

S	1900 ARAP		H
31.12.	280,00	SB	280,00
	280,00		280,00

S	6620 Kfz-Kosten		H
01.11.	420,00	31.12.	280,00
		GuV	140,00
	420,00		420,00

S	8900 SBK		H
1900	280,00		

S	8100 GuV		H
6620	140,00		

Sofort zu Beginn des nächsten Jahres stellt nun der in der Bilanz „geparkte" Betrag tatsächlich betrieblichen Aufwand dar, und der Rechnungsabgrenzungsposten wird erfolgswirksam aufgelöst.

Buchung (sofort) im neuen Jahr:

6620 Kfz-Kosten	an 1900 ARAP	280,00 €	280,00 €

Eine Besonderheit verdient noch Erwähnung: das so genannte Disagio oder Damnum, das entsteht, wenn der Rückzahlungsbetrag einer Schuld (z.B. eines Darlehns) höher ist als der Auszahlungsbetrag.

Die Differenz zwischen Rückzahlungs- und Auszahlungsbetrag (= Disagio, Damnum) **kann**
bei Einzelunternehmen und Personengesellschaften *(§ 250 Abs. 3 HGB)* und **muss**
bei Kapitalgesellschaften *(§ 268, Abs. 6 HGB)*

unter den aktiven Rechnungsabgrenzungsposten gesondert ausgewiesen werden und ist dann über die Jahre der Laufzeit zu verteilen. Das so aktivierte Damnum (Konto 1940) ist also über die Laufzeit des Darlehns „abzuschreiben".

Steuerrechtlich gibt es kein Wahlrecht, es ist in jedem Fall so zu verfahren *(Abschn. H 6.10 EStR)*.

Beispiel

Damnum/Disagio

Bei Aufnahme eines Darlehens über 80 000,00 € wurden zwischen der Hausbank und dem Hotel-Restaurant Bergstatter Hof folgende Vereinbarungen getroffen: Ausgezahlt werden zu Beginn des Jahres 98 % des vereinbarten Betrages, Rückzahlung (100 %) in einer Summe in 5 Jahren, Zinsen in Höhe von 7,5 % sind jeweils am Jahresende fällig.

Im Hotel-Restaurant Bergstatter Hof wurde entschieden, das Damnum auch für die Handelsbilanz zu aktivieren und auf die Darlehenslaufzeit zu verteilen.

So ergeben sich folgende Buchungen im ersten Jahr:

Buchung bei Darlehensaufnahme:			
1800 Bank	an 3152 Verb. (Darl.)	78 400,00 €	80 000,00 €
1940 Damnum		1.600,00 €	
1. Buchung am 31.12. (Zinsen):			
7500 Zinsen u.ä.	an 1800 Bank	6 000,00 €	6 000,00 €
2. Buchung am 31.12. („Abschreibung" Damnum, 1/5 v. 1.600,00 €):			
7500 Zinsen u.ä.	an 1940 Damnum	320,00 €	320,00 €

In der Summe verursacht das Darlehen also Aufwendungen von 6 320,00 € in jedem Jahr: Die Belastung, die durch das Darlehen entsteht, wird gleichmäßig auf die Jahre der Laufzeit verteilt. (Für seine Handelsbilanz hätte das Hotel-Restaurant Bergstatter Hof auch auf die Aktivierung des Damnums verzichten und die 1 600,00 € im Jahr der Darlehensaufnahme als Aufwand buchen können.
Damit hätte sich der Aufwand für das Darlehen im ersten Jahr auf 7 600,00 € erhöht, in den Folgejahren wären es dann jeweils 6 000,00 € gewesen.)

2.3.5.2 Antizipative Abgrenzung

Neben den oben beschriebenen Fällen gibt es aber auch Ausgaben und Einnahmen in Perioden nach dem Bilanzstichtag, die als Aufwendungen oder Erträge ganz oder teilweise bereits dem abgelaufenen Geschäftsjahr zuzurechnen sind. Sie müssen daher als Erfolg in die abgelaufene Periode vorgezogen werden. Von dem lateinischen Wort anticipare (= vorwegnehmen) abgeleitet, heißen diese Posten „Antizipative Posten". Der Teil, der im abgelaufenen Rechnungsjahr bereits Aufwand oder Ertrag darstellt, ist zu ermitteln und erfolgswirksam zu berücksichtigen.

Antizipative Abgrenzungen werden notwendig, wenn für Aufwendungen oder Erträge des Abschlussjahres die Zahlungen noch ausstehen. Sie werden entsprechend über „Sonstige Forderungen" bzw. „Sonstige Verbindlichkeiten" gebucht.

Erst wenn im neuen Geschäftsjahr eine Zahlung erfolgt, werden diese Posten dann wieder entsprechend aufgelöst. Insofern ist die Bilanz auch hier die „Brücke" für die Verbindung zwischen den beiden Geschäftsjahren.

Antizipative Posten

Sachverhalt	Übergang altes Jahr	Übergang neues Jahr	Art der Abgrenzung
Die Ausgaben im neuen Jahr betreffen wirtschaftlich das alte Jahr und müssen dort als Aufwand gebucht werden.	Aufwand	Ausgabe	Sonstige Verbindlichkeiten
Die Einnahmen im neuen Jahr betreffen wirtschaftlich das alte Jahr und müssen dort als Ertrag gebucht werden.	Ertrag	Einnahme	Sonstige Forderungen

Beispiel

Die Dezember-Miete für die zusätzlich angemieteten Garagen-Stellplätze (s. Situation Kap. 2.3.5) in Höhe von 400,00 € wird vom Hotel-Restaurant Bergstatter Hof wie vereinbart am 15.Januar überwiesen.

Buchung am 31.12. (Abgrenzungsbuchung):

7000 Mieten	an 3500 Sonst. Verbindlichkeiten	400,00 €	400,00 €

Damit wird der Aufwand in die Erfolgsrechnung des abgelaufenen Jahres vorgezogen, da er ja das alte Jahr betrifft. Über Konto 3500 „Sonstige Verbindlichkeiten" wird der Betrag in die Bilanz übernommen.

Im nächsten Jahr ist – im Gegensatz zu den transitorischen Posten – keine sofortige „automatische" Buchung erforderlich: Das Konto „Sonstige Verbindlichkeiten" wird wie alle Bestandskonten eröffnet und erst bei Zahlung des Betrages entsprechend ausgeglichen.

Buchung bei Zahlung im neuen Jahr:

3500 Sonstige Verbindlichkeiten	an 1800 Bank	400,00 €	400,00 €

Die Umsatzsteuer wird auch in den Beispielen zur antizipativen Rechnungsabgrenzung ausgeklammert. Grundsätzlich gilt: Umsatzsteuer kann wie üblich gebucht werden, wenn die Beträge in voller Höhe das alte Jahr betreffen, denn die Leistung ist bereits erbracht. Damit ist auch die Steuer fällig geworden, d.h. sie kann als Vorsteuer bzw. Umsatzsteuer verbucht werden, sofern nicht erst eine Rechnung erteilt sein muss.

Betreffen die Abgrenzungen teilweise das alte und das neue Geschäftsjahr, so ist die Umsatzsteuer teilweise noch nicht entstanden bzw. die Vorsteuer teilweise noch nicht verrechenbar.
Deswegen wird die Steuer insoweit auf besonderen Konten „noch nicht geschuldete Umsatzsteuer" bzw. „noch nicht verrechenbare Vorsteuer" gesammelt und bei Fälligkeit bzw. Rechnungserstellung umgebucht.

Beispiel

Einem Geschäftsfreund ist vom Hotel-Restaurant Bergstatter Hof ein Darlehn über 25 000,00 € gewährt worden (s. Situation, Kap. 2.3.5). Es wurde vereinbart, dass 6 % Zinsen jeweils zum 1.4. und 1.10. halbjährlich nachträglich zu überweisen sind.

Am Ende des laufenden Geschäftsjahres stehen also die Zinsen für die Monate Oktober bis Dezember noch aus.

$$\text{Zinsen für Okt.-Dez.} = \frac{25\,000 \times 6 \times 3}{100 \times 12} = 375{,}00\ €$$

Buchung am 31.12. (Abgrenzungsbuchung):

1300 Sonst. Forderung	an 5400 Zinsertrag	375,00 €	375,00 €

Damit wird der anteilige Ertrag in die Erfolgsrechnung des abgelaufenen Jahres periodengerecht vorgezogen. Über das Konto 1300 „Sonstige Forderungen" wird der Betrag in die Bilanz übernommen. Im nächsten Jahr ist – im Gegensatz zu den transistorischen Posten – keine sofortige „automatische" Buchung erforderlich: Das Konto „Sonstige Forderungen" wird wie alle Bestandskonten eröffnet und erst bei Zahlung des Betrages entsprechend ausgeglichen. In diesem Fall ist die Zahlung jedoch höher, da neben dem Forderungsausgleich jetzt auch der das neue Jahr betreffende Zinsertrag zu buchen ist.

Buchung bei Zahlung im neuen Jahr:

1800 Bank	an 1300 Sonst. Ford.	750,00 €	375,00 €
	an 5400 Zinsertrag		375,00 €

Häufig werden auch die Rückstellungen (s. Kapitel 2.3.4.3) im Zusammenhang mit der zeitlichen Abgrenzung behandelt. Wie bei „Sonstigen Verbindlichkeiten" geht es ja auch bei den Rückstellungen darum, Aufwendungen erfolgswirksam in die abzuschließende Rechnungsperiode vorzuziehen.

Rückstellungen sind im Gegensatz zu „Sonstigen Verbindlichkeiten" aber in ihrer Höhe und/oder Fälligkeit ungewiss und unterscheiden sich insofern von den Fällen der zeitlichen Abgrenzung. Die folgende Übersicht soll noch einmal die vier Möglichkeiten der Abgrenzung gegenüberstellen:

Sachverhalt		im alten Jahr		Art der Abgrenzung	im neuen Jahr	
altes Jahr (jetzt)	neues Jahr (später)	Buchung	Wirkung der Buchung		Buchung	Zeitpunkt der Buchung
Ausgabe	Aufwand	ARAP an Aufwand	mindert den Aufwand	transi-	Aufwand an ARAP	sofort im neuen Jahr
Einnahme	Ertrag	Ertrag an PRAP	mindert den Ertrag	torisch	PRAP an Ertrag	
Aufwand	Ausgabe	Aufwand an sonst. Verb.	erhöht den Aufwand	anti-	Sonst. Verb. an Zahlungsmittel	bei Zahlung
Ertrag	Einnahme	Sonst. Forderungen an Ertrag	erhöht den Ertrag	zipativ	Zahlungsmittel an Sonst. Forderungen	

Aufgaben

1. Welchen Sinn hat die zeitliche Abgrenzung und welche Konten werden dabei überprüft?

2. Am 1. November sind die Darlehenszinsen in Höhe von 2 250,00 € für ein halbes Jahr (November bis April) im Voraus gezahlt worden. Am Bilanzstichtag wurde der gesamte Betrag in die Erfolgsrechnung des alten Jahres übernommen.

   → Welche Einwendungen sind vonseiten des Finanzamts zu erwarten?
   → Welche Buchungen wären in diesem Fall am 31.12. des alten und am 01.01. des neuen Jahres erforderlich?
   → Stellen Sie die richtigen Buchungen kontenmäßig dar (altes und neues Jahr).

3. Geben Sie für die folgenden Fälle jeweils an:
   a) Erstbuchung am jeweiligen Datum
   b) Abgrenzungsbuchung zum 31.12.
   c) Auflösung der Abgrenzungskonten im neuen Jahr:
   → 28.07.: Banklastschrift, Diebstahlversicherung, Prämie für 01.08. - 31.01., 720,00 €
   → 30.09.: Banklastschrift, Kfz-Steuer für 01.10. bis 30.09., 170,00 €
   → 05.12.: Bankgutschrift: Miete für Seminarraum (einschl. USt), betrifft 2. Woche des Folgejahres, 357,00 €
   → 08.12.: Banklastschrift: Bezugskosten einer Fachzeitschrift für 1. 12. bis 31. 03. des neuen Jahres (einschl. USt), 120,00 €
   → 10.12.: Beitrag an Industrie- und Handelskammer für das erste Quartal des Folgejahres, 150,00 €

4. Welcher Unterschied besteht zwischen transitorischen und antizipativen Posten der Rechnungsabgrenzung bezüglich ihrer Auflösung im neuen Geschäftsjahr?
   Über welche Konten erfolgt die Gegenbuchung?

5. Bilden Sie die Buchungssätze für
   → das alte Jahr, wenn die Abgrenzung nicht direkt gebucht wird,
   → die Abgrenzung am 31.12. des Jahres,
   → die Buchungen, die zum 01.01., bzw. bei Zahlung im neuen Jahr anfallen.

   1) Am ersten März überweisen wir per Bank Darlehenszinsen für 1 Jahr im Voraus. 300,00 €

   2) Wir schulden noch das Bezugsgeld für die Hauszeitung für die Monate November und Dezember, netto 90,00 €
   Die Rechnung geht dreimonatlich ein und ist Ende Januar zu erwarten.

   3) Für Personalwohnungen erhalten wir am 01.12 die Miete für 2 Monate im Voraus. 400,00 €

   4) Für Wartung unseres Geschäftswagens steht die halbjährliche Rechnung für die zweite Jahreshälfte noch aus, netto 360,00 €
   Die Rechnung geht am 12.01. des nächsten Jahres ein und wird bar bezahlt.

   5) Am 01.08. werden Darlehenszinsen für ein halbes Jahr im Voraus auf unser Bankkonto überwiesen. 600,00 €

   6) Die Dezembermiete für eine Personalwohnung ist am 31.12. noch nicht überwiesen. 200,00 €

   7) Die Bank hat am 31.12. die Zinsen für das Girokonto noch nicht gutgeschrieben. 60,00 €

   8) Die Pacht für das Restaurant wird für ein halbes Jahr im Voraus am 01.10. per Bank überwiesen. 4 500,00 €

   9) Wir bilden eine Gewerbesteuerrückstellung. 1 500,00 €
   Die Abschlusszahlung wird im folgenden Jahr per Bank beglichen. 1 310,00 €

   10) Wegen eines Autounfalls rechnen wir mit Prozesskosten von 1 625,00 €
   Im kommenden Jahr ist der Prozess abgeschlossen worden, Kosten 1 820,00 €

   11) Am 01. 06. wird die Kfz-Steuer für ein Jahr im Voraus per Bank überwiesen. 300,00 €

   12) Wir haben einem Bauunternehmer im November den Auftrag erteilt, die Befestigung unserer Gästeparkplätze zu restaurieren. Das uns vorliegende Angebot lautet auf netto 4 000,00 €
   Aufgrund der Wetterlage werden die Arbeiten erst im März des Folgejahres durchgeführt.

   13) Durch Hochwasser wurden die Gasträume im November verwüstet. Laut Kostenvoranschlag des Bauunternehmers werden die Renovierungskosten netto betragen 21 000,00 €

   14) Im Februar des folgenden Jahres sind die Arbeiten beendet. Die Rechnung lautet auf netto und wird per Bank überwiesen. 25 000,00 €

2.3.6 Betriebsübersicht

Situation

Die Spannung steigt: Alle Vorbereitungen sind abgeschlossen, die Konten sind abgestimmt, Entscheidungen hinsichtlich Bewertung, Abschreibungen und Rückstellungen vorbereitet, die zeitliche Abgrenzung durchgeführt!
Wie wird der Jahresabschluss im Hotel-Restaurant Bergstatter Hof denn nun ausfallen?
Damit Fehler noch rechtzeitig, d.h. vor dem endgültigen Abschluss der Konten, aufgedeckt werden können, soll die Betriebsübersicht als „Probeabschluss" in übersichtlicher tabellarischer Form die Richtigkeit des Zahlenwerkes überprüfen.
Im Hotel-Restaurant Bergstatter Hof wird die Betriebsübersicht per Tabellenkalkulationsprogramm als selbstrechnende Tabelle gestaltet. Damit erlaubt sie eine Reihe von „Was-wäre-wenn-Rechnungen", bis der Abschluss tatsächlich so gestaltet ist, dass alle (steuer-)rechtlichen Möglichkeiten im Interesse des Hotel-Restaurants Bergstatter Hof ausgeschöpft sind.

Die Betriebsübersicht (auch (Haupt)-Abschlussübersicht, Bilanztabelle oder Abschlusstafel genannt) ist ein tabellarischer Probe- bzw. Zwischenabschluss aller Konten, der aus dem Hauptbuch entwickelt wird. Sie dient der Aufdeckung von Buchungsfehlern, der Übersicht über alle Konten und vor allem als Hilfsmittel und Grundlage für die Erstellung des Jahresabschlusses. Sie zeichnet ein übersichtliches Bild der Entwicklung des Vermögens, der Schulden, der Aufwendungen und Erträge im laufenden Geschäftsjahr, von der Eröffnungs- bis zur Schlussbilanz, wie es in den statischen Werten der Bilanz nicht mehr ersichtlich ist.

Mit der Betriebsübersicht werden

- die Summen der Soll- und Habenbuchungen auf ihre Übereinstimmung kontrolliert,
- die Kontensalden auf Übereinstimmung mit den Inventurbeständen überprüft (z.B. Vorräte, Kasse),
- die vorbereitenden Abschlussbuchungen eingeleitet.

Damit ist die Betriebsübersicht nicht nur ein Kontrollinstrument, sondern ein übersichtliches Hilfsmittel für den Jahresabschluss. Darüber hinaus ist sie auf Verlangen des Finanzamtes der jährlichen Steuererklärung von buchführungspflichtigen Unternehmen beizufügen.

Aufbau und Erstellung der Betriebsübersicht
Eine vollständige Betriebsübersicht besteht aus mehreren Spalten: In einer Vorspalte werden entsprechend des betrieblichen Kontenplans sämtliche Konten mit Kontonummer und Kontenbezeichnung aufgeführt. Die folgenden acht Doppelspalten nehmen die in den einzelnen Konten aufgezeichneten Werte auf, wie das folgende Schema zeigt:

		Buchführungsteil								Abschlussteil							
Konten		Eröffnungsbilanz		Verkehrszahlen		Summenbilanz		Saldenbilanz I		Umbuchungen		Saldenbilanz II		Schlussbilanz		GuV	
		1		2		3		4		5		6		7		8	
Nr.	Bez.	S	H	S	H	S	H	S	H	S	H	S	H	S	H	S	H

Spalte 1: Eröffnungsbilanz	Hier sind die Werte der Schlussbilanz des Vorjahres einzusetzen, auch wenn sie nachgetragen werden müssen, da sie ja nicht von Jahresbeginn an in den Konten enthalten sind.
Spalte 2: Verkehrszahlen	Aus der Buchführung werden hier die reinen Verkehrszahlen übernommen, das sind die Summen der Buchungen auf der Soll- und Habenseite der Konten (ohne Anfangsbestände).
Spalte 3: Summenbilanz	Die Summenbilanz zeigt die Summen der Sollseiten und die Summen der Habenseiten der beiden vorangegangenen Spalten. Bei einer 6-spaltigen Betriebsübersicht ist die Summenbilanz Ausgangspunkt für den tabellarischen Abschluss.

Fortsetzung nächste Seite ▶

Fortsetzung von Vorseite

Konten		Buchführungsteil								Abschlussteil							
		Eröffnungsbilanz		Verkehrszahlen		Summenbilanz		Saldenbilanz I		Umbuchungen		Saldenbilanz II		Schlussbilanz		GuV	
		1		2		3		4		5		6		7		8	
Nr.	Bez.	S	H	S	H	S	H	S	H	S	H	S	H	S	H	S	H

Spalte 4: Saldenbilanz I	Durch Saldierung der Zahlen der Summenbilanz ergibt sich die Saldenbilanz I. Es wird von der größeren Summe die kleinere des jeweiligen Kontos subtrahiert. Die Differenz (Saldo) wird in der Saldenbilanz I auf die Seite der größeren Summe eingetragen.
Spalte 5: Umbuchungen	Hier werden alle vor dem Abschluss noch erforderlichen Buchungen aufgenommen: Nachbuchungen, Berichtigungsbuchungen, vorbereitende Abschlussbuchungen. Da häufig auf eine Zeile mehrere Buchungen entfallen, sollten die Umbuchungen vor Eintragung in die Umbuchungsspalte in Grundbuchform festgehalten werden.
Spalte 6: Saldenbilanz II	Nach den Umbuchungen werden die neuen Salden in der Saldenbilanz II ermittelt. Die Eintragung der Salden erfolgt wieder auf der stärkeren Seite. Die Zahlen der nicht durch Umbuchungen berührten Konten werden aus der Saldenbilanz I übernommen.
Spalte 7: Schlussbilanz	Die Schlussbilanz der Betriebsübersicht (auch Inventurbilanz genannt) entsteht durch Übernahme der Bestandskonten aus der Saldenbilanz II: Im Soll erscheinen die Endbestände der aktiven Bestandskonten, im Haben die Endbestände der passiven Bestandskonten. Da der Erfolg (Gewinn oder Verlust) im Eigenkapital noch nicht berücksichtigt ist, werden die Soll- und Habenseiten hier – zum ersten Mal in der Betriebsübersicht – nicht übereinstimmen, der Differenzbetrag ist Gewinn oder Verlust.
Spalte 8: GuV	Wie üblich übernimmt die GuV (im Rahmen der Betriebsübersicht auch Erfolgsbilanz genannt) im Soll die Aufwendungen und im Haben die Erträge aus der Saldenbilanz II. Der Unterschied zwischen Aufwendungen und Erträgen ist auch hier der Gewinn oder Verlust. Er muss mit dem Differenzbetrag der Inventurbilanz übereinstimmen.

Für Übungszwecke reicht eine 6-spaltige Betriebsübersicht aus, die mit der Summenbilanz beginnt. Die Spalten 1-4 (Buchführungsteil) erfordern das Beherrschen der Vorgehensweise und sorgfältiges Arbeiten: Es handelt sich lediglich um eine bestimmte Darstellungsweise der Zahlen der Buchführung.

Die eigentliche „Mühe" im Rahmen der Betriebsübersicht steckt im Abschlussteil (Spalten 5-8) und hier insbesondere in der Umbuchungsspalte. Dementsprechend wird in den folgenden Erläuterungen auch der Schwerpunkt auf den zweiten Teil gelegt.

Vorgehensweise am Beispiel

Angenommen, im Vorjahr wurden die gebrauchten Fahrzeuge eines gastronomischen Betriebes im Konto Fuhrpark mit 6 500,00 € bilanziert. Im laufenden Jahr wurde ein Fahrzeug (Buchwert 1 200,00 €) zu netto 1 200,00 € verkauft und ein weiterer Gebrauchtwagen zu netto 8 700,00 € angeschafft.

In den ersten vier Spalten der Betriebsübersicht des laufenden Jahres wäre das wie folgt darzustellen:

Konten		Eröffnungsbilanz		Verkehrszahlen		Summenbilanz		Saldenbilanz I	
		1		2		3		4	
Nr.	Bez.	S	H	S	H	S	H	S	H
......	......								
0550	Fuhrpark	6 500,00		8 700,00	1 200,00	15 200,00	1 200,00	14 000,00	
......	......								

Auf diese Weise wäre mit allen Konten der Buchführung zu verfahren. Sinnvollerweise sollte vor dem Schritt zur nächsten Spalte immer erst kontrolliert werden, ob in der gerade bearbeiteten Spalte die Summen für Soll und Haben, übereinstimmen.

Mögliche Rechenfehler oder Hinweise auf Buchungsfehler müssen behoben werden, bevor die Zahlen bis hin zur Saldenbilanz weiterverrechnet werden.

Im folgenden Beispiel wird also davon ausgegangen, dass die oben angedeuteten Schritte für alle Konten des Betriebes durchgeführt worden sind, sodass sich folgende Saldenbilanz I ergeben hat:

Konten		Saldenbilanz I		Umbuchungen		Saldenbilanz II		Schlussbilanz		GuV	
		4		5		6		7		8	
Nr.	Bez.	S	H	S	H	S	H	S	H	S	H
0500	BGA	83 100,00									
0550	Fuhrpark	14 000,00									
1120	Best./Lbm.	2 170,00									
1130	Best./Getr.	17 500,00									
1200	FaLL	1 300,00									
1400	VSt.	722,00									
1600	Kasse	16 462,00									
1800	Bank	23 464,00									
1900	ARAP										
2100	Privat	12 000,00									
2010	Eigenkapital		94 422,00								
3300	VaLL		3 240,00								
3150	Darlehen		16 000,00								
3800	USt.		20 216,00								
3900	PRAP		0,00								
5020	Sp./Ums.		72 000,00								
5030	Getr./Ums.		45 200,00								
6020	Lbm./Kost.	22 380,00									
6030	Getr./Kost.										
6200	Pers./Kost.	32 440,00									
6730	Post	260,00									
6664	Ford. verl.										
7000	Pacht	23 000,00									
7200	Instandh.	1 800,00									
7420	Abschr.										
7500	Zinsen	480,00									
		251 078,00	251 078,00								

Die Umbuchungen sind jetzt durchzuführen. Sie werden nach den Grundsätzen der doppelten Buchführung vorgenommen, also auch in der Umbuchungsspalte im Soll bzw. Haben der Konten eingetragen. Zu den häufig erforderlichen Umbuchungen zählen:

- **Nachbuchungen:**
  noch nicht vollzogene Buchungen, z.B. für
  - ➜ unentgeltliche Wertabgaben (Pauschalierung Eigenverbrauch, Privatnutzung Pkw, Telefon, ...),
  - ➜ Spenden
- **Berichtigungsbuchungen:**
  Buchungen, die zur Korrektur unrichtiger Buchungen notwendig sind, z.B. wenn beim Kauf Anschaffungsnebenkosten gesondert gebucht und nicht aktiviert worden sind
- **vorbereitende Abschlussbuchungen:**
  - ➜ Abschreibungen auf Anlagevermögen und Forderungen,
  - ➜ Buchungen der zeitlichen Abgrenzung,
  - ➜ Buchung von Rückstellungen,
  - ➜ Buchung des Warenverbrauchs nach der Inventurmethode,
  - ➜ Buchung von Inventurdifferenzen,
  - ➜ Verrechnung der Vorsteuer mit der Umsatzsteuer,
  - ➜ Abschluss der Privatkonten

Da in der Umbuchungsspalte für jedes Konto nur jeweils ein Eintrag im Soll bzw. Haben vorgenommen werden kann, sollten die Umbuchungen zunächst in Grundbuchform (Buchungssätze) zusammengestellt werden. Sollte ein Konto dabei mehrfach angesprochen werden, so können die einzelnen Beträge vor der Eintragung in die Umbuchungsspalte gegebenenfalls addiert werden.

Für den Betrieb aus dem obigen Zahlenbeispiel fallen lediglich die folgenden Umbuchungen an:

(1) Auf die Betriebs- und Geschäftsausstattung sind 25 % vom Buchwert abzuschreiben.
(2) Die Abschreibungen auf die Fahrzeuge im Konto Fuhrpark betragen insgesamt 2 000,00 €.
(3) Unter den Forderungen befindet sich eine über 238,00 € brutto, die völlig überraschend kurz vor Jahresende uneinbringlich geworden ist.
(4) Im Konto Pacht sind 1 400,00 € enthalten, die das Folgejahr betreffen.
(5) Der Schlussbestand der Getränke beträgt laut Inventur 7 132,00 €.
(6) Das Privatkonto ist abzuschließen.
(7) Die Umsatzsteuerkonten sind zu verrechnen.

Dementsprechend ergibt sich folgendes Grundbuch für die Umbuchungen:

	Konten		Beträge	
NR.	S	H	S	H
(1)	7420	0500	20 775,00	20 775,00
(2)	7420	0550	2 000,00	2 000,00
(3)	6664 3800	1200	250,00 38,00	238,00
(4)	1900	7000	1 400,00	1 400,00
(5)	6030	1130	10 368,00	10 368,00
(6)	2010	2100	12 000,00	12 000,00
(7)	3800	1400	722,00	722,00

Statt in Konten werden diese Buchungssätze in die Umbuchungsspalte übertragen. Es wird deutlich, dass 22 775,00 € (Summe aus (1) und (2)) im Konto 7420 im Soll einzutragen (zu buchen) sind und im Konto 3800 ebenfalls im Soll die Summe aus (3) und (7), also 760,00 €. Alle anderen Positionen der Umbuchungsspalte werden in diesem Beispiel höchstens ein Mal berührt, so dass sich folgendes Bild ergibt:

Konten		Saldenbilanz I		Umbuchungen		Saldenbilanz II		Schlussbilanz		GuV	
		4		5		6		7		8	
Nr.	Bez.	S	H	S	H	S	H	S	H	S	H
0500	BGA	83 100,00			**20 775,00**						
0550	Fuhrpark	14 000,00			**2 000,00**						
1120	Best./Lbm.	2 170,00			**0,00**						
1130	Best./Getr.	17 500,00			**10 368,00**						
1200	FaLL	1 300,00			**238,00**						
1400	Vorsteuer	722,00			**722,00**						
1600	Kasse	16 462,00									
1800	Bank	23 464,00									
1900	ARAP			**1 400,00**							
2100	Privat	12 000,00			**12 000,00**						
2010	Eigenkapital		94 422,00	**12 000,00**							
3300	VaLL		3 240,00								
3150	Darlehen		16 000,00								
3800	Umsatzst.		20 216,00	**760,00**							
3900	PRAP										
5020	Sp./Ums.		72 000,00								
5030	Getr./Ums.		45 200,00								
6020	Lbm./Kost.	22 380,00									
6030	Getr./Kost.			**10 368,00**							
6200	Pers./Kost.	32 440,00									
6730	Post	260,00									
6664	Ford. verl.			**200,00**							
7000	Pacht	23 000,00			**1 400,00**						
7200	Instandh.	1 800,00									
7420	Abschr.			**22 775,00**							
7500	Zinsen	480,00									
		251 078,00	251 078,00	**47 503,00**	**47 503,00**						

Sind die Umbuchungen vollständig eingetragen (gebucht), so ist zu kontrollieren, ob Soll- und Habensummen auch tatsächlich übereinstimmen. Erst dann wird im nächsten Schritt aus den Spalten der Saldenbilanz I und der Umbuchungen die Saldenbilanz II ermittelt,

z. B. Konto 0500:
  83 100 (S) aus Saldenbilanz I
– 20 775 (H) aus Umbuchungen
= 62 325 (S) für Saldenbilanz II

Konto 7420
  0 (S) aus Saldenbilanz I
+ 22 775 (S) aus Umbuchungen
= 22 775 (S) für Saldenbilanz II

Konto 2100
  12 000 (S) aus Saldenbilanz I
– 12 000 (H) aus Umbuchungen
= 0 für Saldenbilanz II

Damit ergibt sich jetzt also:

Konten		Saldenbilanz I		Umbuchungen		Saldenbilanz II		Schlussbilanz		GuV	
		4		5		6		7		8	
Nr.	Bez.	S	H	S	H	S	H	S	H	S	H
0500	BGA	83 100,00			20 775,00	**62 325,00**					
0550	Fuhrpark	14 000,00			2 000,00	**12 000,00**					
1120	Best./Lbm.	2 170,00			0,00	**2 170,00**					
1130	Best./Getr.	17 500,00			10 368,00	**7 132,00**					
1200	FaLL	1 300,00			238,00	**1 062,00**					
1400	Vorsteuer	722,00			722,00						
1600	Kasse	16 462,00				**16 462,00**					
1800	Bank	23 464,00				**23 464,00**					
1900	ARAP			1 400,00		**1 400,00**					
2100	Privat	12 000,00			12 000,00						
2010	Eigenkapital		94 422,00	12 000,00			**82 422,00**				
3300	VaLL		3 240,00				**3 240,00**				
3150	Darlehen		16 000,00				**16 000,00**				
3800	Umsatzst.		20 216,00	760,00			**19 456,00**				
3900	PRAP										
5020	Sp./Ums.		72 000,00				**72 000,00**				
5030	Getr./Ums.		45 200,00				**45 200,00**				
6020	Lbm./Kost.	22 380,00				**22 380,00**					
6030	Getr./Kost.			10 368,00		**10 368,00**					
6200	Pers./Kost.	32 440,00				**32 440,00**					
6730	Post	260,00				**260,00**					
6664	Ford. verl.			200,00		**200,00**					
7000	Pacht	23 000,00			1 400,00	**21 600,00**					
7200	Instandh.	1 800,00				**1 800,00**					
7420	Abschr.			22 775,00		**22 775,00**					
7500	Zinsen	480,00				**480,00**					
		251 078,00	251 078,00	47 503,00	47 503,00	**238 318,00**	**238 318,00**				

Konten		Saldenbilanz II		Schlussbilanz		GuV	
		6		7		8	
Nr.	Bez.	S	H	S	H	S	H
0500	BGA	62 325,00		**62 325,00**			
0550	Fuhrpark	12 000,00		**12 000,00**			
1120	Best./Lbm.	2 170,00		**2 170,00**			
1130	Best./Getr.	7 132,00		**7 132,00**			
1200	FaLL	1 062,00		**1 062,00**			
1400	Vorsteuer						
1600	Kasse	16 462,00		**16 462,00**			
1800	Bank	23 464,00		**23 464,00**			
1900	ARAP	1 400,00		**1 400,00**			
2100	Privat						
2010	Eigenkapital		82 422,00		**82 422,00**		
3300	VaLL		3 240,00		**3 240,00**		
3150	Darlehen		16 000,00		**16 000,00**		
3800	Umsatzst.		19 456,00		**19 456,00**		
3900	PRAP						
5020	Sp./Ums.		72 000,00				**72 000,00**
5030	Getr./Ums.		45 200,00				**45 200,00**
6020	Lbm./Kost.	22 380,00				**22 380,00**	
6030	Getr./Kost.	10 368,00				**10 368,00**	
6200	Pers./Kost.	32 440,00				**32 440,00**	
6730	Post	260,00				**260,00**	
6664	Ford. verl.	200,00				**200,00**	
7000	Pacht	21 600,00				**21 600,00**	
7200	Instandh.	1 800,00				**1 800,00**	
7420	Abschr.	22 775,00				**22 775,00**	
7500	Zinsen	480,00				**480,00**	
		238 318,00	238 318,00	**126 015,00**	**121 118,00**	**112 303,00**	**117 200,00**
Erfolg der Rechnungsperiode					**4 897,00**	**4 897,00**	
				126 015,00	**126 015,00**	**117 200,00**	**117 200,00**

Ein letztes Mal (siehe links) müssen jetzt Soll- und Haben in der Summe übereinstimmen. Im nächsten Schritt werden nun nur noch die Zahlen aus der Saldenbilanz II unverändert der Schlussbilanz (Aktiv- und Passivkonten) bzw. der GuV-Rechnung (Aufwands- und Ertragskonten) zugeordnet.

Die Differenz in der GuV-Rechnung ergibt sich, weil die Erträge höher waren als die Aufwendungen, in diesem Beispiel also Gewinn erzielt wurde. Beim Abschluss in Konten wäre dieser Gewinn auf das Eigenkapital umzubuchen; deshalb ist die Haben-Seite der Schlussbilanz in der Betriebsübersicht um genau diesen Betrag kleiner als die Soll-Seite. Die Differenz in Spalte 8 der BÜ muss immer gleich der Differenz in Spalte 7 sein.

In der Buchführung würde der Gewinn wie folgt erfasst:

8100 GuV an 2010 Eigenkapital 4 897,00 € 4 897,00 €

Der Schlussbestand im Eigenkapitalkonto wäre daraus folgendermaßen zu errechnen:

82 422,00 €
+ 4 897,00 €
= 87 319,00 €

Ein so erstellter tabellarischer Abschluss (in der 8-spaltigen Form) ist jedoch dem formellen Kontenabschluss gleichwertig.

Die Konten des Hauptbuches liefern die reinen Verkehrszahlen (Umsatzbilanz), und können damit als „erledigt“ gekennzeichnet werden.

Aufgaben

1. Welche Aufgaben hat eine Betriebsübersicht?
2. Welche Werte gehen in die ersten beiden Spalten der Betriebsübersicht ein?
3. Welche Buchungen nimmt die Umbuchungsspalte auf?
4. Erstellen Sie eine Betriebsübersicht, ausgehend von folgender Summenbilanz:

Hauptabschlussübersicht			
Kto-Nr.	**Kontenbezeichnung**	**Summenbilanz Soll €**	**Summenbilanz Haben €**
0200	Grundstücke und Gebäude	60 000,00	0,00
0500	Betriebs- u. Geschäftsausst.	42 300,00	700,00
0550	Fuhrpark	42 500,00	7 500,00
1120	Lebensmittelvorräte	49 305,00	24 370,00
1130	Getränkevorräte	20 750,00	0,00
1200	FaLL	16 450,00	13 400,00
1400	Vorsteuer	11 962,00	0,00
1600	Kasse	29 100,00	25 490,00
1800	Bank	39 720,00	28 025,00
2010	Eigenkapital	0,00	97 525,00
2100	Privat	7 500,00	800,00
3153	Hypotheken	0,00	21 000,00
3300	VaLL	12 455,00	15 865,00
3800	Umsatzsteuer	0,00	34 495,00
5010	Beherbergungsumsatz	0,00	82 450,00
5020	Speisenumsatz	0,00	45 815,00
5030	Getränkeumsatz	0,00	43 160,00
5130	Erhaltene Boni		
5900	Eigenverbrauch	0,00	0,00
6020	Warenkosten Lebensmittel	23 575,00	0,00
6030	Warenkosten Getränke	0,00	0,00
6200	Personalkosten	54 277,00	0,00
6600	Sonst. Betr. u. Verw.kosten	13 481,00	0,00
6620	Kfz-Kosten	12 000,00	0,00
7200	Instandhaltung	2 750,00	0,00
7350	AfA GWG	670,00	0,00
7420	AfA auf Sachanlagen	0,00	0,00
7500	Zinsaufwand	1 800,00	0,00
		440 595,00	440 595,00

Abschlussangaben:

1) Abschreibungen: auf 0200: 2 % v. 80 000,00 €
auf 0500: 5 % v. Buchwert
auf 0550: 20 % v. Buchwert
2) Pauschalierung Eigenverbrauch:
netto 4 400,00 € zu 19 %
netto 3 100,00 € zu 7 %
3) Privater Nutzungsanteil Pkw:
lt. Fahrtenbuch 20 % der Kfz-Kosten, enthalten in Kto. 6620, und 20 % der Fuhrpark-Abschreibungen
4) Schlussbestand lt. Inventur: Getränkevorrat: 7 350,00 €

Fortsetzung nächste Seite

Aufgaben (Fortsetzung von Vorseite)

5. Erstellen Sie eine Betriebsübersicht, ausgehend von folgender Summenbilanz:

Hauptabschlussübersicht			
Kto-Nr.	Kontenbezeichnung	Summenbilanz	
		Soll €	Haben €
0200	Grundstücke und Gebäude	96 200,00	0,00
0500	Betriebs- u. Geschäftsausstattung	42 850,00	0,00
0550	Fuhrpark	12 000,00	0,00
1120	Lebensmittelvorräte	40 947,00	34 607,00
1130	Getränkevorräte	31 305,00	0,00
1200	FaLL	33 365,00	22 060,00
1240	Zweifelhafte Forderungen	1 428,00	0,00
1248	Pauschalwertber. auf Forderungen	206,00	206,00
1300	Sonstige Forderungen	745,00	745,00
1400	Vorsteuer	8 251,00	277,00
1600	Kasse	49 230,00	46 355,00
1800	Bank	55 155,00	51 221,00
1900	Akt. Rechnungsabgrenzungsp.	320,00	320,00
2010	Eigenkapital	0,00	88 129,00
2100	Privat	42 250,00	8 250,00
3020	Steuerrückstellungen	1 700,00	1 700,00
3070	Sonstige Rückstellungen	3 000,00	3 000,00
3153	Hypotheken	0,00	41 000,00
3300	VaLL	51 976,00	73 437,00
3500	Sonstige Verbindlichkeiten	0,00	0,00
3730	Verbindl. aus Lohn- und Kirchenst.	0,00	1 645,00
3740	Verbindl. i. Rahmen d. soz. Sicherh.	0,00	3 055,00
3800	Umsatzsteuer	65,00	26 165,00
5020	Speisenumsatz	0,00	104 358,00
5030	Getränkeumsatz	0,00	132 298,00
5400	Zinsen und ähnliche Erträge	0,00	400,00
5900	Eigenverbrauch	0,00	0,00
6020	Warenkosten Lebensmittel	34 607,00	0,00
6030	Warenkosten Getränke	0,00	0,00
6210	Löhne und Gehälter	78 885,00	0,00
6220	Gesetzliche Sozialaufwendungen	19 245,00	0,00
6400	Energiekosten	12 305,00	0,00
6500	Steuern, Gebühren, Beiträge, Vers.	13 056,00	0,00
6620	Kfz-Kosten	6 420,00	0,00
6664	Forderungsverluste	0,00	0,00
6673	Einst. i. d. Pauschalwertber. z. Forder.	0,00	0,00
6710	Rechtsberatungskosten	1 812,00	0,00
6740	Werbung	1 255,00	0,00
7350	AfA GWG	650,00	0,00
7420	AfA auf Sachanlagen	0,00	0,00
		639 228,00	639 228,00

Abschlussangaben:

1) Abschreibungen: auf 0200: 2 % v. 150 000,00 €
   auf 0500: 10 % v. 90 000,00 €
   auf 0550: 20 % v. 16 000,00 €
2) Pauschalierung Eigenverbrauch:
   netto 2 200,00 € zu 19 %
   netto 1 600,00 € zu 7 %
3) Privater Nutzungsanteil Pkw:
   lt. Fahrtenbuch 20 % v. 9 000,00 €, enthalten in Kfz-Kosten und der Kfz-Abschreibung
4) Schlussbestand lt. Inventur: Getränkevorrat: 4 845,00 €
5) Der Schuldner der zweifelhaften Forderung (1 428,00 € einschließlich 19 % USt) strebt einen Vergleich an und bietet eine Vergleichsquote von 40 %.
6) Für die einwandfreien Forderungen (19 % USt enthalten) soll eine Pauschalwertberichtigung von 3 % gebildet werden.
7) Ein vertraglich zugesicherter Liefererbonus für Lebensmittel ist noch offen, netto 300,00 €.
8) Die Gebäudefeuerversicherung des nächsten Jahres in Höhe von 450,00 € wurde am 15.12. vom Bankkonto abgebucht und als Aufwand gebucht.
9) Die Stromabrechnung für Dezember ist noch offen; Stromverbrauch Dezember lt. Zähler 123,00 € plus USt.
10) Die Abschlusszahlung der Gewerbesteuer für das laufende Jahr ist noch nicht erfolgt. Der Restbetrag wird auf 475,00 € geschätzt.

6. Sie sollen bei der Erstellung der Betriebsübersicht im Hotel-Restaurant Bergstatter Hof mithelfen. Die Eröffnungsbilanz und die Verkehrszahlen sind bereits vorgetragen.
Folgende Aufgaben sind noch zu erledigen:
→ Anfertigung einer Umbuchungsliste für die folgenden Fälle,
→ Aufstellung der Betriebsübersicht bis Gewinn- und Verlustkonto und Schlussbilanz.
Dabei sind die folgenden Fälle noch zu bearbeiten:
1) Hypothekenzinsen für das letzte Quartal werden erst im Januar überwiesen: 600,00 €
2) Die diesjährige Hypothekentilgung in Höhe von 2 500,00 € wird noch am 31.12. überwiesen. Das zugehörige Damnum in Höhe von 250,00 € ist aufzulösen.
3) Die aufgezeichneten Kfz-Kosten beziehen sich auf den Firmen-Pkw, den der Unternehmer laut Fahrtenbuch zu 30 % privat nutzt. Diese Kosten sind ihm noch nicht belastet.
4) Außerdem hat der Hotelier vor Weihnachten Getränke für seinen privaten Bedarf entnommen, Nettowarenwert 200,00 €.
5) Pauschalierung Eigenverbrauch:
   netto 4 400,00 € zu 19 %
   netto 3 100,00 € zu 7 %
6) Für den in Umbau befindlichen Gebäudeteil ist noch eine Handwerkerrechnung für die letzten Arbeiten eingegangen, netto 4 300,00 €.
   Da die Anlage fertig gestellt ist, wird diese Rechnung sofort ins Konto 0700 gebucht.
   Anschließend wird das Konto 0700 umgebucht.
7) Die Bank hat die Guthabenzinsen noch nicht gutgeschrieben, 160,00 €
8) Die folgende Dezembergehaltsabrechnung wurde noch nicht gebucht (Auszahlung per Banküberweisung):
   Bruttogehälter 4 840,00 €
   Abzüge: Lohnsteuer 950,00 €
   Sozialversicherung 1 064,00 €
   Der Arbeitgeberanteil in Höhe von 1 009,00 € ist gleichfalls noch nicht gebucht.
9) Hotel-Restaurant Bergstatter Hof erhält von einem Getränkelieferer noch eine Bonus-Gutschrift, die er mit den Verbindlichkeiten des Hotels verrechnet, Nettobonus 100,00 €.
10) Die Gewerbesteuerrückstellung ist noch zu buchen: 1 160,00 €.
11) Auf die einwandfreien Forderungen wird eine Pauschalwertberichtigung von 2 % gebildet.
12) Folgende Abschreibungen sind durchzuführen:
   → GWG werden voll abgeschrieben.
   → Gebäude: 2 % vom Anschaffungswert 100 000,00 €
   → Maschinen: 20 % vom Restwert
   → Inventar: 20 % v. Restwert
   → Pkw 15 % vom Restwert. Der private Anteil ist entsprechend zu erfassen.
13) Endbestände laut Inventur:
   → Lebensmittel wie im Konto erfasst
   → Getränke 21 300,00 €

Fortsetzung nächste Seite

Aufgaben (Fortsetzung von Vorseite)

zu Aufgabe 6:

Hauptabschlussübersicht					
Kto-Nr.	Kontenbezeichnung	Eröffnungsbilanz		Umsatzzahlen	
		Soll/€	Haben/€	Soll/€	Haben/€
0200	Grundstücke und Gebäude	211 160,00	0,00	48 840,00	10 000,00
0400	Maschinen	100 000,00	0,00	15 000,00	5 000,00
0500	Inventar	45 000,00	0,00	20 000,00	0,00
0550	Fahrzeuge	21 800,00	0,00	0,00	9 300,00
0670	Geringwertige Wirtschaftsgüter	4 000,00	0,00	5 000,00	0,00
0700	Anlagen im Bau	25 000,00	0,00	0,00	0,00
1120	Lebensmittel	14 500,00	0,00	29 100,00	15 295,00
1130	Getränke	20 250,00	0,00	34 800,00	500,00
1200	FaLL	5 150,00	0,00	30 124,00	29 205,00
1240	Zweifelhafte Forderungen	6 050,00	0,00	0,00	1 050,00
1248	Pauschalwertber. a. Forder.	0,00	0,00	0,00	0,00
1300	Sonstige Forderungen	3 230,00	0,00	250,00	0,00
1400	Vorsteuer	0,00	0,00	31 200,00	29 100,00
1600	Kasse	15 850,00	0,00	127 656,00	87 000,00
1800	Bank	22 950,00	0,00	43 000,00	34 200,00
1900	ARAP	4 000,00	0,00	0,00	1 000,00
1940	Damnum	2 000,00	0,00	0,00	0,00
2010	Kapital	0,00	422 440,00	0,00	0,00
2100	Privatentnahmen	0,00	0,00	12 500,00	0,00
2180	Privateinlagen	0,00	0,00	0,00	20 000,00
3020	Gewerbesteuer-Rückstellung	0,00	1 000,00	1 000,00	0,00
3153	Hypothek	0,00	25 000,00	2 500,00	0,00
3300	VaLL	0,00	22 500,00	9 100,00	41 050,00
3500	Sonstige Verbindlichkeiten	0,00	0,00	0,00	400,00
3730/40	Abzuführende Abgaben	0,00	12 500,00	33 100,00	44 650,00
3800	Umsatzsteuer	0,00	15 000,00	29 100,00	43 300,00
3900	PRAP	0,00	2 500,00	2 500,00	0,00
5010	Erlöse Beherbergung	0,00	0,00	0,00	57 265,00
5020	Erlöse Küche	0,00	0,00	0,00	43 700,00
5030	Erlöse Keller/Restaurant	0,00	0,00	0,00	56 300,00
5130	Erhaltene Boni	0,00	0,00	0,00	0,00
5400	Zinserträge	0,00	0,00	0,00	4 250,00
5890	Außerordentliche Erträge	0,00	0,00	0,00	6 450,00
5900	Erlöse Eigenverbrauch	0,00	0,00	0,00	0,00
6020	Lebensmittelverbrauch	0,00	0,00	15 295,00	0,00
6030	Getränkeverbrauch	0,00	0,00	0,00	0,00
6210	Löhne und Gehälter	0,00	0,00	25 210,00	0,00
6220	Gesetzliche Sozialabgaben	0,00	0,00	4 450,00	0,00
6400	Energie	0,00	0,00	6 150,00	0,00
6532	Gewerbesteuer	0,00	0,00	2 100,00	0,00
6540	Sonstige Steuern	0,00	0,00	6 300,00	0,00
6620	Fahrzeugkosten	0,00	0,00	2 000,00	0,00
6673	Einst. i. Pauschal-Wb. a. Ford.	0,00	0,00	0,00	0,00
7350	Abschreibung GWG	0,00	0,00	0,00	0,00
7421	Abschreibung auf Gebäude	0,00	0,00	0,00	0,00
7422	Abschreibung auf Maschinen	0,00	0,00	0,00	0,00
7423	Abschreibung auf Inventar	0,00	0,00	0,00	0,00
7424	Abschreibung auf Fuhrpark	0,00	0,00	0,00	0,00
7500	Zinsaufwand	0,00	0,00	240,00	0,00
7600	Sonst. anlagebedingte Kosten	0,00	0,00	2 500,00	0,00
		500 940,00	500 940,00	539 015,00	539 015,00

3 Datenaufbereitung und -analyse

In der Finanzbuchführung werden alle wirtschaftlichen Vorgänge des gesamten Unternehmens festgehalten. Diese erhobenen Daten sind zunächst lediglich unternehmensbezogene absolute Zahlen, d.h. Basiszahlen. Ohne weitere Auswertung liefern sie jedoch weder dem Unternehmer bzw. der Geschäftsleitung noch den Außenstehenden, z.B. den Geldgebern oder Lieferanten, die notwendigen Erkenntnisse.

So möchte der **Unternehmer** über eine kritische Analyse der Zahlen z.B. seine Marktstellung erkennen und Daten zur Unternehmenssteuerung gewinnen.
Diese Daten dienen ihm zur

- richtigen Beurteilung und systematischen Kontrolle des Geschäftsgebarens,
- Ergänzung betriebswirtschaftlicher Daten bei Verbesserungs- und Anpassungsmaßnahmen und bei Planungen.

Die **Außenstehenden** hingegen versuchen, aus den veröffentlichten bzw. vorgelegten Bilanzen Einblick in das Unternehmen zu gewinnen:

- bei Kreditwürdigkeitsprüfungen,
- vor einer Beteiligung,
- bei steuerlichen Betriebsprüfungen,
- bei Marktbeobachtungen, -forschungen und -beurteilungen.

Da jede Interessengruppe eigene Ziele verfolgt und dementsprechend unterschiedliche Schwerpunkte der Beobachtung setzt, gilt es, anhand der Unterlagen Teilbereiche des Unternehmens oder das Gesamtunternehmen kritisch zu beleuchten und richtig zu beurteilen (siehe auch Anhang SKR 70 – Kontenrahmen).

Dazu sind die Daten der Bilanz und der Gewinn- und-Verlust-Rechnung zuerst aufzubereiten.

- Besteht die Zielsetzung in der Erörterung, ob der Betrieb über genügend Haftungskapital verfügt, ob die flüssigen Mittel reichen, ob kurzfristige Schulden zu tilgen sind, ob die Ertragslage eine Beteiligung sinnvoll erscheinen lässt usw., so bietet sich die Aufbereitung der Bilanzpositionen an.

  Beispielsweise werden im Rahmen der statistischen Aufbereitung die absoluten Zahlen in Verhältniszahlen (Prozentsätze) zur Bilanzsumme (= 100 %) umgerechnet, um die Vergleichbarkeit der Werte im Jahresabschluss zu verbessern. Dadurch lassen sich die Veränderungen (Trends) vom Berichtsjahr gegenüber dem Vorjahr schneller erkennen. Im Einzelnen sei bezüglich der Aufbereitung der Bilanzpositionen einschließlich deren Auswertung auf das **Kapitel 3.1 Bilanzaufbereitung und -analyse** verwiesen.

- Liegt die Zielsetzung in der Ausübung der Führungsaufgaben im Unternehmen, so reichen die bisherigen Informationen über die Vermögens-, Finanz- und Erfolgslage einschließlich der Bilanzanalyse nicht aus.

  Die Bewertung in der Bilanz – entsprechend dem Gläubigerschutzprinzip zu vorsichtigen Wertansätzen überwiegend aus der Vergangenheit – lässt eine Beurteilung der aktuellen Wettbewerbsfähigkeit nicht zu. Auch müssen zur Messung des betrieblichen Erfolges die leistungsbezogenen Ergebniselemente abgegrenzt werden (vgl. Kapitel 3.2.1).

  Weiter fehlen Artikel- oder Artikelgruppenergebnisse zur Beurteilung ihrer Wirtschaftlichkeit. Schließlich müssen auch während des laufenden Jahres Zwischenergebnisse vorliegen, um rechtzeitig z.B. im Hinblick auf eine Kostendeckung eingreifen zu können.

Aus dem zusätzlichen Informationsbedarf zur Bewältigung der unterschiedlichen Aufgabenstellungen im Betrieb begründet sich die **Notwendigkeit eines internen Rechnungswesens**. Dessen Aufgabe ist es, für die Kontrolle des Betriebsgeschehens festzustellen, wo Kosten entstehen und auf welche Leistungseinheiten sie sich beziehen. Es gilt also, die Kosten nach ihrer Verursachung zu lokalisieren, sie z.B. in Funktionsbereiche der Leistungserstellung einzuordnen sowie den einzelnen Leistungsgruppen nach dem Umfang ihrer Inanspruchnahme zuzurechnen. Die Bereitstellung der relevanten Daten übernimmt die **Kosten- und Leistungsrechnung (KLR)**. Sie ist an keine gesetzlichen Vorschriften gebunden und kann als Nebenrechnung der Buchführung oder als Teil des Rechnungswesens geführt werden.

Sie umfasst
- die **Kostenartenrechnung** als artmäßige Erfassung aller Kosten und Leistungen,
- die **Kostenstellenrechnung** als Erfassung der Kosten und Leistungen nach Verursachungsbereichen,
- die **Kostenträgerrechnung** als Erfassung der Kosten nach Leistungseinheiten.

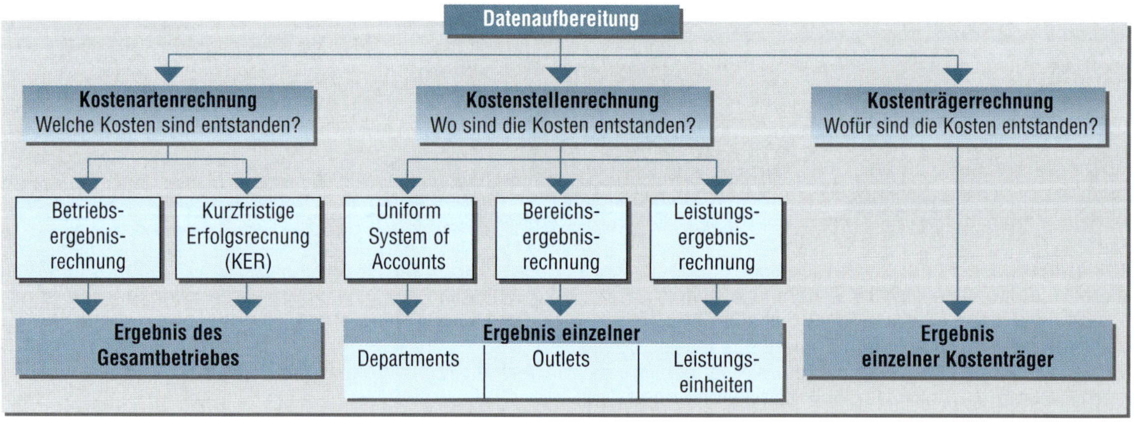

Wie umfangreich und detailliert die Kosten- und Leistungsrechnung in den jeweiligen Betrieben ausgestaltet werden sollte, hängt vom Betriebstyp und dem daraus resultierenden Informationsgrad sowie dem Arbeitsaufwand ab.

Ein Hotel garni beispielsweise benötigt weder eine Kostenstellen- noch eine Kostenträgerrechnung, da es nur einen Umsatzbereich hat. Dort reicht es völlig aus, im Rahmen der **Kostenartenrechnung** mithilfe des Instruments „Betriebsergebnisrechnung" oder „Kurzfristige Erfolgsrechnung (KER)" das Ergebnis des gesamten Betriebes zu ermitteln.

Sobald das Hotel bzw. Restaurant mehrere Umsatzbereiche umfasst, reicht die Kostenartenrechnung nicht mehr aus. In der **Kostenstellenrechnung** sollen einzelne rechnungstechnisch abgegrenzte betriebliche Teilbereiche (= Orte der Kostenentstehung und -zurechnung) auf ihr Ergebnis hin analysiert werden.

Wird hierbei versucht, nur die direkt zurechenbaren Kosten zu verteilen, handelt es sich um eine **Teilkostenrechnung**. Als Instrument kann zwischen dem Uniform System of Accounts (USoA) und der Bereichsergebnisrechnung gewählt werden. Das USoA gibt die Ergebnisse einzelner Departments an (z.B. Rooms, Food & Beverage), während die Bereichsergebnisrechnung für einzelne Outlets (z.B. Restaurant, Bankett, Außer-Haus) Ergebnisse ausweist.

Werden alle betrieblichen Kosten der Vergangenheit auf einzelne Leistungseinheiten verteilt, wird von **Vollkostenrechnung** gesprochen. Auf dieser Basis liefert die Leistungsergebnisrechnung die Ergebnisse z.B. innerhalb der Restauration nach Restaurant, Bar, Bankett, Außer-Haus usw.

Als dritter Teilbereich untersucht die **Kostenträgerrechnung**, wofür die Kosten angefallen sind. Dazu sind Kostenträger zu bilden. Des Weiteren kann die Rechnung einen zeitlichen Bezug haben oder sich auf einzelne Produkte bzw. Dienstleistungen beziehen.

Im Rahmen der **Kostenträgerzeitrechnung** (zeitlicher Bezug) soll unter anderem der Erfolg der einzelnen Kostenträger oder Kostenträgergruppen mithilfe des Instrumentes „Kostenträgerblatt" für eine bestimmte Abrechnungsperiode ermittelt werden. Sind die Kostenträger z.B. alle Leistungen, die für den Verkauf bestimmt sind (z.B. Speisen, Getränke, Zimmer), dann untersucht diese Rechnung genau dasselbe, was die Leistungsergebnisrechnung ermittelt.

Soll hingegen der Erfolg des gesamten Betriebes mithilfe der Gesamtkalkulation festgestellt werden, handelt es sich wie auch bei der **Kostenträgerstückrechnung** (Stück-Bezug), die das Ergebnis einzelner Kostenträger (z.B. eine Bankett-Veranstaltung) ermittelt, um Sachverhalte, die in Kapitel 4 behandelt werden.

Datenanalyse - Kennzahlen

Alle dargestellten Rechnungen sind Instrumente, die als Grundlage zur Aufbereitung von Basiszahlen dienen, aber noch keinerlei Beurteilungen liefern. So ermöglicht selbst die Aussage, dass das Bereichsergebnis Speisen im vergangenen Jahr bei + 100 000,00 € lag, keine Beurteilung. Dies wird erst möglich, wenn beispielsweise das tatsächliche Bereichsergebnis mit dem geplanten Bereichsergebnis derselben Periode verglichen wird. Das Ergebnis solch eines **Soll-Ist-Vergleiches** ist allerdings noch genauso wenig aussagekräftig, wie der **Zeitvergleich** von zwei Basiszahlen. Beispielsweise lässt die Gegenüberstellung des positiven Bereichsergebnisses vom letzten und vorletzten Jahr lediglich die Aussage zu, dass der Bereichsgewinn gestiegen bzw. gesunken ist.

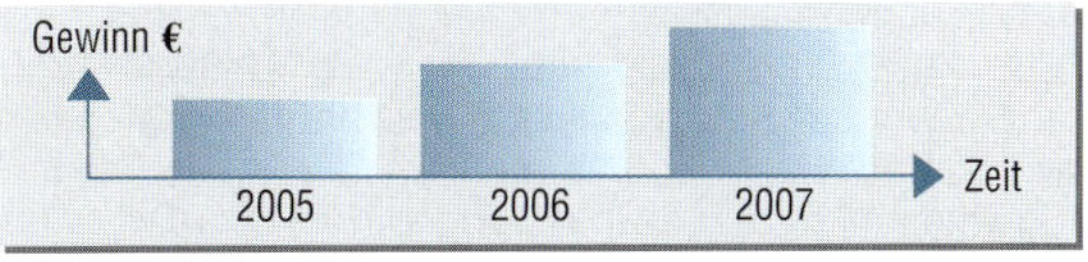

Zur Interpretation der Veränderung ist es notwendig, eine Größe mit einer anderen Größe in Beziehung zu setzen, zum Beispiel Gewinn und Eigenkapital.
Die so geschaffenen **Kennzahlen** lassen als numerische Informationen eine Aussage über die betriebswirtschaftlichen Sachverhalte zu. In Form von **Soll-Werten** sind sie für die Planung und die Abweichungsanalyse hilfreich. Als **Ist-Werte** ermöglichen sie innerhalb des Kontrollprozesses Schwachstellen aufzuzeigen und Abweichungen zu signalisieren.
Ferner können Ist-Werte als Beurteilungsmaßstab für die Entwicklung von einzelnen betrieblichen Zahlen dienen. Darüber hinaus ermöglichen sie Vergleiche mit anderen Unternehmen oder der ganzen Branche, um die erreichten Zahlen einer vergleichenden Beurteilung zu unterziehen. Vgl. auch Kapitel 1.1 Controlling-Prozess.

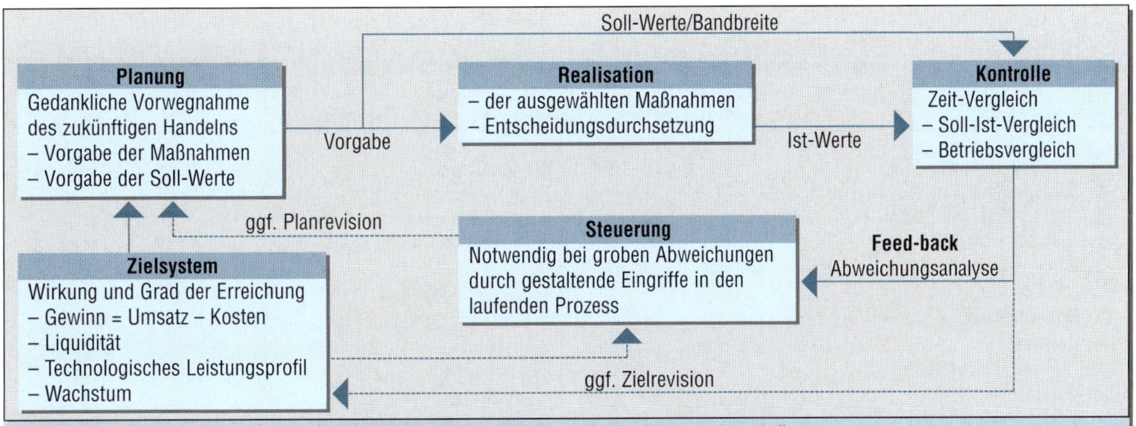

Schaubild „Kreislauf einer Kennzahlenauswertung"

Um konkrete Aussagen über die Situation des Unternehmens gewinnen zu können, ist eine Kombination mehrerer Einzelkennzahlen, die in einer sachlich sinnvollen Beziehung zueinander stehen, sich gegenseitig ergänzen und erklären, erforderlich. Nur solch ein **Kennzahlensystem** kann als Gesamtheit vollständig über einen Sachverhalt informieren.

Sind die ausgewählten Einzelkennzahlen mathematisch so miteinander verknüpft, dass sich bereits durch die Änderung einer Kennzahl auch vor- und nachgelagerte Kennzahlen ändern, ist das Kennzahlensystem ein **Rechensystem**.

Beispiel

Gesamtkapitalrentabilität = Umsatzrentabilität x Kapitalumschlag

Der Vorteil eines Rechensystems liegt in der Programmierbarkeit der mathematischen Verknüpfung, weil jede einzelne Kennzahl die Wirkung von vorgelagerten Kennzahlen als Einflussfaktor einer Ursache in Form eines mathematischen Ergebnisses zeigt.
Damit ist eine systematische Analyse der Haupteinflussfaktoren nachgelagerter Kennzahlen möglich.
Für viele Situationen, die man im Unternehmen analysieren möchte, sind rechnerische Verknüpfungen nur bedingt vorhanden. Wenn stattdessen bestimmten Sachverhalten Kennzahlen zugeordnet werden, wird von einem **Ordnungssystem** gesprochen.

Beispiel

Ein Unternehmen möchte im Bereich der Wachstumsanalyse immer zeitnah einen ersten Überblick über Änderungen erhal-ten. Dazu wählt das Unternehmen die Grundzahlen Geschäftsvolumen, Personal und Erfolg aus. Diese drei Zahlen werden regelmäßig mit denen der Vorperiode verglichen.
Im geschilderten Beispiel fehlt die Programmierbarkeit. Dafür kann die Betrachtung der unterschiedlichen Aspekte Vernetzungen berücksichtigen bzw. erste Hinweise auf mögliche Ursachen geben.

Die Aufgabe besteht für den Controller nun zunächst darin, jedes einzelne Instrument zu analysieren und die für das jeweilige Instrument geeigneten Kennzahlen zur Verfügung zu stellen. Daraus wird für jedes Instrument ein eigenes Kennzahlensystem erstellt. Dabei steht er vor der Entscheidung, aus der Vielfalt möglicher Kennzahlen die für sein Unternehmen geeigneten auszuwählen und berichtsmäßig aufzuarbeiten.
Darüber hinaus wird auch ein Gesamtsystem für den Betrieb erstellt. Hierbei ist es allerdings nicht möglich, ein allgemeines System aufzustellen, was gleichzeitig auf die individuellen betrieblichen Bedürfnisse des einzelnen Betriebes zugeschnitten ist. Mithilfe eines entsprechenden EDV-Programms kann der Controller sich sein Gesamtsystem in Form einer betriebswirtschaftlichen Auswertung (BWA) individuell gestalten.

Aufgaben

1. Erläutern Sie, mit welchen Zielsetzungen die verschiedenen Interessengruppen Unternehmensdaten analysieren.
2. Beschreiben Sie, für welche Zielsetzungen die Aufbereitung und Analyse der Bilanzpositionen geeignet sind.
3. Stellen Sie die Beweggründe für die Einführung eines internen Rechnungswesens dar.
4. Charakterisieren Sie die Teilbereiche der Kosten- und Leistungsrechnung.
5. Begründen Sie, weshalb die Ergebnisse einzelner Rechnungen der Kosten- und Leistungsrechnung noch keine Analyse darstellen.
6. Unterscheiden Sie die Arten von Kennzahlensystemen.

3.1 Bilanzaufbereitung und -analyse

Situation

Bilanz des Hotel-Restaurants Bergstatter Hof zum 31. Dezember 20..

Aktiva		Passiva	
A. Anlagevermögen		**A. Eigenkapital**	229 900,00
I. Sachanlagen			
1. Grundstücke und Bauten	766 300,00	**B. Rückstellungen**	
2. Technische Anlagen	80 800,00	1. Sonstige Rückstellungen	11 000,00
3. Betriebs- und Geschäftsausstattung	191 700,00		
		C. Verbindlichkeiten	
B Umlaufvermögen		1. Verbindlichkeiten gegenüber Kreditinstituten	827 640,00
I. Vorräte		2. Verbindlichkeiten aus Lieferungen u. Leistungen	62 960,00
1. Lebensmittelvorräte	3 800,00	3. Verbindlichkeiten aus Steuern	13 000,00
2. Getränkevorräte	11 100,00		
		D. Rechnungsabgrenzungsposten	3 000,00
II. Forderungen			
1. Forderungen aus Lieferungen und Leistungen	48 000,00		
III. Kassenbestand, Guthaben b. Kreditinstituten, Schecks	42 800,00		
C. Rechnungsabgrenzungsposten	3 000,00		
	1 147 500,00		1 147 500,00

Unternehmen sind dazu verpflichtet, Rechenschaft über ihre wirtschaftliche Situation zu geben. Die dazu nach den gesetzlichen Vorschriften erstellten Bilanzen genügen aber in der Regel nicht den Anforderungen der Interessenten. So werden Kreditgeber, Anteilseigner, die nicht an der direkten Geschäftsführung beteiligt sind, Arbeitnehmer und andere Gruppen eine externe Bilanzaufbereitung vornehmen.

Hierbei ergibt sich natürlich die Schwierigkeit, dass viele Informationen einem Außenstehenden nicht oder nur unvollständig zur Verfügung stehen. Auch der oder die Unternehmer bereiten die Bilanz in einer internen Bilanzanalyse auf.

Eine interne Bilanzaufbereitung hat zunächst die Aufgabe, das Zahlenmaterial zu **bereinigen**.
Die Bilanz enthält zum einen Positionen, die lediglich einen Korrekturcharakter haben. Existieren bei einer Kapitalgesellschaft zum Beispiel noch ausstehende Einlagen, werden diese mit dem gezeichneten Kapital saldiert. Wertberichtigungen, zum Beispiel bei zweifelhaften Forderungen, werden mit der entsprechenden Aktivposition verrechnet.

Andererseits gibt es in der Bilanz verschiedene Werte, die einander für die Analyse **zugeordnet** werden können. Aktive Rechnungsabgrenzungsposten werden den Forderungen, passive Rechnungsabgrenzungsposten den kurzfristigen Verbindlichkeiten zugeordnet. Bei diesen Positionen handelt es sich zwar nicht um Geldforderungen bzw. -verbindlichkeiten, aber um solche auf Leistungen.
Aus dem Bilanzgewinn ist bei einer Aktiengesellschaft eine Dividende herauszurechnen und den kurzfristigen Verbindlichkeiten zuzurechnen, da diese noch an die Aktionäre ausgeschüttet werden muss.

Für die Analyse wird die Bilanz schließlich zu ihren Hauptgruppen **verdichtet**. Diese Strukturbilanz beinhaltet auf der Aktivseite das Anlage- und das Umlaufvermögen und auf der Passivseite das Eigenkapital und das Fremdkapital. Zusätzlich wird das Umlaufvermögen in der Regel noch nach den Bestandteilen Vorratsvermögen, Forderungen und flüssige Mittel unterteilt. Das Fremdkapital wird nach langfristigem und kurzfristigem Kapital getrennt.

Aktiva	**Passiva**
A Anlagevermögen	**A Eigenkapital**
B Umlaufvermögen	**B Fremdkapital**
– Vorräte	– langfristig
– Forderungen	– kurzfristig
– Flüssige Mittel	
↑ Mittelverwendung	↑ Mittelherkunft

Hotel-Restaurant Bergstatter Hof

Aktiva		**Aufbereitete Bilanz**	**Passiva**
A Anlagevermögen	1 038 800,00	**A Eigenkapital**	229 900,00
B Umlaufvermögen	108 700,00	**B Fremdkapital**	917 600,00
– davon Vorratsvermögen	14 900,00	– davon langfristig	787 640,00
– davon Forderungen	51 000,00	– davon kurzfristig	129 960,00
– davon flüssige Mittel	42 800,00		
	1 147 500,00		1 147 500,00

In der aufbereiteten Bilanz des Hotel-Restaurants Bergstatter Hof wurden die aktiven Rechnungsabgrenzungsposten den Forderungen hinzugerechnet, die passiven Rechnungsabgrenzungsposten den kurzfristigen Verbindlichkeiten.

In den Darlehensschulden sind 40 000,00 € enthalten, die im nächsten Jahr zur Tilgung anstehen. Ihre Restlaufzeit liegt somit unter einem Jahr und sie wurden den kurzfristigen Verbindlichkeiten zugerechnet, die **restliche Darlehensschuld ist langfristig**.

Für die Interpretation der Bilanz im Zeitvergleich werden noch die Zahlen der vorangegangenen Periode in die Strukturbilanz aufgenommen.

Hotel-Restaurant Bergstatter Hof

Aktiva — Strukturbilanz — Passiva

Bilanzposition	**Berichtsjahr**	**Vorjahr**	**Bilanzposition**	**Berichtsjahr**	**Vorjahr**
Anlagevermögen	1 038 800,00	995 700,00	Eigenkapital	229 900,00	155 150,00
Vorräte	14 900,00	15 300,00	Langfristiges Fremdkapital	787 640,00	805 100,00
Forderungen	51 000,00	35 400,00	Kurzfristiges Fremdkapital	129 960,00	127 450,00
Flüssige Mittel	42 800,00	41 300,00			
Gesamt	**1 147 500,00**	**1 087 700,00**	**Gesamt**	**1 147 500,00**	**1 087 700,00**

Das Anlagevermögen zeigt eine Steigerung gegenüber dem Vorjahr. Also wurden Investitionen getätigt, die über den buchhalterischen Abschreibungen lagen. Dies deckt sich mit der Expansionspolitik des Unternehmens.

Geht man von einer Ratentilgung des Darlehens aus, hätten im Zeitvergleich die langfristigen Verbindlichkeiten genau wie im Vorjahr um 40 000,00 € abnehmen müssen. Es ist also offensichtlich zusätzliches Fremdkapital aufgenommen worden. Ein wesentlicher Teil der Investitionen wurde aber aus nicht entnommenen Gewinnen getätigt, was an der Erhöhung des Eigenkapitals abzulesen ist. Bemerkenswert ist auch die Erhöhung der Forderungen, was z.B. auf eine verschlechterte Zahlungsmoral der Gäste zurückschließen lässt.

Die Hauptbestandteile der Bilanz lassen sich nun in horizontale und vertikale Beziehungen setzen. Das Verhältnis vom Anlagevermögen zum Umlaufvermögen ergibt die Vermögensstruktur, welche die Kapitalverwendung wiedergibt.

Das Verhältnis von Eigenkapital zum Fremdkapital stellt die Kapitalherkunft dar, gibt also Auskunft über die Finanzierung der Unternehmung.

Die horizontale Betrachtung der Bilanz untersucht die Investierung der Unternehmung durch die Beziehung des Anlagevermögens zum langfristigen Kapital sowie die Liquidität als Verhältnis von Umlaufvermögen und kurzfristigem Kapital.

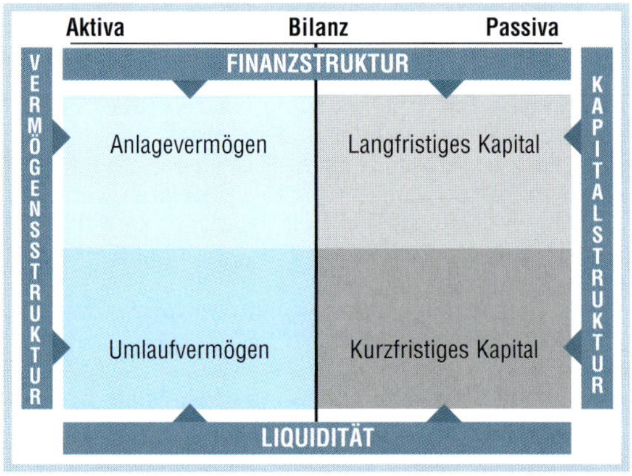

3.1.1 Vermögensstruktur (Konstitution)

Die Untersuchung der Vermögensstruktur beurteilt das Verhältnis der Vermögensteile untereinander.
Die Zusammensetzung des Vermögens wird auch als Konstitution bezeichnet. Sie ist ein Maß für die Anpassungsfähigkeit des Unternehmens an wechselnde Auslastungen.

Hotel-Restaurant Bergstatter Hof		Vermögensstruktur Zeitvergleich		
Kennzahl	**kennzeichnet ...**	**Berechnung**	**Berichtsjahr**	**Vorjahr**
Anlagenquote	die Investition in Anlagevermögen	$\frac{\text{Anlagevermögen} \times 100}{\text{Gesamtvermögen}}$	90,5 %	91,5 %
Umlaufvermögensquote	den Anteil des Umlaufvermögens am Gesamtvermögen	$\frac{\text{Umlaufvermögen} \times 100}{\text{Gesamtvermögen}}$	9,5 %	8,5 %
Konstitution	das Verhältnis des Anlagevermögens zum Umlaufvermögen	$\frac{\text{Anlagevermögen}}{\text{Umlaufvermögen}}$	9,56	10,82
Vorratsquote	den Anteil der Vorräte am Gesamtvermögen	$\frac{\text{Vorräte} \times 100}{\text{Gesamtvermögen}}$	1,3 %	1,4 %
Forderungsquote	den Anteil der Forderungen am Gesamtvermögen	$\frac{\text{Forderungen} \times 100}{\text{Gesamtvermögen}}$	4,4 %	3,3 %
Quote der flüssigen Mittel	den Anteil der flüssigen Mittel am Gesamtvermögen	$\frac{\text{Flüssige Mittel} \times 100}{\text{Gesamtvermögen}}$	3,7 %	3,8 %

Das Vermögen besteht zu 90,5 % aus Anlagevermögen. Allgemein gültige Normen lassen sich für die Anlagenquote nicht aufstellen, da sie abhängig sind von der Branche, dem Standort, der Betriebsgröße und den Eigentumsverhältnissen.

Gastgewerbliche Betriebe gelten allgemein als sehr anlagenintensiv. Da es sich beim Hotel-Restaurant Bergstatter Hof um einen Eigentumsbetrieb handelt, entfallen bereits zwei Drittel des Vermögens auf das Grundstück und das Gebäude.

Als Folge ergibt sich eine Unflexibilität in Bezug auf die Kapazität.

Bei hoher Nachfrage können kurzfristig keine zusätzlichen Hotelzimmer geschaffen werden. Andererseits sind Hotelzimmer oder Sitzplätze im Restaurant in Zeiten der Unterbeschäftigung ungenutzt. Die durch das Anlagevermögen verursachten Kosten sind in hohem Maße fix oder sprungfix (zu fixen Kosten, vgl. Kapitel 4.2.2). Abschreibungen, Zinsen oder Instandhaltungen sind unabhängig von der Auslastung.
Bei schwacher Auslastung verteilen sich diese Kosten auf weniger verkaufte Hotelzimmer, Speisen oder Getränke.
Dies müsste zu erhöhten Preisen führen, was aber gerade in auslastungsschwachen Zeiten nicht durchsetzbar ist.

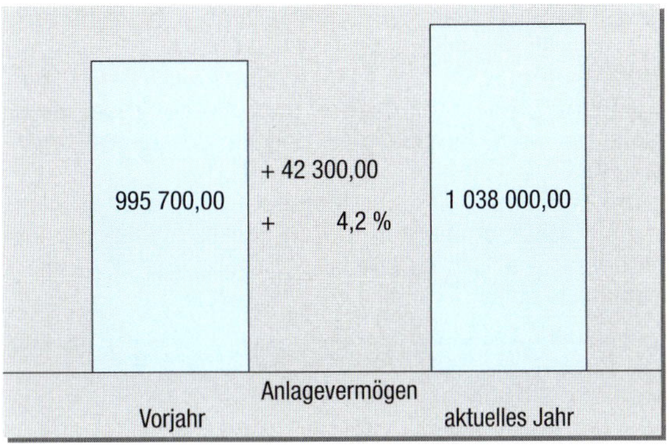

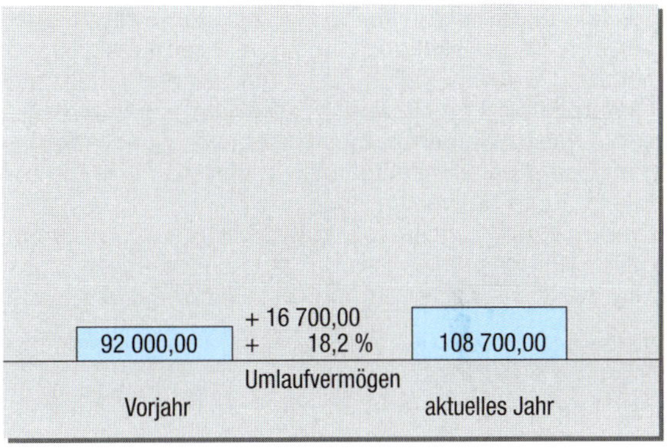

Im Zeitvergleich ist das Anlagevermögen absolut von 995 700,00 € auf 1 038 000,00 € gestiegen.
Dies zeigt, dass die getätigten Investitionen im Bereich des Anlagevermögens höher waren als die Abschreibungen. Die Anlagenquote ist trotz gestiegener absoluter Werte um 1 % leicht gesunken, da das Umlaufvermögen stärker gestiegen ist als das Gesamtvermögen. Es ist also eine Betrachtung sowohl der absoluten Werte als auch der Kennziffern erforderlich.

Im Umlaufvermögen sind in der Jahresgegenüberstellung die flüssigen Mittel und die Vorräte im gleichen Verhältnis wie das Gesamtvermögen gestiegen. Die Forderungen dagegen sind wohl durch die schlechtere Zahlungsmoral der Gäste überproportional gestiegen.

Eine andere Erklärungsmöglichkeit wäre ein verstärkter Anteil von Geschäftskunden, die ihre Leistungen auf Rechnung erhalten.

3.1.2 Kapitalstruktur (Finanzierung)

Die Untersuchung der Kapitalstruktur beurteilt das Verhältnis der eigenen und der fremden finanziellen Mittel zum Gesamtkapital.

Sie gibt an, wie sich das Unternehmen finanziert hat. Somit ist sie ein Gradmesser der finanziellen Unabhängigkeit.

Hotel-Restaurant Bergstatter Hof		Kapitalstruktur Zeitvergleich		
Kennzahl	**kennzeichnet ...**	**Berechnung**	**Berichtsjahr**	**Vorjahr**
Eigenkapitalquote	den Grad der finanziellen Unabhängigkeit	$\frac{\text{Eigenkapital} \times 100}{\text{Gesamtkapital}}$	20,0 %	14,3 %
Fremdkapitalquote	den Grad der Verschuldung	$\frac{\text{Fremdkapital} \times 100}{\text{Gesamtkapital}}$	80,0 %	85,7 %

Bei der Kapitalstruktur geht es vor allem um die Frage, ob das Unternehmen sich überwiegend mit Eigenkapital oder mit Fremdkapital finanziert.
Die Aufgabe des Eigenkapitals ist es zunächst, eine Haftungsfunktion gegenüber den Gläubigern zu übernehmen. Kreditinstitute entscheiden über die Modalitäten einer Kreditvergabe verstärkt unter Berücksichtigung des vorhandenen Eigenkapitals. Ein hoher Eigenkapitalanteil senkt aber auch die Kosten des Unternehmens, da dann weniger Zinsen an Gläubiger bezahlt werden müssen. Auch wird die Zahlungsfähigkeit positiv beeinflusst, da keine flüssigen Mittel für Tilgungen aufgewendet werden müssen. Das Eigenkapital hat aber auch eine Finanzierungsfunktion.
Der Unternehmer stellt dem Unternehmen das Eigenkapital langfristig zur Verfügung. Also kann das Unternehmen diese Mittel auch zu langfristigen Investitionen nutzen. Der notwendige Anteil des Eigenkapitals am Gesamtkapital ist demnach abhängig von der Anlagenintensität. Unternehmen mit einem hohen Anlagevermögensanteil müssten also auch eine hohe Eigenkapitalquote aufweisen.
Dies müsste auch für gastgewerbliche Unternehmen gelten. Grundsätzlich kann aber gesagt werden, dass eine hohe Eigenkapitalquote ein Gradmesser für die finanzielle Unabhängigkeit des Unternehmens von seinen Gläubigern ist.
Finanzielle Unabhängigkeit und **Stabilität** in Krisenzeiten sind positive Folgen einer hohen Eigenkapitalquote. Im Hotel-Restaurant Bergstatter Hof hat sich die Eigenkapitalquote erfreulicherweise von 14,3 % auf 20,0 % erhöht. Diese Entwicklung beruht auf der Tatsache, dass der Unternehmer nur einen kleinen Teil des im letzten Jahr erwirtschafteten Gewinns für private Zwecke entnommen hat.
Für gastgewerbliche Unternehmen ist diese Eigenkapitalquote beachtlich hoch, denn in der Praxis haben gerade diese Unternehmen eine zu niedrige Eigenkapitalquote oder sogar ein negatives Eigenkapital.
Der Grad der Verschuldung wird durch die Fremdkapitalquote angegeben. Sie ergibt sich aus dem Differenzwert zur Eigenkapitalquote. Für sie gelten also analog die Ausführungen zur Eigenkapitalquote. Interessant ist beim Fremdkapital aber noch seine Zusammensetzung nach langfristigem und kurzfristigem Fremdkapital.
Ein hoher Anteil des kurzfristigen Fremdkapitals kann zu Liquiditätsproblemen führen, da die Zahlungen unabhängig von der kurzfristigen Ertragslage des Unternehmens sind.

3.1.3 Finanzstruktur (Investierung)

Bei der Untersuchung der Finanzstruktur geht es um die Frage, zu wie viel Prozent das Anlagevermögen durch langfristiges Kapital gedeckt ist. Sie gibt also an, worin das langfristige Kapital im Betrieb investiert wurde. Das Anlagevermögen wird im Betrieb langfristig genutzt und ist dementsprechend lange gebunden. Deshalb hat auch seine Finanzierung langfristig zu erfolgen. Ein Gut soll die investierten Mittel wieder erwirtschaften, es soll sich amortisieren. Diese Amortisationszeit soll mit der Laufzeit des Kapitals übereinstimmen. Als langfristiges Kapital steht dem Unternehmen das Eigenkapital zur Verfügung.
Da diese Mittel zur Beschaffung des Anlagevermögens selten ausreichen, wird in der Regel auch langfristiges Fremdkapital aufgenommen.
Hat ein Unternehmen auf diese Weise das Anlagevermögen komplett finanziert, sind die Fristen aufseiten der Investierung und Finanzierung gleich. Dieser Grundsatz der Fristengleichheit wird auch als goldene Bilanzregel bezeichnet.

Hotel-Restaurant Bergstatter Hof		Finanzierung Zeitvergleich		
Kennzahl	**kennzeichnet ...**	**Berechnung**	**Berichtsjahr**	**Vorjahr**
Deckungsgrad I	die Finanzierung des Anlagevermögens mit Eigenkapital	$\frac{\text{Eigenkapital} \times 100}{\text{Anlagevermögen}}$	22,1 %	15,6 %
Deckungsgrad II	die Finanzierung des Anlagevermögens mit Eigenkapital und langfristigem Fremdkapital	$\frac{(\text{Eigenkapital} + \text{Langfristiges Fremdkapital}) \times 100}{\text{Anlagevermögen}}$	97,9 %	96,4 %

Die sicherste Deckung des Anlagevermögens erfolgt durch das Eigenkapital. Dieses Kapital kann nicht von Gläubigern zurückgefordert werden, sondern der oder die Unternehmer entscheiden über seine Rückzahlung. Das Eigenkapital steht dem Unternehmen also am langfristigsten zur Verfügung. Es ist aber nicht zu erwarten, dass das gesamte Anlagevermögen durch Eigenkapital abgedeckt werden kann.

Gerade im Gastgewerbe mit seinem häufig geringen Grad der finanziellen Unabhängigkeit wird solch eine hundert-prozentige Deckung nicht zu erreichen sein. Im Hotel-Restaurant Bergstatter Hof liegt der Deckungsgrad I bei 22,1 % – ein Wert, der für gastgewerbliche Betriebe als gut zu bezeichnen ist. Durch die Nichtentnahme eines Teils der Gewinne des letzten Jahres hat sich diese Kennzahl im Zeitvergleich verbessert.
Nach der **goldenen Bilanzregel** sollte das Anlagevermögen langfristig finanziert werden. Hierzu stehen dem Unternehmen auch die langfristigen Kredite zur Verfügung.

Die Summe des Eigenkapitals und der langfristigen Verbindlichkeiten sollten das Anlagevermögen aber zu 100 % decken.

Eine niedrigere Deckung kann dazu führen, dass bei Fälligkeit langfristigen Kapitals Liquiditätsprobleme auftreten und Gegenstände des Anlagevermögens verkauft werden müssen. Auch eine Überfinanzierung ist nicht sinnvoll. Langfristiges Kapital verursacht Zinsen, kurzfristige Lieferantenkredite sind allemal günstiger und Geld auf dem Girokonto oder in der Kasse erwirtschaftet keinen Erfolg.

Im Hotel-Restaurant Bergstatter Hof hat sich die Anlagendeckung II verbessert und eine leichte Unterdeckung ist hier nicht problematisch, da die langfristigen Verbindlichkeiten ja frühestens in einem Jahr fällig werden und bis dahin eine Veränderung der Situation stattfinden könnte.

3.1.4 Liquidität (Zahlungsbereitschaft)

Zielkäufe bei Lieferanten, Verbindlichkeiten gegenüber dem Finanzamt (z.B. aus Lohn- oder Umsatzsteuer) oder Verbindlichkeiten gegenüber den Krankenkassen werden in kurzer Zeit zu einer Zahlung führen müssen.

Ob für diese Verbindlichkeiten genügend Mittel zur Verfügung stehen untersuchen die Kennzahlen der Liquidität.

Hotel-Restaurant Bergstatter Hof		Liquidität Zeitvergleich		
Kennzahl	**kennzeichnet ...**	**Berechnung**	**Berichtsjahr**	**Vorjahr**
Liquidität 1. Grades	die Barliquidität	$\frac{\text{Flüssige Mittel x 100}}{\text{Kurzfristiges Fremdkapital}}$	32,9 %	32,4 %
Liquidität 2. Grades	die einzugsbedingte Liquidität	$\frac{\text{(Flüssige Mittel + Forderungen) x 100}}{\text{Kurzfristiges Fremdkapital}}$	72,2 %	60,2 %
Liquidität 3. Grades	die umlaufbedingte Liquidität	$\frac{\text{Umlaufvermögen x 100}}{\text{Kurzfristiges Fremdkapital}}$	83,6 %	72,2 %
working capital	das frei verfügbare Umlaufvermögen	Umlaufvermögen ./. Kurzfristiges Fremdkapital	– 21 260,00	- 354 500,00

Wie viele der kurzfristigen Verbindlichkeiten aus den flüssigen Mitteln, d.h. dem Kassenbestand und den Guthaben auf den verschiedenen Konten bei Kreditinstituten, befriedigt werden können, untersucht die Kennzahl Barliquidität. Im Hotel-Restaurant Bergstatter Hof liegt diese Kennzahl bei 32,9 %. Sie hat sich im Zeitvergleich nur unwesentlich verbessert und es könnte nur ein geringer Teil der kurzfristigen Verbindlichkeiten sofort bezahlt werden.
In den Verbindlichkeiten sind aber auch solche enthalten, die erst in naher Zukunft bezahlt werden müssen. Gegenüber Lieferanten besteht beispielsweise in der Regel ein Zahlungsziel.

Bis zum Erreichen dieses Zahlungszieles werden einige der Gäste ihre Verbindlichkeiten ausgeglichen haben. Deshalb können in der zweiten Stufe, der einzugsbedingten Liquidität, auch die Forderungen in die Berechnung einbezogen werden.

Sie liegt im Unternehmen bei 72,2 % und hat sich im Zeitvergleich erheblich verbessert. Die Warenvorräte sollen kurzfristig umgeschlagen werden. Durch den Verkauf der damit produzierten Speisen kommen neue flüssige Mittel in das Unternehmen.
Werden die Warenvorräte in die Betrachtung einbezogen, ergibt sich die **umlaufbedingte Liquidität** (Liquidität 3. Grades), die im Hotel-Restaurant Bergstatter Hof von 72,2 % auf 83,6 % gestiegen ist.

Das „working capital" ist negativ, da die umlaufbedingte Liquidität unter 100 % liegt, die kurzfristigen Verbindlichkeiten also höher als das Umlaufvermögen sind.
Nach allgemeiner Meinung sollte die Liquidität 2. Grades zur Deckung der kurzfristigen Verbindlichkeiten ausreichen, also 100 % betragen.

Die Liquidität 3. Grades sollte sogar bei 200 % liegen. Danach wäre die Liquidität im Hotel-Restaurant Bergstatter Hof als sehr schlecht anzusehen. Bei näherer Betrachtung zeigt sich allerdings, dass die Liquidität im Gastgewerbe durch diese Kennzahlen nur unzureichend beschrieben wird.

Die ermittelte Liquidität ist eine **Stichtagsliquidität** zum Ende des Geschäftsjahres. Die liquiden Mittel ändern sich aber täglich, da die meisten Leistungen von den Gästen sofort bezahlt werden. Dies ist auch aus dem geringen Forderungsbestand ersichtlich. Sollten alle kurzfristigen Verbindlichkeiten umgehend eingefordert werden, könnte nicht mehr als ein Drittel von ihnen sofort aus den flüssigen Mitteln bezahlt werden. Als kurzfristig gilt hier eine Zeitspanne von bis zu einem Jahr.

Durch jeden Zahlungseingang für Forderungen ändert sich das Verhältnis zwischen Barliquidität und einzugsbedingter Liquidität.

Werden die Vorräte in die Berechnung einbezogen, müssen diese durch Produktion erst zu Speisen verarbeitet werden. Auch dies verursacht Kosten und Ausgaben und verschlechtert die Liquidität wieder.

Auch wurden die Vorräte zum Einkaufspreis bewertet ohne Berücksichtigung der späteren tatsächlichen Einnahme.

Die Bilanzerstellung erfolgt in der Regel erst einige Zeit nach dem Bilanzstichtag. Wenn die Bilanz vorliegt, haben sich unter Umständen gerade die im Zusammenhang mit der Liquidität betrachteten Werte entscheidend geändert. So ist wahrscheinlich inzwischen ein erheblicher Teil der kurzfristigen Verbindlichkeiten bereits bezahlt.

Die Überprüfung der Liquidität wird aufgrund dieser diversen Schwierigkeiten im Rahmen eines ständig aktualisierten Liquiditätsplanes durchgeführt.

Alle Einnahmen und Ausgaben werden dabei termingerecht gegenübergestellt, um so die Zahlungsfähigkeit des Unternehmens untersuchen zu können.

Bei kurzfristigen Engpässen kann dann unmittelbar reagiert werden.

Aufgaben

1. Erstellen Sie aus folgenden Angaben eine aufbereitete Bilanz für das Hotel Hoffmeister:

Technische Anlagen und Maschinen	420 000,00 €
Kassenbestand	16 200,00 €
Verbindlichkeiten aus L+L	37 800,00 €
Forderungen aus L+L	8 900,00 €
Betriebs- und Geschäftsausstattung	186 300,00 €
Warenvorräte	22 000,00 €
Bankguthaben	34 100,00 €
Verbindlichkeiten gegenüber dem Finanzamt	12 000,00 €
Verbindlichkeiten gegenüber Kreditinstituten (langfristig)	312 000,00 €

2. Die Beziehung welcher Bilanzpositionen gibt
   a) die Zahlungsbereitschaft,
   b) die Finanzierung
   wieder ?

3. Der Kontenabschluss einer Unternehmung ergab folgende Werte:

Geschäftsbauten	450 000,00 €
BGA	70 000,00 €
Technische Anlagen und Maschinen	50 000,00 €
Darlehen (Es handelt sich um ein Darlehen mit Ratentilgung über 400 000,00 € mit einer Laufzeit von 10 Jahren)	360 000,00 €
Kassenbestand	5 000,00 €
Bankguthaben	32 000,00 €
Forderungen aus L+L	28 000,00 €
Warenvorräte	18 000,00 €
Verbindlichkeiten aus L+L	60 000,00 €
Verbindlichkeiten gegenüber dem Finanzamt	12 000,00 €
Rückstellungen für einen Prozess	4 000,00 €
Eigenkapital	217 000,00 €

   1) Erstellen Sie eine aufbereitete Bilanz.
   2) Ermitteln Sie den Anlagevermögensanteil und erläutern Sie die Probleme, die einem gastronomischen Betrieb aus einem hohen Anlagevermögensanteil erwachsen können.
   3) Ermitteln Sie die Anlagendeckung II und zeigen Sie Probleme einer Unterdeckung oder einer Überdeckung auf.
   4) Berechnen Sie die einzugsbedingte Liquidität und bewerten Sie die Bedeutung dieser Kennzahl für einen gastronomischen Betrieb.
   5) Erläutern Sie welche Nachteile sich bei einem hohen Fremdkapitalanteil für ein Unternehmen ergeben können. Errechnen Sie die Fremdkapitalquote.
   6) Berechnen Sie den Verschuldungsgrad, wenn der „cash flow" 125 000,00 € beträgt.
   7) Erläutern Sie zwei Nachteile einer hohen Vorratsquote.
   8) Erläutern Sie die goldene Bilanzregel.

3.2 Kostenartenrechnung

Situation

Ihnen liegt das Gewinn- und Verlustkonto des Hotel-Restaurants Bergstatter Hof zum 31.12.20.. vor.

Soll — Gewinn- und Verlustkonto Hotel-Restaurant Bergstatter Hof zum 31.12.20.. — Haben

Soll		Haben	
6020 Warenkosten Lebensmittel	186 800,00 €	5010 Beherbergungsumsatz	183 200,00 €
6030 Warenkosten Getränke	57 800,00 €	5020 Speisenumsatz	546 600,00 €
6200 Personalkosten	236 600,00 €	5030 Getränkeumsatz	210 400,00 €
6400 Energiekosten	58 600,00 €	5400 Zinserträge	1 000,00 €
6500 Geb., Beiträge, Versicherungen	19 600,00 €	5500 Ertr. aus Anlagenabgängen	2 650,00 €
6530 Gewerbesteuer	4 300,00 €	5700 Ertr. a.d.Aufl. von Rückstellungen	1 800,00 €
6540 Sonstige Steuern	3 500,00 €	5890 Außerordentl. Erträge	600,00 €
6620 Kfz-Kosten	17 300,00 €		
6674 Forderungsverluste	2 000,00 €		
6710 Rechts- und Beratungskosten	6 800,00 €		
6720 Bürobedarf	5 800,00 €		
6730 Post- und Telefonkosten	13 100,00 €		
6740 Werbung	9 800,00 €		
6790 Sonst. Verwaltungskosten	53 700,00 €		
6800 Periodenfremde Aufwendungen	1 500,00 €		
7100 Leasing	3 000,00 €		
7200 Instandhaltung	31 600,00 €		
7300 AfA	41 600,00 €		
7450 Verluste aus Anlagenabgängen	800,00 €		
7500 Zinsaufwendungen	49 900,00 €		
2010 Eigenkapital (Gewinn)	142 150,00 €		
	946 250,00 €		**946 250,00 €**

- **Welches Ergebnis hat das Hotel-Restaurant Bergstatter Hof erwirtschaftet?**
- **Analysieren Sie das Ergebnis hinsichtlich seiner Zusammensetzung.**

- ▶ Es ist ein Gewinn von 142 150,00 € erwirtschaftet worden.
- ▶ Nicht alle Positionen stehen in unmittelbarem Zusammenhang mit der Aufgabe eines Hotel-Restaurants.
- ▶ Einige Positionen rücken den Erfolg infolge ihrer Einmaligkeit in ein falsches Licht.

Die Erfolgsquellen eines Unternehmens sind vielfältig und unterschiedlich. Sie lassen sich in die Bereiche **„Betriebliche Erfolge"** und **„Sonstige Erfolge"** zusammenfassen.
Bei den „**Sonstigen Erfolgen**" handelt es sich um Aufwendungen und Erträge, die mit dem eigentlichen Zweck des Hotel- und Gaststättenbetriebes in keinem direkten Zusammenhang stehen. Sämtliche Positionen haben den Charakter des Außerordentlichen, Betriebsfremden bzw. Periodenfremden.

Demgegenüber handelt es sich bei den Positionen, die zum **Betrieblichen Erfolg** beitragen, um

- ▶ Aufwendungen, die durch den Einsatz bei der Leistungserstellung verursacht wurden (= Kosten), und
- ▶ Erträge, die im Rahmen des eigentlichen Betriebszweckes erwirtschaftet wurden (= Leistungen).

Zur Ermittlung des reinen betrieblichen Erfolges (= Betriebsergebnisses) werden sowohl die Leistungen, d.h. die Verpflegungs-, Beherbergungs- und Nebenleistungen, als auch die Kosten gegenübergestellt.

Unternehmenserfolg (= Unternehmensergebnis)

Betriebliche Erfolge
Betriebsergebnis
Merkmale:
- Sachzielbezogen
- Ordentlich
- Periodengerecht

Sonstige Erfolge
Neutrales Ergebnis
Merkmale:
- Betriebsfremd
- Betrieblich außerordentlich
- Periodenfremd

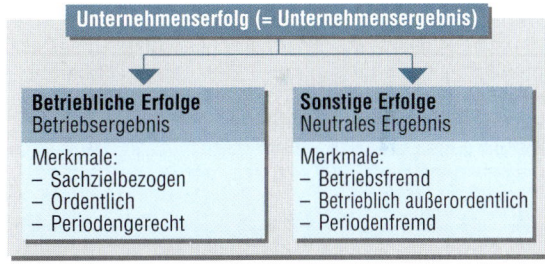

Ziele der Kostenartenrechnung

Die Kostenartenrechnung dient als **Entscheidungsgrundlage** für kostenartenbezogene Planungen, Kontrollen und Analysen.

So lassen sich z.B. die Kostenarten einer Periode mit denen vergangener Perioden (Kostenarten-Zeitvergleich) oder mit den geplanten Kostenarten (Soll-Ist-Vergleich) vergleichen. Es kann auch ein Vergleich mit den Kostenarten der Mitbewerber erfolgen, z.B. Wareneinsatz im Küchenbereich (außerbetrieblicher Vergleich). Ebenfalls bietet die Beobachtung der Kostenartenstruktur im Zeitablauf aufschlussreiche Erkenntnisse.

Daneben unterstützt die Kostenartenrechnung den Controller bei der Planung der Kostenstellen.

Auf jeden Fall soll die Unternehmensleitung einen Überblick über die Kosten für Lebensmittel, Getränke, Personal und weitere Kostenarten erhalten.

Aufgaben der Kostenartenrechnung

Eine wesentliche Aufgabe besteht in der Abgrenzung der Aufwendungen und Erträge hinsichtlich ihres Zusammenhangs mit dem Betriebszweck.

Durch die unternehmensbezogenen Abgrenzungen werden die **neutralen Aufwendungen und Erträge** aus der Gewinn- und-Verlust-Rechnung herausgefiltert.

Die verbleibenden Aufwendungen und Erträge sind zwar betriebsbedingt, jedoch zum Teil von ihren gebuchten Werten her für die Kosten- und Leistungsrechnung mit anderen Beträgen anzusetzen.

Daher werden einzelne Werte im Rahmen kostenrechnerischer Korrekturen berichtigt – sie werden **Anderskosten bzw. -leistungen** genannt. Daneben fließen z.B. für die eingebrachte Arbeitskraft des Unternehmers Kosten in die Kosten- und Leistungsrechnung ein, die in der Finanzbuchführung unberücksichtigt sind. Da diese Kosten zu den Aufwendungen aus der Finanzbuchführung hinzukommen, werden sie Zusatzkosten genannt. Gleichfalls können betriebliche Leistungen, die an Außenstehende unentgeltlich abgegeben werden, zu Zusatzleistungen führen. Dieses betrifft z.B. das kostenlose Probeessen eines Ehepaares, das im Rahmen der Planung der Feierlichkeiten zur Silberhochzeit ein ausgesuchtes Menü testet.

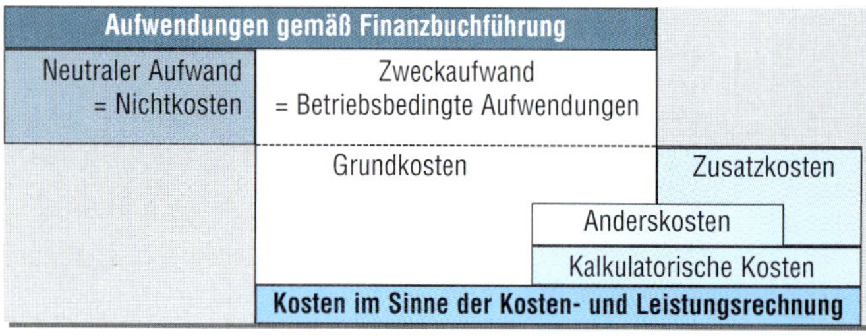

Grundkosten = aufwandsgleiche Kosten

Zusatzkosten = aufwandslose Kosten

Anderskosten = aufwandsungleiche Kosten

Kalk. Kosten = Anderskosten + Zusatzkosten

Im übertragenen Sinn gilt das Gleiche für die Leistungen in Abgrenzung zu den Erträgen.
Eine weitere Aufgabe ist die **Ermittlung** der Kosten je Kostenart. Um alle angefallenen Kosten innerhalb eines Abrechnungszeitraums (z.B. Monat, Budgetjahr) nach einzelnen Kostenarten gegliedert erfassen und ausweisen zu können, ist eine **Systematisierung** unumgänglich. Dabei ist darauf zu achten, dass die Kosten sich in einem Merkmal eindeutig voneinander abgrenzen lassen und je nach der betrieblichen Zielsetzung sich systematisch ordnen und für die Weiterverarbeitung ablegen lassen.

Man kann sich dies als Einräumen von Geschirr (Kosten) in Schränke vorstellen. Jeder Schrank beinhaltet das Geschirr einer Serie (Kontengruppe), z.B. Warenkosten. In jedem Schrank befinden sich mehrere hohe Schubladen. D.h., eine Schublade beinhaltet Tassen, eine andere Untertassen usw. (Kontenarten), z.B. Warenkosten Lebensmittel, Warenkosten Getränke.
Jede Schublade hat Einsätze, in denen z.B. die Mokkatassen von den Teetassen getrennt aufbewahrt werden (Kontenunterarten). In der Schublade „Warenkosten Getränke" könnte in den Einsätzen Kaffee von Tee getrennt einsortiert sein.

Aufgaben

1. Aus welchen Hauptbestandteilen setzt sich der Unternehmenserfolg zusammen?
2. Definieren Sie die Begriffe „Kosten" und „Leistungen".
3. Was versteht man unter der sachlichen Abgrenzung?
4. Nennen Sie die beiden Stufen der sachlichen Abgrenzung.
5. Was versteht man unter der Systematisierung der Kosten?
6. Worauf ist bei der Systematisierung der Kosten zu achten?
7. Welche Hauptaufgaben der Kostenartenrechnung sind zu unterscheiden?
8. Erklären (definieren) Sie die Fachbegriffe
   a) Neutrale Aufwendungen,
   b) Anderskosten,
   c) Zusatzkosten.

3.2.1 Betriebsergebnisrechnung (Sachliche Abgrenzung)

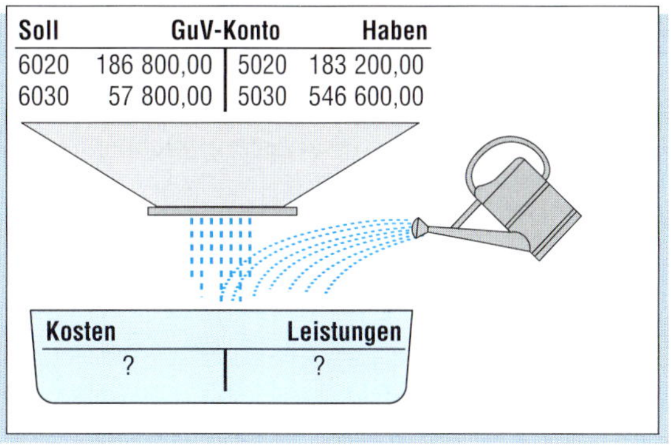
Soll GuV-Konto Haben
6020 186 800,00 | 5020 183 200,00
6030 57 800,00 | 5030 546 600,00
Kosten
Leistungen
?
?

Abgrenzung zwischen Finanzbuchführung und Kosten- und Leistungsrechnung

Die Buchführung wird entsprechend ihren Hauptaufgaben in zwei eigenständige Bereiche bzw. Rechnungskreise unterteilt.

Die **Finanzbuchführung** als Rechnungskreis I hat ihre wesentliche Aufgabe in der belegmäßigen Erfassung und kontenmäßigen Verrechnung der Geschäftsvorfälle des gesamten Unternehmens. Sie vollzieht sich in einem geschlossenen Buchführungssystem, dessen Erfolgsrechnung in die Gewinn- und-Verlust-Rechnung mündet und dessen Bestandsrechnung in die Bilanz fließt.

Die Hauptaufgabe der **Betriebsbuchführung** liegt in der rechnerischen Erfassung der innerbetrieblichen Vorgänge. Dabei werden alle positiven und negativen Erfolgselemente, d.h. die Leistungen und Kosten des Betriebes, kontenmäßig nach dem Prinzip der Doppik erfasst. Man bezeichnet sie auch als **Kosten- und Leistungsrechnung**.
Die Gegenüberstellung von Leistungen und Kosten ergibt das Betriebsergebnis:

- **Betriebsgewinn** (Leistungen > Kosten),
- **Betriebsverlust** (Leistungen < Kosten).

Das aufgezeigte Zweikreissystem ist im SKR 70 durch die Gestaltung des Kontenrahmens nicht vorgegeben.

Um die Kosten und Leistungen aus den vorhandenen Aufwands- und Ertragskonten herauszufiltern, sind alle Buchungen auf den Konten in den Kontenklassen 5, 6 und 7 einzeln zu untersuchen.
Zur Arbeitserleichterung ist es sinnvoll, separate Konten für neutrale Aufwendungen bzw. Erträge und Kosten bzw. Leistungen einzurichten. Hierdurch werden alle Aufwendungen und Erträge bereits im Laufe des Jahres nach neutralen und betrieblichen Vorgängen getrennt gebucht.

Wenn auch für Vorgänge, deren Werte für die Kosten- und Leistungsrechnung ungeeignet sind (= Anderskosten und -leistungen), separate Konten eingerichtet werden, erspart man sich die Suche danach.

Alle hinzukommenden Kosten und Leistungen (= Plus bei kalkulatorischen Korrekturen) können gebucht werden, wenn sichergestellt ist, dass sie nicht in die Gewinn- und-Verlust-Rechnung einbezogen werden. Dies kann beispielsweise durch die Buchung auf einem Gegenkonto, das durch seine Bezeichnung den Charakter des Korrekturkontos deutlich macht, geschehen.

Bestehen nun separate Abgrenzungskonten, sind die Zuordnungen für den Abschluss der Konten in der EDV-Buchführung sorgfältig durchzuführen. Für alle Abgrenzungskonten, die keine kalkulatorischen Werte enthalten, bieten sich drei Möglichkeiten an:

a) Abschluss direkt über das GuV-Konto,
b) Abschluss über ein Abgrenzungssammelkonto, das seinen Saldo an das GuV-Konto abgibt,
c) Abschluss über das Konto „Neutrales Ergebnis“, das seinen Saldo ebenso wie das Konto „Betriebsergebnis“ an das Konto „Gesamtergebnis“ abgibt.

Fazit: Die Abgrenzungsrechnung nimmt die Trennung betrieblicher und neutraler Vorgänge vor und ermöglicht schließlich die Gegenüberstellung von Kosten und Leistungen zur Ermittlung des Betriebsergebnisses. Sie ist damit die Grundlage der gesamten Kosten- und Leistungsrechnung.

Im Folgenden soll jedoch die tabellarische Erfassung der Abgrenzungsrechnung aufgezeigt werden, da man auf diese Weise die einzelnen Tätigkeitsschritte besser nachvollziehen kann. Hierbei wird eine Abgrenzungstabelle (= Ergebnistabelle) erstellt, in der alle Konten danach unterschieden werden, ob sie zum Abgrenzungsergebnis oder zum Betriebsergebnis beitragen.

Aufbau der Abgrenzungstabelle – Folgendes Denkschema zeigt die Vorgehensweise zur Abgrenzung der Finanzbuchführungsdaten bis zur Aufstellung der Kosten- und Leistungsrechnung.

Rechnungskreis I				**Rechnungskreis II**					
Finanzbuchführung				Sachliche Abgrenzung				Kosten- und Leistungsrechnung	
Erfolgsbereich				Unternehmensbezogene Abgrenzung		Kostenrechnerische Korrekturen			
Kto. Nr.	Konten	Aufwendungen	Erträge	Neutraler Aufwand	Neutraler Ertrag	Plus	Minus	Kosten	Leistungen
				Ergebnis aus unternehmensbezogenen Abgrenzungen = Neutrales Ergebnis		Ergebnis aus kostenrechnerischen Korrekturen			
		Unternehmensergebnis		**Abgrenzungsergebnis**				**Betriebsergebnis**	

Im linken Teil enthält die Abgrenzungstabelle die Aufwendungen und Erträge aus der Finanzbuchführung (Rechnungskreis I).

Hier wird nach handels- und steuerrechtlichen Vorschriften das Unternehmensergebnis (= Gesamtergebnis) ermittelt.

Für die Kosten- und Leistungsrechnung ist das Unternehmensergebnis unbrauchbar. Der rechte Teil der Abgrenzungstabelle beinhaltet den Rechnungskreis II mit den beiden Bereichen „Sachliche Abgrenzung" und „Kosten- und Leistungsrechnung".

Die Sachliche Abgrenzung erfolgt in zwei Schritten. Zuerst erfolgt die unternehmensbezogene Abgrenzung. Hierbei werden die neutralen Aufwendungen und Erträge aus der Finanzbuchführung übernommen und mit dem neutralen Ergebnis (Ergebnis aus unternehmensbezogenen Abgrenzungen) abgeschlossen. Danach werden die kostenrechnerischen Korrekturen durchgeführt, die zu dem Ergebnis aus kostenrechnerischen Korrekturen führen.

Die Addition der beiden Teilergebnisse bildet dann das Abgrenzungsergebnis.

Abgrenzungsergebnis	=	**Neutrales Ergebnis (Ergebnis der unternehmensbezogenen Abgrenzung)**	+	**Ergebnis aus kostenrechnerischen Korrekturen**

Anschließend werden die Kosten und Leistungen in den Bereich der Kosten- und Leistungsrechnung übernommen.

Daraus kann dann das Betriebsergebnis direkt ermittelt werden. Die Addition von Abgrenzungsergebnis und Betriebsergebnis ergibt wiederum das Unternehmensergebnis.

Unternehmensergebnis
= Abgrenzungsergebnis + Betriebsergebnis

Auf diese Weise ist es möglich, die Ergebnisse der beiden Rechnungskreise miteinander abzustimmen. Während der Rechnungskreis I das Unternehmensergebnis ausweist, weist der Rechnungskreis II das für die Kosten- und Leistungsrechnung relevante Betriebsergebnis und das Abgrenzungsergebnis aus. So lassen sich „Unternehmensergebnis", „Neutrales Ergebnis" und „Betriebsergebnis" in übersichtlicher Form darstellen.

Schritt 1: Unternehmensbezogene Abgrenzungen

Beispiel

Die Unternehmensleitung des Hotel-Restaurant Bergstatter Hof möchte die Ertragskraft des eigentlichen Betriebes bewerten.

Dazu möchte sie wissen, wie viel von dem Unternehmensgewinn in Höhe von 142 150,00 € durch „Sonstige Erfolge" erwirtschaftet wurde.

Folgende Fragen sind zu klären:

- Welche Positionen des Gewinn- und Verlustkontos (vgl. Kapitel 3.0) haben nichts mit dem Betriebszweck zu tun?
- Welche Positionen sind außergewöhnlich hoch oder fallen unregelmäßig an?
- Welche Positionen beziehen sich nicht auf den Abrechnungszeitraum?
- Wie sieht die Abgrenzungstabelle nach diesen Arbeiten aus?
- Wie hoch ist das neutrale Ergebnis?

Auszufiltern ist ...	Frage	Antwort zum Ausfiltern	Beispiele
Betriebsfremder Aufwand	Betriebsbedingte Verursachung?	Nein, nicht betriebsbedingt verursacht.	Verluste aus dem Verkauf von Wertpapieren, Instandhaltungsaufwendungen für ein nicht betrieblich genutztes Gebäude
Periodenfremder Aufwand	Aufwand einer anderen Periode?	Ja, die Position gehört zu einer anderen Periode.	Steuernachzahlungen, Aufwendungen, die höher ausfielen als veranschlagte Rückstellungen
Außerordentlicher Aufwand	Normal- oder Ausnahmefall?	Ausnahmefall	Schäden durch höhere Gewalt, die nicht durch Versicherungen abgedeckt waren, Verluste aus der Aufgabe eines wesentlichen Unternehmensbereiches
Betriebsfremder Ertrag	Betriebsbedingte Verursachung?	Nein, nicht betriebsbedingt verursacht.	Zinserträge, Erträge aus dem Abgang von Anlagegegenständen
Periodenfremder Ertrag	Ertrag einer anderen Periode?	Ja, die Position gehört zu einer anderen Periode.	Auflösung von Rückstellungen, Rückerstattung von betrieblichen Steuern
Außerordentlicher Ertrag	Normal- oder Ausnahmefall?	Ausnahmefall	Erträge aus der Aufgabe eines Teilbetriebes, Erträge aus dem Abgang wesentlicher Vermögensbestandteile bei Unternehmenszusammenschlüssen

Um eine Abgrenzungstabelle zu erstellen, sind folgende Arbeitsschritte vorzunehmen:

- die Angaben des Gewinn- und Verlustkontos werden in den **Rechnungskreis I** übernommen, um das Unternehmensergebnis darzustellen;
- aus diesen Angaben werden die neutralen Aufwendungen und Erträge in den Bereich der unternehmensbezogenen Abgrenzungen der Abgrenzungsrechnung übertragen, sodass das „Neutrale Ergebnis" errechnet wird.

Abgrenzungstabelle Stufe 1

Hotel-Restaurant Bergstatter Hof

Rechnungskreis I				Rechnungskreis II					
Finanzbuchführung				Sachliche Abgrenzung				Kosten- und Leistungsrechnung	
Erfolgsbereich				Unternehmensbezogene Abgrenzung		Kostenrechnerische Korrekturen			
Kto-Nr.	Konten	Aufwendungen	Erträge	Neutraler Aufwand	Neutraler Ertrag	Plus	Minus	Kosten	Leistungen
5010	Beherbergungsumsatz		183 200,00						
5020	Speisenumsatz		546 600,00						
5030	Getränkeumsatz		210 400,00						
5400	Zinserträge		1 000,00		1 000,00				
5500	Ertr. aus Anlageabgängen		2 650,00		2 650,00				
5700	Ertr. a. d Aufl. v. Rückst.		1 800,00		1 800,00				
5890	Außerordentliche Erträge		600,00		600,00				
6020	Warenkosten Lebenmittel	186 800,00							
6030	Warenkosten Getränke	57 800,00							
6200	Personalkosten	236 600,00							
6400	Energiekosten	58 600,00							
6500	Geb., Beiträge, Versicherr.	19 600,00							
6530	Gewerbesteuer	4 300,00							
6540	Sonstige Steuern	3 500,00							
6620	Kfz-Kosten	17 300,00							
6674	Forderungsverluste	2 000,00		2 000,00					
6710	Rechts- und Berat.kosten	6 800,00							
6720	Bürobedarf	5 800,00							
6730	Post- und Telefonkosten	13 100,00							
6740	Werbung	9 800,00							
6790	Sonst. Verwaltungskosten	53 700,00							
6800	periodenfr. Aufwendungen	1 500,00		1 500,00					
7100	Leasing	3 000,00							
7200	Insatndhaltung	31 600,00							
7300	AfA	41 600,00							
7450	Verluste a. Anlagenabg.	800,00		800,00					
7500	Zinsaufwendungen	49 900,00							
	Summe	**804 100,00**	**946 250,00**	**4 300,00**	**6 050,00**				
	Ergebnis	**142 150,00**		**1 750,00**					
	Summe	**946 250,00**	**946 250,00**	**6 050,00**	**6 050,00**				
		Unternehmensergebnis		**Neutrales Ergebnis**					

Anmerkung: Der Vollständigkeit halber beinhaltet diese Abgrenzungstabelle auch die Doppelspalten „Kostenrechnerische Korrekturen" und „Kosten- und Leistungsrechnung", obwohl hier zunächst noch keine Eintragungen erfolgen.

Schritt 2: Kostenrechnerische Korrekturen (kalkulatorische Kosten und Leistungen)

Beispiel

Die Unternehmensleitung des Hotel-Restaurants Bergstatter Hof kennt sowohl den Unternehmensgewinn in Höhe von 142 150,00 € als auch das neutrale Ergebnis in Höhe von 1 750,00 €.
Es fehlt noch das Ergebnis der kostenrechnerischen Korrekturen, um zu wissen, wie wirtschaftlich der Betrieb tatsächlich im abgelaufenen Kalenderjahr gearbeitet hat.
Dazu sind noch folgende Fragen zu klären:

- Welche Positionen des Gewinn- und Verlustkontos haben ohne jegliche Einschränkung direkt mit dem Betriebszweck zu tun?
- Welche Positionen haben mit dem Betriebszweck zu tun, sind aber von ihrer Höhe her anders zu beurteilen?
- Gibt es Sachverhalte, die in dem GUV-Konto nicht berücksichtigt sind, aber mit dem Betriebszweck zu tun haben?
- Wie sieht die Abgrenzungstabelle nach diesen Arbeiten aus?

Nachdem die neutralen Aufwendungen und Erträge herausgefiltert wurden, handelt es sich bei den verbleibenden Aufwendungen und Erträgen grundsätzlich um Kosten bzw. Leistungen.

Jetzt gilt es, diese Kosten und Leistungen daraufhin zu untersuchen, ob sie den Zielen der Kosten- und Leistungsrechnung entsprechen.

Haben sie ohne jegliche Einschränkung mit dem **Betriebszweck** zu tun, können sie direkt in Form von Grundkosten und Grundleistungen in der Kosten- und Leistungsrechnung berücksichtigt werden.

In der Abgrenzungstabelle erkennt man sie an der übereinstimmenden Höhe im Rechnungskreis I und in der Kosten- und Leistungsrechnung.

Um die **Stetigkeit** der Kosten- und Leistungsrechnung zu gewährleisten, ist sie von Zufälligkeiten frei zu halten. Alle Aufwendungen und Erträge, deren Höhe oder Berechnungsmethode (z.B. degressive Abschreibung in der Finanzbuchführung) nicht diesen Anforderungen entsprechen, können nicht direkt als Kosten bzw. Leistungen übernommen werden.

Vielmehr werden für diese Aufwendungen und Erträge verursachungsgerechte Kosten bzw. Leistungen berechnet, die dann größer oder kleiner sein können (= Anderskosten bzw. -leistungen).

Der aufwands- bzw. ertragsgleiche Teil wirkt wie Grundkosten bzw. -leistungen, während der höhere Teil sich als Plus in den kostenrechnerischen Korrekturen auswirkt.

Für die korrekte Ermittlung der Selbstkosten bzw. die **Preiskalkulation** sind zusätzliche Positionen zu berücksichtigen. Dabei handelt es sich um Kosten bzw. Leistungen, die in der Finanzbuchführung nicht als Aufwendungen bzw. Erträge gebucht wurden, weil mit ihnen keine Geldausgaben bzw. -einnahmen verbunden sind. Diese Zusatzkosten bzw. Zusatzleistungen werden in der Abgrenzungstabelle wertmäßig sowohl in der Doppelspalte „Kostenrechnerische Korrekturen" als auch in der „Kosten- und Leistungsrechnung" neu aufgenommen.

Als Positionen für kostenrechnerische Korrekturen werden in der gastronomischen Praxis in der Regel ausschließlich „Kalkulatorische Kosten" angesetzt:

Kalkulatorische Kostenarten				
Anderskosten (anderer Aufwand)			**Zusatzkosten (kein Aufwand)**	
Kalkulatorische Abschreibung	Kalkulatorische Zinsen	Kalkulatorische Wagnisse	Kalkulatorischer Unternehmerlohn	Kalkulatorische Miete/Pacht

Kalkulatorische Abschreibungen

Beispiel

Das Hotel-Restaurant Bergstatter Hof schafft Anfang des Jahres einen Lieferwagen für den Kurzstreckenverkehr mit Anschaffungskosten von 20 000,00 € netto an.

Die AfA-Tabelle sieht eine betriebsgewöhnliche Nutzungsdauer von 5 Jahren vor. Das Fahrzeug wird in dieser Zeit linear abgeschrieben.

Die Unternehmensleitung hat die Absicht, den Lieferwagen so lange wie möglich zu nutzen. Es wird erwartet, dass nach 6 Jahren ein neuer Lieferwagen gekauft werden muss.

Die Erfahrung hat gezeigt, dass das Nachfolgemodell in der Zukunft voraussichtlich 44 % teurer sein wird.

Unter Abschreibungen versteht man die rechnerische Erfassung der Wertminderung, den die Gegenstände des Anlagevermögens (= Gutes) z.B. durch die betriebliche Nutzung erfahren.

Wie hoch der Abschreibungsbetrag des einzelnen Gegenstandes für ein Jahr ist, richtet sich grundsätzlich nach der Zielsetzung und damit nach der Art der Abschreibung. Zu unterscheiden sind:

Bilanzielle Abschreibungen, die dem Prinzip der nominellen (nur äußerlichen) Kapitalerhaltung des Unternehmens gerecht werden	**Kalkulatorische Abschreibungen**, die dem Prinzip der substanziellen (dem Wesen entsprechenden) Kapitalerhaltung des Unternehmens gerecht werden
▶ Finanzierung auf Basis der AK/HK	▶ Finanzierung auf Basis der WBK
● Sie müssen sich an den gesetzlichen Vorschriften – handelsrechtlich *§ 253 HGB* und steuerrechtlich *§ 7 EStG* – orientieren. ● Die Bemessungsgrundlage für die bilanzielle Abschreibung sind die **Anschaffungs- oder Herstellungskosten (AK/HK)**. ● Diese werden auf die vom Finanzamt vorgegebene betriebsgewöhnliche Nutzungsdauer verteilt. ● Ausschließlich nach steuerlichen Gesichtspunkten wird die Art der Verteilung der bilanzmäßigen Abschreibung auf die einzelnen Nutzungsjahre gewählt. Erlaubt sind gleich bleibende (lineare) oder fallende Beträge (degressive). Ab dem 01.01.2008 ist bei Neuanschaffungen nur noch die lineare Abschreibung möglich (Unternehmenssteuerreform). Häufig möchte ein Unternehmen, das erfolgreich ist, möglichst hohe Beträge abschreiben und damit den steuerlichen Gewinn möglichst niedrig halten. Dann wird man – sofern die degressiven AfA-Beträge höher als die linearen AfA-Beträge sind – die degressive Abschreibungsmethode bevorzugen.	● Sie ist gesetzlich nicht geregelt. Weder zur Methode für die Erfassung der Wertminderung noch zur Nutzungsdauer des Anlagegutes gibt es Vorschriften. ● Da im Zeitpunkt einer Investition genügend Mittel zur Verfügung stehen müssen, um die anfallenden Kosten tragen zu können, sind bei der Kalkulation auch Preissteigerungen bzw. der Erwerb eines höherwertigen Gutes zu berücksichtigen. Demzufolge müssen für die kalkulatorische Abschreibung die **Wiederbeschaffungskosten (WBK)** als Bemessungsgrundlage angesetzt werden. Die WBK sind noch um einen voraussichtlich erheblichen Erlös zu mindern, den man für das alte Gut am Ende der Abschreibungsdauer erzielen wird. Diese Tatsache wird in den folgenden Ausführungen nicht berücksichtigt. ● Verteilt werden die Wiederbeschaffungskosten auf die beabsichtigte betriebliche Nutzungsdauer, die im Gegensatz zu der auf Erfahrungssätzen beruhenden Nutzungsdauer lt. AfA-Tabelle in der Regel länger ist. ● Es ist linear oder nach Leistungseinheiten abzuschreiben, da die Abschreibungsbeträge in die Preiskalkulation übernommen werden und dort der Grundsatz der Stetigkeit des Kostenansatzes gilt.

Jahr	AK/Buchwert	Abschreibung
1	20 000,00	4 000,00
2	16 000,00	4 000,00
3	12 000,00	4 000,00
4	8 000,00	4 000,00
5	4 000,00	3 999,00

Jahr	WBK/Buchwert	Abschreibung
1	28 800,00	4 800,00
2	24 000,00	4 800,00
3	19 200,00	4 800,00
4	14 400,00	4 800,00
5	9 600,00	4 800,00
6	4 800,00	4 800,00

Bilanzielle Abschreibung

$$= \frac{\text{Anschaffungs-/Herstellungskosten}}{\text{Betriebsgewöhnliche Nutzungsdauer}}$$

Kalkulatorische Abschreibung

$$= \frac{\text{Wiederbeschaffungskosten}}{\text{Beabsichtigte Nutzungsdauer}}$$

Es ist ersichtlich, dass sich nunmehr buchhalterisch und kalkulatorisch andere Werte ergeben.
Am Beispiel des zweiten Nutzungsjahres sollen die Unterschiede für das Fahrzeug gezeigt werden.
Kalkulatorisch werden 4 800,00 € als Anderskosten angesetzt. Die 4 000,00 € in der Finanzbuchführung sind Zweckaufwand, während die zusätzlichen 800,00 € einem Plus der kostenrechnerischen Korrekturen entsprechen. Die bilanziellen Abschreibungen werden für alle Wirtschaftsgüter des Anlagevermögens auf einem Konto gebucht.
Im Beispiel des Hotel-Restaurants Bergstatter Hof befinden sie sich auf dem Konto 7300 Absetzungen für Abnutzungen.

In dem Betrag von 41 600,00 € lt. GuV-Konto sind die 4 000,00 € für das Fahrzeug bereits enthalten.

Um den Überblick zu bewahren, muss in der Praxis bei jeder betrieblichen Anschaffung eine Anlagenkarte erstellt werden. In dieser Karte sind alle betriebswirtschaftlich wichtigen Daten des Vermögensgegenstandes vermerkt.

Die Anlagenkarte zeigt Unterschiede zwischen steuerrechtlicher, handelsrechtlicher und kalkulatorischer Abschreibung.

Demzufolge können bei allen Positionen, die zu bilanziellen Abschreibungen geführt haben, abweichende kalkulatorische Abschreibungen vorliegen.

Aus Vereinfachungsgründen unterstellen wir, dass das Hotel-Restaurant Bergstatter Hof nur das eingangs untersuchte Fahrzeug unterschiedlich abschreibt.

Im Rahmen der Abgrenzungstabelle sind in der Zeile Abschreibungen folgende Eintragungen durchzuführen:

Hotel-Restaurant Bergstatter Hof

		Erfolgsbereich		Unternehmensbezogene Abgrenzung		Kostenrechnerische Korrekturen		Kosten- und Leistungsrechnung	
.	Konten	Aufwendungen	Erträge	Neutraler Aufwand	Neutraler Ertrag	Plus	Minus	Kosten	Leistungen
	Abschreibungen ohne Lieferwagen	37 600,00						37 600,00	
	Abschreibungen für den Lieferwagen	4 000,00				800,00		4 800,00	
	Summe								
		Unternehmensergebnis		Neutrales Ergebnis		Ergebnis der kostenrechnerischen Korrekturen		Betriebsergebnis	

Kalkulatorische Zinsen

Beispiel

Der Zinsaufwand aus der Finanzbuchführung im Hotel-Restaurant Bergstatter Hof beträgt 49 900,00 €. Er wurde für die Überlassung des Fremdkapitals entrichtet.

- Wie viel Euro betragen aber die kalkulatorischen Jahreszinsen, wenn sich der übliche Zinssatz für das abgelaufene Kalenderjahr auf 5,5 % beläuft?

Im weiteren Verlauf soll von nachstehenden Annahmen ausgegangen werden:

- Alle Vermögensgegenstände sind betriebsbedingt.
- Durch die Unterbewertung verschiedener Posten des Anlagevermögens bildete das Unternehmen stille Reserven in Höhe von 370 000,00 €.
- Beim Umlaufvermögen wurde eine stille Reserve in Höhe von 3 000,00 € festgestellt.
- Der Jahresüberschuss von 142 150,00 € verbleibt im Unternehmen.
- In den Verbindlichkeiten aus Lieferungen und Leistungen sind 9 060,00 € enthalten, wo ein Skontoabzug untersagt ist.

Zinsen sind das Entgelt für überlassenes Kapital. Setzt der Unternehmer Fremdkapital ein, werden tatsächlich Zinsen an Banken oder sonstige Gläubiger gezahlt, wohingegen der Einsatz von Eigenkapital keine Zinszahlungen verursacht. Demzufolge werden in der Finanzbuchführung lediglich Fremdkapitalzinsen als Aufwand gebucht.
Die Eigenkapital- und Fremdkapitalausstattung der Unternehmen ist allerdings derart unterschiedlich, dass die ausschließliche Berücksichtigung von Fremdkapitalzinsen im Betriebsergebnis bei Betriebsvergleichen ein falsches Bild ergeben würde.

Des Weiteren wird das betrieblich gebundene Eigenkapital anderen Verwendungszwecken – z.B. der Anlage auf dem Geld- oder Kapitalmarkt – entzogen, sodass dem Unternehmer ein Nutzenentgang in Höhe der Zinsen auf diese Kapitalanlage entsteht.
Die Kosten der entgangenen Gelegenheit werden auch Opportunitätskosten genannt.
Aus diesen Gründen werden als Kosten die gesamten betriebsbedingten Zinsen auf der Basis des betriebsnotwendigen Kapitals erfasst.

$$\text{Zinsen} = \frac{\text{Betriebsnotwendiges Kapital x Jahreszinssatz}}{100}$$

Die tatsächlich angefallenen Fremdkapitalzinsen müssen gegengerechnet werden, um eine Doppelbelastung mit Kosten zu vermeiden.

Das betriebsnotwendige Kapital stellt das Kapital dar, das zur Durchführung des betrieblichen Leistungserstellungs- und -verwertungsprozesses benötigt wird.

Es ergibt sich wie folgt:

	Betriebsnotwendiges Anlagevermögen
+	Betriebsnotwendiges Umlaufvermögen
=	Betriebsnotwendiges Vermögen
./.	Abzugskapital
=	Betriebsnotwendiges Kapital

Zum **betriebsnotwendigen Anlagevermögen** gehören nur solche Anlagegüter, die dauernd dem eigentlichen Betriebszweck dienen.
Deshalb sind z.B. Reservegrundstücke und stillgelegte Maschinen aus dem Bilanzansatz zu streichen. Nun ist es fraglich, ob die verbliebenen Bilanzansätze den Verkehrswerten entsprechen, denn die Bilanzpositionen sind nach handels- bzw. steuerrechtlichen Vorschriften bewertet.

Weil der Unternehmer den ausgewiesenen Gewinn gering halten will, um gewinnabhängige Zahlungen (z.B. Gewerbesteuer) zu verringern, sind die Vermögenswerte in der Regel zu niedrig bewertet.
Dies bedeutet, dass statt der Bilanzansätze entweder Verkehrswerte oder kalkulatorische Restwerte (= Anschaffungskosten – kalkulatorische Abschreibungen) angesetzt werden.

Das **betriebsnotwendige Umlaufvermögen** ist nach Ausgliederung von beispielsweise nicht betriebsnotwendigen Wertpapieren mit den Beträgen anzusetzen, die während des Abrechnungszeitraumes durchschnittlich im Umlaufvermögen gebunden sind.

Das **Abzugskapital** besteht aus den Fremdkapitalbeträgen, die dem Unternehmen zinslos zur Verfügung stehen, z.B. Anzahlungen von Gästen, zinsfreie Darlehen, Rückstellungen, sonstige Verbindlichkeiten. Auch Lieferantenverbindlichkeiten, bei denen der Skontoabzug ausgeschlossen ist, stellen Abzugskapital dar.

Die Wahl des kalkulatorischen Zinssatzes hängt von der unternehmerischen Intention ab, weshalb kalkulatorische Zinsen angesetzt werden.
Soll das eigene Kapital verzinst werden, weil Opportunitätskosten entstehen, wird meist ein Zinssatz gewählt, der am Geldmarkt für die längerfristige Kapitalanlage geboten wird. Liegt der Grund in der Absicht, ein korrektes Bild bei einem Betriebsvergleich zu bekommen, wählt man meist einen Zinssatz, der für langfristige Darlehen in dem Zeitraum üblich ist.

Lösung für das Hotel-Restaurant Bergstatter Hof:

	Betriebsnotwendiges Anlagevermögen		1 408 800,00 €
+	Betriebsnotwendiges Umlaufvermögen		111 700,00 €
=	**Betriebsnotwendiges Vermögen**		1 520 500,00 €
./.	Abzugskapital		
	a) Rückstellungen	11 000,00 €	
	b) Verbindlichkeiten aus Lieferungen u. Leistungen	9 060,00 €	
	c) Rechnungsabgrenzung	3 000,00 €	23 060,00 €
=	**Betriebsnotwendiges Kapital**		1 497 440,00 €

$$\frac{1\,497\,440{,}00 \times 5{,}5}{100} = \underline{\underline{82\,359{,}20\text{ €}}}$$

Buchhalterisch und kalkulatorisch ergeben sich unterschiedliche Zinsbeträge. Während der Zinsaufwand im Rechnungskreis I 49 900,00 € beträgt, sind im Rechnungskreis II als Anderskosten in der Kosten- und Leistungsrechnung 82 359,20 € auszuweisen.
Der Unterschied von 32 459,20 € (= Plus in den Kostenrechnerischen Korrekturen) ergibt sich durch die Wahl eines kalkulatorischen Zinssatzes und die Berücksichtigung des betriebsnotwendigen Kapitals bei der Zinsberechnung.

Folgende Eintragungen sind in der Zeile „Zinsaufwendungen" innerhalb der Abgrenzungstabelle durchzuführen:

Hotel-Restaurant Bergstatter Hof

		Erfolgsbereich		Unternehmensbezogene Abgrenzung		Kostenrechnerische Korrekturen		Kosten- und Leistungsrechnung	
	Konten	Aufwendungen	Erträge	Neutraler Aufwand	Neutraler Ertrag	Plus	Minus	Kosten	Leistungen
	Zinsaufwendungen	49 900,00				32 459,20		82 359,20	
	Summe								
		Unternehmensergebnis		Neutrales Ergebnis		Ergebnis der kostenrechnerischen Korrekturen		Betriebsergebnis	

Kalkulatorische Wagnisse

Beispiel

Im Hotel-Restaurant Bergstatter Hof betrug der Verlust an Forderungen durch zahlungsunfähige Gäste und Zechpreller in den letzten 5 Jahren durchschnittlich 1 500,00 €.

Für den gleichen Zeitraum wurden durchschnittliche Speisen, Getränke- und Beherbergungsumsätze in Höhe von 900 000,00 € ermittelt.

Die Umsätze im abgelaufenden Jahr betrugen 940 200,00 €.

Hier ist ein großes kalkulatorische Vertriebswagnis entstanden, das ermittelt werden muss.

Ein Wagnis ist die mit jeder unternehmerischen bzw. betrieblichen Tätigkeit verbundene Verlustgefahr, die das eingesetzte Kapital bedroht. Sowohl die Höhe als auch der Zeitpunkt des Verlustes sind nicht im Voraus bestimmbar. Ebenso bietet das Wagnis eine Möglichkeit der Kapitalmehrung.

Das **allgemeine Unternehmerwagnis** betrifft Verluste, die das Unternehmen als Ganzes gefährden, z.B. infolge einer strukturellen Nachfrageverschiebung (technischer Fortschritt, Modewechsel, Marktsättigung usw.) oder eines konjunkturell bedingten Absatzrückganges.
Dieses Risiko wird durch den Gewinn abgegolten und kann daher in der Kosten- und Leistungsrechnung nicht berücksichtigt werden. Auch Versicherungen können das allgemeine Unternehmerwagnis nicht abdecken.

Im Gegensatz zum allgemeinen Unternehmerwagnis können **besondere Einzelwagnisse** in die Kosten- und Leistungsrechnung einbezogen werden, soweit sie nicht durch den Abschluss einer Fremdversicherung gedeckt sind. Grundsätzlich stehen die Einzelwagnisse in einem unmittelbaren Zusammenhang mit der Beschaffung, Herstellung und dem Absatz der betrieblichen Leistungen.
Des Weiteren beziehen sie sich direkt auf einzelne Unternehmensbereiche, treten unregelmäßig und in unterschiedlicher Höhe auf.

Beispiele für Einzelwagnisse sind:

- **Anlagenwagnisse:**
  Ausfälle aufgrund von Schadensfällen, wie Brand, vorzeitiger Verschleiß bei Teilen des Anlagevermögens, vorzeitige Alterung durch technischen Fortschritt.
- **Beständewagnisse:**
  Verluste an Vorräten durch Schwund, Verderb, Diebstahl, Veralten oder Preissenkungen.
- **Vertriebswagnisse:**
  Sie erfassen die Ausfälle und Währungsverluste bei Kundenforderungen.
- **Gewährleistungswagnisse:**
  Sie dienen der Verrechnung von Garantie- und Kulanzleistungen sowie von Preisnachlässen aufgrund von Mängelrügen.
- **Fertigungswagnisse:**
  Sie umfassen die Mehrkosten aus Material-, Bearbeitungs- und Rezepturfehlern, die zu Ausschuss und Nacharbeit führen.
- **Entwicklungswagnisse:**
  Sie beruhen auf möglichen Verlusten aus fehlgeschlagenen Forschungs- und Entwicklungsarbeiten.

Um eine gewisse Konstanz beim Kostenansatz zu erreichen, sollen die zeitliche Verteilung und die betragsmäßige Höhe der Wagnisverluste durch die Ausschaltung von Zufallseinflüssen geglättet werden.

Anstelle der tatsächlich eingetretenen Wagnisverluste, die als Aufwand in der Finanzbuchführung erfasst werden, sind in der Kosten- und Leistungsrechnung kalkulatorische Wagniszuschläge als Kosten anzusetzen.

Für jede Wagnisart wird ein prozentualer Durchschnittssatz aus den betreffenden Wagnisverlusten in Bezug auf die jeweilige Berechnungsgrundlage der letzten 5 Jahre ermittelt.

Wagnis	Berechnungsgrundlage
Anlagewagnis	Anschaffungskosten
Beständewagnis	Einstandspreise der Materialien
Gewährleistungswagnis	Umsatz zu Selbstkosten
Vertriebswagnis	Umsatz zu Selbstkosten
Fertigungswagnis	Herstellungskosten
Entwicklungswagnis	Entwicklungskosten

Dieser Prozentsatz wird auf den neuen Wert der Berechnungsgrundlage angewendet, sodass sich ein Wagniszuschlag in € ergibt.

Lösung für das Hotel-Restaurant Bergstatter Hof für das abgelaufene Kalenderjahr:

In der Situation sind die Werte für die Umsätze angegeben, während für den Wagniszuschlag nur die Umsätze zu Selbstkosten herangezogen werden dürfen. Da insbesondere der Gewinnaufschlag noch herauszurechnen ist, wird die Berechnungsgrundlage niedriger. Aus Vereinfachungsgründen soll die Differenz zwischen Selbstkosten und Umsatz 20 % betragen.

$$\frac{900\,000 \times 100}{120} = 750\,000{,}00\ €\qquad \frac{940\,200 \times 100}{120} = 783\,500{,}00\ €$$

Vertriebswagniszuschlag in %: $\frac{\text{Verlust} \times 100}{\text{Umsatz zu Selbstkosten}} = \underline{\underline{0{,}2\ \%}}$

Vertriebswagniszuschlag in €: Umsatz zu Selbstkosten x Wagniszuschlag in % = $\underline{\underline{1\,567{,}00\ €}}$

In der Gastronomie sind Einzelwagnisse selten als kalkulatorische Wagnisse zu erfassen.

Beispielsweise ist das Wagnis der Beschädigung oder Zerstörung von Anlagegütern (= Anlagenwagnisse) in der Regel durch Versicherungen abgedeckt, deren Prämien in die Finanzbuchhaltung eingehen.

Ferner werden Schwund, Verderb oder Diebstahl von Warenvorräten (= Beständewagnisse) bereits im Zusammenhang mit der **Ermittlung des Warenaufwandes** eingerechnet.

Dasselbe gilt für das Fertigungs- und Entwicklungswagnis. Auch die Reklamationen von Gästen wegen zu kalten Essens, zu lauter Zimmer usw. (= Gewährleistungswagnisse) sind auf dem Weg des bereits gebuchten betrieblichen Aufwands in den Kosten adäquat berücksichtigt.

Lediglich das Risiko des Forderungsausfalls (= Vertriebswagnisse) wird in Betrieben mit hohem Forderungsbestand durch einen Wagniszuschlag – wie oben beschrieben – als Kostenposition in der Kosten- und Leistungsrechnung aufgenommen.

Für einen gastronomischen Betrieb, der wie das Hotel-Restaurant Bergstatter Hof Gäste hat, die mehrheitlich bar bzw. mit Kreditkarte zahlen, wird in der Regel auf den Ansatz eines Vertriebswagnisses verzichtet.

Bezüglich des Forderungsausfalls ist zu beachten, dass jedes Unternehmen die zweifelhaften und uneinbringlichen Forderungen bereits in der Finanzbuchführung über die Einzel- sowie Pauschalwertberichtigung als Aufwand bucht und damit als Kosten berücksichtigt. Diese Kosten wären für die Kosten- und Leistungsrechnung dann mit den kalkulatorischen Kosten zu verrechnen, um einen doppelten Kostenansatz zu vermeiden.

Aus den genannten Gründen wird der ermittelte Betrag von 1 567,00 € nicht in der Abgrenzungstabelle berücksichtigt.

Kalkulatorischer Unternehmerlohn

Beispiel

Der Eigentümer des Hotel-Restaurants Bergstatter Hof arbeitet selbst 60 Stunden in der Woche in seinem Betrieb.

Für seine Arbeit bekommt er kein Gehalt. Darum muss er seinen Lebensunterhalt durch Entnahmen aus dem Betrieb finanzieren.

Er beabsichtigt, kalkulatorischen Unternehmerlohn anzusetzen.

Zu diesem Zweck befragt er einen Bekannten nach seinem Gehalt, das dieser als Geschäftsführer eines vergleichbaren Hotels/Restaurants bezieht.

Dieses Gehalt setzt er als kalkulatorischen Unternehmerlohn an.

Wie ist diese Vorgehensweise zu beurteilen?

Während bei Kapitalgesellschaften die Vorstandsmitglieder bzw. die Geschäftsführer für ihre leitende Tätigkeit Gehälter beziehen, ist dies Unternehmern, die in Einzelunternehmen und Personengesellschaften leitend tätig sind, aus steuerrechtlichen Gründen versagt. Insofern können Aufwendungen für die dispositive Arbeit ausschließlich in Kapitalgesellschaften als Grundkosten in die Kosten- und Leistungsrechnung eingehen.
In den übrigen Gesellschaftsformen haben die Unternehmer nur die Möglichkeit, die Kosten für ihre Lebensführung durch Privatentnahmen zu finanzieren.

Da der Unternehmerlohn aber über die zu verkaufenden Leistungen erwirtschaftet werden muss, ist es unumgänglich, ihn als Zusatzkosten anzusetzen.
In der Praxis wird die Höhe des kalkulatorischen Unternehmerlohns von Fall zu Fall unterschiedlich berechnet.

Die Möglichkeiten reichen von Formeln, die sich z.B. auf den Jahresumsatz beziehen, bis hin zu Schätzungen, wie viel Geld der Unternehmer monatlich für seinen Lebensunterhalt benötigt. Wesentlich sinnvoller ist es jedoch, diejenigen Werte anzusetzen, die vergleichbar im Wirtschaftsleben Gültigkeit haben.

Konkret sollte der in der Kosten- und Leistungsrechnung angesetzte kalkulatorische Unternehmerlohn dem Entgelt entsprechen, das der Unternehmer bei gleicher Arbeitsleistung insgesamt – einschließlich Sozialleistungen – in einem anderen Unternehmen erhalten würde.

Lösung für das Hotel-Restaurant Bergstatter Hof:

Der Unternehmer erfährt von seinem Bekannten, dass dieser für seine Geschäftsführertätigkeit 3 200,00 € brutto erhält. Für die Sozialleistungen können pauschal 40 % und für die höhere Arbeitszeit eines Selbstständigen gegenüber einem Angestellten weitere 10 % hinzugerechnet werden.

Der kalkulatorische Unternehmerlohn beträgt: 3 200,00 € x 150 % = <u>4 800,00 € pro Monat</u>

Der kalkulatorische Unternehmerlohn vermindert in dem Beispiel das Betriebsergebnis um 57 600,00 € (12 x 4 800,00 €). Die Eintragungen in der Abgrenzungstabelle sehen wie folgt aus:

Hotel-Restaurant Bergstatter Hof

		Erfolgsbereich		Unternehmensbezogene Abgrenzung		Kostenrechnerische Korrekturen		Kosten- und Leistungsrechnung	
	Konten	Aufwendungen	Erträge	Neutraler Aufwand	Neutraler Ertrag	Plus	Minus	Kosten	Leistungen
	Personalkosten ohne kalkulatorischen UN-Lohn	236 600,00						236 600,00	
	Personalkosten für den kalkulatorischen UN-Lohn	0,00				57 600,00		57 600,00	
	Summe								
		Unternehmensergebnis		Neutrales Ergebnis		Ergebnis der kostenrechnerischen Korrekturen		Betriebsergebnis	

Kalkulatorische Miete/Pacht

Beispiel

Der Inhaber des Hotel-Restaurants Bergstatter Hof ist gleichzeitig Eigentümer des Grundstücks und der Gebäude des Hotel-Restaurants Bergstatter Hof.
Er hat das Grundstück und die Gebäude dem Unternehmen im Rahmen der Eigenkapitalaufbringung unentgeltlich zur Verfügung gestellt. Da ihm durch die Eigennutzung keine Pacht zufließt, möchte er wenigstens eine kalkulatorische Pacht in der Kosten- und Leistungsrechnung seines Betriebes ansetzen.
Zu diesem Zweck erkundigt er sich sowohl bei der Bank als auch bei einem örtlichen Makler nach dem ortsüblichen Preis für ein vergleichbares Objekt.
Wie ist diese Vorgehensweise zu beurteilen?

Mieten fallen – als Dienstleistungskosten – an, wenn das Unternehmen an einen Vermieter entsprechende Zahlungen leistet.

Bei Pachtbetrieben wird für die Überlassung der Geschäftsräume eine Pacht an Dritte gezahlt. Sowohl bei Miete als auch bei Pacht sind die Zahlungen als Aufwand in der Finanzbuchführung wiederzufinden, während sie beim Vermieter bzw. Verpächter zufließen.

Bei **Unternehmen, die eigene Grundstücke, Geschäfts-, Lager- und Betriebsgebäude** besitzen, fallen statt Miet- oder Pachtzahlungen diverse zum Teil ungleichmäßige Aufwendungen an.

Beispielsweise werden Abschreibungen auf Gebäude, Grundsteuerzahlungen, Hypothekenzinsen, Versicherungsprämien, Straßenreinigungsgebühren und Dachreparaturen als Aufwand in der Finanzbuchführung gebucht.

- **Wurden die Grundstücke, Geschäfts-, Lager- und Betriebsgebäude vom Unternehmer als Eigenkapital zur Verfügung gestellt**, sollte aufgrund der fehlenden Pacht-/Mietzahlungen eine kalkulatorische Pacht/Miete angesetzt werden.
  Allerdings muss der Wert des ortsüblichen Niveaus für vergleichbare Objekte um den Betrag reduziert werden, der bereits an anderen Stellen als betrieblicher Aufwand und damit als Kosten berücksichtigt ist.
  Die kalkulatorische Pacht/Miete stellt in diesen Situationen Zusatzkosten dar.

- **Wurden die Grundstücke, Geschäfts-, Lager- und Betriebsgebäude aus eigenen Mitteln des Unternehmens angeschafft**, besteht beim Unternehmer kein Anspruch auf Pacht-/Mietzahlung.
  Auch hier werden die gebuchten Aufwendungen als Kosten berücksichtigt.
  Außerdem sind bereits die wesentlichen Bestandteile der Grundstücks- und Gebäudekosten, nämlich die Gebäudeabschreibungen durch die kalkulatorischen Abschreibungen und die Hypothekenzinsen durch die kalkulatorischen Zinsen, in die Kosten- und Leistungsrechnung eingeflossen.
  Es wird daher keine kalkulatorische Miete/Pacht angesetzt.

Werden Grundstücke, Gebäude bzw. Räume, die **zum Privatvermögen des Unternehmers gehören**, betrieblich unentgeltlich genutzt, fallen ebenfalls keine Miet- oder Pachtzahlungen an.
Allerdings werden alle anfallenden Aufwendungen aus dem Privatvermögen des Unternehmers gezahlt, sodass keine Aufwendungen in der Finanzbuchführung gebucht werden.
Hier ist es gerechtfertigt, kalkulatorische Kosten anzusetzen, die reine Zusatzkosten darstellen.
Die Höhe kann sich nach dem ortsüblichen Niveau für vergleichbare Objekte richten oder durch anteilige Erfassung aller mit dem Mietobjekt verbundenen Kosten festgelegt werden.

Lösung für das Hotel-Restaurant Bergstatter Hof:

Der Unternehmer hat sowohl das Grundstück als auch das Gebäude als Eigenkapital dem Hotel-Restaurant Bergstatter Hof zur Verfügung gestellt, sodass beides zum Betriebsvermögen zählt. Auf dieser Grundlage sind einerseits im Laufe des Jahres diverse Aufwendungen gebucht worden. Andererseits hat der Unternehmer für seine Einlage keine Pacht/Miete bezogen. Deshalb kann er eine kalkulatorische Pacht/Miete ansetzen.

Die Auskünfte von Bank und Makler decken sich: Ein vergleichbarer Betrieb hätte 96 000,00 € Jahrespacht zahlen müssen. Da dieser Betrag zum Teil bei den Kosten berücksichtigt ist, die bereits über die betrieblichen Aufwendungen in die Kosten- und Leistungsrechnung eingegangen sind, sollen pauschal 36 000,00 € in Abzug gebracht werden.

Die kalkulatorische Pacht beträgt: 60 000,00 € jährlich, d.h. 5 000,00 € monatlich.

Dokumentation in der Abgrenzungstabelle

Hotel-Restaurant Bergstatter Hof

		Erfolgsbereich		Unternehmensbezogene Abgrenzung		Kostenrechnerische Korrekturen		Kosten- und Leistungsrechnung	
	Konten	Aufwendungen	Erträge	Neutraler Aufwand	Neutraler Ertrag	Plus	Minus	Kosten	Leistungen
	Mieten, Pachten	0,00				60 000,00		60 000,00	
	Summe								
		Unternehmensergebnis		Neutrales Ergebnis		Ergebnis der kostenrechnerischen Korrekturen		Betriebsergebnis	

Nachdem die kalkulatorischen Kosten im einzelnen dargestellt worden sind, kann das Betriebsergebnis für das Hotel-Restaurant Bergstatter Hof im Jahr 20.. errechnet werden.
Anknüpfend an die Abgrenzungstabelle I, sind folgende Arbeitsschritte vorzunehmen:

- Die Angaben des Rechnungskreises I, die gleichzeitig Kosten (z.B. Warenkosten Lebensmittel) bzw. Leistungen (z.B. Speisenumsatz) darstellen, werden unverändert in die Kosten- und Leistungsrechnung des Rechnungskreises II übernommen.

- Alle noch nicht zugeordneten Angaben des Rechnungskreises I werden für die Kosten- und Leistungsrechnung neu bewertet.
  Die neu ermittelten Werte werden in die Kosten- und Leistungsrechnung des Rechnungskreises II übernommen.

  Die Differenz zwischen dem neuen Bewertungsansatz und dem Ansatz in der Finanzbuchführung wird als Plus oder Minus in der Doppelspalte „Kostenrechnerische Korrekturen" eingetragen.
- Aufwandslose Kosten bzw. ertragslose Leistungen sind sowohl in der Doppelspalte „Kostenrechnerische Korrekturen" als auch in der Doppelspalte „Kosten- und Leistungsrechnung" entsprechend einzutragen.
- Die Aufrechnung der Doppelspalte „Kostenrechnerische Korrekturen" ergibt das Ergebnis der Kostenrechnerischen Korrekturen und die Gegenüberstellung der „Kosten und Leistungen" das Betriebsergebnis.

Abgrenzungstabelle Stufe 2

Hotel-Restaurant Bergstatter Hof

Rechnungskreis I				Rechnungskreis II					
Finanzbuchführung Erfolgsbereich				Sachliche Abgrenzung				Kosten- und Leistungsrechnung	
				Unternehmensbezogene Abgrenzung		Kostenrechnerische Korrekturen			
Kto.-Nr.	Konten	Aufwendungen	Erträge	Neutraler Aufwand	Neutraler Ertrag	Plus	Minus	Kosten	Leistungen
5010	Beherbergungsumsatz		183 200,00						183 200,00
5020	Speisenumsatz		546 600,00						546 600,00
5030	Getränkeumsatz		210 400,00						210 400,00
5400	Zinserträge		1 000,00		1 000,00				
5500	Ertr. aus Anlageabgängen		2 650,00		2 650,00				
5700	Ertr. a. d Aufl. v. Rückst.		1 800,00		1 800,00				
5890	außerodentliche Erträge		600,00		600,00				
6020	Warenkosten Lebensmittel	186 800,00						186 800,00	
6030	Warenkosten Getränke	57 800,00						57 800,00	
6200	Personalkosten	236 600,00				57 600,00		294 200,00	
6400	Energiekosten	58 600,00						58 600,00	
6500	Geb., Beiträge, Versicher.	19 600,00						19 600,00	
6530	Gewerbesteuer	4 300,00						4 300,00	
6540	Sonstige Steuern	3 500,00						3 500,00	
6620	Kfz-Kosten	17 300,00						17 300,00	
6674	Forderungsverluste	2 000,00		2 000,00					
6710	Rechts- und Berat.kosten	6 800,00						6 800,00	
6720	Bürobedarf	5 800,00						5 800,00	
6730	Post- und Telefonkosten	13 100,00						13 100,00	
6740	Werbung	9 800,00						9 800,00	
6790	Sonst. Verwaltungskosten	53 700,00						53 700,00	
6800	periodenfr. Aufwendungen	1 500,00		1 500,00					
7000	Mieten und Pachten	0,00				60 000,00		60 000,00	
7100	Leasing	3 000,00						3 000,00	
7200	Instandhaltung	31 600,00						31 600,00	
7300	AfA	41 600,00				800,00		42 400,00	
7450	Verluste a. Anlagenabg.	800,00		800,00					
7500	Zinsaufwendungen	49 900,00				32 459,20		82 359,20	
	Summe	**804 100,00**	**946 250,00**	**4 300,00**	**6 050,00**	**150 859,20**	**0,00**	**950 659,20**	**940 200,00**
	Ergebnis	**142 150,00**		**1 750,00**			**150 859,20**		**10 459,20**
	Summe	**946 250,00**	**946 250,00**	**6 050,00**	**6 050,00**	**150 859,20**	**150 859,20**	**950 659,20**	**950 659,20**
		Unternehmensergebnis		**Neutrales Ergebnis**		**Ergebnis der kostenrechnerischen Korrekturen**		**Betriebsergebnis**	

Im Gegensatz zu der oben aufgeführten theoretischen Abbildung erfolgt die Ermittlung des Betriebsergebnisses bereits durch zielgerichtete Eingaben und Zuordnungen im Rahmen der EDV-Buchführung.

Auswertung der Betriebsergebnisrechnung

Die Abgrenzungstabelle zeigt für das Hotel-Restaurant Bergstatter Hof ein neutrales Ergebnis von + 1 750,00 €, weil die neutralen Erträge höher waren als die neutralen Aufwendungen.

Der Erfolg einer Unternehmung sollte nur zu einem geringen Teil aus dem neutralen Erfolg resultieren.
Im Hotel-Restaurant Bergstatter Hof macht der Anteil des neutralen Gewinns nur knapp über 1 % des Unternehmensgewinns aus, ein Wert, der angemessen ist.
Der neutrale Erfolg des Hotel-Restaurants Bergstatter Hof resultiert aus dem Verkauf von Anlagegütern über ihrem Buchwert.
Erträge aus Anlagenabgängen können für jedes Gut nur einmal durch deren Verkauf erzielt werden, denn das Gut scheidet aus dem Betrieb aus. Es steht dann auch nicht mehr für die Erstellung der Leistungen zur Verfügung und muss durch ein neues Gut ersetzt werden, um die Leistungserstellung aufrechtzuerhalten. Andererseits wird das Gut nicht unter dem Buchwert verkauft, denn auch dieser neutrale Erfolg steht dem Unternehmer zu.
Auch die Auflösung von im letzten Jahr aus Steuerersparnisgründen zu hoch angesetzten Rückstellungen ist kein wirklicher Erfolg des Unternehmens.

Die Zusammensetzung des neutralen Erfolges lässt auch nicht darauf schließen, dass neutrale Erträge nur deshalb gebucht wurden, um das Unternehmensergebnis zu verbessern. Es gibt Unternehmen, die nur deshalb ein positives Unternehmensergebnis erzielen, weil sie Beteiligungen an anderen Unternehmen gewinnbringend veräußern.

Das Betriebsergebnis der Kosten- und Leistungsrechnung ist negativ, da die kalkulatorischen Kosten höher sind als das Unternehmensergebnis. Das bedeutet aber nun keinesfalls, dass das Unternehmen schlecht gewirtschaftet hat.

Die **Zusatzkosten** kalkulatorische Miete/Pacht sowie kalkulatorischer Unternehmerlohn erhält der Unternehmer für das zur Verfügung gestellte Betriebsgrundstück und -gebäude bzw. für seine Arbeitskraft. Die Mittel fließen ihm über die Privatentnahmen bzw. die Gewinnausschüttung zu und haben keine Auswirkung auf das Unternehmensergebnis.

Die kalkulatorische Miete/Pacht wird in einem Pachtbetrieb als Aufwand in der Finanzbuchführung erfasst. Das Gleiche gilt für das Gehalt an den Geschäftsführer oder Vorstand in der Kapitalgesellschaft. Beide Aufwendungen bewirken, dass das Unternehmensergebnis sinkt. Handelte es sich dort um die gleichen Beträge wie im Hotel-Restaurant Bergstatter Hof, würde das Unternehmensergebnis von 142 150,00 € um 60 000,00 € Miete/Pacht sowie 57 600,00 € Gehalt auf 24 550,00 € sinken.
Nimmt der Unternehmer diese leitende Position in einem Pachtbetrieb ein, sind die Beträge, die er für Miete oder Lohn vom Unternehmen erhält, im Endeffekt also identisch.

Als **Anderskosten** wurde zunächst die kalkulatorische Abschreibung gebucht. Diese Mittel dienen der Ersatzbeschaffung von Anlagegütern und fließen dem Unternehmen direkt wieder zu. Stünden diese Mittel nicht zur Verfügung, müsste der Unternehmer eine Eigen- oder Fremdfinanzierung durchführen. Auch die kalkulatorischen Zinsen werden über die Privatentnahmen bzw. die Gewinnausschüttung dem Unternehmer zur Verfügung gestellt.

Ein negatives Ergebnis in der Kosten- und Leistungsrechnung bedeutet lediglich, dass die Mittel im vergangenen Jahr nicht in der gewünschten Höhe erwirtschaftet wurden.
Bei einem Ergebnis von null wären die geplanten Werte genau erreicht worden. Für das kommende Jahr müsste im Rahmen der Kalkulation überlegt werden, ob die kalkulatorischen Kosten mit niedrigeren Werten geplant werden sollen oder ob bei gleich bleibendem Wertansatz die Preise erhöht werden sollen, um alle Kosten zu decken.

Aufgaben

1. Welche Aussagen sind richtig bzw. falsch? Begründen Sie Ihre Meinung.
   a) Im Rechnungskreis I des Spezialkontenrahmens für die Gastronomie (SKR 70) erfolgt die Kosten- und Leistungsrechnung.
   b) Die Kosten- und Leistungsrechnung, die im Rechnungskreis II vorgenommen wird, ist entscheidend von steuerrechtlichen und handelsrechtlichen Vorschriften (z.B. Abschreibungs- und Bewertungsvorschriften) geprägt.
   c) Die Finanzbuchführung wird den Anforderungen einer betriebswirtschaftlichen Betrachtung gerecht. Sie liefert die Daten für betriebswirtschaftliche Entscheidungen und Planungen.
   d) Die positiven und negativen Erfolgselemente der Finanzbuchführung sind die Erträge und Aufwendungen.
   e) Die Erfolgsgrößen des Kontenkreises II sind Kosten und Leistungen.
   f) Aus dem Saldo von Kosten und Leistungen ergibt sich das Betriebsergebnis.
   g) In der Betriebsergebnisrechnung ergibt sich das Unternehmensergebnis aus der Summe von Abgrenzungsergebnis und Betriebsergebnis.

2. Errechnen Sie jeweils das Betriebsergebnis.

a)	Unternehmensgewinn	300 000,00 €
	Verlust aus unternehmensbezogenen Abgrenzungen	100 000,00 €
b)	Unternehmensverlust	200 000,00 €
	Gewinn aus unternehmensbezogenen Abgrenzungen	50 000,00 €

Fortsetzung nächste Seite

Aufgaben (Fortsetzung von Vorseite)

3. Errechnen Sie jeweils das Unternehmensergebnis.
   a) Betriebsgewinn 200 000,00 €
   Verlust aus unternehmensbezogenen Abgrenzungen 150 000,00 €
   b) Betriebsverlust 100 000,00 €
   Verlust aus unternehmensbezogenen Abgrenzungen 50 000,00 €

4. Errechnen Sie jeweils das neutrale Ergebnis (Ergebnis aus unternehmensbezogenen Abgrenzungen).
   a) Gesamtgewinn 500 000,00 €
   Betriebsgewinn 600 000,00 €
   b) Gesamtverlust 250 000,00 €
   Betriebsgewinn 400 000,00 €

5. Entscheiden Sie, ob die folgenden Erfolgspositionen unternehmensbezogen abgegrenzt werden, d.h. ob es sich um einen betriebsfremden, außerordentlichen bzw. periodenfremden Ertrag handelt. Begründen Sie Ihre jeweilige Entscheidung.
   a) Beherbergungsumsatz
   b) Kursgewinne aus einem Weinimport
   c) Erträge aus der Verpachtung einer Vitrine
   d) Zinserträge für Finanzierungsschätze des Bundes
   e) unerwartete Bankgutschrift für eine im letzten Jahr abgeschriebene Forderung
   f) Kfz-Steuer-Rückerstattung für das vorangegangene Kalenderjahr
   g) Umsätze für sonstige Handelswaren
   h) Eintrittsgelder für die Sauna

6. Entscheiden Sie, ob die folgenden Erfolgspositionen unternehmensbezogen abgegrenzt werden, d.h. ob es sich um einen betriebsfremden, außerordentlichen bzw. periodenfremden Aufwand handelt. Begründen Sie Ihre jeweilige Entscheidung.
   a) Gewerbesteuer-Nachzahlung für das vorangegangene Kalenderjahr
   b) Verkauf eines betrieblichen PKWs unter dem Buchwert
   c) Gehalt des Controllers
   d) Warenentnahme aus dem Magazin für die Küche
   e) Provisionszahlung an ein Kreditkarten-Institut
   f) Kursverluste bei Wertpapieren
   g) Forderungsverluste
   h) Eine Reparatur, für die eine Rückstellung gebucht war, fällt teurer aus.

7. Warum achten die Finanzämter nicht auf eine korrekte unternehmensbezogene Abgrenzung?

8. Ein Dampfhochdruckreiniger wurde am 5. Januar 20.. für 2 000,00 € netto angeschafft. Bilanziell wird er degressiv abgeschrieben.
   Die betriebsgewöhnliche Nutzungsdauer beträgt 8 Jahre. Das Unternehmen beabsichtigt, nach 8 Jahren einen neuen Dampfhochdruckreiniger zu kaufen.
   Dieser wird voraussichtlich 2 800,00 € kosten.
   a) Berechnen Sie die bilanzielle Abschreibung für das Jahr der Anschaffung.
   b) Berechnen Sie die kalkulatorische Abschreibung für das Jahr der Anschaffung.
   c) Erläutern Sie die bilanziellen und kalkulatorischen Auswirkungen der Abschreibung auf das Betriebsergebnis und das Unternehmensergebnis.
   d) Wie hoch sind in diesem Fall die Grundkosten, die neutralen Aufwendungen und die Anderskosten?

9. Berechnen Sie aus folgenden Angaben das betriebsnotwendige Kapital sowie die kalkulatorischen Zinsen bei einem Zinssatz von 9 % und den Betrag der Anderskosten:

Anlagevermögen		1 731 400,00 €
Davon: verpachtete Gewerberäume	60 000,00 €	
vermietetes Wohnhaus	390 000,00 €	
Umlaufvermögen		158 100,00 €
Eigenkapital		963 000,00 €
Hypotheken, Darlehen		910 000,00 €
Verbindlichkeiten aus Lieferungen und Leistungen ohne Skontoabzug		14 540,00 €
Vorauszahlungen von Kunden		1 960,00 €
Tatsächlich gezahlte Zinsen	175 448,00 €	

10. Im Unternehmen Kern AG betrug der Verlust an Vorräten durch Schwund, Verderb u.Ä. in den letzten 5 Jahren durchschnittlich 875 000,00 €. Für den gleichen Zeitraum wurden durchschnittliche Einstandspreise von 35 Mio. € ermittelt. Wie hoch ist der kalkulatorische Beständewagnis-Zuschlag?

11. Die Einstandspreise im Monat März betrugen 3 Mio. €. Der kalkulatorische Beständewagnis-Zuschlag ist auf 2,5 % festgesetzt.
    a) Wie ist der kalkulatorische Wagniszuschlag in €?
    b) Wo wird der errechnete Betrag aus a) in der Abgrenzungstabelle eingetragen?
    c) Wo werden tatsächlich entstandene Wagnisverluste gebucht?

12. Die GuV-Rechnung eines Unternehmens zeigt einen Gewinn von 215 000,00 €.
    Darin sind neutrale Erträge in Höhe von 7 000,00 € und neutrale Aufwendungen in Höhe von 16 000,00 € enthalten. Die Summe der kalkulatorischen Kosten beträgt 230 000,00 €.
    a) Berechnen Sie das neutrale Ergebnis.
    b) Erläutern Sie, welche Rückschlüsse auf die wirtschaftliche Leistungskraft des Unternehmens aus dem neutralen Ergebnis zu ziehen sind.
    c) Berechnen Sie das Betriebsergebnis.
    d) Welche Rückschlüsse ergeben sich aus einem negativen Betriebsergebnis in Bezug auf die Höhe der geplanten kalkulatorischen Kosten?

13. Welche unternehmerische Initiative müsste ergriffen werden, wenn sich das Gesamtergebnis über einen langen Zeitraum aus dem Gewinn aus unternehmensbezogenen Abgrenzungen und aus einem Betriebsverlust ergibt?

3.2.2 Kurzfristige Erfolgsrechnung (KER)

Als System für die Ermittlung des Betriebsergebnisses bietet sich die „Kurzfristige Erfolgsrechnung" an.
Im Rahmen dieser Rechnung wird das vorläufige Ergebnis in Staffelform ermittelt. Neben den Zahlen des laufenden Buchungsmonats werden in der Regel kumulierte (aufgelaufene) Werte und Jahresverkehrszahlen dargestellt. Sofern Zahlen des Vorjahres vorliegen, werden auch diese aufgeführt. Sämtliche Zahlen werden in der Regel als absolute Zahlen und als Prozentzahlen dargestellt.

Die erste Position der Kurzfristigen Erfolgsrechnung ist der **Gesamtumsatz**. Dabei handelt es sich um alle Umsätze für betriebstypische Leistungen, z.B. Speisenumsatz, Getränkeumsatz, Beherbergungsumsatz oder Telefonumsatz.
Um den erzielten Umsatz möglichst exakt auszuweisen, werden die eventuell gewährten Nachlässe (gewährte Skonti, Boni, Erlösschmälerungen) vom gebuchten Umsatz abgezogen.
Vom Gesamtumsatz werden die **Warenkosten** abgezogen.
Nur bei Anwendung der Fortschreibungsmethode (vgl. Kapitel 2.2.1.1) können die Warenkosten aus der Finanzbuchführung abgelesen werden.

- In den übrigen Fällen ist für die Ermittlung des Wareneinsatzes eine Inventur notwendig.
- Kann jedoch unterstellt werden, dass die eingekaufte Ware auch in derselben Periode wieder verbraucht wird, dürfte der Wareneinsatz dem Wareneinkauf entsprechen.

Wie bei dem Umsatz sind auch bei den Warenkosten erhaltene Preisnachlässe abzuziehen. Hinzuzurechnen sind die Anschaffungsnebenkosten.

Der Gesamtumsatz abzüglich der Warenkosten ergibt den **Rohertrag**, in der Regel den Rohgewinn.
Vom Rohertrag werden dann die betriebsbedingten Kosten abgezogen. Dadurch ergibt sich das Betriebsergebnis I. Nach Abzug der anlagebedingten Kosten vom Betriebsergebnis I errechnet sich das Betriebsergebnis II.
Die Zuordnung der Kosten wird bei Verwendung des DATEV-Kontenrahmens SKR 70 für Hotels und Gaststätten automatisch vorgenommen. Zum einen werden bereits in der Finanzbuchhaltung alle betriebsbedingten Kosten getrennt von den anlagebedingten Kosten erfasst (Kontenklassen 6 und 7). Zum anderen sind alle Kosten, die in einer Kontengruppe gebucht wurden, von der Art der Verwendung ähnlich.

Darum entscheiden die ersten beiden Stellen der vierstelligen Kontonummer, zu welcher Kontengruppe die Kostenarten jeweils gehören.

Betriebsbedingte Kosten

Kostenart	Kontonummern	Inhalt
Warenkosten	6000 bis 6079	Lebensmittel Getränke Handelswaren
Personalkosten	6200 bis 6399	Löhne/Gehälter Sozialabgaben Sachleistungen Gratifikationen
Energiekosten	6400 bis 6499	Strom Gas Wasser Heizung
Steuern, Gebühren, Beiträge, Versicherungen	6500 bis 6599	Gebühren Beiträge Versicherungen Steuern
Betriebs- und Verwaltungskosten	6600 bis 6999	Reinigung Kfz-Kosten Rechts-und Beratungskosten Bürobedarf Post u. Telefon Dekoration Werbung

Anlagebedingte Kosten

Kostenart	Kontonummern	Inhalt
Miete, Pachten, Leasing	7000 bis 7199	Mieten Pacht Leasing
Instandhaltung	7200 bis 7299	Renovierung Reparaturen Wartung
Abschreibungen	7300 bis 7399	auf Sachanlagen auf geringwertige Wirtschaftsgüter
Zinsen	7500 bis 7599	Fremdkapitalzins Finanzierungskosten Nebenkosten des Geldverkehrs

Werden im Anschluss vom Betriebsergebnis II die in der sachlichen Abgrenzung ermittelten neutralen Erträge addiert und die neutralen Aufwendungen subtrahiert, ergibt sich das (vorläufige) Unternehmensergebnis aus dem Gewinn- und-Verlustkonto.

Die kalkulatorischen Kosten werden in der Kurzfristigen Erfolgsrechnung nicht in die Kostenarten eingerechnet, sondern extra ausgewiesen, da diese Kosten bei Betriebsvergleichen für die Vergleichsbetriebe in der Regel nicht bekannt sind.

Die Kurzfristige Erfolgsrechnung des Hotel-Restaurant Bergstatter Hof sieht dann folgendermaßen aus:

Hotel-Restaurant Bergstatter Hof	EURO (€)
Gesamtumsatz	940 200,00
– Warenkosten	244 600,00
= **Rohgewinn**	**695 600,00**
– Personalkosten	236 600,00
– Energiekosten	58 600,00
– Steuern, Gebühren, Beiträge, Vers.	27 400,00
– Sonst. Betriebs- u. Verwaltungskosten	106 500,00
= **Betriebsergebnis I**	**266 500,00**
– Miete, Pacht, Leasing	3 000,00
– Instandhaltung	31 600,00
– Abschreibungen	41 600,00
– Zinsen	49 900,00
= **Betriebsergebnis II**	**140 400,00**
+ neutrale Erträge	6 050,00
– Neutrale Aufwendungen	4 300,00
= **Unternehmensergebnis**	**142 150,00**

Hotel-Restaurant Bergstatter Hof	EURO (€)
Unternehmensergebnis	142 150,00
– Neutrale Erträge	6 050,00
+ Neutrale Aufwendungen	4 300,00
– Kalkulatorische Miete	60 000,00
– Kalkulatorischer Unternehmerlohn	57 600,00
– Kalkulatorische Abschreibungen*	800,00
– Kalkulatorische Zinsen	32 459,20
= Betriebsergebnis aus der Abgrenzungstabelle	– 10 459,20

Es ist darauf hinzuweisen, dass die Kalkulatorischen Abschreibungen addiert werden müssen, wenn sich der Betrag in der Spalte Minus der Kalkulatorischen Korrekturen befindet.

Interpretation der Kurzfristigen Erfolgsrechnung

Die Kurzfristige Erfolgsrechnung dient zunächst der **Kostenanalyse**.

Die einzelnen Kosten werden dabei zum Gesamtumsatz des Betriebes in Beziehung gesetzt.

Die Interpretation erfolgt dann im Zeit-Vergleich, Soll-Ist-Vergleich und im außerbetrieblichen Vergleich. Gleichartige Betriebe lassen sich durch Betriebe der gleichen Größe bestimmen.

Die Höhe und die Zusammensetzung des Umsatzes, die Frage nach Eigentums- oder Pachtbetrieb sind die maßgeblichen Gesichtspunkte.

Diese Betriebsvergleiche werden vornehmlich durch Verbände, Universitäten und Betriebsberatungsgesellschaften durchgeführt.

Als Vergleichswerte werden hier die Ergebnisse des Betriebsvergleiches Hotellerie & Gastronomie 2000 der BBG-Consulting herangezogen, die jährlich in Zusammenarbeit mit dem Deutschen Hotel- und Gaststättenverband ermittelt werden.

Zugrunde gelegt wird die Gruppe A 2, Betriebe mit einem Beherbergungsanteil bis 40 % und einem Gesamtumsatz von 500 000,00 € bis 1 250 000,00 € als Eigentumsbetrieb.

Hotel-Restaurant Bergstatter Hof	Kostenanalyse – Betriebsvergleich			
	Hotel-Restaurant Bergstatter Hof		Vergleichsbetrieb	
	absolut in €	in %	absolut in €	in %
Gesamtumsatz	940 200,00	100,0	1 013 600,00	100,0
./. Warenkosten	244 600,00	26,0	210 200,00	20,7
= **Rohgewinn**	695 600,00	74,0	803 400,00	79,3
./. Personalkosten	236 600,00	25,2	325 400,00	32,1
./. Energiekosten	58 600,00	6,2	45 600,00	4,5
./. Steuern, Gebühren, Beiräge Versicherungen	27 400,00	2,9	19 300,00	1,9
./. Sonstige Betriebs- und Verwaltungskosten	106 500,00	11,3	114 500,00	11,3
= **Betriebsergebnis I**	266 500,00	28,4	298 600,00	29,5
./. Miete, Pacht, Leasing	3 000,00	0,3	3 000,00	0,3
./. Instandhaltung	31 600,00	3,4	34 500,00	3,4
./. Abschreibungen	41 600,00	4,4	40 500,00	4,0
./. Zinsen	49 900,00	5,3	56 800,00	5,6
= **Betriebsergebnis II**	140 400,00	14,9	163 800,00	16,2
+ Neutrale Erträge	6 050,00	0,6	0,00	0,0
./. Neutrale Aufwendungen	4 300,00	0,5	0,00	0,0
= **Unternehmensergebnis**	142 150,00	15,1	163 800,00	16,2
./. Neutrale Erträge	6 050,00		—	
+ Neutrale Aufwendungen	4 300,00		—	
./. Kalkulatorische Miete	60 000,00		—	
./. Kalk. Unternehmerlohn	57 600,00		—	
./. Kalk. Abschreibungen	800,00		—	
./. Kalkulatorische Zinsen	32 459,20		—	
= **Betriebsergebnis aus der Abgrenzungstabelle**	**– 10 459,20**		—	

Als erste Kostenart werden die Warenkosten untersucht.

Hotel-Restaurant Bergstatter Hof		Wareneinsatz Betriebsvergleich		
Kennzahl	**kennzeichnet ...**	**Berechnung**	**Bergstatter Hof**	**Vergleichsbetrieb**
Wareneinsatzquote	das Verhältnis des Wareneinsatzes zum Umsatz	$\frac{\text{Warenkosten x 100}}{\text{Gesamtumsatz}}$	26,0 %	20,7 %

Als Faustregel gilt, dass die Wareneinsatzquote 30 % nicht übersteigen soll. Diese Regel ist aber sehr ungenau, da sie sich auf den Gesamtbetrieb bezieht. Im reinen Gastronomiebetrieb sind aber die Wareneinsätze für Speisen und Getränke sehr unterschiedlich, während es im Beherbergungsbereich gar keine Wareneinsätze gibt.

Die Betrachtung der Wareneinsatzquote erscheint also nur sinnvoll in Bezug auf Teilumsätze. Demzufolge sollten die Formeln für die Wareneinsatzquoten folgendermaßen heißen:

$$\frac{\text{Warenkosten Lebensmittel x 100}}{\text{Speisenumsatz}}$$

bzw.

$$\frac{\text{Warenkosten Getränke x 100}}{\text{Getränkeumsatz}}$$

Im Weiteren werden die Personalkosten untersucht.

Hotel-Restaurant Bergstatter Hof		Personalkosten Betriebsvergleich		
Kennzahl	**kennzeichnet ...**	**Berechnung**	**Bergstatter Hof**	**Vergleichsbetrieb**
Personaleinsatzquote	das Verhältnis der Personalkosten zum Gesamtumsatz	$\frac{\text{Personalkosten x 100}}{\text{Gesamtumsatz}}$	25,2 %	32,1 %
Personalkosten pro Mitarbeiter	das Entgeltniveau des Betriebes	$\frac{\text{Personalkosten}}{\text{Anzahl der Mitarbeiter}}$	19 716,67	22 287,67

Der Personalkostenanteil hängt von der Art des Service ab. Im Restaurant mit A-la-carte-Service liegen die Personalkosten für die Servicemitarbeiter in der Regel höher als bei einem Free-flow-System oder bei Selbstbedienung. Das Entgeltniveau an verschiedenen Standorten ist ebenso unterschiedlich.

Nicht zuletzt hängen die Personalkosten vom Sortiment des Betriebes ab, da von den Mitarbeitern unterschiedliche Fachkenntnisse verlangt werden.

Das Sortiment wirkt sich auch auf die Wareneinsatzquote aus, da bestimmte Speisen immer zu einem bestimmten Preisniveau verkauft werden können.

Hier spiegelt sich also auch ein direkter Zusammenhang zwischen Wareneinsatzquote und Personalkosten wider.

Durch die Betrachtung der beiden Kostenarten Warenkosten und Personalkosten sind bereits ca. 60 % der Gesamtkosten analysiert. Prinzipiell können auch alle anderen Kostenarten zum Umsatz in Beziehung gesetzt werden.

Für die Analyse wird das Augenmerk auf die wesentlichen Abweichungen zu Vergleichsbetrieben gerichtet.

Eine Abweichung des Hotel-Restaurants Bergstatter Hof zum Vergleichsbetrieb um 0,1 % entspricht einem absoluten Betrag von 940,00 €.

Somit erscheint nur die Interpretation von Abweichungen sinnvoll, die mehr als 0,5 % betragen.
Solch eine Abweichung liegt bei den Energiekosten vor.

Für den Unternehmer ist es nun allerdings schwierig zu erforschen, ob die Abweichung durch einen anderen Energieträger, eine andere Energieart, höhere Abwassergebühren oder eventuell aus dem Zustand der technischen Geräte resultiert.
Die Summe der betriebsbedingten Kosten beträgt im Hotel-Restaurant Bergstatter Hof 45,6 %, im Vergleichsbetrieb 49,8 %, was im Wesentlichen auf den geringeren Personalkosten beruht.

Durch die höhere Wareneinsatzquote liegt das Betriebsergebnis I allerdings noch leicht unter dem des Vergleichsbetriebs.

Zur Berechnung des Betriebsergebnisses II werden nun die anlagebedingten Kosten herangezogen.

Als Vergleich kann natürlich nur ein Eigentumsbetrieb und kein Pachtbetrieb herangezogen werden.

Die Pacht spielt in einem Eigentumsbetrieb keine Rolle, dafür müssen Reparaturen am Gebäude und seine Abschreibung berücksichtigt werden.

Zur Interpretation sind dabei das Alter und der Zustand des Gebäudes zu berücksichtigen.

Die Fremdkapitalquote bestimmt den Anteil der Zinsen an den Gesamtkosten. Es bestehen aber in den anlagebedingten Kosten keine wesentlichen Abweichungen zwischen den beiden Betrieben.

Die Kurzfristige Erfolgsrechnung liefert ebenfalls die Grundlage zur Berechnung verschiedener **Umschlagskennzahlen**. Dieser Kennzahlenbereich analysiert die Wirtschaftlichkeit des Betriebes durch die Betrachtung der Lagerbestände und der Forderungen.

Hotel-Restaurant Bergstatter Hof		**Umschlagszahlen**	
Kennzahl	**kennzeichnet …**	**Berechnung**	**Bergstatter Hof**
Lagerumschlagshäufigkeit	… den Verbrauch der Warenvorräte	$\frac{\text{Warenkosten}}{\text{Warenvorräte}}$	16,4
Durchschnittliche Lagerdauer	… die Verweildauer der Warenvorräte	$\frac{360}{\text{Lagerumschlagshäufigkeit}}$	21,9 Tage
Umschlagshäufigkeit der Forder.	… das Zahlungsverhalten der Gäste	$\frac{\text{Gesamtumsatz}}{\text{Forderungsbestand}}$	18,6
Durchschnittliche Kreditdauer	… die Laufzeit der Forderungen	$\frac{360}{\text{Umschlagshäufigkeit d. Forderungen}}$	19,4 Tage

Die Lagerumschlagshäufigkeit gibt an, wie oft in einem Jahr der Lagerbestand der Warenvorräte umgesetzt wurde.
Eine hohe Umschlagshäufigkeit ist wünschenswert, da dann in kürzeren Abständen das für diese Warenvorräte eingesetzte Kapital zurückfließt. Dadurch werden die Zinsen und die Lagerkosten niedrig bleiben, was sich positiv auf den Gewinn auswirkt.
Die durchschnittliche Lagerdauer ist mathematisch von der Lagerumschlagshäufigkeit direkt abhängig und gibt an, wie lange die Warenvorräte im Lager gebunden waren.
In einem gastronomischen Betrieb ist die Lagerumschlagshäufigkeit in der Regel bei Lebensmittelvorräten geringer als bei Getränkevorräten. Bei Wein erfolgt oft noch eine Reifelagerung, die aber unter Kostengesichtspunkten kritisch betrachtet werden muss. Es stellt sich nämlich die Frage, ob der Vorteil eines geringeren Einkaufspreises nicht durch Kapital- und Lagerkosten wieder egalisiert wird.

Forderungen sind Kredite, die der Betrieb den Gästen gewährt. Ein großer Teil der Umsätze in gastgewerblichen Betrieben wird durch Sofortzahlungen beglichen. Daraus ergibt sich für diese Branche in der Regel eine hohe Umschlagshäufigkeit der Forderungen. Durch den verstärkten Einsatz von Kreditkarten wird der Forderungsbestand erhöht.
Die häufige Durchführung von Familienfeiern oder Tagungen lässt ebenso Forderungen entstehen, da die Veranstalter ihre Rechnungen nicht sofort am Tage der Veranstaltung bezahlen werden.
Insgesamt ist die durchschnittliche Kreditdauer aber noch als gering anzusehen. Sie dürfte sich jedoch im Zeitvergleich durch das Anwachsen der Forderungen erhöht haben.
Die Ertragskraft eines Unternehmens wird durch die **Rentabilität** ausgedrückt. Sie untersucht das Verhältnis des Unternehmensergebnisses zum eingesetzten Kapital.

Es gibt auch die Möglichkeit, zur Ermittlung der Rentabilitätskennziffern das Unternehmensergebnis um das neutrale Ergebnis zu berichtigen. In diesem Fall wird also aus der Kurzfristigen Erfolgsrechnung das Betriebsergebnis II als Grundlage verwandt.

Die absolute Höhe des Gewinns zeigt einem Unternehmer, ob dieser Betrag für seine Lebenshaltung ausreicht und ob er ein angemessener Ausgleich für seine Arbeitsleistung, seine Kapitalaufbringung und sein Unternehmerrisiko ist.

Im Rahmen der kalkulatorischen Kosten werden diese Faktoren ja berücksichtigt. Bei der Rentabilität wird der Erfolg im Verhältnis zum eingesetzten Kapital untersucht.

Die Rentabilität betrachtet also hier die Gesamtleistung des Unternehmens.
Die Kennzahlen der Rentabilität zeigen, ob es dem Gesamtunternehmen gelungen ist, ausreichenden Gewinn zu erwirtschaften, um die Existenz des Unternehmers zu sichern und dem Unternehmer oder den Investoren eine angemessene Kapitalverzinsung zur Verfügung zu stellen.

Die Rentabilität einer Einzelunternehmung bzw. einer Kapitalgesellschaft ist dann aber nicht mit derjenigen einer GmbH vergleichbar, weil bei Letzterer der Unternehmenserfolg durch das Gehalt des Geschäftsführers verringert wurde.

Hotel-Restaurant Bergstatter Hof — **Rentabilität**

Kennzahl	kennzeichnet ...	Berechnung	Bergstatter Hof
Durchschnittlich eingesetztes Eigenkapital	die Grundlage für die Berechnung der Rentabilität	$\frac{\text{Eigenkapitalanfangsbestand + Eigenkapitalendbestand}}{2}$	192 525,00 €
Eigenkapital-rentabilität	das Verhältnis des Unternehmenserfolges zum eingesetzten Eigenkapital	$\frac{\text{Erfolg x 100}}{\text{Durchschnittliches Eigenkapital}}$	73,8 %
Gesamtkapital-rentabilität	das Verhältnis des Erfolges zum eingesetzen Gesamtkapital	$\frac{\text{(Erfolg + Zinsen) x 100}}{\text{Gesamtkapital}}$	16,7 %
Umsatzrentabiltät	das Verhältnis des Erfolges zum Umsatz. Grundlage für ROI	$\frac{\text{Erfolg x 100}}{\text{Umsatz}}$	15,1 %
Kapitalumschlag	das Verhältnis des Umsatzes zum Kapital – Grundlage für ROI	$\frac{\text{Umsatz}}{\text{Gesamtkapital}}$	0,82
Return-on-Investment	das Verhältnis des Erfolges zum eingesetzten Kapital (ohne Fremdkapitalzinsen)	Umsatzrentabilität x Kapitalumschlag d.h. $\frac{\text{Erfolg}}{\text{Umsatz}} \text{ x } \frac{\text{Umsatz}}{\text{Kapital}} \text{ x 100 (gekürzt } \frac{\text{Erfolg x 100}}{\text{Gesamtkapital}})$	12,4 %

Das Hotel-Restaurant Bergstatter Hof hat bei einem durchschnittlichen Eigenkapital von 192 525,00 € einen Gewinn von 142 150,00 € erwirtschaftet. Das entspricht einer Verzinsung des Eigenkapitals von 73,8 %.

Stellt man dieser Eigenkapitalrentabilität den üblichen Zinssatz für langfristige Geldanlagen gegenüber, erscheint der Gewinn sehr hoch, da sich eine sehr große Differenz zugunsten der Investition in das Unternehmen ergibt.

Es muss aber berücksichtigt werden, dass es sich beim Hotel-Restaurant Bergstatter Hof um eine Einzelunternehmung und einen Eigentumsbetrieb handelt. Weder eine Pacht für das Betriebsgebäude noch ein Entgelt für die Arbeitsleistung des Unternehmers wurden in der Erfolgsrechnung im Rahmen der Finanzbuchführung angesetzt.

So sollten bei einer Einzelunternehmung zur Beurteilung der Eigenkapitalrentabilität der kalkulatorische Unternehmerlohn und die kalkulatorische Miete/Pacht für das Geschäftsgebäude und Grundstück vom Gewinn abgezogen werden.

Ist das Ergebnis daraus positiv, wird es zum eingesetzten Eigenkapital ins Verhältnis gesetzt und man erhält eine realistische Vergleichsmöglichkeit mit der marktüblichen Kapitalverzinsung.

Ist die Rentabilität höher als der Guthabenzins, stellt die Differenz eine Risikoprämie für den Unternehmer dar.

Im Hotel-Restaurant Bergstatter Hof war das ermittelte Ergebnis nach Abzug der kalkulatorischen Kosten aber negativ, sodass keine Verzinsung für das eingebrachte Kapital erwirtschaftet wurde.

Das Gesamtkapital erwirtschaftet nicht nur einen Gewinn auf das Eigenkapital, sondern auch die Zinsen für das Fremdkapital. Deshalb untersucht der Unternehmer mithilfe der Gesamtkapitalrentabilität, ob es sich lohnt, zusätzliches Fremdkapital aufzunehmen.

Die Gesamtkapitalrentabilität beträgt 16,7 % und liegt damit über dem zu zahlenden Fremdkapitalzins. Eine zusätzliche Aufnahme von Fremdkapital erhöht die Eigenkapitalverzinsung.
Dieser Effekt wird **Leverage-Effekt** genannt.

Beispiele

Der Unternehmer des Hotel-Restaurants Bergstatter Hof überlegt, ob es lohnenswert ist, weitere 100 000,00 € als Fremdkapital aufzunehmen. Der Zinssatz für das Fremdkapital beträgt 6 %.

Bisherige Rentabilität:

Gesamtkapital	1 149 500,00 €
davon 16,7 % Gesamtkapitalrentabilität	192 400,00 €
./. Fremdkapitalzinsen (6 % der Verbindlichkeiten gegenüber Kreditinstituten lt. GuV)	49 900,00 €
= Unternehmensergebnis	142 500,00 €
Eigenkapitalrentabilität	**74 %**

Neue Rentabilität:

Gesamtkapital	1 249 500,00 €
davon 16,7 % Gesamtkapitalrentabilität	208 667,00 €
./. Fremdkapitalzinsen (6 % von 927 640,00 €)	55 658,00 €
= Unternehmensergebnis	153 009,00 €
Eigenkapitalrentabilität	**79,5 %**

Die Umsatzrentabilität sagt aus, wie viel % des Umsatzes dem Unternehmen als Gewinn verblieben sind. Diese Kennzahl war bereits in der aufbereiteten Kurzfristigen Erfolgsrechnung erkennbar und lag mit 15,1 % etwas unter dem Vergleichsbetrieb, der 16,2 % erwirtschaftet hatte.
Der **Return-on-Investment (ROI)** ist die Spitzenkennzahl und zeigt, dass es drei Einflussfaktoren auf die Rentabilität gibt: den Umsatz, den Gewinn und das eingesetzte Kapital.

Diese Rentabilitätskennziffern betrachten das Unternehmen aus Sicht der Investoren. Sie werden deshalb nur dieser Personengruppe zur Verfügung gestellt und erscheinen wohl nicht in einem normalen Controllerbericht.

Der **Cashflow** ist eigentlich die Differenz zwischen Einnahmen und Ausgaben. Er kennzeichnet die Selbstfinanzierungskraft des Unternehmens.

Er sagt aus, in welchem Maße eigene erwirtschaftete Mittel zur Finanzierung von Investitionen, Gewinnentnahme und Kredittilgung herangezogen werden können.

Deshalb werden zum erwirtschafteten Unternehmensgewinn die Abschreibungen addiert, da diese zur Refinanzierung zur Verfügung stehen. Das heißt, streng genommen müssten die kalkulatorischen Abschreibungen berücksichtigt werden, deren Wert aber einem Außenstehenden nicht zur Verfügung steht.

Hotel-Restaurant Bergstatter Hof		Cashflow Zeitvergleich		
Kennzahl	**kennzeichnet ...**	**Berechnung**	**Berichtsjahr**	**Vorjahr***
Cashflow	die Finanzkraft des Unternehmens	Unternehmensgewinn + Abschreibungen + langfristige Rückstellungen	184 100,00	178 500,00
Verschuldungsgrad	die Kreditwürdigkeit	$\frac{\text{Fremdkapital}}{\text{Cashflow}}$	4,6	4,8
Finanzkraft	den Anteil des Umsatzes, der für Zahlungsverpflichtungen zur Verfügung steht	$\frac{\text{Cashflow x 100}}{\text{Umsatz}}$	19,6 %	20,1 %
Investitionspotential	die Mittel der Innenfinanzierung	$\frac{\text{Cashflow x 100}}{\text{Investiertes Kapital}}$	16,0 %	16,1 %

* angenommene Werte des Vorjahres

Der Cashflow hat sich nicht wesentlich verändert. Durch Subtraktion der geplanten Gewinnentnahme und der notwendigen Tilgungsrate des Fremdkapitals können die aus eigener Kraft zur Finanzierung erwirtschafteten Mittel errechnet werden.

Die Kreditwürdigkeit des Unternehmens ist gestiegen, da sich der Verschuldungsgrad verringert hat.
Auch die Möglichkeit, aus eigenen Mitteln Finanzierungen vorzunehmen, hat sich verbessert. Es steht lediglich ein kleinerer Anteil des Umsatzes für Zahlungsverpflichtungen zur Verfügung, da der Umsatz stärker gestiegen ist als der Cashflow.

Bisher wurde die Kurzfristige Erfolgsrechnung als Interpretation des Jahresabschlusses behandelt. Betriebswirtschaftliche Entscheidungen müssen aber kurzfristig gefällt werden, um auf aktuelle Entwicklungen zu reagieren. Hierfür müssen auch kurzfristig Auswertungen des Betriebsgeschehens vorliegen.
Deshalb wird häufig die Kurzfristige Erfolgsrechnung monatlich erstellt.

Im Gegensatz zur Betriebswirtschaftlichen Auswertung der DATEV handelt es sich nicht um eine Ist-Kosten-Rechnung, sondern um eine Normal-Kosten-Rechnung.

Bei der **Ist-Kosten-Rechnung** werden die Kosten in dem Monat berücksichtigt, in dem sie anfallen bzw. zu einer Ausgabe führen. So ist die einmalig im Jahr gezahlte Gebäudefeuerversicherung in der Ist-Kosten-Rechnung nur in dem Monat der Zahlung in den Aufwendungen enthalten. Es ergibt sich deshalb immer nur ein vorläufiges Monatsergebnis.

Die **Normal-Kosten-Rechnung** versucht sämtliche Kosten eines Jahres zu erfassen und diese bei monatlicher Aufstellung gleichmäßig auf die einzelnen Monate zu verteilen. Es ist deshalb für einmalige Zahlungen (z.B. Weihnachtsgeld) oder Aufwendungen, die erst am Jahresende gebucht werden (z.B. Abschreibungen), eine periodengerechte Abgrenzung erforderlich. Andererseits soll die Kurzfristige Erfolgsrechnung ein einfach zu handhabendes Instrumentarium sein. Deshalb wird in der Praxis häufig darauf verzichtet, kleinere Beträge (z.B. Beiträge für Berufsverbände) tatsächlich abzugrenzen.

Im Anschluss werden Beispiele für Kosten aufgezeigt, für die typischerweise eine Abgrenzung vorgenommen wird.

Abgrenzung verschiedener Kosten in der monatlichen Kurzfristigen Erfolgsrechnung

Kostenart	Auftreten	Berechnung
Warenkosten	Wareneinsatz und Wareneinkauf fallen zeitlich auseinander	**1. Methode:** Anfangsbestand des Monats + Zugänge ./. Endbestand des Monats = Verbrauch **2. Methode:** Wareneinsatz entspricht den gebuchten Entnahmescheinen **3. Methode:** Wareneinkauf einer Periode = Wareneinsatz dieser Periode (Vereinfachung für Kleinbetriebe bei relativ kontinuierlichem Geschäftsverlauf)
Personalkosten	Prämien, Urlaubsgeld, Weihnachtsgeld werden einmal jährlich gezahlt	Die Gesamtkosten werden gleichmäßig auf alle Monate verteilt
Energiekosten Betriebssteuern Versicherungen	Zahlungen fallen vierteljährlich oder jährlich an	
Werbung	Ausgaben werden für das Jahr budgetiert, die Ausgaben verteilen sich ungleichmäßig auf das Jahr	
Abschreibungen	keine Ausgabe, der Abschreibungsbetrag wird am Jahresende berechnet	

Bei der Interpretation ist zunächst der Vergleich zwischen den budgetierten Werten und den angefallenen Werten durchzuführen. Aber auch auf Abweichungen zwischen dem Prozentanteil der Monatswerte an den Gesamtkosten und den Prozentanteilen der aufgelaufenen Jahreswerte ist zu achten.

Bei besonders gravierenden Abweichungen ist eine Abweichungsanalyse zu erstellen, ob es sich um eine Trendentwicklung handelt.
Die Abweichungen könnten aber auch auf saisonalen Schwankungen oder Kontierungs- oder Buchungsfehler schließen lassen.

Aufgaben

1. Folgende Informationen liegen Ihnen zum Hotel-Restaurant Grüner Baum vor.

Kontennummer	Kontenbezeichnung	Aufwendungen in €	Erträge in €
5010	Beherbergungsumsatz		234 000,00
5020	Speisenumsatz		384 000,00
5030	Getränkeumsatz		212 000,00
5500	Erträge aus Anlagenabgängen		8 000,00
6000	Warenkosten	220 600,00	
6200	Personalkosten	231 000,00	
6400	Energiekosten	66 600,00	
6500	Gebühren, Beiträge, Versicherungen	16 400,00	
6530	Gewerbesteuer	4 300,00	
6620	Kfz-Kosten	17 300,00	
6790	Sonstige Verwaltungskosten	89 300,00	
6800	Periodenfremde Aufwendungen	1 500,00	
7000	Mieten und Pachten	58 300,00	
7200	Instandhaltung	21 600,00	
7300	Abschreibungen	23 600,00	
7500	Zinsaufwendungen	22 300,00	

a) Erstellen Sie eine ordnungsgemäß gegliederte Kurzfristige Erfolgsrechnung.
b) Erläutern Sie die Begriffe anlagebedingte und betriebsbedingte Kosten.
c) Berechnen Sie die Wareneinsatzquote des Gesamtunternehmens und zeigen Sie auf, warum diese Kennzahl wenig aussagekräftig ist.
d) Zeigen Sie, von welchen Einflussgrößen das Entgeltniveau eines Betriebes beeinflusst wird.
e) Der Anteil der Energiekosten in einem Vergleichsbetrieb liegt bei 6,5 %. Zeigen Sie Gründe für die Abweichung zum untersuchten Betrieb auf.
f) Zeigen Sie die Berechnung der Lagerumschlagshäufigkeit und erklären Sie, welche Erkenntnisse man aus ihrer Betrachtung gewinnen kann.
g) Das Eigenkapital der Unternehmung beträgt 111 000,00 € und das Fremdkapital 460 000,00 €. Berechnen Sie die Eigenkapitalrentabilität, die Gesamtkapitalrentabilität, den Kapitalumschlag und den return-on-investment.

2. Geben Sie zwei Beispiele für Kosten, die in der Ist-Kosten-Rechnung und der Normal-Kosten-Rechnung unterschiedlich erfasst werden. Zeigen Sie ihre unterschiedlichen Auswirkungen auf ein Monatsergebnis.

3.3 Kostenstellenrechnung

Situation

Nachdem die Kostenartenrechnung erstellt worden ist, möchte die Unternehmensleitung des Hotel-Restaurants Bergstatter Hof die Kosten im Unternehmen genauer untersuchen.

Um den Erfolg einzelner Teilbereiche des Betriebes ausfindig zu machen, soll eine geeignete Übersicht entwickelt werden. Sie werden beauftragt, ein solches Kontrollsystem zu erstellen.

Während in der Kostenartenrechnung alle angefallenen Kosten und Leistungen des Gesamtbetriebes nach Art und Wert erfasst werden, sollen jetzt die Kosten in Teilbereichen des Betriebes überwacht und nötigenfalls verändert werden. Die Leitfrage lautet:
Wo werden die Kosten im Betrieb verursacht?

Im Detail hat die Kostenstellenrechnung zwei Aufgaben zu erfüllen.

Sie soll ein **Kontrollinstrument** sein, mit dem die Kosten am Ort der Verursachung überwacht werden können. Dazu ist es zunächst erforderlich, überprüfbare „Orte", so genannte **Kostenstellen (KST)**, im Unternehmen zu definieren. Ist dies geschehen, muss man die Kosten erfassen, die in der betreffenden Kostenstelle anfallen.

Des Weiteren soll sie **Entscheidungshilfen** zur Führung der einzelnen Kostenstellen liefern. Hierfür wird die Wirtschaftlichkeit jeder einzelnen Kostenstelle überprüft, z.B. mittels eines Soll-Ist-Vergleichs, bei dem die angefallenen Kosten und Leistungen mit den Planvorgaben verglichen werden.

Als weitere Möglichkeit kommt der Zeitvergleich in Frage. Die Daten aus vergangenen Rechnungsperioden werden mit den aktuellen Daten verglichen.

Bildung von Kostenstellen

Damit die Kostenstellen als Orte der Kostenentstehung kontrollierbar werden, sind zunächst Kosten verursachende Funktionsbereiche organisatorisch abzugrenzen. Es ist dazu erforderlich, dass sich die einzelnen Kostenstellen eindeutig voneinander abheben und klar abgegrenzt sind. Nur so ist eine eindeutige Zuordnung aller Kosten möglich.

Um die ökonomisch sinnvolle Erfassung der Kosten zu gewährleisten, kommt der einzelne Arbeitsplatz als Kostenstelle nicht in Frage. Diese differenzierte Erfassung der Kosten ist zu zeit- und personalaufwendig. Effektiver ist die Zusammenfassung gleichartiger Arbeitsplätze zu einer Kostenstelle. Darüber hinaus stellt die Kostenstelle einen Verantwortungsbereich dar. Dies muss in der Organisation der Unternehmensstruktur seinen Niederschlag finden.

Weicht eine Kostenstelle erheblich von den Kostenvorgaben oder von vergleichbaren Kostenstellen ab, muss jemand persönlich dafür verantwortlich gemacht werden können. Nur so ist eine Kostenstellenrechnung als Managementinstrument zur Unternehmensführung sinnvoll.

Die Bildung der Kostenstellen sollte grundsätzlich den betriebsspezifischen Gegebenheiten angepasst sein. Dabei können unterschiedliche Gesichtspunkte bei der **Einteilung** im Vordergrund stehen:

- **nach Funktionsbereichen**
  Hierbei folgen die Kostenbereiche dem betrieblichen Ablauf, z.B. Beschaffungsbereich, Produktionsbereich, Verwaltungsbereich, Vertriebsbereich.

  Diese Einteilung bezieht sich eher auf Sachleistungen und wird in der Industrie verwendet.

  Für die Hotellerie und Gastronomie mit einem hohen Dienstleistungsanteil ist sie ungeeignet, zumal die Kontrolle der Tätigkeiten hier ausgeschlossen ist.

- **nach operativen Abteilungen**
  Unterteilt wird nach Bereichen, die Umsätze erwirtschaften, d.h. nach Operating Departments. Für die Hotellerie und Gastronomie sind dies insbesondere die Departments Beherbergung und Bewirtung. Die Unternehmen können weitere Departments führen, z.B. Garage, Wellness, Golf.

  Eine Kontrolle ist bei dieser Unterteilung möglich. Ausgehend von der Unterteilung in die beiden Departments Beherbergung und Bewirtung existieren zwei operative Kostenstellen. Diese Teilung ist für kleinere und mittlere Unternehmen gut zu handhaben, wirtschaftlich und ausreichend. Während nach Umsatzträgern kontrolliert werden kann, ist die Kontrolle nach Verantwortlichkeiten noch begrenzt.

- **nach Räumlichkeiten**
  Die Kostenstellen sind Räumlichkeiten, in denen Umsätze erwirtschaftet werden, d.h. Outlets. Dies können z.B. Hotel, Restaurant, Frühstück und Saalbetrieb sein.

  Die räumliche Unterteilung ermöglicht die Kontrolle nach Verantwortlichkeiten, hat allerdings bei den Umsatzträgern Überschneidungen.

- **nach Leistungsbereichen**
  Die Kostenstellen werden nach Beherbergung, Speisen und Getränken getrennt.

Schaffung eines Kostenstellenplanes

Aus organisatorischer und abrechnungstechnischer Sicht können die Kostenstellen sowohl zu Kostenstellenbereichen zusammengefasst als auch in einzelne Kostenplätze weiter unterteilt werden.

Für eine reibungslose Anwendung der geschaffenen Kostenstellen sollte ein Kostenstellenplan erstellt werden.

Darin sind alle Kostenstellen des Betriebes genau aufgegliedert. Für die EDV-Eingabe, die mit der laufenden Finanzbuchführung stattfindet, sind Ziffern zuzuordnen. Bewährt hat sich das Zehnersystem. Dabei kann die erste Stelle den Kostenbereich, die zweite die Kostenstelle und die dritte den Kostenplatz kennzeichnen.

Beispiel

Kostenbereich Küche		
	3	Küche
	31	Hauptküche
	311	Warme Küche
	312	Kalte Küche
	32	Kaffeeküche
	33	Strandgrill

Gut geeignet ist die Ableitung des Kostenstellenplanes aus dem Organigramm des Betriebes.

Verteilung der Kosten auf die Kostenstellen

Zunächst sind die gesamten Kosten nach der Zurechenbarkeit auf die Kostenstellen zu unterscheiden.

Je nach Art der Kostenstellenrechnung werden die gesamten Kosten in folgender Weise differenziert und führen zur Voll- bzw. Teilkostenrechnung:

Häufigste Arten der Kostenstellenrechnung

Leistungsergebnisrechnung
- Einzelkosten
- Gemeinkosten

→ Vollkostenrechnung

Uniform System of Accounts
- Direkte Kosten
- Indirekte Kosten

→ Teilkostenrechnung

Bereichsergebnisrechnung
- Direkte Kosten
- Indirekte Kosten

→ Teilkostenrechnung

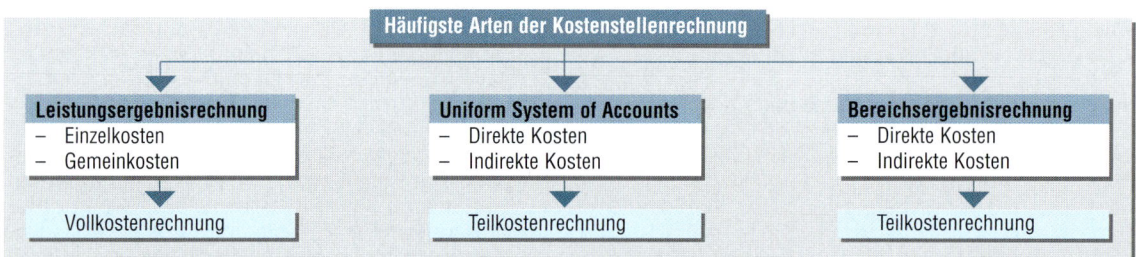

Je nachdem, ob die gesamten Kosten oder nur die direkt zurechenbaren Kosten (= direkte Kosten) auf die Kostenstellen verteilt werden, handelt es sich um eine Voll- oder eine Teilkostenrechnung.

Die Vollkostenrechnung wird anhand der Leistungsergebnisrechnung aufgezeigt. Sie kann sowohl kontenmäßig als auch statistisch-tabellarisch durchgeführt werden.
Im ersten Fall werden die Kostenarten laut den Kontenklassen 6 und 7 buchungsmäßig auf die Konten der Kostenstellen verteilt, die dann wieder den Kostenträgern zugerechnet werden.

Im Kap. 3.3.3 wird die statistisch-tabellarische Form aufgezeigt, um die Art und Weise der Kostenverteilung konkret darstellen zu können. Dazu wird der Betriebsabrechnungsbogen (BAB) als Hilfsmittel verwendet.

Im Rahmen der Teilkostenrechnung werden die übrigen Kosten, d.h. die indirekten Kosten, im Allgemeinen allen Kostenstellen als Block angelastet. Da in der Vollkostenrechnung alle Kosten auf die Kostenstellen zu verteilen sind, sind alle nicht eindeutig zurechenbaren Kosten über besondere Verfahren zu verteilen. In dieser Rechnung werden lediglich die Warenkosten einzelnen Kostenstellen im Sinne von Einzelkosten direkt zugerechnet. Alle übrigen Kosten werden als Gemeinkosten angesehen und in der Regel bei Anwendung der statistisch-tabellarischen Form über das Instrument Betriebsabrechnungsbogen auf die einzelnen Kostenstellen verteilt.

Im Folgenden werden die beiden für das Gastgewerbe häufigsten Teilkostenrechnungen – das Uniform System of Accounts und die Bereichsergebnisrechnung – dargestellt.

Aufgaben

1. Erläutern Sie die Aufgaben der Kostenstellenrechnung.
2. Nennen Sie Kriterien zur Bildung von Kostenstellen.
3. Unterbreiten Sie Vorschläge zur Einteilung folgender Unternehmen in Kostenstellen:
   a) Hotel-Restaurant mit Sauna und Wellnessbereich,
   b) Restaurant.
4. Erläutern Sie verschiedene Gesichtspunkte, nach denen die Gesamtkosten gegliedert werden.

3.3.1 Uniform System of Accounts

Departmental Statement of Income

		Current Period				
		Net Revenues	**Cost of Sales**	**Payroll and Related Expenses**	**Other Expenses**	**Income (Loss)**
Operating Departments	**Schedule**					
Rooms	1	$	$	$	$	$
Food and Beverage	2					
Telephone	3					
Garage and Parking	4					
Guest Laundry	5					
Golf Course	6					
Golf pro Shop	7					
Tennis-Racquet Club	8					
Tennis pro Chop	9					
Health Club	10					
Swimming pool-Cabanas-Baths	11					
Other operated departments						
Rentals and Other Income	12					
Total Operating Departments						
Undistributed Operating Expenses						
Administrative and General	13					
Data Processing	14					
Human Resources	15					
Transportations	16					
Marketing	17					
Guest Entertainment	18					
Energy Costs	19					
Property Operation and Maintenance	20					
Total Undistributed Operating Expenses						
Income before Management Fees and Fixed Charges		$	$	$	$	
Management Fees					$	
Rent, Taxes and Insurance	21					
Interest expense	21					
Depreciation and Amortization	21					
Income before Income Taxes	22					
Income Taxes						
Net Income						$

Wurde bisher nur das Gesamtergebnis eines Betriebes behandelt, **soll** nun **das Ergebnis einzelner Kostenbereiche** untersucht werden. Schon im Jahre 1926 wurde zu diesem Zweck in den USA das Uniform System of Accounts (USoA) entwickelt.
Dieses System nennt die Kostenbereiche eines gastgewerblichen Betriebes Departments. Wird in Departments Umsatz erwirtschaftet, werden sie als Operating Departments bezeichnet. Dies sind natürlich zunächst der Beherbergungsbereich (Rooms) und der Bewirtungsbereich (Food and Beverage (F&B). Die gesamte Gastronomie umfasst also ein Department, unabhängig, ob der Umsatz mit Speisen oder Getränken im Restaurant, der Bar oder einem anderen so genannten Outlet erzielt wurde.
Wird in anderen Betriebsbereichen ebenfalls ein erheblicher Umsatz erwirtschaftet, können diese zu eigenen Departments werden. Telefon, Garage und Parken oder Wäscherei können so als Teilbereiche des Hotels ausgelagert werden.
Golf, Tennis oder der Wellnessbereich sind ebenfalls Beispiele für selbstständige Departments.

Vom **Nettoumsatz** (Net Revenue) der einzelnen Operating Departments werden die diesen direkt zurechenbaren Kosten abgezogen. Es handelt sich dabei um den **Wareneinsatz** (Cost of Sales), die **Personalkosten** (Payroll) und **die sonstigen direkten Kosten** (Other Expenses).
Die Personalkosten beinhalten aber nur die Kosten für die Mitarbeiter, die direkt einem Department zugeordnet werden können. Im Beherbergungsbereich wäre das z.B. der Rezeptionist oder das Zimmermädchen, im Gastronomiebereich der Koch oder das Servicepersonal. Unter „Other Expenses" werden alle weiteren direkten Kosten verstanden.

Beispiel

... direkter Kosten einzelner Departments

Beherbergung	Bewirtung
Guest Supplies	Musik und Unterhaltung
Fremdreinigung	Fremdreinigung
Wäscherei	Geschirr, Gläser, Bestecke, Wäsche
Wäscheleasing	Wäscheleasing
Druckkosten für Rechnungsformulare	Druckkosten für Speisenkarten

Diese Auswahl zeigt bereits, dass die Kostenarten aus der Kostenartenrechnung im Uniform System of Accounts aufgelöst werden. Zwar finden sich einzelne Kostenarten (z.B. Musik und Unterhaltung) in einem Department wieder, aber andere Kostenarten (z.B. Wäscheleasing) müssen verschiedenen Departments zugeordnet werden. Es finden sich mit dem Leasing hier sogar bereits anlagebedingte Kosten wieder.

Durch die Subtraktion der direkten Kosten von den Umsätzen ergibt sich das Ergebnis der einzelnen Operating Departments, Gross Operating Income oder Income genannt.

Nicht alle Departments erwirtschaften einen Umsatz. Hier werden vom Uniform System of Accounts Verwaltung, Datenverarbeitung, Personalabteilung, Transport, Marketing, Gästeunterhaltung, Energiekosten sowie Grundstücksaufwendungen und Instandhaltung genannt. Diesen Departments werden dann alle Kosten zugeordnet, die dort jeweils anfallen.
Die Personalkosten für Verwaltungsmitarbeiter werden dem Department Verwaltung, Personalkosten der Verkaufsabteilung dem Department Marketing zugerechnet. Auch Telefonkosten und Büroaufwendungen fallen beispielsweise unter die jeweiligen Departments. Zu berücksichtigen sind auch die Instandhaltungen, die in der kurzfristigen Erfolgsrechnung den anlagebedingten Kosten zugerechnet werden.

Diese Departments werden getrennt geführt, wenn sie einen wesentlichen Kostenfaktor darstellen. Ansonsten werden die dort anfallenden Kosten dem Department Verwaltung zugeschlagen.

Durch die Subtraktion dieser Undistributed Operating Expenses vom Total Income der Operating Departments ergibt sich das Income before Management Fees and Fixed Charges oder kürzer auch als **Gross Operating Profit** (GOP) benannt.

Im letzten Schritt werden die restlichen anlagebedingten Kosten (Mieten, Pachten, Zinsen und Abschreibungen) und die Versicherungen, die Inventar und Gebäude betreffen, abgezogen. Daraus ergibt sich der Net Operating Profit bzw. das Net Income.

Dieser Wert entspricht dem Betriebsergebnis II aus der kurzfristigen Erfolgsrechnung.

Aufgrund der Herkunft des Uniform System of Accounts werden in den Betrieben, in denen dieses Verfahren angewendet wird, üblicherweise die englischen Begriffe verwendet.

Die deutschen Übersetzungen sind häufig identisch mit Begriffen, die bei anderen Instrumenten der Kosten- und Leistungsrechnung benutzt werden. Deshalb werden hier die ursprünglichen Bezeichnungen beibehalten. Eine Übersicht verdeutlicht die Zuordnung.

Begriffsvergleich aus dem Uniform System of Accounts

Englisch	Deutsch
Net revenue operating departments	Erträge operative Abteilungen
./. Cost of Sales	./. Wareneinsatz
./. Payroll	./. Personalkosten
./. Other Expenses	./. Sonstige Aufwendungen
= Gross Operating Income	= Abteilungsergebnis
./. Undistributed Operating Expenses	./. Serviceabteilungen (Gemeinkosten)
= Gross Operating Profit	= Betriebsergebnis nach Gemeinkosten
./. Management Fees and Fixed Charges	./. anlagebedingte Aufwendungen
= Net Operating Profit	= Betriebsergebnis vor Einkommens- und Ertragssteuern

Die Vorgehensweise des Uniform System of Accounts setzt eigentlich voraus, dass schon im Bereich der Finanzbuchführung eine auf die Bedürfnisse des USoA abgestimmte Gliederung der Konten erfolgt.

Für das Hotel-Restaurant Bergstatter Hof liegen nur die Kostenarten aus der kurzfristigen Erfolgsrechnung vor. Daher müssen diese auf die Departments verteilt werden.

Zunächst sind die Personalkosten aufzuteilen. Von den zwölf Mitarbeitern sind zwei im Beherbergungsbereich, neun in der Küche und im Restaurant und einer in der Verwaltung beschäftigt.
Die beiden Auszubildenden in der Küche gelten dabei rechnerisch als ein Mitarbeiter. Anhand der Lohn- und Gehaltslisten werden ihre Entgelte auf die direkten Kosten Payroll Rooms, Payroll F&B und die indirekten Kosten Administration verteilt.

Die Verteilung der sonstigen Betriebs- und Verwaltungskosten sowie die direkte Zuordnung der weiteren betriebsbedingten und anlagebedingten Kosten sind aus nachfolgender Tabelle ersichtlich.

Verteilung der Kostenarten aus der Kurzfristigen Erfolgsrechnung auf die Departments des Uniform System of Accounts

Hotel-Restaurant Bergstatter Hof

Kostenart	Department	Betrag	Beispiele
	Betriebsbedingte Kosten		
Warenkosten	Cost of Sale F&B	244 600,00	Lebensmittelkosten, Getränkekosten
Personalkosten	Payroll Rooms	36 200,00	Mitarbeiter im Hotel (z.B. Rezeptionist, Zimmermädchen)
	Payroll F&B	180 000,00	Mitarbeiter in Küche und Restaurant (z.B. Koch, Spüler, Kellner)
	Andere Operating Departments, z.B. Garage + Parking		Parkwächter
	Administration	20 400,00	Mitarbeiter in der Verwaltung (z.B. Buchhalter)
	Marketing		Mitarbeiter im Verkauf (z.B. Verkaufsleiter)
	Andere Departments, z.B. Transport oder Golf		Chauffeur, Golflehrer
	Property Operation and Maintenance		Hausmeister
Energiekosten	Energy Cost	58 600,00	Strom, Gas Wasser
Steuern, Gebühren, Beiträge, Versicherungen	Rent, Taxes, Insurance	25 200,00	Gewerbesteuer, Gebäude- und Inventarversicherungen
	Administrative	2 200,00	IHK- Beitrag, Vergnügungssteuer, Haftpflichtversicherung
	Sonstige Betriebs- und Verwaltungskosten		
Reinigung und Wäschekosten	Other Expenses Rooms	30 660,00	Reinigung/Fremdreinigung der Hotelzimmer, Wäschekosten/Bettwäsche
	Other Expenses F&B	4 000,00	Reinigung Restaurant Wäschekosten/Tischwäsche
Kfz-Kosten	Other Expenses Rooms		Kosten der Gästetransporte
	Administrative	17 300,00	Kosten der übrigen Transporte
	Oder: Tranportation		alle Transporte, wenn sie als eigenes Department geführt werden
Geschirr und Wäsche	Other Expenses Rooms	4 000,00	Anschaffung Bettwäsche
	Other Expenses F&B	3 000,00	Anschaffung Geschirr und Tischwäsche
Musik und Unterhaltung	Other Expenses F&B	1 000,00	alle Gästeunterhaltung, wenn nicht als eigenes Department geführt
Dekoration	Other Expenses Rooms	800,00	Dekoration der Lobby und der Hotelzimmer
	Other Expenses F&B	1 200,00	Dekoration des Restaurants
Beratungskosten	Administrative	6 800,00	Steuerberater, Rechtsanwalt, Betriebsberater
Bürobedarf	Other Expenses Rooms	1 400,00	Rechnungsformulare Hotel
	Other Expenses F&B	2 400,00	Rechnungsformulare Restaurant, Speisenkarten
	Administrative	2 000,00	Büromaterial der Verwaltung
Porto	Administrative	2 400,00	Briefmarken
Telefon/Telefax	Other Expenses Rooms	4 100,00	Telefon- und Telefaxkosten für Reservierungen
	Other Expensens F&B	9 000,00	Telefon und Telefaxgebühren für Reservierung und Einkauf
Werbung	Marketing	9 800,00	Anzeigen, Prospekte
Provisionen	Other Expenses Rooms	1 100,00	Reisebüroprovisionen
	Administrative	5 540,00	Kreditkartenprovisionen
	Anlagebedingte Kosten		
Miete, Pacht, Leasing	Other Expenses Rooms	3 000,00	Wäscheleasing
	Rent, Taxes, Insurance		Pacht der Betriebsräume
Instandhaltung	Property Operations and Maintenance	31 600,00	Reparaturen, Wartungsverträge
Abschreibungen	Depreciation	41 600,00	Abschreibungen des Anlagevermögens
Zinsen	Interest Expenses	49 900,00	Fremdkapitalzinsen

Das Departmental Statement of Income ergäbe dann folgendes Bild:

Departmental Statement of Income

Hotel-Restaurant Bergstatter Hof

Current period (laufende Periode)					
Operating Departments (operative Abteilungen)	**Net Revenues** (Netto-Erträge)	**Cost of Sales** (Wareneinsatz)	**Payroll** (Personal-aufwendungen)	**Other Expenses** (Sonstige Aufwen-dungen)	**Gross operating Income** (Ergebnisse)
Rooms	183 200,00		36 200,00	45 060,00	101 940,00
Food and Beverage	757 000,00	244 600,00	180 000,00	11 600,00	320 800,00
Total Operating Departments (Summe operative Abteilungen)	940 200,00	244 600,00	216 200,00	56 660,00	422 740,00

Undistributed Operating Expenses (Serviceabteilungen/Gemeinkosten)	
Administrative and General (Verwaltung und Allgemeines)	65 640,00
Marketing (Marketing)	9 800,00
Energy costs (Energie und Wasser)	58 600,00
Property Operation and Maintenance (Reparaturen und Instandhaltung)	31 600,00
Income before Management Fees and Fixed Charges (Betriebsergebnis nach Gemeinkosten) (Gross Operating Profit)	257 100,00
Rent, Taxes and Insurance (Pacht/Miete/Leasing, Betriebs- und Objektkosten sowie Versicherungen)	25 200,00
Interest Expense (Zinsen)	49 900,00
Depreciation (Abschreibungen)	41 600,00
Income before taxes (Betriebsergebnis vor Einkommen/Ertragssteuern) (Net Operating Profit)	140 400,00

Vergleicht man die Ergebnisse der kurzfristigen Erfolgsrechnung mit denen des Uniform System of Accounts, liegt zunächst das gleiche Zahlenmaterial der Finanzbuchführung zugrunde.

Eine Aufteilung der Umsätze in die Bereiche Beherbergung und Bewirtung ermöglicht dabei aber im Uniform System of Accounts eine genauere Beurteilung der Bereiche.

Auch die Idee, neben dem Wareneinsatz direkt weitere direkte Kosten zuzuordnen, verbessert die Interpretationsmöglichkeiten.

Dem Gross Operating Income steht kein direkter Vergleichswert in der kurzfristigen Erfolgsrechnung gegenüber.

Beide Systeme berücksichtigen im nächsten Schritt die bis dorthin noch nicht eingeflossenen betriebsbedingten Aufwendungen und kommen zum GOP bzw. zum Betriebsergebnis I.

Durch die unterschiedliche Zuordnung der Instandhaltungskosten sowie der Steuern und Versicherungen ist der absolute Wert aber unterschiedlich.

Durch die anschließende Berücksichtigung der anlagebedingten Kosten stimmen dann Net Operating Profit und Betriebsergebnis II wieder überein.

Die Verteilung der Kostenarten stimmt also weitgehend überein und es ist deshalb müßig zu diskutieren, welches System besser ist.

Die meisten deutschen Betriebe werden den SKR 70 vorziehen, also wird der Betriebsvergleich bei der kurzfristigen Erfolgsrechnung einfacher zu gestalten sein. Internationale Kettenhotels wenden häufig das Uniform System of Accounts an, sodass für einen Betriebsvergleich mit diesen Betrieben eine Umgliederung des Zahlenmaterials erfolgen müsste.

Die Zuordnung der direkten Kosten und die Aufteilung der Umsätze nach Departments macht eine genauere Interpretation des Gross Operating Income erforderlich.

Zunächst kann eine **Umsatzanalyse** durchgeführt werden.
Sie untersucht die Umsatzstruktur, ermittelt Kennzahlen zur Kapazität und Auslastung und berechnet Produktivitätskennzahlen durch das Verhältnis des Umsatzes zu Kapazitätsgrößen.

Hotel-Restaurant Bergstatter Hof		Umsatzstruktur Betriebsvergleich		
Kennzahl	**kennzeichnet ...**	**Berechnung**	**Bergstatter Hof**	**Vergleichsbetrieb**
Anteil Logis	das Verhältnis des Beherbergungsumsatzes zum Gesamtumsatz	Beherbergungsumsatz x 100 / Gesamtumsatz	19,5 %	30,4 %
Anteil F&B	das Verhältnis des Speisen- und Getränkeumsatzes zum Gesamtumsatz	Speisen- und Getränkeumsatz x 100 / Gesamtumsatz	80,5 %	68,7 %

Diese Anteile der beiden Departments spiegeln die Betriebsstruktur des Hotel-Restaurants Bergstatter Hof wider.

Es handelt sich um einen gastgewerblichen Betrieb, dem ein Hotel angeschlossen ist.
Diese Zusammensetzung zeigt aber auch Auswirkungen auf die Kostenstruktur des Betriebes.

Durch den höheren Anteil des Speisen- und Getränkeumsatzes ist nun erklärlich, warum im Hotel-Restaurant Bergstatter Hof der Wareneinsatz fast 6 % über dem Wareneinsatz des Vergleichsbetriebes liegt (siehe KER, Kap. 3.2.2).
An späterer Stelle soll dieser Wareneinsatz näher untersucht werden, wenn der F&B-Umsatz weiter aufgegliedert wird.

Hotel-Restaurant Bergstatter Hof		Kapazität Betriebsvergleich		
Kennzahl	**kennzeichnet ...**	**Berechnung**	**Bergstatter Hof**	**Vergleichsbetrieb**
Öffnungszeit	die zeitliche Kapazität als Grundlage weiterer Kennzahlen	Kalendertage ./. Ruhetage ./. Betriebsferien	365 Tage	348 Tage
Anzahl vollbeschäftigter Arbeitnehmer	die personelle Kapazität als Grundlage weiterer Kennzahlen	Summe der Mitarbeiter; Teilzeitbeschäftigte zeitanteilig Auszubildende mit 50 %	12	14,6
Anzahl der Zimmer	die räumliche Kapazität als Grundlage weiterer Kennzahlen	Summe aller Hotelzimmer	25	40
Anzahl der Betten		Summe der Betten nach Einzelzimmern u. Doppelzimmern	46	75
Zimmerkapazität pro Jahr		Anzahl der Zimmer x Öffnungstage	9 125	13 920
Bettenkapazität pro Jahr		Anzahl der Betten x Öffnungstage	16 790	26 100
Sitzplätze		Summe aller Sitzplätze. Terrassenplätze mit 25 %	100	98
Sitzplatztage	die Kapazität, wenn jeder Sitzplatz einmal pro Tag besetzt wäre	Anzahl Sitzplätze x Öffnungstage	36 500	34 104

Das Hotel-Restaurant Bergstatter Hof hat weniger Zimmer und Betten als der Vergleichsbetrieb. Deshalb ist trotz einer höheren Anzahl an Öffnungstagen die Kapazität im Beherbergungsbereich geringer.
Das Verhältnis von Einzel- zu Doppelzimmern ist aber ähnlich.
Die Anzahl der Sitzplätze ist fast identisch, wobei ein Teil von ihnen auf das Restaurant und ein Teil auf das Saalgeschäft entfällt.

Die Berechnung der Gesamtkapazität für ein Jahr ist nicht sinnvoll, da Restaurantplätze im Gegensatz zu Zimmern mehrmals täglich genutzt werden können.

Durch die ganzjährige Öffnung ist trotz geringerer Beherbergungskapazität eine annähernd gleiche Anzahl Mitarbeiter erforderlich.

Grundlage zur Berechnung der Auslastung ist die Anzahl der Gäste im Verlauf des Jahres. Außerdem sind auch die Anzahl der vermieteten Zimmer und die Anzahl der Übernachtungen zur Berechnung erforderlich.

Ihr Zusammenhang ist im nebenstehenden Beispiel dargestellt:

Beispiel

Gäste	5	5	2	2
Zimmerzahl	5	5	1	1
Zimmerart	EZ	EZ	DZ	DZ
Aufenthaltsdauer in Nächten	1	2	1	2
Vermietete Zimmer	5	10	1	2
Übernachtungen	5	10	2	4

Lesebeispiel letzte Spalte: 2 Gäste übernachten in 1 Doppelzimmer 2 Nächte, dann ergeben sich 2 vermietete Zimmer und 4 Übernachtungen.

Die Multiplikation der Anzahl der Nächte mit der Anzahl der Zimmer ergibt die vermieteten Zimmer. Gäste, die eine oder mehrere Nächte im Hotel bleiben, werden lediglich als eine Gästeankunft gerechnet.

Die Multiplikation der Anzahl der Nächte mit der Zimmerzahl ergibt die Anzahl der vermieteten Zimmer, die Multiplikation der Anzahl der Nächte mit der Anzahl der Gäste die Anzahl der Übernachtungen.

Hotel-Restaurant Bergstatter Hof		Auslastung Beherbergung Betriebsvergleich		
Kennzahl	**kennzeichnet ...**	**Berechnung**	**Bergstatter Hof**	**Vergleichsbetrieb**
Gästeanzahl	die Anzahl der Gäste in einem Jahr	Summe aller Gästeankünfte	6 289	6 727
vermietete Zimmer	die Anzahl der vermieteten Zimmer in einem Jahr	Summe aller vermieteten Zimmer	5 110	8 129
Übernachtungen	die Anzahl der Übernachtungen in einem Jahr	Summe der Übernachtungen	8 176	10 763
durchschnittliche Aufenthaltsdauer	die Anzahl der Tage, die ein Gast durchschnittlich im Hotel verbracht hat	$\frac{\text{Übernachtungen}}{\text{Gästeanzahl}}$	1,3 Tage	1,6 Tage
Doppelbelegungs-quote	die Anzahl der Zimmer, die mit zwei Gästen belegt waren	$\frac{\text{Übernachtungen x 100}}{\text{vermietete Zimmer}} - 100$	60,0 %	32,4 %
Zimmerauslastung	das Verhältnis der vermieteten Zimmer zur Zimmerkapazität	$\frac{\text{vermietete Zimmer}}{\text{Zimmerkapazität}} \text{ x } 100$	56,0 %	58,4 %
Bettenauslastung	das Verhältnis der tatsächlichen Übernachtungen zur Bettenkapazität	$\frac{\text{Übernachtungen}}{\text{Bettenkapazität}} \text{ x } 100$	48,7 %	41,2 %

Das Hotel-Restaurant Bergstatter Hof hat mit 6 289 Gästeankünften gegenüber dem Vergleichsbetrieb 7 % weniger Gästeankünfte, im Verhältnis der vermieteten Zimmer sogar eine um 37 % niedrigere Quote.

Eine hohe Doppelbelegungsquote führt im Hotel-Restaurant Bergstatter Hof sogar zu einer niedrigeren absoluten Zahl an vermieteten Zimmern als an Gästeankünften. Diese hohe Doppelbelegung erklärt sich aus der Gästestruktur des Hotels: einige Geschäftsreisende, wohl eher in Einzelzimmern, durchreisende Familien oder Gäste nach einer Familienfeier in Doppelzimmern.

Dies erklärt gleichzeitig die geringe Aufenthaltsdauer von nur knapp mehr als einer Nacht.

Durch Gäste mit einer Aufenthaltsdauer von mehr als einer Nacht in einem Doppelzimmer ist die Zahl der Übernachtungen immer höher als die Zahl der vermieteten Zimmer.

Die bisher betrachteten Kennzahlen der Umsatzanalyse lassen aber nur bedingt Rückschlüsse zu, da sie sich auf eine unterschiedliche Kapazität beziehen.

Welche Kapazität tatsächlich in Anspruch genommen wurde, wird durch die **Auslastung** ausgedrückt.

Im Beherbergungsbereich sind dabei die Zimmerauslastung und die Bettenauslastung zu unterscheiden. Bei der Zimmerbelegung ist es unerheblich, ob ein Einzelzimmer oder ein Doppelzimmer verkauft wurde. Es ist auch wahrscheinlich, dass aufgrund der geringen Anzahl von Einzelzimmern Einzelgäste in einem Doppelzimmer übernachtet haben.
Viele Betriebe sind bereits so konzipiert, dass es nur Doppelzimmer gibt, die dann je nach Bedarf an einen oder zwei Gäste vermietet werden. So wäre die Zimmerauslastung nur dann mit der Bettenauslastung identisch, wenn alle Doppelzimmer mit zwei Gästen belegt wären.

Es könnte aber auch eine einhundertprozentige Zimmerauslastung geben, aber nur eine fünfzigprozentige Bettenauslastung, wenn alle Zimmer an Einzelpersonen vermietet worden wären. Je nach Intention werden in der Statistik dadurch beide Auslastungskennziffern benutzt und für politische Argumentationen herangezogen.

Durch die Situation bei der Aufenthaltsdauer und der Doppelbelegung ist im Hotel-Restaurant Bergstatter Hof die Zimmerauslastung niedriger, die Bettenauslastung aber höher als im Vergleichsbetrieb.

Hotel-Restaurant Bergstatter Hof		Auslastung F & B Betriebsvergleich		
Kennzahl	**kennzeichnet ...**	**Berechnung**	**Bergstatter Hof**	**Vergleichsbetrieb**
Gästeanzahl	die Anzahl der Personen im Restaurant	Gesamtsumme aller Gäste pro Jahr	59 130	83 868
Gäste je Öffnungstag	die Gästeanzahl unabhängig von den Öffnungszeiten	$\frac{\text{Gästeanzahl}}{\text{Öffnungstage}}$	162	241
Gäste je Sitzplatz	die tägliche Auslastung der Sitzplätze	$\frac{\text{Gäste je Öffnungstage}}{\text{Sitzpläze}}$	1,62	2,46
Verkaufte Hauptspeisen	die Menge der verkauften Hauptleistungen	Gesamtsumme aller Hauptspeisen	40 150	23 873
Umschlag der Hauptspeisen	den Verkauf von Hauptspeisen unabhängig von der Öffnungszeit	$\frac{\text{Verkaufte Hauptspeisen}}{\text{Sitzplatztage}}$	1,1	0,7

Die **Gästefrequenz** zeigt in ihrer absoluten Zahl einen niedrigeren Wert als der Vergleichsbetrieb.
Dies war durch die größere Anzahl an Öffnungstagen bei gleicher Sitzplatzkapazität eigentlich nicht zu erwarten. Dadurch sind auch die Anzahl der Gäste je Öffnungstag und die Anzahl der Gäste pro Sitzplatz niedriger. Die Gästefrequenz ist somit auf den ersten Blick als nicht zufrieden stellend zu betrachten. Die Anzahl der verkauften Hauptspeisen ist aber höher als im Vergleichsbetrieb.

Der F&B-Bereich muss noch dahin gehend untersucht werden, inwieweit sich dieser Umsatz aus Speisenumsatz und Getränkeumsatz zusammensetzt. Auch ist zu vermuten, dass der hohe Anteil des Saalgeschäftes diese Ergebnisse bestimmt. Die Sitzplätze im Saal sind in der Regel nur am Wochenende belegt, führen dort also zu einer geringen Sitzplatzauslastung. Andererseits verzehren diese Gäste meist ein Menü, was zu einer hohen Anzahl von verkauften Hauptspeisen führt.

Im Restaurant halten sich außerdem wenige Gäste auf, die nur Getränke verzehren. Um diese Vermutungen zu bestätigen, werden weitere Arten der Kostenstellenrechnung erforderlich.

Die Verknüpfung der verkauften Leistungen mit dem jeweiligen Preis ergibt nun den Umsatz. Diese Rechnung wird getrennt für den Beherbergungsbereich und den F&B-Bereich betrachtet.

Beispiel

Hotel-Restaurant Bergstatter Hof

Der Preis für ein Einzelzimmer beträgt brutto 40,00 €, für ein Doppelzimmer 60,00 €.
Für Frühstück werden pro Person 2,85 € verrechnet. So ergibt sich ein Nettopreis in Höhe von:
30,76 € für das Einzelzimmer und
44,72 € für das Doppelzimmer.

Zimmerart	Vermietete Zimmer	Preis in €	Umsatz in €
EZ	894	30,76	27 499,44
DZ mit Einzelbelegung	1 150	30,76	35 374,00
DZ mit Doppelbelegung	3 066	44,72	137 111,52
Summe	**5 110**		**199 984,96**

Bei 5 110 vermieteten Zimmern sollte der Umsatz damit 199 984,96 € betragen. Laut GuV-Konto beträgt der Beherbergungsumsatz nur 183 200,00 €, war also etwas geringer als derjenige nach den veröffentlichten Zimmerpreisen. Einige wenige Gäste haben offensichtlich nicht den vollen Zimmerpreis bezahlt, weil ihnen ein Rabatt gewährt wurde. Der Umsatz der Bewirtung ergibt sich aus der Finanzbuchführung.
Eine Aufstellung der verschiedenen Speisen und Getränke mit ihren jeweiligen Verkaufspreisen und Verkaufsmengen wäre zu aufwendig.

Die **Produktivität** misst das Verhältnis vom Ergebnis zum Einsatz. Als Ergebnis steht der Umsatz, der auf den Einsatz, d.h. die verschiedenen zeitlichen, sachlichen oder personenbezogenen Kapazitätsmerkmale bezogen wird. Die Kennzahlen betrachten dabei den Gesamtumsatz des Betriebes oder die Umsätze der einzelnen Departments. Hier soll stellvertretend die Produktivität des F&B-Bereiches dargestellt werden, wobei sich die Berechnungen analog auf den Gesamtbetrieb oder den Beherbergungsbereich übertragen lassen.

Hotel-Restaurant Bergstatter Hof		Produktivität Betriebsvergleich		
Kennzahl	**kennzeichnet ...**	**Berechnung**	**Bergstatter Hof**	**Vergleichsbetrieb**
Umsatz pro Öffnungstag	die zeitliche Produktivität	$\frac{\text{Warenumsatz}}{\text{Öffnungstage}}$	2 073,97	2 000,62
Umsatz pro Sitzplatz	die sachliche Produktivität	$\frac{\text{Warenumsatz}}{\text{Sitzplätze}}$	7 570,00	7 105,00
Umsatz pro Mitarbeiter (Restaurant)	die Personalproduktivität	$\frac{\text{Warenumsatz}}{\text{Mitarbeiter}}$	94 625,00	63 300,00
Umsatz pro Gast	die Verzehrgewohnheiten und das Preisniveau	$\frac{\text{Warenumsatz}}{\text{Gästezahl}}$	12,80	8,30

Der Betriebsvergleich bestätigt die Kapazitäts- und Auslastungskennzahlen. Trotz eines höheren Jahresumsatzes ist der Umsatz pro Tag im Hotel-Restaurant Bergstatter Hof durch die ganzjährige Öffnung nahezu gleich. Gleiches gilt für den Umsatz pro Sitzplatz, da im Hotel-Restaurant Bergstatter Hof die größere Anzahl von Öffnungstagen durch die niedrigere Sitzplatzfrequenz wieder ausgeglichen wird. Durch die hohe Anzahl von Gästen, die im Vergleichsbetrieb keine Hauptmahlzeit zu sich nehmen, ist dort der Umsatz pro Gast niedriger.
Die Produktivität der Restaurantmitarbeiter ist im Hotel-Restaurant Bergstatter Hof deutlich besser.
Um einen höheren Umsatz zu erwirtschaften, sind hier weniger Mitarbeiter erforderlich. Dies liegt wahrscheinlich an der vermuteten Zusammensetzung des F&B-Umsatzes.
Die **Veränderung des Umsatzes** ist aber auch gerade **im Zeitvergleich** interessant: Der Umsatz ergibt sich aus dem Produkt aus Menge und Preis. Die Preise waren im Vergleich zum Vorjahr unverändert, also soll untersucht werden, ob Mengenänderungen und damit Konsumveränderungen stattgefunden haben.

Hotel-Restaurant Bergstatter Hof	Umsatzanalyse Zeitvergleich	
Kennzahl	**Berichtsjahr**	**Vorjahr**
Warenumsatz	757 000,00	734 000,00
Gästeanzahl	59 130	59 098
Umsatz pro Gast	12,80	12,42
Umsatz pro Mitarbeiter	63 083,33	61 666,66
Verkaufte Hauptspeisen	40 150	40 127

Der Gesamtumsatz ist gegenüber dem Vorjahr gestiegen, was auf die höhere Gästezahl zurückgeht. Allerdings ist der Zuwachs des Umsatzes überproportional zu dem der Gäste. Dadurch ist der Umsatz pro Gast gestiegen.

Die Anzahl der verkauften Hauptspeisen stieg allerdings im gleichen Verhältnis wie die Gästeanzahl. Die Gäste haben also nicht mehr Hauptspeisen, sondern bei unveränderten Preisen im Vergleich zum Vorjahr höherwertigere Speisen verzehrt.
Im Rahmen einer Speisenkartenanalyse müsste überprüft werden, ob dies auch zu einer Verbesserung des Gesamtdeckungsbeitrages geführt hat (vgl. Kapitel 4.2.2).

Der erhöhte Umsatz konnte mit der gleichen Mitarbeiterzahl bewältigt werden, deshalb ist die Produktivität der Mitarbeiter gestiegen.

Aufgaben

1. Zeigen Sie auf, welche Kostenpositionen des Hotel-Restaurants Grüner Baum (s. Kap. 3.2.2, Aufg. 1) anders verteilt werden müssten, wenn Sie statt der kurzfristigen Erfolgsrechnung ein Departmental Statement im Rahmen des Uniform System of Accounts erstellen wollten.
2. Erläutern Sie, warum es sich beim Uniform System of Accounts um eine Teilkostenrechnung handelt.
3. Zeigen Sie Auswirkungen der Umsatzzusammensetzung eines gastgewerblichen Betriebes auf seine Kostenstruktur am Beispiel des Wareneinsatzes und der Personalkosten.
4. Geben Sie Kennzahlen an, mit deren Hilfe Sie die räumliche, die personelle und die zeitliche Kapazität ermitteln können.
5. Zeigen Sie auf, welche Auswirkungen die Doppelbelegungsquote auf den Unterschied von Zimmerbelegungs- und Bettenbelegungsquote hat.
6. Erläutern Sie drei Kennziffern, mit deren Hilfe Sie die Produktivität des Betriebes messen können.

3.3.2 Bereichsergebnisrechnung

Bisher wurde die Bewirtung mit Speisen und Getränken als ein Department neben der Beherbergung behandelt.

In vielen Betrieben können diese Leistungen aber in verschiedenen Räumlichkeiten erbracht werden. So wird eine Flasche Mineralwasser zum Beispiel in der Minibar, im Frühstücksservice, im Restaurant oder in der Bar zu unterschiedlichen Preisen verkauft. Andere Getränke oder Speisen gibt es nur an einer Stelle im Betrieb, z.B. Mixgetränke.
Die **Bereichsergebnisrechnung** ordnet die Kostenstellen nach diesen verschiedenen Verkaufsstellen, auch **Outlets** genannt.

Für den Teilbereich Speisen und Getränke werden so viele Kostenstellen gebildet, wie Outlets vorhanden sind. Demgegenüber sind im Uniform System of Accounts die Speisen und Getränke des gesamten Betriebes im Department Food & Beverage zusammengefasst.
Ebenso wie das Uniform System of Accounts wird die Bereichsergebnisrechnung als Teilkostenrechnung durchgeführt.

Auf die Outlets werden verteilt:

- die Warenkosten,
- die direkt zurechenbaren Personalkosten und
- die sonstigen direkt zurechenbaren Kosten

Die so ermittelten Bereichsergebnisse sind erst **Zwischenergebnisse**, da die indirekten Kosten noch nicht verteilt wurden. Würden auch die indirekten Kosten auf die Outlets verteilt, ergäbe sich eine Vollkostenrechnung. Diese Rechnung wäre dann analog zu der im nächsten Kapitel behandelten Leistungsergebnisrechnung durchzuführen.

Für die konkrete betriebliche Umsetzung sind zunächst die Kostenstellen bzw. Outlets festzulegen. Im Hotel-Restaurant Bergstatter Hof gibt es neben dem Hotel drei Outlets für die Bewirtung.

Muster einer Bereichsergebnisrechnung

	Gesamt	Hotel	Outlet 1	Outlet 2	Outlet 3
Umsätze					
./. Warenkosten					
./. Personalkosten					
./. Sonstige direkte Kosten					
= **Bereichsergebnis**					
./. Indirekte Kosten					
= **Betriebsergebnis**					
± Neutrales Ergebnis					
= **Unternehmensergebnis**					

Zunächst das **Frühstück**: Es ist für die Gäste im Zimmerpreis enthalten, erwirtschaftet also keine direkten Einnahmen. Da aber ein Umsatz durch den Verkauf von Speisen und Getränken erfolgt, wird in der Regel innerbetrieblich ein Anteil des Beherbergungsumsatzes dem Bewirtungsumsatz zugeschlagen.

Im Hotel-Restaurant Bergstatter Hof wird pro Gast ein Frühstücksanteil von 2,85 € verrechnet. Der Frühstücksumsatz errechnet sich aus dem Verrechnungspreis und der Summe der Übernachtungen. Der dazugehörige Wareneinsatz beträgt pro Übernachtung 1,84 €. Daneben gibt es das **A-la-carte-Restaurant** und den Bankettbereich für das **Saalgeschäft**.
Der Umsatz für diese beiden Outlets sollte schon in der Finanzbuchführung getrennt erfasst werden. Der Wareneinsatz für Restaurant und Saalgeschäft müsste aus den Verkaufszahlen ermittelt werden. Um dies zu vereinfachen, könnten unterschiedliche Artikel in den Bereichen verkauft werden, z.B. verschiedene Weinsorten in Restaurant und Bankett.
Sowohl der Beherbergungsumsatz als auch die dazugehörigen Kosten können für das **Outlet Hotel** aus dem Uniform System of Accounts übernommen werden.

Mitarbeiter	Outlet	Entgelt
Etage	Hotel	19 000,00
Etage	Hotel	17 200,00
Buchhalterin	indirekt	20 400,00
Reinigungskraft	Restaurant	13 500,00
	Saal	7 000,00
Service	Frühstück	18 300,00
Service	Frühstück	3 000,00
	Saal	18 700,00
Service	Restaurant	19 300,00
Service	Restaurant	6 900,00
	Saal	10 300,00
Koch	Restaurant	25 970,00
	Saal	4 840,00
Koch	Restaurant	14 230,00
	Saal	6 180,00
Koch	Restaurant	13 710,00
	Saal	5 400,00
Auszubildender – Koch	Restaurant	3 380,00
	Saal	3 380,00
Auszubildender – Koch	Restaurant	3 910,00
	Saal	2 000,00
Summe		**236 600,00**

Die Personalkosten können über die Lohn- und Gehaltslisten den einzelnen Outlets zugeordnet werden, je nachdem, in welchem Betriebsteil der einzelne Mitarbeiter tätig ist. Da aber einige von ihnen Tätigkeiten für verschiedene Bereiche ausüben, werden die Entgelte anhand vorstehender Liste anteilig nach der Arbeitszeit auf die Outlets verteilt.

Die Verteilung der sonstigen direkt zurechenbaren Kosten erfolgt aufgrund von Buchungsbelegen.

Die nicht direkt zurechenbaren Kosten wurden hier zusammengefasst, könnten aber auch analog zum Uniform System of Accounts aufgegliedert werden.

Daraus ergibt sich für das Hotel-Restaurant Bergstatter Hof die folgende Bereichsergebnisrechnung:

Hotel-Restaurant Bergstatter Hof	Bereichsergebnisrechnung				
	Gesamt	**Beherbergung**	**Frühstück**	**Restaurant**	**Saal**
Umsätze	940 200,00	183 200,00	20 113,00	450 130,00	286 757,00
./. Warenkosten	244 600,00		15 044,00	150 550,00	79 006,00
./. Personalkosten	216 200,00	36 200,00	21 300,00	100 900,00	57 800,00
./. Sonstige direkte Kosten	56 660,00	45 060,00	350,00	6 730,00	4 520,00
= **Bereichsergebnis**	422 740,00	101 940,00	– 16 581,00	191 950,00	145 431,00
./. Indirekte Kosten	282 340,00				
= **Betriebsergebnis**	140 400,00				
± Neutrales Ergebnis	1 750,00				
= **Unternehmensergebnis**	142 150,00				

Da die Verteilung der direkten Kosten analog zum Uniform System of Accounts vorgenommen wurde, ist der Gesamtbetrag der Bereichsergebnisse mit dem gesamten Income und das Bereichsergebnis Hotel mit dem Income Rooms identisch.

Das Bereichsergebnis für das Frühstück ist negativ. Dies bedeutet, dass sein innerbetrieblicher Verrechnungspreis zu niedrig angesetzt ist und dadurch das Bereichsergebnis Hotel zu positiv ausfällt. Dieses Ergebnis ist erst durch die Aufteilung des Departments F&B erkennbar geworden.

In größeren Betrieben mit unterschiedlichen personellen Zuständigkeiten für die einzelnen Outlets ist die Festlegung des Frühstücksverrechnungspreises eine schwierige Aufgabe, da ja einem Bereich Umsatz entzogen und einem anderen Bereich zugeschlagen wird.

Das Bereichsergebnis der Bankettabteilung beträgt ca. 50 % des Bankettumsatzes, das Ergebnis im Restaurant dagegen nur ca. 40 %.

Dies resultiert einerseits aus dem niedrigeren Wareneinsatz im Bankettbereich. Andrerseits findet dieses Geschäft fast ausschließlich am Wochenende statt, dadurch ist der Personalkostenanteil durch den Einsatz von Aushilfskräften geringer.

Aufgaben

1. Erläutern Sie den Unterschied zwischen einem Department und einem Outlet und ordnen Sie diese Begriffe den Kostenstellenrechnungen zu.
2. Zeigen Sie verschiedene Outlets am Beispiel Ihres Betriebes auf.
3. Erläutern Sie den Zusammenhang zwischen dem Gesamtbereichsergebnis im Rahmen der Bereichsergebnisrechnung und dem Gross Operating Income im Rahmen des Uniform System of Accounts.

3.3.3 Leistungsergebnisrechnung

Bei den bisher aufgezeigten Instrumenten der Kostenstellenrechnung wird lediglich ein Teil der Kosten auf die nach unterschiedlichen Gesichtspunkten gebildeten Kostenstellen verteilt.
Im Rahmen der Leistungsergebnisrechnung werden hingegen alle anfallenden Kosten auf die nach Leistungsbereichen gebildeten Kostenstellen verteilt.
Damit ist die Leistungsergebnisrechnung eine Kostenstellenrechnung nach dem Vollkostenprinzip.

Die wesentliche Aufgabe besteht in einer sinnvollen Verteilung der anfallenden Kostenarten auf die verursachenden Kostenstellen, die jedes Unternehmen betriebsspezifisch eingerichtet hat.

Zur Durchführung der Leistungsergebnisrechnung ist der Betriebsabrechnungsbogen (BAB) von zentraler Bedeutung.

Er gehört in der Praxis zum wichtigsten Abrechnungs- und Steuerungsinstrument.
Man benutzt ihn, um:

- die Kostenstelle mit ihren Einzelkosten zu belasten,
- die Gemeinkosten möglichst verursachungsgerechtgerecht auf die Kostenstellen zu verteilen,
- die innerbetrieblichen Leistungsverrechnungen vorzunehmen,
- Soll- und Ist-Kosten pro Kostenstelle zu vergleichen, zu kontrollieren und zu steuern.

Der klassische Betriebsabrechnungsbogen ist formal eine Matrix, in der die Kostenstellen durch Spalten abgebildet sind und die Verrechnung der Gemeinkosten pro Kostenarten über Zeilen erfolgt.
Sein formaler Aufbau folgt dem auf Seite 205 gezeigten Schema.

Gliederung und Zuordnung der Kostenarten

Die Gesamtkosten werden grundsätzlich in Einzel- und Gemeinkosten unterteilt. Die Gemeinkosten sind wiederum nach Kostenstelleneinzelkosten und Kostenstellengemeinkosten differenziert.

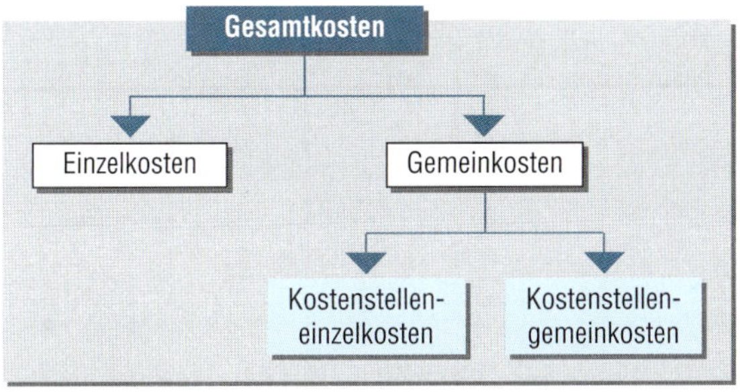

Einzelkosten sind den Kostenstellen direkt zuzuordnen. Beispielsweise steht bereits beim Einkauf von Lebensmitteln fest, dass sie zur Produktion von Speisen benötigt werden.

So sind Warenkosten grundsätzlich Einzelkosten. Auch Teile der Personalkosten können Einzelkosten darstellen, sofern ein Mitarbeiter ausschließlich für eine Kostenstelle tätig ist.
Beispielsweise sind die Tätigkeiten des Küchenchefs und des Kochs, die ausschließlich für die Produktion von Speisen zuständig sind, Einzelkosten.

Auch bei den Personalkosten des Büfettiers, der für die Getränke verantwortlich ist, handelt es sich um Einzelkosten.

Rasch ablesbar werden die Personaleinzelkosten aufgrund der Lohn- und Gehaltslisten des Unternehmens.

Alle übrigen Kosten stellen **Gemeinkosten** dar.

Die Aufteilung aller Kosten des Hotel-Restaurant Bergstatter Hof, exklusive der kalkulatorischen Kosten, ergibt dann:

Kostenart	Ermittlung	€	€
I. Einzelkosten			
Warenkosten Lebensmittel	lt. Abgrenzungstabelle	186 800,00	
Warenkosten Getränke	lt. Abgrenzungstabelle	57 800,00	
Personaleinzelkosten	lt. Lohn-/Gehaltsliste	119 200,00	363 800,00
II. Gemeinkosten			
Personalgemeinkosten	lt. Lohn-/Gehaltsliste	117 400,00	
Energiekosten	lt. Abgrenzungstabelle	58 600,00	
Gebühren, Beiträge, Vers.	lt. Abgrenzungstabelle	19 600,00	
u.s.w. = übrige Kostenarten	lt. Abgrenzungstabelle	244 700,00	436 000,00
Summe aller Kosten			**799 800,00**

Die Summe der Aufwendungen im Rechnungskreis I s. Kap. 3.2.1 (804 100,00) setzt sich aus der Summe aller Kosten ohne kostenrechnerische Korrekturen (799 800,00) und den neutralen Aufwendungen (4 300,00) zusammen.

Die **Verteilung der aufgenommenen Gemeinkosten** soll möglichst kausal erfolgen.

Dazu sind zwei Bedingungen zu erfüllen: die Wahl der richtigen Verteilungsgrundlage und die des passenden Verteilungsschlüssels.

Keine Schwierigkeiten bereitet die Verteilung der **Kostenstelleneinzelkosten**, da sie belegmäßig erfasst werden können. Diese Belege stammen aus der Finanzbuchführung und ermöglichen eine exakte Ermittlung der Kostenanteile für jede einzelne Kostenstelle. So können beispielsweise die Kosten für Leasing-Wäsche anhand der Rechnungspositionen der Leasing-Firma z.B. in Bett- und Tischwäsche unterteilt und betragsmäßig den einzelnen Kostenstellen zugerechnet werden. Weitere Beispiele sind die Abrechnungen über Hilfs- und Betriebsstoffe und die Lohnabrechnungen für den Topfspüler.

Für die **Kostenstellengemeinkosten** ist eine Zuordnung aufgrund von Belegen nicht möglich.

Beispielsweise fallen die Kosten für Energie sowohl in der Küche als auch im Restaurant und im Hotelbetrieb an. Auch die Kosten, die das Gehalt des Buchhalters verursacht, fallen für alle Kostenstellen (z.B. Hotel, Speisen und Getränke) gemeinsam an eine verursachungsgerechte Zurechnung dieser Gemeinkosten für die einzelnen Kostenstellen ist nicht oder nicht mit vertretbarem Aufwand unmittelbar möglich.

Sie kann nur mithilfe von Verteilungsschlüsseln erfolgen. Diese Schlüssel können sich u.a. am Umsatz, an Flächen, an technischen Größen oder an Vermögenswerten ausrichten.

Die Verteilung der Kostenstellengemeinkosten wird betriebsintern festgelegt und kann bei verschiedenen Kostenarten auch auf unterschiedliche Weise erfolgen. So lassen sich die Energiekosten z.B. nach Quadratmetern Grundfläche oder nach dem Soll-Verbrauch einzelner Geräte oder nach Verbrauchszählern aufteilen.

Während die erste Möglichkeit relativ einfach durchzuführen ist, ist die Berechnung des Soll-Verbrauchs sehr arbeitsintensiv und die Anschaffung und das Ablesen von Verbrauchszählern sehr kostenintensiv.

Häufig steht der mit einem Verteilungsschlüssel verbundene Aufwand zur kausalen Erfassung der Kosten in keinem Verhältnis zur gewünschten Erhöhung der Aussagekraft des BAB. Deshalb wird nicht immer der Verteilungsschlüssel gewählt, der das genaueste Verteilungsergebnis liefert.

Verteilung der Gemeinkosten

Hotel-Restaurant Bergstatter Hof

Gemeinkosten		Mögliche Verteilungsgrundlage	Verteilung im Hotel-Restaurant Bergstatter Hof						
			Zeile	Kto.Nr.	Verwaltung	Restaurant	Beherberg.	Speisen	Getränke
Kostenstellen einzelkosten	Personalgemeinkosten	Lohn- und Gehaltslisten	1	6200	20 400,00	97 000,00			
	Bürobedarf	Belege m. angeg. Kostenst.	8	6720	2 000,00	2 400,00	1 400,00		
	Instandhaltung	Reparaturrechnungen	13	7200	1 400,00	17 000,00	10 800,00	1 600,00	800,00
	Leasing	Leasinrate für geleaste Güter	12	7100			3 000,00		
Kostenstellen gemeinkosten	Energiekosten	Verbrauch der Geräte (Strom), m^3 (Gas), eingebaute Zähler (Wasser)	2	6400	2 100,00	7 300,00	17 840,00	25 160,00	6 200,00
	Geb., Beiträge, Versicherungen	Umsatz (Gebühren, Beiträge), Vermögenswerte der Geräte (Versicherungen)	3	6500	1 500,00		2 900,00	11 300,00	3 900,00
	Gewerbesteuer	Ertrag	4	6530			850,00	2 500,00	950,00
	Sonst. Steuern	nach Umsätzen	5	6540			650,00	2 100,00	750,00
	Kfz-Kosten	gefahrene Kilometer (Fahrtenbuch)	6	6620	17 300,00				
	Rechts- und Berat.kosten	jeweilige gesamte Kosten	7	6710	6 800,00				
	Post- und Telefonkosten	jeweilige gesamte Kosten	9	6730		9 000,00	4 100,00		
	Werbung	Umsatz pro Kostenstelle	10	6740	9 800,00				
	Sonst. Verwaltungskosten	jeweilige gesamte Kosten	11	6790	7 940,00	9 200,00	36 560,00		
	AfA	nach Restbuchwerten	14	7300	4 000,00	9 000,00	10 600,00	14 000,00	4 000,00
	Zinsaufwendungen	nach Umsätzen	15	7500			9 481,00	29 441,00	10 978,00
				Summe	**73 240,00**	**150 900,00**	**98 181,00**	**86 101,00**	**27 578,00**

Bildung und Klassifizierung der Kostenstellen

Je nach Betriebsart und -größe sowie dem angestrebten Informationsgehalt der Leistungsergebnisrechnung können die Kostenstellen (vgl. Kapitel 3.3) von der Bezeichnung und der Anzahl unterschiedlich sein.

Die gebildeten Kostenstellen können in verschiedene Arten unterteilt werden. Maßgeblich bei der Klassifizierung ist die Wichtigkeit der Kosten für die betrieblichen Leistungen.

- **Allgemeine Kostenstellen**
  Sie dienen dem Gesamtbetrieb bzw. geben ihre Leistungen an alle anderen Kostenstellen ab. Ihre Leistungen bringen keine Einnahmen.

  Beispiele:
  - alle Kosten, die das leere **Gebäude** betreffen; Brennstoff-, Reparaturkosten u.Ä. für die **Heizung**
  - alle Kosten für **Personalbeherbergung und -verpflegung**
  - alle Kosten für die **Wäscherei**
  - alle Kosten für die **Leitung und Verwaltung**

- **Hilfskostenstellen**
  Sie dienen indirekt der Leistungserstellung, weil sie die jeweiligen Hauptkostenstellen unterstützen.

  Beispiele:
  - **Topfspüle**
  - **Geschirrspüle**
  - **Gästetelefon**

- **Nebenkostenstellen**
  Sie dienen der gleichzeitigen Produktion mehrerer Hauptleistungen.

  Beipiele:
  - **Restaurant** mit Speisen und Getränken
  - **Bar** mit Getränken und Verkauf von Snacks

- **Hauptkostenstellen**
  Sie dienen der Herstellung der Hauptleistungen und eventuellen Nebenleistungen.

  Beispiele:
  - alle Kosten, die durch die **Gästebeherbergung** verursacht werden
  - alle Kosten, die durch die Herstellung von Speisen verursacht werden, als Nebenleistung aller bei der **Vermietung von Veranstaltungsräumen** anfallenden Kosten

Für das Hotel-Restaurant Bergstatter Hof werden folgende Kostenstellen eingerichtet:

Allgemeine Kostenstelle	Nebenkostenstelle	Hauptkostenstellen		
Verwaltung	Restaurant	Beherbergung	Speisen	Getränke

Da letztlich allein die Hauptkostenstellen Auskunft über die dort aufgelaufenen Kosten geben sollen, müssen die allgemeinen Kostenstellen, Hilfskostenstellen und Nebenkostenstellen im Zuge der Kostenumlage mit den Hauptkostenstellen verrechnet werden.

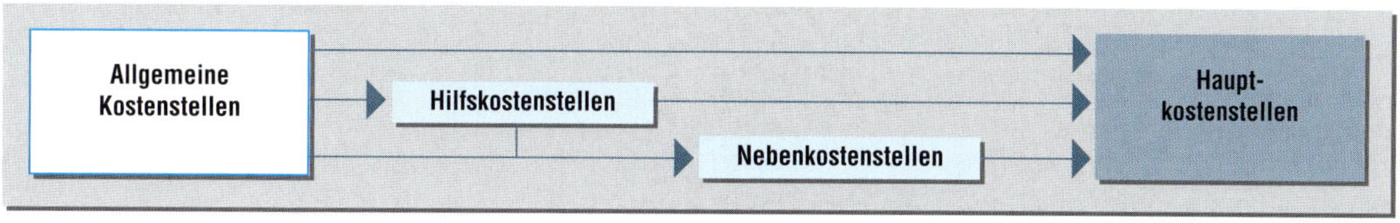

Während allgemeine Kostenstellen ihre Leistungen an Hilfs-, Neben- und Hauptkostenstellen abgeben, werden die Leistungen der Hilfskostenstellen an spezielle Nebenkostenstellen oder Hauptkostenstellen weitergegeben.

In den Nebenkostenstellen werden die Kosten der Nebenprodukte erfasst, die über Hauptkostenstellen umgelegt werden.

Verteilung der Kostenarten auf die Kostenstellen

Verfahrenstechnisch geht die Erstellung der Leistungsergebnisrechnung mithilfe des Betriebsabrechnungsbogens in mehreren Schritten vor sich.

	Arbeitsschritte	Erläuterungen
1	Abgrenzung der Einzel- und Gemeinkosten	Das Aufführen der Einzelkosten ist nicht notwendig, da sie den Kostenstellen direkt zugerechnet werden können. Zu Informations- und Vereinfachungszwecken können sie dort erscheinen, da sie die Bezugsgrößen für die Ermittlung der Gemeinkostenzuschlagssätze darstellen, z.B. würden die Warenkosten Getränke der Kostenstelle Getränke zugeordnet werden.
2	Aufnahme der Gemeinkosten in den BAB	Sie werden als primäre Gemeinkosten, die in den Kostenstellen als Kostenarten entstanden sind, der Kosten- und Leistungsrechnung entnommen (senkrechte Gliederung im BAB).
3	Verteilung der Gemeinkosten auf die Kostenstellen	Sie erfolgt entsprechend der Kostenverursachung als ➜ direkte Verteilung der Kostenstellen (Einzelkosten auf die Kostenstellen), ➜ indirekte Verteilung (Schlüsselung) der Kostenstelle (Gemeinkosten auf die Kostenstellen – waagerechte Gliederung im BAB).
4	Verteilung der Kosten der allgemeinen Kostenstellen auf nachfolgende Kostenstellen	Sie wird mittels der Umlage der addierten Kosten auf die Neben/-Hauptkostenstellen nach dem Stufenverfahren durchgeführt.
5	Verteilung der Kosten der Nebenkostenstellen auf die Hauptkostenstellen	Sie wird mittels der Umlage der addierten Kosten nach dem Stufenverfahren durchgeführt.
6	Ermittlung der Gesamtkosten	Sie werden durch Addition der Kosten je Hauptkostenstelle ermittelt.
7	Feststellung von Über-/Unterdeckungen	Sie geschieht, indem Ist- und Plankosten miteinander verglichen werden.

Die Anzahl der Schritte hängt von den Kostenstellen, die das Unternehmen gebildet hat, ab.
Sind ausschließlich Hauptkostenstellen eingerichtet, entfällt der Arbeitsschritt 4. mangels Umlage wird vom **einstufigen Betriebsabrechnungsbogen** gesprochen. Werden neben den Hauptkostenstellen z.B. allgemeine Kostenstellen geführt, handelt es sich um einen **mehrstufigen Betriebsabrechnungsbogen**. Dann ist es erforderlich, alle noch nicht den Hauptkostenstellen zugewiesenen Kosten auf diese umzulegen.

Folgt man bei der Aufstellung des BAB für das Hotel-Restaurant Bergstatter Hof den Arbeitsschritten 1 bis 3, ergibt sich folgender mehrstufiger BAB:

Hotel-Restaurant Bergstatter Hof				Betriebsabrechnungsbogen I				
				Allgemeine Kostenstelle	Neben-kostenstelle	Hauptkostenstellen		
Zeile	Kto.Nr.	Kostenart	Gesamt	Verwaltung	Restaurant	Beherberg.	Speisen	Getränke
1	6200	Personalgemeinkosten	117 400,00	20 400,00	97 000,00			
2	6400	Energiekosten	58 600,00	2 100,00	7 300,00	17 840,00	25 160,00	6 200,00
3	6500	Geb., Beiträge, Versicherungen	19 600,00	1 500,00		2 900,00	11 300,00	3 900,00
4	6530	Gewerbesteuer	4 300,00			850,00	2 500,00	950,00
5	6540	Sonstige Steuern	3 500,00			650,00	2 100,00	750,00
6	6620	Kfz-Kosten	17 300,00	17 300,00				
7	6710	Rechts- und Beratungskosten	6 800,00	6 800,00				
8	6720	Bürobedarf	5 800,00	2 000,00	2 400,00	1 400,00		
9	6730	Post- und Telefonkosten	13 100,00		9 000,00	4 100,00		
10	6740	Werbung	9 800,00	9 800,00				
11	6790	Sonst. Verwaltungskosten	53 700,00	7 940,00	9 200,00	36 560,00		
12	7100	Leasing	3 000,00			3 000,00		
13	7200	Instandhaltung	31 600,00	1 400,00	17 000,00	10 800,00	1 600,00	800,00
14	7300	AfA	41 600,00	4 000,00	9 000,00	10 600,00	14 000,00	4 000,00
15	7500	Zinsaufwendungen	49 900,00			9 481,00	29 441,00	10 978,00
16		**Summe der Gemeinkosten**	**436 000,00**	**73 240,00**	**150 900,00**	**98 181,00**	**86 101,00**	**27 578,00**

Innerbetriebliche Leistungsverrechnung (Kostenumlage)

Im Zuge der Kostenumlage – Arbeitsschritt 4 – sind die Kosten der allgemeinen Kostenstellen (= Kosten interner Leistungen) auf die Stellen der Haupt- und Nebenleistungen umzulegen.
Allgemeine Kostenstellen sind Zwischenstationen auf dem Weg der Verrechnung von Kostenarten auf die Stellen der Haupt- und Nebenleistungen als eigentliche Kostenträger. Sie werden im Betriebsabrechnungsbogen so angeordnet, dass der Leistungsfluss von links nach rechts verläuft.

Begonnen wird mit derjenigen Kostenstelle, die von keiner anderen Kostenstelle nennenswerte Leistungen bezieht, d.h., die ihre Leistungen nur an andere abgibt.

Als nächste Kostenstelle folgt die Kostenstelle, die von den verbleibenden Stellen keine oder nur minimale Leistungen erhält, d.h., die ihre Leistungen selbst nur an die verbleibenden Kostenstellen abgibt.

Dieser Vorgang wird so lange fortgesetzt, bis alle leistenden Kostenstellen angeordnet sind, wobei die letzte Kostenstelle von möglichst vielen Stellen ihre Leistungen empfängt. Innerhalb dieser Reihenfolge werden dann die Kosten stufenartig auf die nachgelagerten Stellen in einer Richtung umgelegt.

Voraussetzung für die Umlage nach dem Stufenverfahren ist, dass sich die Kosten der Empfängerstellen entweder mithilfe spezieller Aufzeichnungen oder durch Schlüsselung feststellen lassen.

Beispiel

Die Kostenstellengemeinkosten des Gebäudes sind auf die nachfolgenden Stellen gemäß dem Schlüssel 1:2:3 (nach Kubikmetern Rauminhalt der den verschiedenen Stellen zugehörenden Räume erstellt) zu verteilen. Die Kostenstellengemeinkosten der Heizung sind nach Addition des Gebäudeanteils nach dem Schlüssel 1:4 (erstellt nach einem gewichteten Raumschlüssel) zu verteilen. Die Kosten der Leitung/Verwaltung nach Addition von Gebäude- und Heizungsanteil sind voll dem Restaurant zuzuschlagen.

	Allgemeine Kostenstellen			Hauptkostenstelle
Kostenstellen	Gebäude	Heizung	Leitung/Verwaltung	Restaurant
...	...	...	...	...
Gemeinkosten gesamt	15 000,00	16 000,00	52 000,00	325 000,00
Gemeinkosten Umlage Gebäude	→	2 500,00	5 000,00	7 500,00
Summe		**18 500,00**	**57 200,00**	**332 500,00**
Gemeinkosten Umlage Heizung		→	3 700,00	14 800,00
Summe			**60 700,00**	**347 300,00**
Gemeinkosten Umlage Leitung/Verwaltung			→	60 700,00
Summe				**408 000,00**

Die Verteilung der allgemeinen Kostenstelle Verwaltung auf die Hauptkostenstellen erfolgt für das Hotel-Restaurant Bergstatter Hof nach dem Umsatz.

Hotel		Speisen		Getränke
183 200,00	:	546 600,00	:	210 400,00
19 %		59 %		22 %

Die Nebenkostenstelle Restaurant wird nach dem Umsatz der Hauptkostenstellen Speisen und Getränke verteilt.

Speisen		Getränke
546 600,00	:	210 400,00
72 %		28 %

Ermittlung der Leistungsergebnisse

Nach Beendigung der Umlage der allgemeinen Kostenstellen und Nebenkostenstellen auf die Hauptkostenstellen sind die Gemeinkosten je Hauptkostenstelle ermittelt. Dieser erste Teil wird auch Betriebsabrechnungsbogen I (BAB I) genannt.

Mithilfe des zweiten Teils des BAB soll das Leistungsergebnis für einzelne Kostenträger bzw. Kostenträgergruppen, bezogen auf einen bestimmten Zeitraum (z.B. monatlich, vierteljährlich), ermittelt werden.

Dabei werden zuerst die Gesamtkosten der Kostenträger ermittelt. Hierzu werden die Kostenarten daraufhin untersucht, ob sie einzelnen Kostenstellen direkt, d.h. verursachungsgerecht zuzuordnen sind. Für die Warenkosten und die Personaleinzelkosten ist dies grundsätzlich möglich. Die übrigen Kosten sind im BAB I über die Kostenstellen dem Kostenträger zugerechnet worden. Anschließend werden den Gesamtkosten die jeweils erzielten Erlöse gegenübergestellt und auf diese Weise die Betriebsergebnisse der einzelnen Kostenträger berechnet.

Die folgende Übersicht zeigt die dargestellten Zusammenhänge:

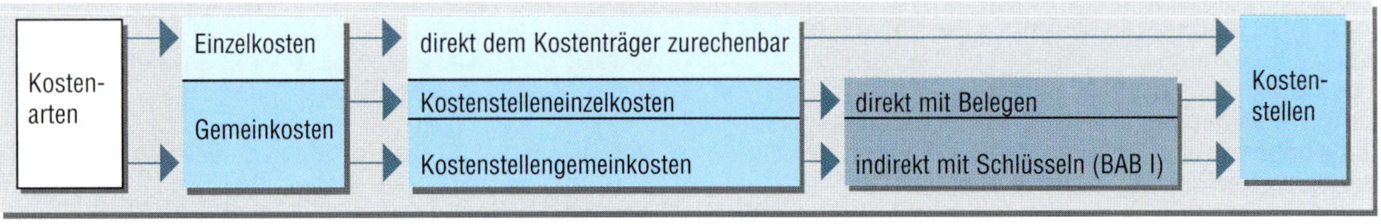

Die Leistungsergebnisrechnung des Hotel-Restaurants Bergstatter Hof sieht folgendermaßen aus:

Leistungsergebnisrechnung

Hotel-Restaurant Bergstatter Hof

		Betriebsabrechnungsbogen I Betriebsabrechnungsbogen II		Allgemeine Kostenstelle	Neben-kostenstelle	Hauptkostenstellen		
Zeile	**Kto.Nr.**	**Kostenart**	**Gesamt**	**Verwaltung**	**Restaurant**	**Beherberg.**	**Speisen**	**Getränke**
1	6200	Personalgemeinkosten	117 400,00	20 400,00	97 000,00			
2	6400	Energiekosten	58 600,00	2 100,00	7 300,00	17 840,00	25 160,00	6 200,00
3	6500	Geb., Beiträge, Versicherungen	19 600,00	1 500,00		2 900,00	11 300,00	3 900,00
4	6530	Gewerbesteuer	4 300,00			850,00	2 500,00	950,00
5	6540	Sonstige Steuern	3 500,00			650,00	2 100,00	750,00
6	6620	Kfz-Kosten	17 300,00	17 300,00				
7	6710	Rechts- und Beratungskosten	6 800,00	6 800,00				
8	6720	Bürobedarf	5 800,00	2 000,00	2 400,00	1 400,00		
9	6730	Post- und Telefonkosten	13 100,00		9 000,00	4 100,00		
10	6740	Werbung	9 800,00	9 800,00				
11	6790	Sonst. Verwaltungskosten	53 700,00	7 940,00	9 200,00	36 560,00		
12	7100	Leasing	3 000,00			3 000,00		
13	7200	Instandhaltung	31 600,00	1 400,00	17 000,00	10 800,00	1 600,00	800,00
14	7300	AfA	41 600,00	4 000,00	9 000,00	10 600,00	14 000,00	4 000,00
15	7500	Zinsaufwendungen	49 900,00			9 481,00	29 441,00	10 978,00
16		**Summe der Gemeinkosten**	**436 000,00**	**73 240,00**	**150 900,00**	**98 181,00**	**86 101,00**	**27 578,00**
17		Umlage der Kosten der Verwaltung				13 916,00	43 211,00	16 113,00
18		Umlage der Restaurantkosten					108 650,00	42 250,00
19		**Summe der Gemeinkosten je Hauptkostenstelle**				**112 097,00**	**237 962,00**	**85 941,00**
20		Umsatz je Hauptkostenstelle				183 200,00	546 600,00	210 400,00
21		./. Warenkosten					186 800,00	57 800,00
22		./. Personaleinzelkosten				36 200,00	83 000,00	
23		./. Gemeinkosten				112 097,00	237 962,00	85 941,00
24		= Leistungsergebnis je Hauptkostenstelle				34 903,00	38 838,00	66 659,00
25					**Gesamt**		140 400,00	

Die Leistungsergebnisse zeigen jeweils ein positives Ergebnis. Diese Leistungsergebnisse können nun mit den gleichen Kennzahlen analysiert werden, die bei den anderen Instrumenten der Kostenstellenrechnung herangezogen wurden.

Die interessantesten Erkenntnisse lassen sich aber aus der Tatsache gewinnen, dass in dieser Rechnung erstmals die Kostenträger Beherbergung (rooms), Speisen (food) und Getränke (beverage) getrennt aufgeschlüsselt werden. Deshalb soll zunächst die Umsatzrentabilität und dann die Kostenstruktur des Wareneinsatzes der einzelnen Kostenträger untersucht werden.

Die **Umsatzrentabilität** des Gesamtbetriebes betrug 14,9 %. Eine Aufgliederung in die verschiedenen Leistungen zeigt aber sehr unterschiedliche Ergebnisse.

Umsatzrentabilität nach Hauptkostenstellen

	Beherbergung	Speisen	Getränke
Umsatz	183 200,00	546 600,00	210 400,00
Ergebnis	34 903,00	38 838,00	66 659,00
Umsatzrentabilität	19,1 %	7,1 %	31,7 %
Anteil am Erfolg	24,9 %	27,7 %	47,5 %
Anteil am Umsatz	19,5 %	58,1 %	22,4 %

Die Speisen erwirtschaften den überwiegenden Teil des Umsatzes, haben am Erfolg aber nur einen Anteil von 27,7 %.

Daraus resultiert die geringste Umsatzrentabilität aller Leistungsbereiche. Während die Beherbergung nahe bei der durchschnittlichen Umsatzrentabilität liegt, verhält es sich bei den Getränken im Verhältnis zu den Speisen gerade andersherum. Ein geringerer Anteil am Umsatz führt trotzdem zu einem höheren Erfolgsanteil und damit zu einer hohen Rentabilität.

Wenn vom Umsatz nur ein geringerer Anteil Gewinn übrig bleibt, kann dies nur an einem unterschiedlich hohen Anteil an Kosten liegen, der auf die einzelnen Leistungsbereiche entfällt.
Es ist also erforderlich, eine **Kostenanalyse** durchzuführen. Die Kosten der allgemeinen Kostenstelle Verwaltung und der Nebenkostenstelle Restaurant wurden im Verhältnis der Umsätze auf die Hauptkostenstellen verteilt. Sie können also keinen Einfluss auf dieses Ergebnis haben.
Auch bei den weiteren Gemeinkosten entspricht der Anteil der Speisen nahezu dem Anteil der Speisen am Umsatz. Das schlechtere Ergebnis in der Umsatzrentabilität muss also entweder aus den Warenkosten oder den Personaleinzelkosten resultieren.

Die Personalkosten teilen sich wie folgt auf:

Personalkostenverteilung (GK nach Umsatz)

	Beherbergung	Speisen	Getränke
Personaleinzelkosten Hotel	36 200,00		
Personaleinzelkosten Speisen		83 000,00	
Personalgemeinkosten Verwaltung (nach Umsatz)	3 876,00	12 036,00	4 488,00
Personalgemeinkosten Restaurant (nach Umsatz)		69 840,00	27 160,00
Summe	40 076,00	164 876,00	31 648,00
Personalkostenanteil	21,8 %	30,2 %	15,0 %

Dieses Ergebnis zeigt, dass die Speisen einen überproportionalen Anteil von den Personalkosten tragen. Zu ihrer Produktion sind die Personalkosten der Köche nötig und vom Servicepersonal werden ihnen 58 % dieser Kostenart zugerechnet.

Dies zeigt, welche entscheidenden Auswirkungen das vom Unternehmer gewählte Verteilungskriterium bei der Verteilung der Kosten im BAB hat. Hätte der Unternehmer die Personalgemeinkosten nicht nach dem Umsatz, sondern nach dem Arbeitsaufwand verteilt, wäre den Speisen und den Getränken jeweils der gleiche Anteil zugerechnet worden.

Die Servicezeit für ein Getränk und diejenige für eine Speise dürfte sich nicht wesentlich unterscheiden. Bei dieser Vorgehensweise sähen die Personalkosten folgendermaßen aus:

Personalkostenverteilung (GK Restaurant nach Aufwand)

	Beherbergung	Speisen	Getränke
Personaleinzelkosten Hotel	36 200,00		
Personaleinzelkosten Speisen		83 000,00	
Personalgemeinkosten Verwaltung (nach Umsatz)	3 876,00	12 036,00	4 488,00
Personalgemeinkosten Restaurant (nach Aufwand)		48 500,00	48 500,00
Summe	40 076,00	143 536,00	52 988,00
Personalkostenanteil	21,8 %	26,3 %	25,2 %

Diese Verteilung führt zu fast gleichen Personalkostenanteilen in den drei Hauptkostenstellen und damit zu völlig anderen Leistungsergebnissen.
Der Unternehmer darf aber die Wahl der Verteilungsmethode nicht dazu missbrauchen, die Ergebnisse zugunsten einzelner Leistungsbereiche zu manipulieren. Die Interpretation der Ergebnisse würde sich ändern und damit auch die daraus abgeleiteten Maßnahmen.

Die Arbeitsproduktivität der Mitarbeiter ist ebenfalls nur unzureichend zu ermitteln, da diese ebenfalls vom Verteilungskriterium der Servicemitarbeiter, also der Personalgemeinkosten Restaurant, abhängt.

Eine wesentliche Kontrolle der Küchenproduktion erfolgt über die Wareneinsatzquote, die food-cost.

Berechnung der Wareneinsatzquote

	Speisen	Getränke
Umsatz	546 600,00	210 400,00
Warenkosten	186 800,00	57 800,00
Wareneinsatzquote	34,2 %	27,5 %
Wareneinsatzquote Vergleichsbetriebe	30,3 %	29,1 %

Es ergeben sich zunächst zwei Erkenntnisse. Die Wareneinsatzquote liegt bei Speisen üblicherweise höher als bei Getränken.

Im Hotel-Restaurant Bergstatter Hof ist die Wareneinsatzquote Speisen 3,9 % höher als die Wareneinsatzquote im Vergleichsbetrieb, die der Getränke 1,6 % niedriger.
Eine abweichende Wareneinsatzquote kann auf unterschiedlichen Ursachen aus den verschiedenen Stufen des Produktionsprozesses beruhen.

Der betriebliche Produktionsprozess

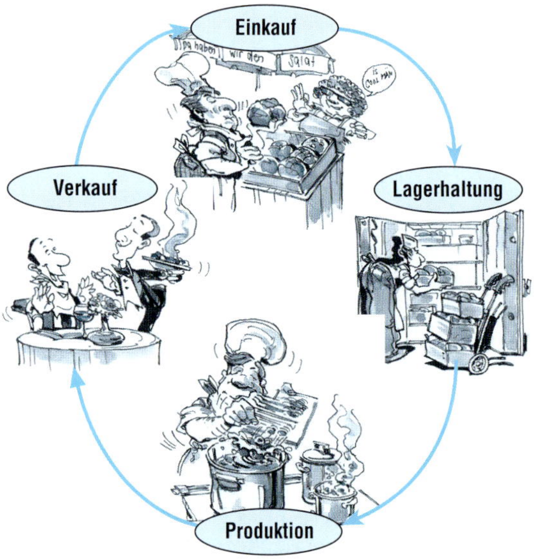

Im Bereich des **Einkaufs** muss der Einstandspreis im Verhältnis zur erwarteten Qualität minimiert werden. Der günstigste Anbieter wird durch einen Angebotsvergleich ausgewählt, der neben dem Listenpreis auch die Liefer- und Zahlungsbedingungen einrechnet. Die optimale Bestellmenge sollte ermittelt werden, um das kostengünstigste Verhältnis von Beschaffungs- und Lagerkosten einzuhalten.

Im Bereich der **Lagerhaltung** soll das Risiko von Schwund, Verderb oder Diebstahl vermieden werden. Regelmäßige Inventuren, die Führung einer Lagerkartei oder die Verwendung eines Warenwirtschaftssystems unterstützen den Unternehmer in seinen Kontrollmöglichkeiten.

Eine sinnvolle **Produktionsplanung** führt zu einer optimalen Ausnutzung der Rohstoffe. Die Verwendung der Rohstoffe bei verschiedenen Gerichten verhindert Verderb und zu hohe Abfälle bei der Herstellung der Produkte. Rezepturen verpflichten die Mitarbeiter, die kalkulierten Wareneinsätze einzuhalten.

Im **Verkauf** müssen Verkaufsstatistiken geführt werden, um die Beliebtheit einzelner Gerichte zu ermitteln.
Eine **Speisenkartenanalyse** untersucht darüber hinaus, ob die Gäste nicht Gerichte mit einem für uns ungünstigen Wareneinsatz bevorzugen. Wurden die Gerichte überhaupt kalkuliert oder hat der Unternehmer eine rein konkurrenzorientierte Preispolitik angewandt und sich dabei auf veraltete Erfahrungswerte gestützt?

Ein höherer Wareneinsatz kann auch aus den betrieblichen Eigenheiten resultieren. Arbeitet der Betrieb z.B. mit Convenience-Produkten, wird der Wareneinsatz relativ hoch liegen, da vom Verkäufer schon Produktionsleistungen vorgenommen wurden, die sich auf unseren Einkaufspreis erhöhend auswirken.

Dies sollte aber zu niedrigeren Personalkosten führen, da die Bearbeitung der Rohstoffe im eigenen Betrieb nur noch weniger Zeit in Anspruch nimmt. Bei vorgefertigten Portionen entfällt außerdem der Verschnitt und die Rezepturen können exakter eingehalten werden.

Auch ein wesentlich niedrigerer Wareneinsatz als im Vergleichsbetrieb muss kritisch betrachtet werden. Resultiert er aus dem Einkauf von minderer Warenqualität, wird die Qualität unserer Gerichte darunter leiden. Ein zu hoch kalkulierter Verkaufspreis kann dazu führen, dass dieses Gericht von den Gästen nicht angenommen wird. Auch hier wird eine Speisenkartenanalyse weitere Aufschlüsse geben.

Aufgaben

1. Warum berücksichtigt der Betriebsabrechnungsbogen ausschließlich Gemeinkosten?

2. Erläutern Sie den Unterschied zwischen Kostenstelleneinzelkosten und Kostenstellengemeinkosten.

3. a) Nennen Sie fünf Kostenarten, die Kostenstellengemeinkosten darstellen.
   b) Ordnen Sie Ihren Kostenstellengemeinkosten mögliche Verteilungsschlüssel zu.

4. Erklären Sie den Unterschied zwischen einem einstufigen und einem mehrstufigen BAB.

5. Ein Hotel hat folgende Kostenstellen:
   Wäscherei (ausschließlich für Hotel-Restaurant-Wäsche), Schwimmbad, Bar, Heizung, Tiefgarage (kostenpflichtige Parkplätze für Gäste), Leitung und Verwaltung, Beherbergung, Küche, Restaurant I und II, Hausmeisterei, Werkstatt.

   a) Welche der genannten Stellen sind allgemeine Kostenstellen, welche Hauptkostenstellen, welche Nebenkostenstellen?
   b) Ordnen Sie die Stellen in eine sinnvolle Reihenfolge, damit die allgemeinen Kostenstellen stufenweise umgelegt werden können.

6. Erläutern Sie, warum die Speisen in der Regel eine geringere Umsatzrentabilität erwirtschaften als die Getränke.

7. Geben Sie je zwei Beispiele aus den verschiedenen Phasen des Produktionsprozesses, die einen überhöhten Wareneinsatz auslösen können.

8. Erläutern Sie, welche Maßnahmen Sie treffen können, um einen erhöhten Wareneinsatz durch Fehler in der Lagerhaltung zu reduzieren.

9. Zeigen Sie auf, warum ein unterdurchschnittlicher Wareneinsatz ebenfalls kritisch untersucht werden muss.

4 Zielgrößendefinition

Um die unternehmerischen Ziele wie Marktpositionsausbau, Imageverbesserung usw. planbar zu machen, müssen konkretere wirtschaftliche Ziele formuliert werden. Dazu werden monetäre (geldliche) Zielgrößen, z.B. eine Gewinn- oder Umsatzsteigerung, um einen bestimmten Prozentsatz festgelegt.

Auf Grundlage der vorliegenden Daten z.B. GuV, BAB usw. muss nun festgelegt werden, wie bzw. durch welche Preise für die einzelnen Leistungen diese Ziele umsetzbar werden.

Darüber hinaus ist die Unternehmensleitung an der Frage interessiert, welcher Gesamt- oder Bereichsumsatz erzielt werden muss, um die gesteckten Ziele zu erreichen.

4.1 Kostenträgerzeitrechnung

Situation

Die Leistungsergebnisrechnung ergab für die drei Leistungsbereiche Hotel, Speisen und Getränke jeweils ein positives Ergebnis. In der Kostenträgerrechnung sind nun die Leistungsbereiche identisch mit den Kostenträgern.

Als Vorstufe der Kalkulation und der Planungsrechnung müssen für die zukunftsorientierte Betrachtung die kalkulatorischen Kosten einbezogen werden. Sie stellen den für das nächste Geschäftsjahr geplanten Gewinn dar. Dieser wird durch den Gesamtbetrieb erwirtschaftet, muss für die Kalkulation aber den einzelnen Kostenträgern zugerechnet werden.

Hier bieten sich zwei unterschiedliche Ansätze an.

- Entweder wird jedem Kostenträger der Anteil zugeschlagen, den er erwirtschaften kann,

  oder

- die kalkulatorischen Kosten werden analog zu den anderen Kosten im BAB verrechnet.

Die Interpretation der Leistungsergebnisse hat gezeigt, dass die einzelnen Kostenträger eine unterschiedliche Umsatzrentabilität erwirtschaften. Die kalkulatorischen Kosten können ihnen nicht prozentual zugeschlagen werden, weil einzelne Leistungsbereiche diese dann nicht tragen könnten. Das Betriebsergebnis ergibt insgesamt einen negativen Wert. So wird jeder Kostenträger zunächst mit kalkulatorischen Kosten in Höhe seines positiven Leistungsergebnisses belastet, alle Leistungsergebnisse wären also zunächst +/- 0. Der restliche Betrag der kalkulatorischen Kosten wird zu gleichen Teilen verteilt.

Hotel-Restaurant Bergstatter Hof	Verteilung der kalkulatorischen Kosten		
	Beherbergung	**Speisen**	**Getränke**
Leistungsergebnis	34 903,00	38 838,00	66 659,00
./. kalkulatorische Kosten i.H. des Leistungsergebnisses	34 903,00	38 838,00	66 659,00
= **Zwischensumme**	0,00	0,00	0,00
./. kalkulatorische Kosten i.H. von 1/3 des Restbetrags	3 486,40	3 486,40	3 486,40
= **Ergebnis der Kostenträger**	**– 3 486,40**	**– 3 486,40**	**– 3 486,40**

Alle drei Kostenträger kommen zu demselben negativen Ergebnis. Da die Speisen eine geringe Umsatzrentabilität hatten, bekommen sie zwar absolut den größten Teil der kalkulatorischen Kosten aufgerechnet, prozentual aber den kleinsten. Dieser Leistungsbereich mit dem größten Umsatz erwirtschaftet prozentual den geringsten Erfolg. Diese Methode bevorzugt den Leistungsbereich Speisen, der von den anderen Leistungsbereichen im Prinzip subventioniert wird.

Hotel-Restaurant Bergstatter Hof	Gesamtkostenermittlung der einzelnen Kostenträger		
	Beherbergung	**Speisen**	**Getränke**
Wareneinsatz		186 800,00	57 800,00
+ Personaleinzelkosten	36 200,00	83 000,00	
+ Gemeinkosten	112 097,00	237 962,00	85 941,00
+ kalkulatorische Kosten	38 389,40	42 324,40	70 145,40
= **Gesamtkosten**	**186 686,40**	**550 086,40**	**213 886,40**

Hotel-Restaurant Bergstatter Hof	Ermittlung des Leistungsergebnisses		
	Beherbergung	**Speisen**	**Getränke**
Umsatz	183 200,00	546 600,00	210 400,00
./. Gesamtkosten	186 686,40	550 086,40	213 886,40
= **Leistungsergebnis**	**– 3 486,40**	**– 3 486,40**	**– 3 486,40**

Diese Verteilungsmethode bedeutet, dass jeder Kostenträger im Prinzip dieselben Kosten wie im Vorjahr zugerechnet bekommt. Dadurch entsprechen die Gesamtkosten dem Umsatz des letzten Jahres, zuzüglich der überschüssigen kalkulatorischen Kosten. Dies führt zu einer Zementierung der letztjährigen Preise, da der Umsatz der Leistungsbereiche wie bereits gezeigt deren Kosten gedeckt hat.

Die Kostenträgerzeitrechnung soll aber ermitteln, welche Kosten in den einzelnen Leistungsbereichen tatsächlich angefallen sind, um daraus die Preise zu ermitteln, die erzielt werden müssen, um diese Kosten zu decken. Deshalb verteilt die zweite Methode die kalkulatorischen Kosten so, wie sie bei den einzelnen Kostenträgern angefallen sind. Der kalkulatorische Unternehmerlohn könnte als Personaleinzelkosten berücksichtigt werden, wenn der Unternehmer tatsächlich nur für einen Leistungsbereich tätig war.

Der Unternehmer ist im Hotel-Restaurant Bergstatter Hof der Küchenchef, die Ehefrau ist für die Verwaltung des Betriebes zuständig. Dadurch stellt sein Unternehmerlohn Personaleinzelkosten und der Unternehmerlohn der Ehefrau Personalgemeinkosten dar.

Die unternehmerische Tätigkeit sollte aber in der Betriebsorganisation und -führung liegen, deshalb wird der Unternehmerlohn in der Regel der allgemeinen Kostenstelle Verwaltung zugerechnet.

Die anderen kalkulatorischen Kosten werden wie in der Abgrenzungstabelle den Kostenarten zugerechnet.

Die Verteilung der Gemeinkosten erfolgt dann wieder mithilfe eines Betriebsabrechnungsbogens. Die Verteilungskriterien entsprechen genau denjenigen des BAB in der Leistungsergebnisrechnung.

Hotel-Restaurant Bergstatter Hof				Betriebsabrechnungsbogen III				
				Allgemeine Kostenstelle	Neben-kostenstelle	Hauptkostenstellen		
Zeile	**Kto.Nr.**	**Kostenart**	**Gesamt**	**Verwaltung**	**Restaurant**	**Beherberg.**	**Speisen**	**Getränke**
1	6200	Personalgemeinkosten	175 000,00	78 000,00	97 000,00			
2	6400	Energiekosten	58 600,00	2 100,00	7 300,00	17 840,00	25 160,00	6 200,00
3	6500	Geb., Beiträge, Versicherungen	19 600,00	1 500,00		2 900,00	11 300,00	3 900,00
4	6530	Gewerbesteuer	4 300,00			850,00	2 500,00	950,00
5	6540	Sonstige Steuern	3 500,00			650,00	2 100,00	750,00
6	6620	Kfz-Kosten	17 300,00	17 300,00				
7	6710	Rechts- und Beratungskosten	6 800,00	6 800,00				
8	6720	Bürobedarf	5 800,00	2 000,00	2 400,00	1 400,00		
9	6730	Post- und Telefonkosten	13 100,00		9 000,00	4 100,00		
10	6740	Werbung	9 800,00	9 800,00				
11	6790	Sonst. Verwaltungskosten	53 700,00	7 940,00	9 200,00	36 560,00		
12	7100	Leasing	63 000,00			21 110,00	33 822,00	8 068,00
13	7200	Instandhaltung	31 600,00	1 400,00	17 000,00	10 800,00	1 600,00	800,00
14	7300	AfA	42 400,00	4 160,00	9 160,00	10 760,00	14 160,00	4 160,00
15	7500	Zinsaufwendungen	82 359,00			15 649,00	48 591,00	18 119,00
16		**Summe der Gemeinkosten**	**586 859,00**	**131 000,00**	**151 060,00**	**122 619,00**	**139 233,00**	**42 947,00**
17		Umlage der Kosten der Verwaltung				24 890,00	77 290,00	28 820,00
18		Umlage der Restaurantkosten					108 763,00	42 297,00
19		**Summe der Gemeinkosten je Hauptkostenstelle**				**147 509,00**	**325 286,00**	**114 064,00**
20		Umsatz je Hauptkostenstelle				183 200,00	546 600,00	210 400,00
21		./. Warenkosten					186 800,00	57 800,00
22		./. Personaleinzelkosten				36 200,00	83 000,00	
23		./. Gemeinkosten				147 509,00	325 286,00	114 064,00
24		= Leistungsergebnis je Hauptkostenstelle				**–509,00**	**–48 486,00**	38 536,00
25					**Gesamt**		**–10 459,00**	

(Alle Beträge der kalkulatorischen Kosten wurden auf volle Euro gerundet.)

Die Gesamtkosten der einzelnen Kostenträger ergeben folgendes Bild:

Hotel-Restaurant Bergstatter Hof	Gesamtkostenermittlung der einzelnen Kostenträger		
	Beherbergung	**Speisen**	**Getränke**
Wareneinsatz		186 800,00	57 800,00
+ Personaleinzelkosten	36 200,00	83 000,00	
+ Gemeinkosten	147 509,00	325 286,00	114 064,00
= Gesamtkosten	**183 709,00**	**595 086,00**	**171 864,00**

Hotel-Restaurant Bergstatter Hof	Ermittlung des Leistungsergebnisses		
	Beherbergung	**Speisen**	**Getränke**
Umsatz	183 200,00	546 600,00	210 400,00
./. Gesamtkosten	183 709,40	595 086,00	171 864,00
= Leistungsergebnis	**– 509,00**	**– 48 486,00**	**38 536,00**

Diese Verteilung belastet die Speisen mit erheblich höheren Kosten.

Würde man die Preise für die Leistungen beibehalten, würden die Speisen nicht den ihnen zugedachten Anteil erwirtschaften, dafür die Hotelübernachtungen und Getränke entsprechend mehr. Dieses Verhältnis entsteht, weil die allgemeinen Verwaltungskosten und die Kosten der Nebenkostenstelle Restaurant nach Umsatzanteilen auf die einzelnen Leistungsbereiche verteilt wurden. Darin liegt die Problematik dieser Verteilungsmethode.

Verursacht ein Kostenträger, der mehr Umsatz erwirtschaftet, auch entsprechend mehr Kosten?

Es wird wieder deutlich, dass die Auswahl der Verteilungskriterien im BAB entscheidende Auswirkungen auf die Höhe der einem Kostenträger zufallenden Kosten hat.

Welche Verteilungsgrundlage dem Unternehmer sinnvoll erscheint, muss er in der Kostenträgerstückrechnung für seinen Betrieb entscheiden.

Aufgaben

1. Erläutern Sie, welche Kosten in der Kostenträgerzeitrechnung zusätzlich zur Leistungsergebnisrechnung Berücksichtigung finden.
2. Zeigen Sie die beiden Möglichkeiten auf, die kalkulatorischen Kosten auf die Kostenträger zu verteilen, und geben Sie an, für welche Methode Sie sich entscheiden würden.

4.2 Kostenträgerstückrechnung

Situation

System GmbH Hartmann

System GmbH Hartmann, Angerstraße 47, 41879 Wohlhausen

Angerstarße 47

41879 Wohlhausen
Tel: 0 2687/5687-0
Fax: 0 2687/5687-21

Hotel-Restaurant Bergstatter Hof
Ringstraße 88
47011 Bergstatt

Ihr Zeichen, Ihre Nachricht vom | Unser Zeichen, unsere Nachricht vom | Datum 12. Juli 20..

Anfrage

Sehr geehrte Damen und Herren,

wir beabsichtigen am 13./14. August 20.. ein Treffen unserer Vertriebsmitarbeiter in Ihrer Region durchzuführen. Dafür benötigen wir 3 Einzel- und 8 Doppelzimmer mit Bad oder Dusche und WC. Senden Sie uns bitte außerdem drei Menüvorschläge für ein gemeinsames Abendessen zu. Teilen Sie uns bitte mit, zu welchem Preis Sie uns die vorgenannten Leistungen anbieten.

Wir freuen uns auf Ihre Antwort.

Mit freundlichen Grüßen aus Wohlhausen
Richard Hartmann
Geschäftsführer

Ein wesentliches Ziel des unternehmerischen Handelns ist es, in der Zukunft den angestrebten Gewinn zu erzielen, was grundsätzlich eine Kostendeckung voraussetzt. Somit ist die Kenntnis über Kostenursprung und Höhe ein wichtiger Bestandteil des Controllings.

Während die Kostenträgerzeitrechnung das Ergebnis einer Leistungsart der vergangenen Periode (Beherbergung, Speisen, Getränke oder Nebenleistungen) genauer betrachtet, steht bei der Kostenträgerstückrechnung das Ergebnis eines einzelnen Produktes (das Doppelzimmer, die Speise, das Getränk) im Mittelpunkt.

Hier wird überprüft, wie viel ein Produkt in Zukunft kosten muss, um den beabsichtigten Gewinn zu erzielen, und zwar unter Zugrundelegung der Kostensituation der vorangegangenen Periode.

Die Unternehmensleitung des Hotels Bergstatter Hof stellt sich entsprechend die Frage: Zu welchem Preis sollen die angefragten Zimmer und die Menüs angeboten werden, damit wir unser Ziel erreichen?

Somit handelt es sich hierbei um eine kostenorientierte Methode, was voraussetzt, dass die wirklich angefallenen Kosten der vorangegangenen Periode auch berücksichtigt werden. Welcher Preis dann tatsächlich festgelegt wird, hängt nicht nur von den Kosten bzw. dem angestrebten Gewinn ab, sondern in entscheidendem Maße von anderen wichtigen Faktoren wie Wettbewerbsdruck oder Nachfragesituation.

Nach Vollständigkeit der Kostenerfassung und verwendeter Rechenmethode lässt sich die Kostenträgerstückrechnung folgendermaßen gliedern:

4.2.1 Kalkulation

Je nach Zielsetzung und Zeitpunkt der Kalkulation kann zwischen Nachkalkulation und Vorkalkulation unterschieden werden.
Wird das Ziel der Kostenkontrolle verfolgt, so spricht man von einer **Nachkalkulation**, weil letztendlich ermittelt wird, welche Kosten mit der Produktion eines Produktes verursacht wurden bzw. ob das Produkt die verursachten Kosten auch erwirtschaftet hat.

Bei der **Vorkalkulation** hingegen werden die Verkaufspreise zukünftiger Leistungen ermittelt, die sowohl sämtliche Kosten als auch den geplanten Gewinn berücksichtigen.

Im Gastgewerbe finden folgende Rechentechniken bzw. Kalkulationsverfahren Anwendung:

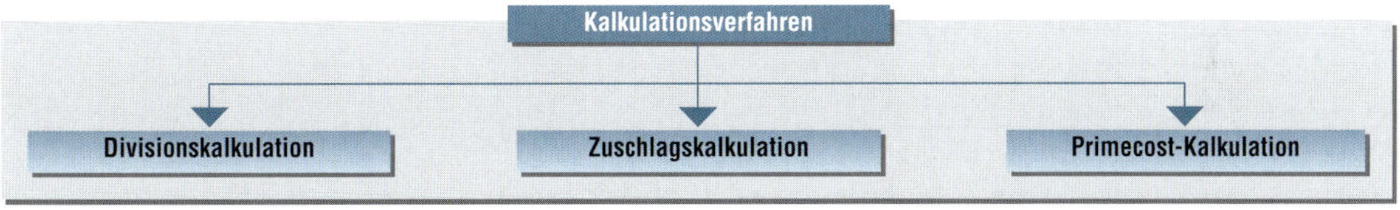

4.2.1.1 Divisionskalkulation

Die Divisionskalkulation wird im Allgemeinen immer dort angewendet, wo die erbrachten Leistungen in Art und Kostenstruktur gleich bzw. ähnlich sind.
Im Gastgewerbe ist das in erster Linie im **Beherbergungsbereich** der Fall.
Die Ermittlung der Kosten je Leistungseinheit (Übernachtung) erfolgt durch Division der Gesamtkosten eines Zeitraums durch die Anzahl der verkauften Leistungseinheiten dieses Zeitraums.

$$\text{Kosten pro Leistungseinheit} = \frac{\text{Gesamtkosten}}{\text{Anzahl der Leistungseinheiten}}$$

Die Gesamtkosten werden dem BAB (S. 211 f.) entnommen, womit sich für den Beherbergungsbereich des Hotel-Restaurants Bergstatter Hof folgende Selbstkosten ergeben:

$$\text{Kosten pro Leistungseinheit} = \frac{183\,709{,}00\ €}{8\,176\ \text{Übernachtungen}} = 22{,}47\ €$$

Dementsprechend sind in der vergangenen Periode 22,47 € Selbstkosten je Übernachtung entstanden.
Diese Selbstkosten entsprechen dem Nettoverkaufspreis einer Übernachtung ohne Frühstück.
Dieser Preis müsste verlangt werden, um die Kosten des Beherbergungsbereiches zu decken.

Die geschilderte Ist-Kostenermittlung ist natürlich nur dann angebracht, wenn die Leistungen bzw. die Zimmer sich nicht wesentlich in Ausstattung und Kostenstruktur unterscheiden, weil sich für alle Produkte (Zimmer) der gleiche Preis ergibt.
Da das Hotel-Restaurant Bergstatter Hof viele Tagungsgäste und Reisende beherbergt, werden sowohl Einzel- als auch Doppelzimmer angeboten bzw. Doppelzimmer als Einzelzimmer vergeben. Da die Verwendung des Einheitspreises von 22,47 €/ÜN jedoch nicht kostenverursachungsgerecht ist, bietet sich eine Variation der **Divisionskalkulation** an, bei der die Zimmer unterschiedlich gewichtet werden.
Diese Art der Kalkulation wird als **Äquivalenzziffernkalkulation** bezeichnet.
Die Leistungseinheiten werden hier entsprechend den Kosten zueinander ins Verhältnis gesetzt. Dafür ist die genaue Kenntnis über die Kostensituation Voraussetzung. Sie ist jedoch nicht immer gegeben.
Die Äquivalenzziffernkalkulation wird folgendermaßen durchgeführt: Zunächst wird eine Gewichtung für die jeweilige Zimmerart entsprechend dem Kostenverhältnis festgelegt und mit der Ist-Belegung der vorangegangenen Periode multipliziert.
Zur Ermittlung der Selbstkosten je Leistungseinheit werden die angefallenen Gesamtkosten durch die Gesamtanteile dividiert und mit der jeweiligen Gewichtung multipliziert.
Da die Kosten pro Übernachtung bei einer Doppelzimmerbelegung mit 2 Personen niedriger sind als bei einer Einzelbelegung eines Einzelzimmers, wird die Gewichtung entsprechend den Kosten vorgenommen.

Dabei ergeben sich folgende Selbstkosten je Übernachtung:

Selbstkostenberechnung je ÜN mit Gewichtung der Zimmer				
Art	**Gewichtung**	**IST-Übernachtungen**	**Anteile** (Gewichtung x Übernachtungen)	**Selbstkosten** je Übernachtung
EZ	1,5	894	1 341	31,96 €
DZ	1	7 282	7 282	21,30 €
		8 176	**8 623**	

$$\text{Ermittlung der Selbstkosten (EZ)} = \frac{183\,709{,}00\ € \times 1{,}5}{8\,623\ \text{Anteile}} = 31{,}96\ €$$

Die Berechnung einer Doppelzimmerübernachtung erfolgt entsprechend. Die Selbstkosten eines Doppelzimmers betragen somit 21,30 € x 2 = 42,60 €.
Es besteht natürlich auch die Möglichkeit, die Einzel- oder Doppelbelegung eines Doppelzimmers bei der Kalkulation zu berücksichtigen, da eine Einzelbelegung eines Doppelzimmers mehr Kosten pro Übernachtung verursacht als eine Doppelbelegung. Andererseits verursacht die Einzelbelegung des Doppelzimmers aufgrund der Zimmergröße mehr Kosten als eine Belegung im Einzelzimmer.

Da die Kosten anders verteilt werden, ergeben sich dementsprechend andere Äquivalenzziffern:

Selbstkostenberechnung je ÜN mit Gewichtung der Zimmer unter Berücksichtigung der Einzel- bzw. Doppelbelegung				
Art	**Gewichtung**	**IST-Übernachtungen**	**Anteile** (Gewichtung x Übernachtungen)	**Selbstkosten** je Übernachtung
EZ	1,25	894	1 117,5	25,59 €
DZ (1 Pers.)	1,50	1 150	1 725,0	30,71 €
DZ (2 Pers.)	1	6 132	6 132,0	20,47 €
		8 176	**8 974,5**	

$$\text{Ermittlung der Selbstkosten (EZ)} = \frac{183\,709{,}00\ € \times 1{,}25}{8\,974{,}5\ \text{Anteile}} = 25{,}59\ €$$

Für die Belegung eines Einzelzimmers sind dementsprechend in dem letzten Zeitraum Selbstkosten in Höhe von 25,59 € entstanden; für die Belegung eines Doppelzimmers mit einer Person 30,71 € und 20,47 € x 2 = 40,94 € für die Doppelbelegung eines Doppelzimmers.
Welchen Preis das Unternehmen dann als Nettoverkaufspreis ansetzt, bleibt letztlich als preispolitische Entscheidung der Unternehmensleitung vorbehalten. Die Geschäftsleitung des Hotel-Restaurants Bergstatter Hof hat für die Einzelbelegung eines Doppelzimmers den gleichen Preis wie für eine Einzelzimmerbelegung festgesetzt. Diese Preispolitik beruht darauf, dass die Unternehmensleitung dem starken Wettbewerbsdruck standhalten will, um die Zielgruppe der allein reisenden Tagungsgäste weiterhin beherbergen zu können.
An diesem Beispiel soll nachfolgend die Bruttoverkaufspreisermittlung erfolgen:

Unter der Annahme, dass die Selbstkosten für das Frühstück 2,85 € betragen, ergibt sich für die Einzelbelegung eines Doppelzimmers:

	30,71 €	Selbstkosten Beherbergung
+	2,85 €	Selbstkosten Frühstück
=	33,56 €	Nettoverkaufspreis
+	6,38 €	Umsatzsteuer
=	39,94 €	Bruttoverkaufspreis

Dementsprechend müsste der Preis mindestens 39,94 € für eine Einzelbelegung betragen.

Da der Preis aus Wettbewerbsgründen nur bei 35,00 € liegt und die Belegung relativ hoch ist, kann hier festgestellt werden, dass diese Unternehmensentscheidung für das schlechte Bereichsergebnis verantwortlich ist.

Für Beherbergungsbetriebe mit unterschiedlichen Zimmerkategorien kann diese Art der Kalkulation noch erweitert werden, um die Zielsetzung einer verursachungsgerechten Kostenermittlung zu gewährleisten.

Das Hotel-Restaurant Bergstatter Hof verfügt über

2 Einzelzimmer	mit 26 m^2
2 Einzelzimmer	mit 20 m^2
7 Luxus-Doppelzimmer	mit 36 m^2
9 Doppelzimmer	mit 30 m^2
5 Doppelzimmer	mit 24 m^2

Da keine genauen Kostenanteile je Kategorie bekannt sind, wird eine Verteilung der Kosten entsprechend den Quadratmeterzahlen vorgenommen.

Für das Hotel-Restaurant Bergstatter Hof ergibt sich dementsprechend folgende Selbstkostenermittlung:

Selbstkostenberechnung je ÜN mit Kategorien mit Gewichtung					
Art	Anz.	Gewichtung	IST-Übernachtungen	Gewichtung Übernachtungen	Selbstkosten je Übernachtung
EZ A	2	2	476	952	33,50 €
EZ B	2	1,67	418	698,06	27,97 €
DZ A	7	1,50	2 564	3 846	25,12 €
DZ B	9	1,25	3 028	3 785	20,93 €
DZ C	5	1	1 690	1 690	16,75 €
			8 176	**10 971,06**	

Bewertung:
Während sich die Divisionskalkulation als Nachkalkulation anbietet, ist sie als Vorkalkulation nur eingeschränkt tauglich, denn bei einer Abweichung von der erwarteten Auslastung ergeben sich keine marktgerechten Preise: Bei einer niedrigeren Auslastung des Hotels würden die Gesamtkosten auf weniger Übernachtungen verteilt.

Das hätte die Festsetzung höherer Übernachtungspreise zur Folge, obwohl ein geringerer Preis zur Nachfrageförderung erforderlich wäre.
Umgekehrt ergeben sich bei einer höheren Auslastung geringere Selbstkosten je Leistungseinheit, da die Gesamtkosten auf mehr Übernachtungen verteilt werden.
Dazu folgendes Beispiel:

Beispiel

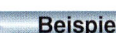

Aufgrund einer Konjunkturschwäche geht das Hotel-Restaurant Bergstatter Hof bei unveränderten Gesamtkosten von 183 709,00 € von nunmehr nur noch 7500 Übernachtungen aus.

$$\text{Selbstkosten je Leistungseinheit} = \frac{183\,709{,}00\ €}{7\,500\ \text{Übernachtungen}} = 24{,}49\ €$$

Im Vergleich dazu ergibt eine höhere Auslastung mit 9000 Übernachtungen folgende Selbstkosten je Übernachtung:

$$\text{Selbstkosten je Leistungseinheit} = \frac{183\,709{,}00\ €}{9\,000\ \text{Übernachtungen}} = 20{,}41\ €$$

Die Äquivalenzziffernkalkulation ist immer dann sinnvoll, wenn große Unterschiede in der Ausstattung der Zimmer vorhanden sind. Weil beispielsweise ein kleines Zimmer weniger Kosten verursacht als ein großes Zimmer, sollte dies auch bei der Kalkulation berücksichtigt werden.
Auf der anderen Seite verursacht ein Doppelzimmer mit doppelter Fläche nicht unbedingt doppelte Kosten. Da aber die Äquivalenzziffern entsprechend dem Kostenverhältnis der einzelnen Kategorien gebildet werden müssen und die Kostensituation nicht vollkommen transparent ist, ist eine gewisse Willkür bei der Äquivalenzziffernkalkulation vorhanden.
Bei der Gewichtung der Äquivalenzziffern ist das Verhältnis der variablen zu den fixen Beherbergungskosten besonders relevant. Da der Großteil der reinen Übernachtungskosten überwiegend unabhängig von der Zimmerbelegung anfällt, diese Kosten also dementsprechend fix sind, wird die Äquivalenzziffernkalkulation in der Hotellerie nicht sehr häufig angewendet.

Bei beiden Verfahren sollte berücksichtigt werden, dass sie von Daten aus der vergangenen Periode ausgehen.
Es besteht bei allen Varianten die Möglichkeit, die Teuerungsrate bei der Preisfestsetzung einzubeziehen, die dann folgerichtig erhöhte Selbstkosten mit sich bringt.

4.2.1.2 Zuschlagskalkulation

Da die Verpflegungsleistungen in ihrer Kostenstruktur erhebliche Unterschiede aufweisen, kann die Divisionskalkulation hier nicht angewendet werden.
Die Zuschlagskalkulation ist das grundlegende Verfahren der Vollkostenrechnung, bei der alle Kosten berücksichtigt werden. Es basiert auf der Unterteilung der Kosten in Einzel- und Gemeinkosten. Dabei wird davon ausgegangen, dass die Wareneinzelkosten den größten Kosteneinflussfaktor darstellen.
Da sich die Gemeinkosten per Definition nicht dem Kostenträger zurechnen lassen, werden sie indirekt auf den Wareneinsatz aufgeschlagen.

Folgendes Schema liegt der Zuschlagskalkulation zugrunde:

	Wareneinsatz
+	Gemeinkosten
=	**Selbstkosten**
+	Gewinn
=	**kalkulierter Preis**
+	Service
=	**Nettoverkaufspreis**
+	Umsatzsteuer
=	**Bruttoverkaufspreis**

Wie aus dem Schema zu ersehen ist, werden hier nur die Warenkosten, jedoch nicht die Personalkosten als Einzelkosten betrachtet, worauf später noch näher eingegangen wird (s. Kap. 4.2.1.2).
Alle anderen Kosten stellen Gemeinkosten dar, die auf die Warenkosten aufgeschlagen werden.

Dieses Kalkulationsschema wird nachfolgend am Beispiel einer Speisenkalkulation verdeutlicht.

Materialanforderung
Gericht: **Bunte Seezungenröllchen an Weißweinsauce, Schlosskartoffeln**
Portionen: **4**

	Material	Menge/Person	Gesamtmenge	Einkaufspreis/ Einheit (€)	Gesamt-einkaufspreis (€)
	Lachsfilet	0,040 kg	0,160 kg	7,54	1,21
Hauptgang	Seezungenfilet	0,150 kg	0,600 kg	8,35	5,01
	Blattspinat	0,125 kg	0,500 kg	1,00	0,50
	Schalotte		0,040 kg	1,35	0,05
	Butter		0,050 kg	3,20	0,16
	Fischfond		0,15 l	1,80	0,27
	Weißwein		0,15 l	2,38	0,36
	Crème fraîche		0,15 l	3,60	0,54
	Schalotten		0,080 kg	1,35	0,11
	Eigelb		2 Stck.	0,10	0,20
	Butter		0,060 kg	3,20	0,19
	Ketakaviar		0,020 kg	40,30	0,81
	grüner Spargel	0,050 kg	0,200 kg	4,14	0,83
	weißer Spargel	0,050 kg	0,200 kg	3,35	0,67
	Frühlingszwiebeln	0,050 kg	0,200 kg	0,56	0,11
	Zuckerschoten	0,050 kg	0,200 kg	2,54	0,51
	Kartoffeln	0,180 kg	0,720 kg	0,76	0,55
	Butter	0,010 kg	0,040 kg	3,20	0,13
	Summe				**12,21**

Ermittlung des Wareneinsatzes
Zur Ermittlung des Wareneinsatzes wird die Rezeptur einer Portion eines Artikels benötigt. Die Einkaufspreise werden von der Einkaufsabteilung ermittelt.
Die zu berücksichtigenden Preise können einerseits Jahresdurchschnittspreise sein, andererseits kann aber auch mit den Saisonpreisen kalkuliert werden.
Eine weitere Möglichkeit besteht darin, bestimmte Produkte außerhalb der Saison gar nicht erst auf die Karte zu nehmen.

Entsprechend ergibt sich ein Wareneinsatz von 12,21 € für 4 Portionen, also 12,21 € : 4 = 3,05 € pro Portion.

Ermittlung des Gesamtkostenaufschlagsatzes
Allen Kostenträgern sollen durch den Gesamtkostenaufschlagsatz die anteiligen Gesamtkosten zugeordnet werden.
Dazu werden die im BAB III ermittelten Gesamtgemeinkosten zuzüglich der Personaleinzelkosten ins Verhältnis zu den Warenkosten der Kostenstelle gesetzt.

Somit ergibt sich folgende Formel:

$$\text{Gesamtkostenaufschlagsatz} = \frac{\text{Gesamtkosten je Kostenstelle} \times 100}{\text{Wareneinsatz}}$$

Für den Speisenbereich ergibt sich somit folgender Gesamtgemeinkostenaufschlagsatz:

$$\text{Gesamtgemeinkostenaufschlagsatz Speisen} = \frac{408\,286{,}00\ € \times 100}{186\,800{,}00\ €} = 218{,}6\ \%$$

Wie zu ersehen ist, sind die Gemeinkosten der Kostenstelle „Speisen" aus dem BAB III im Kap. 4.1 in Höhe von 325 286,00 € und die Personaleinzelkosten mit 83 000,00 € im Gesamtgemeinkostenaufschlagsatz enthalten.

Da die Kostenstelle „Speisen" aufgrund der Integration der kalkulatorischen Kosten im letzten Jahr einen Verlust von 48 486,00 € erwirtschaftet hat, wird für diese Periode dieser Fehlbetrag in die Gesamtkosten einbezogen.

Für die Kostenstelle „Getränke" ist der Gesamtgemeinkostenaufschlagsatz ebenfalls zu ermitteln, da Getränke nicht den gleichen Anteil an Kosten verursachen wie Speisen.

Ermittlung des Gewinnzuschlages
Der Gewinn ist für den Unternehmer der Ausgleich für seine geleistete Arbeit und die Verzinsung des Eigenkapitals. Hierfür wurden kalkulatorische Kosten in die Gemeinkosten eingerechnet. Der Gewinn ist somit im Gemeinkostenaufschlag bereits berücksichtigt.

Darüber hinaus kann jedoch noch ein Ausgleich für sein unternehmerisches Risiko bzw. für Kostensteigerungen aufgrund der Inflationsrate einbezogen werden. Die Unternehmensleitung des Hotel-Restaurants Bergstatter Hof hat einen Aufschlag von 3,0 % angesetzt, der zur Darlehenstilgung und als Risikoprämie erwirtschaftet werden soll.

Servicezuschlag
Werden Mitarbeiter am Umsatz beteiligt, so besteht hier die Möglichkeit, diese in die Kalkulation einzubeziehen. Da aber in diesem Beispiel sämtliche Personalkosten schon in den Gemeinkosten enthalten sind, entfällt hier der Servicezuschlag.

Umsatzsteuer
Abschließend wird die Umsatzsteuer aufgeschlagen. Hierbei muss berücksichtigt werden, ob der Regelsteuersatz für Im-Haus-Verkauf oder der ermäßigte Steuersatz für Außer-Haus-Verkauf Anwendung findet.
Dementsprechend ergibt sich folgendes Kalkulationsschema:

Kalkulationsblatt — Datum: ________

Gericht: **Bunte Seezungenröllchen an Weißweinsauce, Schlosskartoffeln** — Anzahl der Port: 1

Wareneinsatz	100,0 %			3,05 €
+ Gemeinkosten	218,6 %			6,67 €
= **Selbstkosten**	318,6 %	100,0 %		9,72 €
+ Gewinn		3,0 %		0,29 €
= **kalkulierter Preis/ Nettoverkaufspreis**		103,0 %	100,0 %	10,01 €
+ Umsatzsteuer			19,0 %	1,90 €
= **Bruttoverkaufspreis**			119,0 %	11,91 €

Bei einer Anwendung als Vorkalkulation muss demzufolge der Kartenpreis mindestens 11,91 € betragen, um die voraussichtlichen Kosten und den veranschlagten Gewinn zu erzielen.
Bei einer Anwendung als Nachkalkulation lässt sich folgende Aussage treffen: Eine Portion Seezungenröllchen erwirtschaftet bei einem tatsächlichen Kartenpreis von 12,40 € die zugeschlagenen Kosten und darüber hinaus einen höheren Gewinn bzw. Risikoausgleich, da der hier kalkulierte Preis bei 11,91 € liegt, d.h. 0,49 € niedriger ist.

Kalkulationsfaktor
Der Kalkulationsfaktor ist der Quotient aus Bruttoverkaufspreis und Wareneinsatz.
Da alle Speisen mit den gleichen Zuschlagsätzen kalkuliert werden, ist das Verhältnis zwischen kalkuliertem Bruttoverkaufspreis und Wareneinsatz bei allen Gerichten gleich.
Dementsprechend ist es möglich, bei allen Gerichten den Wareneinsatz mit dem gleichen Faktor zu multiplizieren, um recht schnell überprüfen zu können, ob der Kartenpreis eines Gerichtes die verursachten Kosten deckt.

Somit wird der Kalkulationsfaktor eher als Richtgröße angewandt, die selbstverständlich bei veränderter Kostensituation zu überprüfen ist.

$$\text{Kalkulationsfaktor} = \frac{\text{Bruttoverkaufspreis}}{\text{Wareneinsatz}} = \frac{11{,}91\ €}{3{,}05\ €} = 3{,}9$$

Zuschlagskalkulation mit Einzelzuschlägen
Mit der Zielsetzung, die Kosten möglichst verursachungsgerecht den Kostenträgern zuzuordnen, besteht bei der Zuschlagskalkulation die Alternative, die verschiedenen Kosten als Einzelzuschläge aufzuschlagen.

Diese Art der Zuschlagskalkulation erfordert allerdings einen detaillierten BAB (s. Kap. 4.1/4.2).

Zur Anwendung ergibt sich dabei nebenstehend aufgegliedertes Schema:

	Materialeinzelkosten
+	Materialgemeinkosten
=	**Stoffkosten/Materialkosten**
+	Küchengemeinkosten
=	**Herstellkosten I**
+	Restaurantgemeinkosten
=	**Herstellkosten II**
+	Verwaltungsgemeinkosten
=	**Selbstkosten**
+	Gewinn
=	**kalkulierter Preis**
+	Service/ Bedienungsgeld
=	**Nettoverkaufspreis**
+	Umsatzsteuer
=	**Bruttoverkaufspreis**

In den Materialgemeinkosten sind die Kosten für Beschaffung und Lagerung der Produkte enthalten. Demzufolge müssten also z.B. die Energiekosten für die Kühlhäuser, Personalkosten des Magazinverwalters usw. als Aufschlag ermittelt werden.

Die Materialgemeinkosten werden auf die Materialeinzelkosten als Prozentsatz aufgeschlagen.

Die Formel lautet entsprechend:

$$\text{Materialgemeinkostenaufschlagsatz} = \frac{\text{Materialgemeinkosten x 100}}{\text{Materialeinzelkosten}}$$

Im nächsten Schritt werden die Küchengemeinkosten aufgeschlagen, die sich aus den Löhnen und Gehältern des Küchenpersonals und den Energiekosten zur Herstellung der Produkte zusammensetzen.
Hier sind wiederum die Stoffkosten/Materialkosten die Grundlage zur Ermittlung der Küchengemeinkosten.

Als Nächstes werden die Restaurantgemeinkosten aufgeschlagen, die die Personalkosten der Servicemitarbeiter, die Energiekosten des Restaurants, die Wäschekosten usw. beinhalten.

Da das Restaurant als Vertriebsstelle von Speisen und Getränken angesehen werden kann, liegt es auf der Hand, die Materialeinzelkosten als Grundlage zur Ermittlung der Restaurantgemeinkosten zu nehmen.
Nun werden die Verwaltungsgemeinkosten auf die Herstellkosten II zugeschlagen, bevor wie bei der herkömmlichen Zuschlagskalkulation der Risikoaufschlag und der Umsatzsteueraufschlag erfolgen.
Die weiteren Aufschläge erfolgen entsprechend der herkömmlichen Zuschlagskalkulation.

Beurteilung der Zuschlagskalkulation
Da die Zahlen zur Berechnung des Gemeinkostenaufschlagsatzes auf Daten der vergangenen Periode beruhen, werden Veränderungen der Kostensituation in dieser Periode nicht berücksichtigt.

Genau wie die Divisionskalkulation ist auch die Zuschlagskalkulation nur bedingt als Vorkalkulation anwendbar: Sinkt beispielsweise der Umsatz, so sinken die Kosten nicht im gleichen Verhältnis. Das hätte bei einer Anwendung als Vorkalkulation zur Folge, dass ein Gericht einen höheren Anteil der Kosten zu tragen hätte. Dementsprechend würden sich erhöhte Verkaufspreise ergeben, die wiederum einen Umsatzrückgang bedingen und somit nicht marktgerecht sind.

Der wesentliche Nachteil der Zuschlagskalkulation liegt jedoch sicherlich darin, dass die Einflussgröße auf den Bruttoverkaufspreis einzig und allein der Wareneinsatz ist.

Das soll folgendes Beispiel verdeutlichen:

Beispiel

	Gericht	A	B
	Wareneinsatz	3,05 €	6,10 €
+	Gemeinkosten	6,67 €	13,33 €
=	**Selbstkosten**	9,72 €	19,43 €
+	Gewinn	0,29 €	0,58 €
=	**Nettoverkaufspreis**	10,01 €	20,01 €
+	Umsatzsteuer	1,90 €	3,80 €
=	**Bruttoverkaufspreis**	11,91 €	23,81 €

Dementsprechend muss ein Gericht mit doppeltem Wareneinsatz auch doppelt so viel Kosten tragen.
Es ist jedoch wenig realistisch, dass ein Gericht den doppelten Anteil an beispielsweise Verwaltungs-, Werbungs- oder Personalkosten verursacht. Gerade die Personalkosten eines Gerichtes hängen in entscheidenem Maße von der Arbeitsintensität des Gerichtes ab.

4.2.1.3 Primecost-Kalkulation

Die Personalkosten haben in den letzten Jahren derart zugenommen, dass sie gemessen an den Gesamtkosten ungefähr den gleichen Anteil ausmachen wie die Warenkosten.
Dies lässt sich auch an der kurzfristigen Erfolgsrechnung (vgl. Kap. 3.2.2) für das Hotel-Restaurant Bergstatter Hof ablesen.
Mit der Zielsetzung, die Kosten möglichst verursachungsgerecht den Kostenträgern zuzuordnen, besteht nun bei der Primecost-Kalkulation die Möglichkeit, die direkt zurechenbaren Personalkosten, die letztendlich Einzelkosten darstellen, gesondert aufzuschlagen.
Die direkt zurechenbaren Personalkosten wurden schon in der Kostenträgerzeitrechnung als Personaleinzelkosten ermittelt.

Die Verteilung auf die einzelnen Gerichte erfolgt alternativ durch Verwendung eines Stundenkostensatzes oder mithilfe von Äquivalenzziffern.

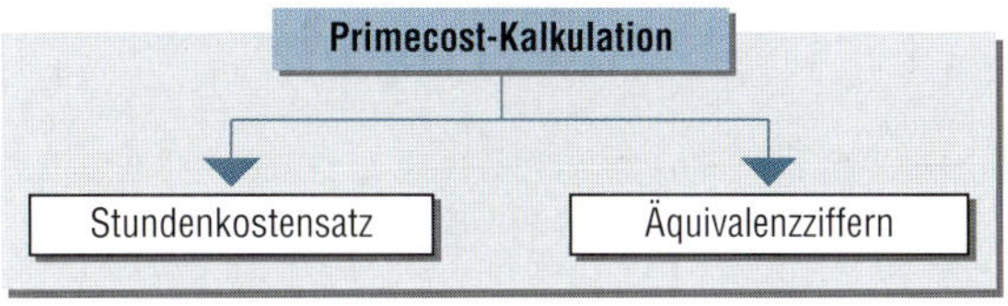

Die Gemeinkosten, der Gewinn und die Umsatzsteuer werden genau wie bei der Zuschlagskalkulation berücksichtigt.

Dementsprechend ergibt sich nebenstehendes Schema:

Wareneinsatz
\+ Personaleinzelkosten
= **Primecost**

\+ Gemeinkosten
= **Selbstkosten**

\+ Gewinn
= **kalkulierter Preis**

\+ Service
= **Nettoverkaufspreis**

\+ Umsatzsteuer
= **Bruttoverkaufspreis**

Stundenkostensatzrechnung
Um beispielsweise die direkt zurechenbaren Personalkosten für ein Gericht zu berechnen, ist zuerst der Stundenkostensatz zu ermitteln.

Dieser drückt aus, wie viel Personaleinzelkosten in einer produktiven Arbeitsstunde anfallen, und lässt sich wie folgt berechnen:

$$\text{Stundenkostensatz} = \frac{\text{Personaleinzelkosten}}{\text{produktive Arbeitsstunden}}$$

Die Personaleinzelkosten wurden schon in der Kostenträgerzeitrechnung ausgewiesen (vgl. Kap. 4.1).
Um die produktive Arbeitszeit zu ermitteln, ist eine Aufstellung notwendig, aus der die in den Personaleinzelkosten enthaltenen Mitarbeiter hervorgehen. Dies ist über eine tägliche Arbeitszeiterfassung oder die Berechnung der nominalen Arbeitszeit möglich.
Als produktive Arbeitszeit wird die Zeit berücksichtigt, die der Arbeitgeber bezahlt, also die Anwesenheit im Betrieb inklusive aller Verteil- und Rüstzeiten.
Nachfolgend ein Beispiel der Lohnliste für den Küchenbereich des Hotel-Restaurants Bergstatter Hof:

Beispiel

Mitarbeiter	tarifliche Arbeitstage	./. Urlaub	./. Krankheit	= Arbeitstage	x Stunden pro Tag	= Gesamtstunden	Bruttoentgelt + Lohnnebenkosten
Vollzeitkräfte							
Meiners	260	29	2	229	8	1 832	30 810,00 €
Ohursal	260	26	3	231	8	1 848	20 410,00 €
Müller	260	26	1	233	8	1 864	19 110,00 €
Auszubildende (Auszubildende werden mit dem Faktor 0,5 bewertet)							
Jokoll	260	26	0	234	4	936	6 760,00 €
Mikorsky	260	27	3	230	4	920	5 910,00 €
Summe						**7 400**	**83 000,00 €**

Dementsprechend ergibt sich für die Küche des Hotel-Restaurants Bergstatter Hof:

$$\text{Stundenkostensatz} = \frac{83\,000{,}00\ €}{7\,400\ \text{Stunden}} = 11{,}22\ €/\text{Stunde}$$

Somit kostet eine Stunde produktive Arbeitszeit in der Küche 11,22 €. Für das Gericht wird dann die Herstellzeit ermittelt, um die entsprechenden Personaleinzelkosten zu berechnen.

Die produktive Arbeitszeit muss möglichst genau erfasst werden. Die Arbeitszeit pro Portion beinhaltet die Kosten der Warenbeschaffung, vorausgesetzt die Person ist in den Personaleinzelkosten (Küche) enthalten. Die Arbeitszeit für Vor- und Zubereitung ist natürlich erheblich von der Entscheidung abhängig, ob in eigener Herstellung gefertigt oder ob Convenience-Produkte verwendet werden. Hierbei handelt es sich aber nur um die Zeit, die ein Mitarbeiter unmittelbar mit dem Produkt beschäftigt ist, nicht die reine Brat- bzw. Kochzeit. Die Bratzeit der Schlosskartoffeln wird also nicht komplett berücksichtigt, sondern nur in dem Maße, wie die Küchenkraft unmittelbar damit beschäftigt ist.
Auch die Zeit für das Anrichten der Speisen muss berücksichtigt werden, wohingegen die Zeit des Service entfällt, da diese Personalkosten unter die Personalgemeinkosten fallen.
Angenommen, für die Erstellung einer Portion Seezungenröllchen fallen 9 Minuten produktive Arbeitszeit an, so setzt man diese mit dem Stundenkostensatz in Beziehung.

Folgerichtig ergeben sich folgende Personaleinzelkosten:

$$\text{Personaleinzelkosten} = \frac{\text{Stundenkostensatz x Arbeitszeit pro Gericht}}{60\ \text{Minuten}} = \frac{11{,}22\ €\ \text{x}\ 9\ \text{Minuten}}{60\ \text{Minuten}} = 1{,}68\ €$$

Da die Personaleinzelkosten des Küchenbereiches nun nicht mehr in den Gesamtgemeinkosten enthalten sind, muss ein neuer Aufschlagsatz ermittelt werden:

$$\text{Gemeinkostenaufschlagsatz} = \frac{\text{Gemeinkosten (ohne Personaleinzelkosten) x 100}}{\text{Wareneinsatz + Personaleinzelkosten}} = \frac{325\,286{,}00\ €\ \text{x}\ 100}{186\,800{,}00\ € + 83\,000{,}00\ €} = 120{,}6\ \%$$

Dementsprechend ergibt sich für die Primecost-Kalkulation folgendes Kalkulationsschema:

Kalkulationsblatt — Datum: ______

Gericht: **Bunte Seezungenröllchen an Weißweinsauce, Schlosskartoffeln** — Anzahl der Port: 1

	Wareneinsatz				3,05 €
+	Personaleinzelkosten				1,68 €
=	**Primecost**	100,0 %			4,73 €
+	Gemeinkosten	120,6 %			5,70 €
=	**Selbstkosten**	220,6 %	100,0 %		10,43 €
+	Gewinn		3,0 %		0,31 €
=	**kalkulierter Preis/ Nettoverkaufspreis**		103,0 %	100,0 %	10,74 €
+	Umsatzsteuer			19,0 %	2,04 €
=	**Bruttoverkaufspreis**			119,0 %	12,76 €

In diesem Beispiel liegt der Inklusivpreis für die Seezungenröllchen demzufolge höher als bei der Zuschlagskalkulation.

Das bedeutet, dass die Herstellung der Seezungenröllchen tatsächlich mehr Kosten verursacht hat, als mit der Zuschlagskalkulation ermittelt wurde.

Es ist sogar festzustellen, dass der mit der Primecost-Kalkulation ermittelte Bruttoverkaufspreis über dem tatsächlichen Kartenpreis von 12,40 € liegt.

Mit dem Verkauf einer Portion Seezunge werden somit nicht alle Kosten und der angestrebte Risikoausgleich erwirtschaftet.

Die tatsächlich entstandenen Kosten müssen durch den Verkauf anderer Gerichte gedeckt werden. Dementsprechend stellt auch der Wareneinsatz nicht mehr die alleinige Einflussgröße auf den Inklusivpreis dar:

Beispiel

Gericht	A	B
Wareneinsatz	3,05 €	6,10 €
+ Personaleinzelkosten	1,68 €	1,68 €
= **Primecost**	4,73 €	7,78 €
+ Gemeinkosten	5,70 €	9,38 €
= **Selbstkosten**	10,43 €	17,16 €
+ Gewinn	0,31 €	0,51 €
= **Nettoverkaufspreis**	10,74 €	17,67 €
+ Umsatzsteuer	2,04 €	3,36 €
= **Bruttoverkaufspreis**	12,76 €	21,03 €

Ein doppelter Wareneinsatz verursacht also bei der Primecost-Kalkulation nicht unbedingt einen doppelten Bruttoverkaufspreis, was den Zuschlagskalkulationsnachteil der Abhängigkeit vom Wareneinsatz relativiert.

Äquivalenzziffernrechnung
Bei der Äquivalenzziffernkalkulation werden die Gerichte pauschal in drei oder mehr Kategorien eingeteilt und zueinander ins Verhältnis gesetzt.

Die Äquivalenzziffern stellen also die Relation zwischen den Kosten für die Erstellung der verschiedenen Produkte dar. Dementsprechend werden zunächst die durchschnittlichen Personaleinzelkosten je Gericht ermittelt.

Aus der Verkaufsstatistik der vergangenen Periode ist die Anzahl der verkauften Portionen ersichtlich.

Für das Hotel-Restaurant Bergstatter Hof ergeben sich demzufolge 40 150 Hauptgerichte und 19 010 Portionen Vorspeisen und Suppen usw.

$$\text{Ø Personaleinzelkosten je Gericht} = \frac{\text{Personalkosten}}{\text{Anzahl der verkauften Gerichte}} = \frac{83\,000{,}00\ €}{59\,160\ \text{Gerichte}} = 1{,}40\ €/\text{Gericht}$$

Im nächsten Schritt werden die Gerichte der Speisenkarte hinsichtlich ihrer Arbeitsintensität bewertet.

Je nachdem, ob die Arbeitszeit eines Gerichtes als unterdurchschnittlich, durchschnittlich oder überdurchschnittlich zu bewerten ist, wird eine entsprechende Äquivalenzziffer zugeordnet.

Der Durchschnittswert erhält die Ziffer 1 und die anderen Kategorien weichen jeweils um z.B. 25 %, d.h. 0,25 ab.

Um ein Gericht einer Kategorie zuzuordnen, besteht die Möglichkeit, die durchschnittliche Arbeitszeit pro Gericht zu ermitteln:

$$\text{Ø Arbeitszeit je Gericht} = \frac{\text{Arbeitsstunden}}{\text{Anzahl der verkauften Gerichte}} = \frac{7\,400\ \text{Stunden}}{59\,160\ \text{Gerichte}} = 0{,}125\ \text{Stunden} = 7{:}30\ \text{Minuten/Gericht}$$

Entsprechend unserem Beispiel liegt die Arbeitszeit der Produktion der Seezungenröllchen über dem Durchschnittswert von 7:30 Minuten pro Gericht.

Einteilung	< Ø	Ø	> Ø
Äquivalenzziffern	0,75	1	1,25
Personaleinzelkosten	1,05 €	1,40 €	1,75 €
Arbeitszeit pro Gericht	5:38 min	7:30 min	9:23 min

Da die Seezungenröllchen der Kategorie der überdurchschnittlichen Arbeitszeit zuzuordnen sind, werden somit pauschal die überdurchschnittlichen Personaleinzelkosten von 1,75 € aufgeschlagen.

Bewertung der Primecost-Kalkulation
Die Primecost-Kalkulation erfüllt eher das Prinzip der **Erfassung der Kosten am Ort ihrer Entstehung** als die Zuschlagskalkulation, da sie die tatsächlich angefallenen Selbstkosten genauer erfasst.

Wenngleich mit der Primecost-Kalkulation wesentlich verursachungsgerechter kalkuliert wird als mit der Zuschlagskalkulation, so birgt sie auch Nachteile in sich. Der wesentliche Mangel der Stundenkostensatzrechnung liegt in der recht aufwendigen und damit auch kostenintensiven Zeiterfassung.

Bei einer industriellen Fließbandfertigung lässt sich die produktive Arbeitszeit sekundengenau erfassen, was in der Gastronomie dagegen kaum möglich ist, da meist verschiedene Tätigkeiten parallel verrichtet werden.

Bei der Äquivalenzziffernrechnung fällt die Problematik der aufwendigen Zeiterfassung weg. Andererseits erscheint die Wahl der Abweichung der über- und unterdurchschnittlichen Kategorien eher willkürlich.

So hätte zum Beispiel je nach Betrieb auch eine 30-prozentige Abweichung durchgeführt werden können.

Die produktive Arbeitszeit hängt natürlich auch von der Chargengröße ab, die produziert wird:

Die Herstellung einer 25-Portionen-Menge ist weit weniger zeitintensiv als die Herstellung 25 einzelner Portionen.

Die Zeiterfassung (Stundenkostensatzrechnung) bzw. die Wahl der Kategorie (Äquivalenzziffernrechnung) sollte sich dementsprechend an der durchschnittlich produzierten Chargengröße orientieren.
Welches Verfahren letztendlich angewendet wird, bleibt der Entscheidung der Unternehmensleitung vorbehalten.

4.2.1.4 Vergleich: Zuschlagskalkulation – Primecost-Kalkulation

Die unten abgebildete Tabelle soll verdeutlichen, welche Auswirkungen die beiden Kalkulationsverfahren auf die Selbstkosten haben.

Es werden Produkte mit unterschiedlich hohem Wareneinsatz einerseits mit dem Zuschlagsverfahren und andererseits mit dem Primecost-Verfahren kalkuliert.

Die Spalten 5 – 8 entsprechen Produkten mit durchschnittlichem Wareneinsatz, die Spalten 1 – 4 Produkten mit unterdurchschnittlichem Wareneinsatz (– 25 %) und die Spalten 9 – 12 Produkten mit überdurchschnittlichem Wareneinsatz (+ 25 %).

Die **Zuschlagskalkulationen** sind dementsprechend in den Spalten 1, 5 und 9 zu finden. Bei den Personaleinzelkosten wurde die Arbeitszeit entsprechend der Äquivalenzziffernrechnung (– 0,2/+0,2) gewichtet.

Wareneinsatz	**- 25 %**				**Ø**				**+ 25 %**			
	ZK	**PCK**			**ZK**	**PCK**			**ZK**	**PCK**		
PEK - Äquivalenzziffer		**0,8**	**1**	**1,2**		**0,8**	**1**	**1,2**		**0,8**	**1**	**1,2**
Spalten	**1**	**2**	**3**	**4**	**5**	**6**	**7**	**8**	**9**	**10**	**11**	**12**
Wareneinsatz	**2,37**				**3,16**				**3,95**			
+ Personaleinzelkosten		1,05	1,40	1,75		1,05	1,40	1,75		1,05	1,40	1,75
= **Primecost**		3,42	3,77	4,12		4,21	4,56	4,91		5,00	5,35	5,70
+ Gemeinkosten	5,18	4,12	4,55	4,97	6,91	5,08	5,50	5,92	8,63	6,03	6,45	6,87
= **Selbstkosten**	7,55	7,54	8,32	9,09	10,07	9,29	10,06	10,83	12,58	11,03	11,80	12,57

Aus den Ergebnissen der Tabelle lässt sich folgende Matrix erstellen, die das Verhältnis der Primecost-Rechnung zur Zuschlagskalkulation zeigt:

		Wareneinsatz		
		niedrig	Ø	hoch
Personaleinzelkosten	niedrig	=	–	–
	Ø	+	=	–
	hoch	+	+	=

Es ist zu erkennen, dass mit der Primecost-Rechnung bei niedrigem Wareneinsatz gleiche oder höhere Verkaufspreise kalkuliert werden als mit der Zuschlagskalkulation.
Das heißt, dass bei der Zuschlagskalkulation durch den Gesamtkostenaufschlagsatz weniger Kosten berücksichtigt werden als tatsächlich angefallen.
Bei höheren Wareneinsätzen hingegen führt die Primecost-Rechnung eher zu niedrigeren oder gleichen Verkaufspreisen.
Ausgehend von den Personaleinzelkosten ist festzustellen, dass bei hohen Personaleinzelkosten höhere oder gleiche Verkaufspreise ermittelt werden, was daran liegt, dass die angefallenen Kosten auch verursachungsgerecht berücksichtigt werden.

Andererseits werden bei niedrigen Personaleinzelkosten gleiche oder niedrigere Ergebnisse ermittelt. Auch hier bleibt es der Unternehmensleitung anheim gestellt, welches Kalkulationsverfahren angewendet wird.

Dabei muss eine Abwägung zwischen der Genauigkeit des Ergebnisses, also einem verursachungsgerechten Preis, und dem Aufwand zur Ermittlung desselben erfolgen.

Ebenso sollte berücksichtigt werden, dass die Genauigkeit des Ergebnisses aufgrund der Anwendung des Primecost-Verfahrens durch Entscheidungen im Rahmen der Preispolitik häufig untergraben wird.
Unverkennbar ist jedoch, dass für eine optimale Betriebsführung eine Nachkalkulation unerlässlich ist.
Daraus resultiert einerseits eine Schärfung des Kostenbewusstseins und andererseits wird die Möglichkeit zur Überschlagsrechnung offeriert.

Gleichzeitig kann die Abteilungseffizienz durch die Verteilung der Kosten im Betriebsabrechnungsbogen gerechter beurteilt werden, jedoch muss darauf geachtet werden, dass die Bildung der Verteilungsschlüssel objektiv erfolgt.

4.2.2 Deckungsbeitragsrechnung

Die Vollkostenrechnung orientiert sich an den tatsächlich entstandenen Kosten, wobei verschiedene Einflussfaktoren (z.B. Wettbewerbssituation, Nachfrageverhalten, Umsatzvolumen, preispsychologische Faktoren) einfach außer Acht gelassen werden.

Es werden sämtliche angefallenen Gemeinkosten über Aufschlagsätze auf das einzelne Erzeugnis umgelegt.

Die Deckungsbeitragsrechnung als Teilkostenrechnung geht nicht von den angefallenen Kosten, sondern von den am Markt gebildeten und somit für das Unternehmen vorgegebenen Preisen aus.

Sie ist dementsprechend eine rückwärts gerichtete (retrograde) Preisbeurteilung.
Natürlich sollen auch bei dieser Kalkulationsart alle Kosten gedeckt werden, denn es wird nur Gewinn erzielt, wenn die Summe der Nettoerlöse größer ist als die Summe der Kosten.

Die Deckungsbeitragsrechnung beruht jedoch auf dem Bewusstsein, dass der Erlös einer Leistung nicht in jedem Fall die gesamten Stückkosten, also inklusive der Fixkosten, decken muss.

Nachfolgend soll die Unterscheidung der Kosten hinsichtlich ihrer Abhängigkeit von der Beschäftigung bzw. Auslastung deutlich gemacht werden.

Kostenverläufe in Abhängigkeit der Beschäftigung – fixe Kosten

Für die Dienstleistungsbereitschaft sind die Räumlichkeiten des Hotel-Restaurant Bergstatter Hof, also die Küche, das Restaurant und die Zimmer notwendig. Dafür müsste das Unternehmen jeden Monat Pacht zahlen, wenn das Hotel-Restaurant kein Eigentumsbetrieb wäre.

Aus diesem Grund wird eine kalkulatorische Pacht angerechnet, die unabhängig von der Anzahl der verkauften Portionen bzw. der Zimmerauslastung berücksichtigt wird.

Alle Kosten, die auch anfallen, wenn kein Gast im Hause wohnt bzw. im Restaurant speist, werden fixe Kosten genannt. Je mehr produziert wird bzw. je höher die Zimmerauslastung ist, desto geringer werden die anteiligen Stückfixkosten.

Das soll am nebenstehenden Beispiel der Pacht für den Restaurantbereich verdeutlicht werden:

Beispiel

Die kalkulatorische monatliche Pacht für das Restaurant beträgt im Hotel-Restaurant Bergstatter Hof 4 050,00 €. Die Anzahl der verkauften Portionen verteilt sich wie folgt auf die einzelnen Monate:

Monat	Portionen	Pacht gesamt	Pacht pro Portion
Januar	5 780	4 050,00 €	0,70 €
Februar	5 110	4 050,00 €	0,79 €
März	5 090	4 050,00 €	0,80 €
April	4 730	4 050,00 €	0,86 €
Mai	3 770	4 050,00 €	1,07 €
Juni	3 580	4 050,00 €	1,13 €
Juli	3 500	4 050,00 €	1,16 €
August	4 240	4 050,00 €	0,96 €
September	5 210	4 050,00 €	0,78 €
Oktober	7 000	4 050,00 €	0,58 €
November	5 190	4 050,00 €	0,78 €
Dezember	5 960	4 050,00 €	0,68 €

Gesamtkostenkurve für fixe Kosten

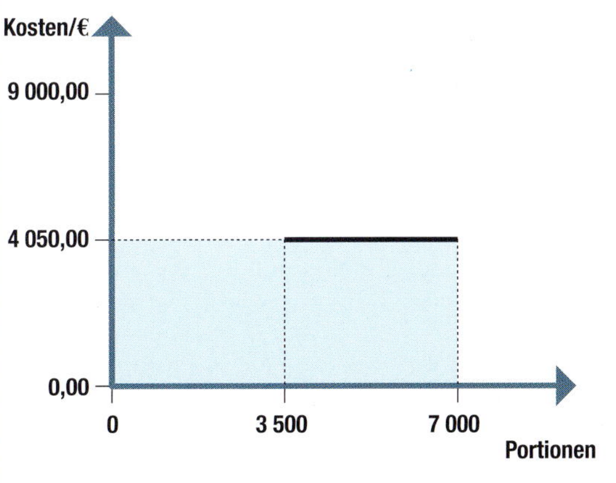

Stückkostenkurve für fixe Kosten

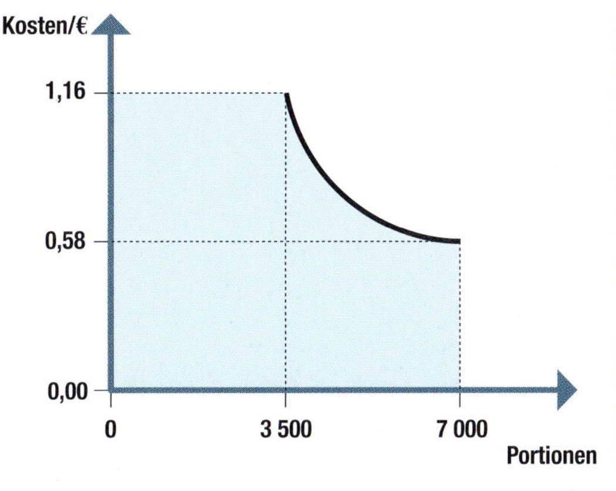

Diese fixen Kosten sind aber nur in einem Zeitraum oder einem Kapazitätsrahmen unverändert.
Hat der Betrieb im Monat Oktober mit 7 000 Portionen an seiner personellen Kapazitätsgrenze gearbeitet, müsste für eine höhere Produktion ein zusätzlicher Koch eingestellt werden.

Dieser Mitarbeiter erhält ein festes Entgelt, unabhängig von seiner Leistung. Die Personaleinzelkosten würden beispielsweise von 6 400,00 € in diesem Monat sprunghaft auf 7 900,00 € ansteigen, weshalb diese Kosten sprungfixe Kosten genannt werden.

Variable Kosten
Hierbei handelt es sich um Kosten, die vom Beschäftigungsgrad abhängig sind.

So verändert sich der Gesamtbetrag des Wareneinsatzes durch eine veränderte Produktionsmenge, da jede produzierte Portion zum Beispiel bei der Seezunge 3,05 € Wareneinsatz verursacht.

Im Beherbergungsbereich zählen z.B. die Wäschekosten und Reinigungskosten zu den variablen Kosten, da nur bei Belegung diese Kosten anfallen.

Beispiel

Der durchschnittliche Wareneinsatz im Hotel-Restaurant Bergstatter Hof beträgt 3,16 €.

Monat	Anzahl der Portionen	Gesamtwareneinsatz	Ø Wareneinsatz
Januar	5 780	18 264,80 €	3,16 €
Februar	5 110	16 147,60 €	3,16 €
März	5 090	16 084,40 €	3,16 €
April	4 730	14 946,80 €	3,16 €
Mai	3 770	11 913,20 €	3,16 €
Juni	3 580	11 312,80 €	3,16 €
Juli	3 500	11 060,00 €	3,16 €
August	4 240	13 398,40 €	3,16 €
September	5 210	16 463,60 €	3,16 €
Oktober	7 000	22 120,00 €	3,16 €
November	5 190	16 400,40 €	3,16 €
Dezember	5 960	18 833,60 €	3,16 €

Jede Portion verursacht prinzipiell den gleichen Wareneinsatz, wodurch sich ein linearer Kostenverlauf ergibt, der als proportional bezeichnet wird.

Bei einer bestimmten eingekauften Menge wird gegebenenfalls vom Lieferanten aber ein Mengenrabatt gewährt.

Das hätte zur Folge, dass zwar der Gesamtwareneinsatz weiter steigt, ab dieser Menge aber mit einer geringeren Steigerung. Der Wareneinsatz pro Portion würde niedriger. Der Kurvenverlauf wäre degressiv steigend. Wird einer Servicekraft ein nach Umsatz gestaffelter Leistungslohn gezahlt, steigen die Lohnkosten progressiv.

Gesamtkostenkurve für variable Kosten

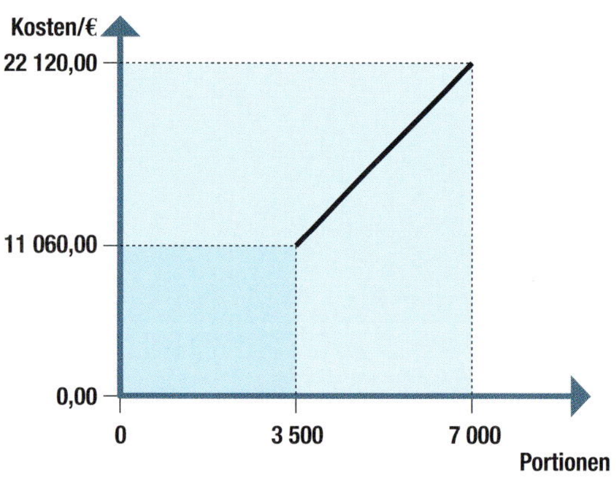

Stückkostenkurve für variable Kosten

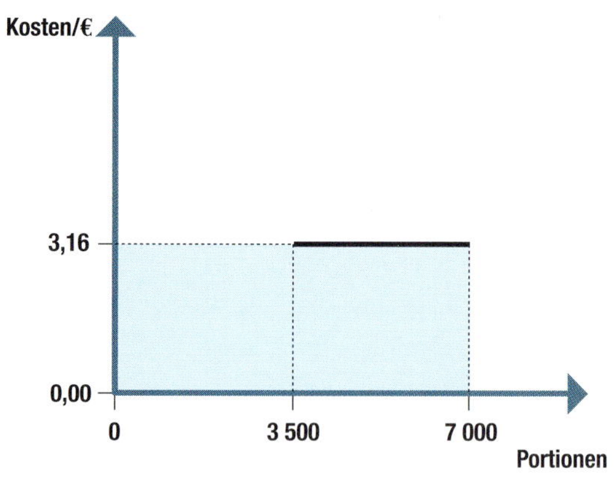

Ermittlung des Deckungsbeitrages
Die Deckungsbeitragsrechnung als Teilkostenrechnung subtrahiert vom Nettopreis einer Leistung nur einen Teil der Kosten.
Werden die variablen Kosten berücksichtigt, so spricht man vom Deckungsbeitrag, der den Anteil an der Deckung der fixen Kosten zeigt.

	Erlös pro Leistungseinheit (e)
–	variable Kosten pro Leistungseinheit (kv)
=	Deckungsbeitrag pro Leistungseinheit (db)

Mit diesem Hintergrund werden zunächst die Kosten einzeln untersucht, ob es sich um fixe oder variable Kosten handelt.
So ist z.B. der Wareneinsatz in der Küche abhängig von der Anzahl der zubereiteten Portionen und stellt dementsprechend variable Kosten dar.
Auch im Beherbergungsbereich sind die Warenkosten, z.B. die „Guest Supplies" variabel.
Weiterhin zählen die Reisebüroprovisionen und die Dekoration zu den variablen Kosten.
Die Personalkosten der Küche sind fixe oder wie oben beschrieben sprungfixe Kosten.
Werden Servicemitarbeiter am Umsatz beteiligt, werden diese als variable Kosten angesehen.
Die Personalkosten im Housekeepingbereich stellen überwiegend fixe Kosten dar, es sei denn, die Zimmerreinigung wurde an eine Fremdfirma vergeben.
Somit können also fixe Kosten durch Outsourcing wie hier variabel werden.
Die Untersuchung der Energiekosten zeigt, dass sie sowohl fix als auch variabel sein können.
Die Beleuchtungs- und Heizungskosten je Zimmer sind als variabel anzusehen.
Die Energiekosten zur Erhaltung der Grundwärme stellen jedoch eher fixe Kosten dar.
Die Stromkosten der Beleuchtung sind fix, da während der Öffnungszeit das Licht im Restaurant brennt.
Stromkosten des Herdes können variabel sein, da ein Induktionsherd nur bei der Zubereitung Strom verbraucht.
Die Berechnung der Energiekosten pro Portion gestaltet sich aber schwierig, da die Höhe der Kosten identisch ist, ob eine oder mehrere Portionen zubereitet werden.

Aufgrund dieser Schwierigkeit der Berechnung der Anteile auch für die weiteren Kostenarten und weil der Wareneinsatz in der Vergangenheit der wesentliche Posten der variablen Kosten war, hat sich die Definition **Deckungsbeitrag = Nettoerlös – Wareneinsatz** durchgesetzt.

Das führt zu folgendem Schema:

	Erlös pro Leistungseinheit
–	Wareneinsatz pro Leistungseinheit
=	Deckungsbeitrag pro Leistungseinheit

Durch die Einführung der Primecost-Rechnung wird versucht, die Personaleinzelkosten dem einzelnen Gericht zuzuordnen. Es entstand der Begriff des Deckungsbeitrages (primecost).
Dieser wird durch die Subtraktion dieser primären Kosten, also Wareneinsatz zuzüglich Personaleinzelkosten, vom Einzelpreis gebildet. In diesem Fall deckt der Deckungsbeitrag nicht die Fixkosten, sondern die Gemeinkosten.

	Erlös pro Leistungseinheit (e)
–	Primecost pro Leistungseinheit (pc)
=	Deckungsbeitrag (Primecost) pro Leistungseinheit ($db_{(pc)}$)

Beurteilung der Kostendeckung
Die anschließenden Schlussfolgerungen aus der Teilkostenrechnung gelten bei Berücksichtigung der variablen Kosten, aber auch, wenn die primären Kosten berücksichtigt werden.
Aus diesem Grund werden nachfolgend nur Rechnungen weiterverfolgt, die die variablen Kosten einbeziehen.
Die Rechenwege sind entsprechend übertragbar.
Das Schema der Deckungsbeitragsrechnung entspricht wie oben beschrieben einer retrograden Preisbeurteilung und sieht wie folgt aus:

	Bruttoverkaufspreis
–	Umsatzsteuer
=	**Nettoverkaufspreis**
–	variable Kosten
=	**Deckungsbeitrag**
–	Gemeinkosten
=	**Über- bzw. Unterdeckung**

Beispiel

Um das Angebot des Hotel-Restaurants Bergstatter Hof für Reisende noch attraktiver zu gestalten und die Gäste stärker an das Hotel zu binden, möchte die Unternehmensleitung ein 5-Gänge-Menü „Candle-Light-Dinner" zu einem Preis von 19,95 € anbieten.

Der Wareneinsatz pro Portion beträgt 6,40 €.

Die retrograde Deckungsbeitragsrechnung ergibt:

	Bruttoverkaufspreis	19,95 €
–	Umsatzsteuer	3,19 €
=	**Nettoverkaufspreis**	16,76 €
–	Wareneinsatz	6,40 €
=	**Deckungsbeitrag**	10,36 €

Somit bleiben bei dem Verkauf eines Menüs 10,36 € Deckungsbeitrag, um die sonstigen Kosten zu decken.

Im nächsten Schritt stellt sich die Unternehmensleitung die Frage: Kann das Menü kostendeckend angeboten werden? Um diese Frage zu beantworten, muss vom Deckungsbeitrag der Gemeinkostenanteil abgezogen werden.
Dadurch erfolgt hier ein Übergang zur Vollkostenrechnung.

Dementsprechend ergibt sich:

	Deckungsbeitrag	10,36 €	
–	Gemeinkosten	13,99 €	(218,6 % vom Wareneinsatz)
=	Unterdeckung	3,63 €	

Die Berechnung zeigt, dass das Menü zu diesem Preis nicht angeboten würde, weil es nicht alle Kosten deckt.
Die Idee zu diesem „Candle-Light-Dinner" ist jedoch entstanden, weil abends noch freie Kapazitäten vorhanden sind und demgemäß die Auslastung des Restaurants noch zu steigern wäre.
Die bisher vorhandenen Produkte decken durch ihre Kalkulation bereits alle Kosten ab, das „Candle-Light-Dinner" wäre also ein Zusatzgeschäft. Jede Portion verursacht 6,40 € Wareneinsatz.
Sind die Gemeinkosten bereits abgedeckt, wäre jeder Erlös über 6,40 € sogar ein Gewinn, weshalb das „Candle-Light-Dinner" also doch angeboten werden könnte.
Praktisch werden neben dem Wareneinsatz aber durch das Zusatzangebot weitere Kosten verursacht: Energiekosten, Werbungskosten für die Bekanntmachung des neuen Angebotes, evtl. zusätzliche Personalkosten. Diese relevanten Kosten, es soll sich dabei um Fixkosten handeln, müssen durch die Menge der verkauften Portionen erwirtschaftet werden.
Die Fragestellung lautet also: Wie viel Personen müssen am „Candle-Light-Dinner" teilnehmen, damit alle relevanten fixen Kosten und der Wareneinsatz gedeckt sind?
Es lässt sich folgende Berechnungsformel ableiten:

$$\text{Anzahl zu verkaufender Portionen} = \frac{\text{relevante Kosten}}{\text{Deckungsbeitrag pro Portion}}$$

Unter der Annahme, dass zusätzliche Kosten in Höhe von 4 400,00 € für das „Candle-Light-Dinner" anfallen ergibt sich:

$$\text{Anzahl zu verkaufender Portionen} = \frac{4\,400{,}00\text{ €}}{10{,}36\text{ €}} = 425 \text{ Portionen}$$

Es müssen im Jahr 425 Portionen „Candle-Light-Dinner" verkauft werden, um mindestens die Kosten zu decken. Jede weitere verkaufte Portion führt zu einem Gewinn von 10,36 €.

Ermittlung der kurzfristigen Preisuntergrenze
Bei einem Inklusivpreis von 19,95 € ergab sich für das 5-Gänge-Menü zwar eine Unterdeckung von 3,63 €, aber auch ein Deckungsbeitrag von 10,36 €.
Diese 10,36 € sind der Anteil an der Deckung der Fixkosten, der nicht eingetreten wäre, wenn diese Portion nicht verkauft würde.
Die Deckungsbeitragsrechnung führt also dazu, dass ein Artikel angeboten werden soll, sobald der Preis den Wareneinsatz und eventuell anfallende zusätzliche relevante Kosten deckt.
Diese Teilkostenrechnung kann aber nur kurzfristig und für Zusatzangebote von Bedeutung sein.
Langfristig müssen natürlich nach wie vor sämtliche Kosten gedeckt sein.

Für die Beherbergungsabteilung lässt sich ebenfalls eine Teilkostenrechnung aufstellen:

Beispiel

Da die Auslastung des Hotels gerade am Wochenende noch zu niedrig ist, beabsichtigt die Unternehmensleitung des Hotel-Restaurants Bergstatter Hof, für Reisende ein besonderes Wochenend-Angebot zu machen:
Das Doppelzimmer soll zum Preis von 42,00 € je Nacht inklusive Frühstück angeboten werden.

Die variablen Kosten je Übernachtung betragen 8,90 €.

Bei Zugrundelegung der Selbstkostenermittlung unter Berücksichtigung der Doppelzimmerbelegung (vgl. Kap. 3.3.1) lässt diese starke Preisdifferenzierung erst einmal vermuten, dass die Kosten nicht gedeckt werden können:
Die Selbstkosten einer Belegung mit zwei Personen betrugen demnach schon ohne Frühstück 40,94 €.
Da jedoch noch Kapazitäten frei und die Kosten gemäß BAB weitgehend gedeckt sind, kann auch hier festgestellt werden, dass es sich um ein Zusatzgeschäft handelt.

Die Anwendung der retrograden Deckungsbeitragsrechnung ergibt:

	Bruttoverkaufspreis	42,00 €
–	Umsatzsteuer	6,71 €
=	**Nettoverkaufspreis**	35,29 €
–	Wareneinsatz Frühstück	5,70 €
=	**Nettoerlöse Beherbergung**	29,59 €
–	variable Kosten Beherbergung	17,80 €
=	**Deckungsbeitrag**	11,79 €

Unter der Annahme, dass die Gemeinkosten bereits gedeckt sind, bleiben bei dem Verkauf des Wochenend-Angebotes noch 11,79 € als reiner Gewinn bzw. als Deckungsbeitrag zur Deckung von angefallenen relevanten Kosten. Mithilfe der Teilkostenrechnung kann die Unternehmensleitung also relativ schnell und einfach entscheiden, ob ein Artikel zu einem bestimmten Preis angeboten werden kann.

Aufgaben

1. Unterscheiden Sie Vor- und Nachkalkulation.

2. Unter welchen Voraussetzungen ist die Anwendung der Divisionskalkulation ratsam?

3. Das Hotel „Adler" hatte im vergangenen Jahr Beherbergungsgesamtkosten in Höhe von 580 560,00 € bei 345 Öffnungstagen. Es verfügt über 12 Einzel- und 45 Doppelzimmer. Es gab 18 009 Übernachtungen im Doppel- und 3 064 Übernachtungen im Einzelzimmer, während insgesamt 12 396 Zimmer belegt waren.
   a) Berechnen Sie die max. Bettenkapazität des Hauses und die Auslastung von Einzel- und Doppelzimmern.
   b) Ermitteln Sie die Doppelbelegungsquote des vergangenen Jahres.
   c) Ermitteln Sie die Selbstkosten je Übernachtung für ein Einzel- und ein Doppelzimmer, wenn Sie eine Doppelzimmerbelegung mit 1 und eine Einzelzimmerbelegung mit 1,4 gewichten.

4. Das Hotel „Sonnenblick" hat folgende Zimmerkategorien:

Zimmer	Kategorie	Gewichtung	Übernachtungen	Zimmerbelegungen
5 EZ	A	1,8	1 460	1 460
7 EZ	B	1,5	1 533	1 533
8 DZ	A	1,3	3 796	2 132
8 DZ	B	1,0	4 088	2 644

   Die Gesamtkosten für den Beherbergungsbereich betrugen bei ganzjähriger Öffnung des Hotels im Vorjahr 170 820,00 €.
   a) Berechnen Sie die max. Bettenkapazität des Hauses.
   b) Wie hoch war die Bettenauslastung der einzelnen Kategorien?
   c) Ermitteln Sie die Doppelbelegungsquote.
   d) Ermitteln Sie für jede Zimmerkategorie die Selbstkosten je Übernachtung des Vorjahres.
   e) Ermitteln Sie die Selbstkosten je Übernachtung für das laufende Jahr, wenn Sie eine Kostensteigerung um 4 % zugrunde legen.
   f) Zu welchem Preis können Sie unter Berücksichtigung der Kostensteigerung ein DZ der Kategorie A als Doppelbelegung anbieten, wenn die Selbstkosten des Frühstücks 2,42 € betragen?

5. Die Gesamtkosten für den Beherbergungsbereich des Hotels „Zum Anker" betrugen bei 340 Öffnungstagen im Vorjahr 254 840,00 €. Das Hotel „Zum Anker" hat folgende Zimmerkategorien:

Zimmer	Kategorie	m²	Übernachtungen
2 EZ	A	21,0	510
6 EZ	B	19,5	1 568
10 DZ	A	36,0	5 120
12 DZ	B	30,0	6 246

   a) Ermitteln Sie eine Gewichtung entsprechend den Quadratmeterzahlen.
   b) Ermitteln Sie für jede Zimmerkategorie die Selbstkosten je Übernachtung.

6. Warum spricht man bei der Divisions- und Zuschlagskalkulation von einer Vollkostenrechnung?

7. Erläutern Sie, warum die Zuschlagskalkulation nur bedingt als Vorkalkulation anwendbar ist.

8. Kalkulieren Sie anhand der vorliegenden Werte des Hotel-Restaurants Bergstatter Hof den Preis für ein Gericht dessen Wareneinsatz 4,15 € ausmacht.

9. a) Ermitteln Sie für das Hotel-Restaurant Bergstatter Hof den Gesamtkostenaufschlagsatz für Getränke.
   b) Kalkulieren Sie den Preis für ein Glas Bier à 0,3 l, wenn der hl Bier im Einkauf 155,00 € netto kostet und Sie einen Schankverlust von 3 % berücksichtigen. Der Gewinn wird entsprechend den Speisen berücksichtigt.

10. Sie haben 50 kg Putensteak für 140,80 € brutto eingekauft und möchten den Preis für ein Putensteak à 250 g kalkulieren. Alle weiteren Zutaten fließen mit 0,68 € netto in die Kalkulation ein, bei der Sie 5 % Gewinn bzw. Risikoprämie berücksichtigen.

    Folgende Werte haben Sie aus der Buchhaltung bekommen:

	Speisen
Wareneinsatz	154 500,00 €
Gesamtkosten	296 331,00 €

11. Das Restaurant „Zur Eiche" beabsichtigt, ein Hirschkalbskeulengericht auf die Karte zu nehmen. Der Wareneinsatz beträgt 2,86 €, während die Materialgemeinkosten mit 12 % berücksichtigt werden. Die Küchengemeinkosten fließen mit 134 % und die Restaurantgemeinkosten mit 52 % in die Kalkulation ein.
    Die Verwaltungsgemeinkosten betragen 14 % und als Risikoaufschlag werden 2,5 % berücksichtigt.
    Zu welchem Bruttoverkaufspreis kann das Gericht auf die Karte gesetzt werden, wenn mit Einzelaufschlägen kalkuliert wird?

12. Zeigen Sie Vor- und Nachteile der Primecost-Kalkulation nach dem Stundenkostensatz und nach Äquivalenzziffern auf.

13. Jutta Klein-Müller hat ein Restaurant und nimmt ein neues hochwertiges Gericht in ihre Speisenkarte auf. Der Wareneinsatz einer Portion beträgt 3,85 €.
    Aus dem letzten Jahr liegen folgende Werte vor:

Wareneinsatz (Lebensmittelkosten)	137 800,00 €
Gemeinkosten für Speisen (ohne PEK)	200 792,00 €
Personaleinzelkosten Küche	91 344,00 €
Gesamtstunden	10 560 Std.
Arbeitszeit/Gericht	4 Minuten 33 Sekunden
verkaufte Gerichte	97 477

    a) Zu welchem Preis kann Jutta Klein-Müller das Gericht anbieten, wenn sie mit einer Zuschlagskalkulation den Bruttoverkaufspreis errechnet und der Risikoausgleich/Gewinn 4 % betragen soll?
    b) Wie hoch ist der Stundenkostensatz und wie hoch müsste der Bruttoverkaufspreis sein, wenn sie mit der Primecost-Kalkulation kalkuliert?
    c) Kalkulieren Sie das Gericht unter Berücksichtigung der Äquivalenzziffernrechnung bei einer pauschalierten Abweichung von 25 %.

Fortsetzung nächste Seite

Aufgaben (Fortsetzung von Vorseite)

14. Der Wareneinsatz für Speisen betrug im letzten Jahr 225 000,00 €, während in der Küche in 15 800 Arbeitsstunden 144 500,00 € Personaleinzelkosten entstanden und 110 714 Gerichte erstellt worden sind. Der Risikoaufschlag soll 5 % betragen und die Gemeinkosten belaufen sich exklusive der Personaleinzelkosten auf 380 500,00 €. Kalkulieren Sie ein Gericht mit 2,10 € Wareneinsatz, das in der Herstellung 4,5 Minuten Arbeitszeit benötigt

    a) als Primecost-Kalkulation und
    b) als Äquivalenzziffernrechnung mit 30 % -iger Abweichung.

15. Welche der abgebildeten Kostenfunktionen zeigt die Gesamtkosten, welche die Fixkosten und welche die variablen Kosten?

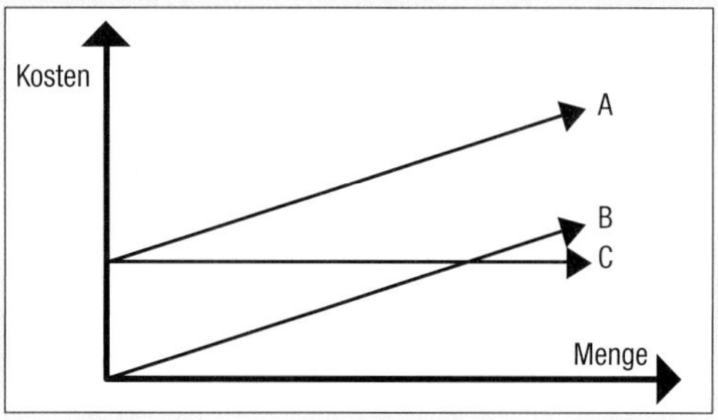

16. Es wird ermittelt, dass in einem Betrieb bei einer Menge von 14 000 Stück Gesamtkosten von 182 000,00 € anfallen. Eine Steigerung um 6 000 Stück hätte eine Kostenerhöhung von 42 000,00 € zur Folge.
    a) Wie hoch sind die variablen Kosten pro Stück ?
    b) Wie hoch sind die Gesamtkosten bei einer Produktion von 26 000 Stück?

17. Für einen Betrieb liegen folgende Zahlen vor:

Warenkosten	80 800,00 €
Personaleinzelkosten	53 820,00 €
Gemeinkosten	138 400,00 €
Stundenkostensatz	9,75 €
Anzahl verkaufter Gerichte	36 800 Stck.

    a) Ermitteln Sie den Deckungsbeitrag (Primecost) für ein Gericht, dessen Wareneinsatz 5,00 € beträgt und das eine durchschnittliche Arbeitszeit benötigt.
    Das Gericht hat einen Kartenpreis von 17,00 €.
    b) Ergibt sich bei Berücksichtigung der Gemeinkosten eine Über- oder Unterdeckung?
    c) Das Gericht soll im Rahmen einer Familienfeier für 12,00 € angeboten werden. Wie viel Personen sind erforderlich, damit die relevanten Kosten in Höhe von 400,00 € abgedeckt sind?

18. Maren Reimers führt ein Restaurant in Hannover. Aus dem letzten Jahr liegen folgende Werte vor:

Nettoerlöse	2 280 912,00 €
Wareneinsatz (Lebensmittelkosten)	656 000,00 €
Gemeinkosten für Speisen (exkl. PEK)	1 093 843,00 €
Personaleinzelkosten Küche	119 757,00 €
Gesamtstunden	12 540 Std.

    a) Frau Reimers möchte ein thailändisches Gericht in die Speisenkarte aufnehmen. Der Wareneinsatz für 4 Portionen beträgt 6,76 €.
    Frau Reimers strebt einen Risikoausgleich von 4,5 % wie im letzten Jahr an.
    Wie hoch ist der Bruttoverkaufspreis einer Portion der neuen Rezeptur, wenn Frau Reimers den Preis über den Stundenkostensatz ermitteln würde und die Arbeitszeit für vier Portionen 20 Minuten beträgt?
    b) Ermitteln Sie den Deckungsbeitrag (Primecost) pro Stück.
    c) Zur Einführung dieses Gerichtes muss Frau Reimers zwei Gastro-Woks anschaffen, die jeweils 345,00 € kosten.
    Darüber hinaus hat sie weitere Kosten in Höhe von 1 312,00 € für Geschirr und Werbung zu berücksichtigen.
    Wie viel Portionen des Thai-Gerichtes müssen verkauft werden, um alle relevanten Kosten zu decken?
    d) Wo liegt für dieses Gericht die kurzfristige Preisuntergrenze, um diese Aktion bekannt zu machen?

19. Die Geschäftsführung des Hotels „Zum weißen Schwan" beabsichtigt ein Wochenendangebot für Paare zum Preis von 48,00 € anzubieten.
    Das Angebot umfasst 2 Übernachtungen inklusive Frühstück für zwei Personen im Doppelzimmer. Die variablen Kosten pro Zimmerbelegung betragen 14,50 € je Nacht und der Wareneinsatz des Frühstücks beträgt 2,15 € pro Person.

    a) Kann die Geschäftsführung das Angebot durchführen oder ergibt sich eine Unterdeckung?
    b) Wo liegt die kurzfristige Preisuntergrenze für das Angebot?

20. Der Eigentümer des Hotels „Müller" stellt eine zu geringe Auslastung der Einzelzimmer fest. Da noch Kapazitäten frei und die Gemeinkosten gedeckt sind, will er sein Angebot durch ein Wellness-Package für Frauen im Alter ab 40 Jahren erweitern.
    Das Angebot umfasst 1 Woche Übernachtung/Halbpension inklusive 5 Teilmassagen, 1 Enzympeeling, 2 Moorbäder, 1 Kollagen-Gesichtsbehandlung.

    An variablen Kosten fallen an:
    - → 8,30 € je Übernachtung
    - → 2,55 € Wareneinsatz Frühstück
    - → Ø 4,05 € Wareneinsatz Abendessen
    - → 8,20 € je Teilmassage
    - → 4,30 € Enzympeeling
    - → 11,00 € je Moorbad
    - → 20,00 € Kollagen-Gesichtsbehandlung

Zu welchem Preis kann Hotelier Müller das Package anbieten?

4.3 Planungsrechnung

Situation

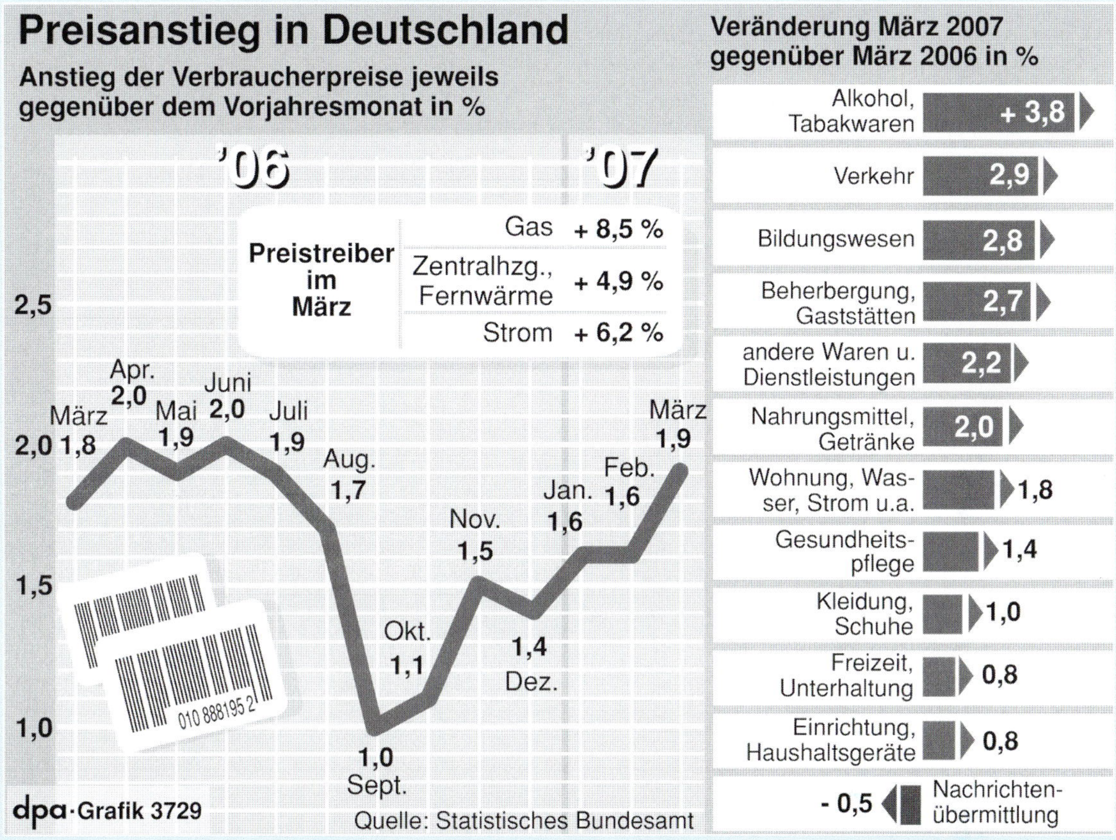

Im Gegensatz zur Kalkulation und der Deckungsbeitragsrechnung, bei denen der einzelne Artikel fokussiert wird, steht bei der Planungsrechnung der Gesamtbetrieb im Mittelpunkt. Beispielsweise ist es für die Unternehmensführung sehr wichtig zu wissen, welcher Umsatz zur Deckung der gesamten Kosten erforderlich ist. Diese Ermittlung wird im Rahmen der Break-even-Analyse durchgeführt.
Diese Betrachtung ist zukunftsorientiert. Deshalb muss prognostiziert werden, welche Erlöse und Kosten in der folgenden Periode anfallen. Die Prognose erfolgt durch Aufstellung eines Budgets.

4.3.1 Break-even-Analyse

Mithilfe der Deckungsbeitragsrechnung konnte geklärt werden, wie häufig ein Gericht verkauft werden muss, um eventuell anfallende relevante Kosten einer bestimmten Maßnahme zu decken (vgl. Kap. 3.3.3). Die Summe der einzelnen Deckungsbeiträge musste den Kosten entsprechen.
Diese Betrachtungsweise wird nun auf den Gesamtbetrieb übertragen.
Der Verlauf der Kostenentwicklung im Verhältnis zur Umsatzentwicklung zeigt, dass sich der Betrieb durch die anfallenden fixen Kosten bei einem niedrigen Umsatz in der Verlustzone befindet. Werden diese Fixkosten auf mehr verkaufte Artikel verteilt, steigt der Umsatz schneller als die Kosten.
Der Punkt, an dem die Kosten und der Umsatz dann gleich hoch sind, wird Break-even-Punkt oder auch Gewinnschwelle genannt.

Break-even-Analyse der Speisenabteilung
Die Break-even-Analyse soll am Beispiel des Küchenbereiches des Hotel-Restaurants Bergstatter Hof verdeutlicht werden. Zur besseren Veranschaulichung wird nachfolgend auf die Werte der vergangenen Periode Bezug genommen.

Durch den Verkauf von 59 160 Portionen sind in der letzten Periode 546 600,00 € Umsatz erzielt worden. Die Bereichsergebnisrechnung weist ein negatives Bereichsergebnis von 48 486,00 € (vgl. Kap. 3.3.1) aus.

Für die kommende Periode fordert die Unternehmensführung ein ausgeglichenes Ergebnis. Es ist zu klären, wie viel Umsatz dafür erzielt werden muss.

Dafür ist die Kenntnis über fixe und variable Kosten der Abteilung erforderlich: Während die Gesamtkosten entsprechend der Bereichsergebnisrechnung 595 086,00 € betrugen, ergaben die Warenkosten und ein Teil der Personal- und Energiekosten variable Kosten in Höhe von 195 201,00 €. Somit verbleibt ein Fixkostenanteil in Höhe von 399 885,00 €.
Mit dieser Kenntnis und unter Annahme linearer Umsatz- und Kostenverläufe lässt sich dieser Zusammenhang grafisch darstellen:

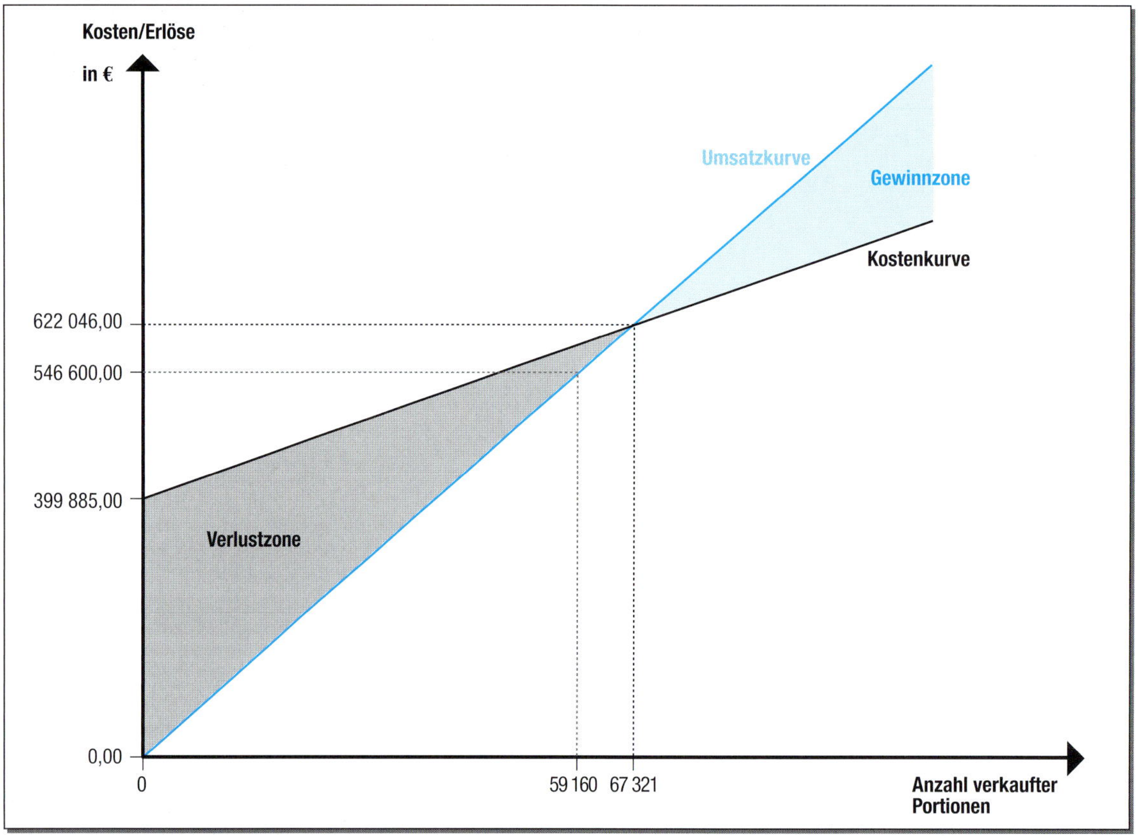

Unter Berücksichtigung der durchschnittlichen variablen Kosten und des durchschnittlichen Erlöses einer Portion lassen sich Bereichsergebnisse unterschiedlicher Auslastung ermitteln.

verkaufte Portionen	Umsatz	Fixkosten	variable Kosten	Gesamtkosten	Erfolg
50 000	462 000,00 €	399 885,00 €	164 977,00 €	564 862,00 €	– 102 862,00 €
59 160	546 600,00 €	399 885,00 €	195 201,00 €	595 086,00 €	– 48 486,00 €
67 321	622 046,00 €	399 885,00 €	222 161,00 €	622 046,00 €	0,00 €
70 000	646 800,00 €	399 885,00 €	230 968,00 €	630 853,00 €	15 947,00 €
80 000	739 200,00 €	399 885,00 €	263 963,00 €	663 848,00 €	75 352,00 €

Abgeleitet aus der Deckungsbeitragsrechnung kann aber auch direkt errechnet werden, wie viel Portionen verkauft werden müssen, um die gesamten Kosten zu decken.
Hier werden jedoch nicht die relevanten Kosten einer Maßnahme berücksichtigt, sondern die voraussichtlichen fixen Kosten einer Abteilung.

Diese Berechnung wird ermöglicht, da bei der Deckungsbeitragsermittlung die variablen Kosten schon berücksichtigt wurden.
Es stellt sich also die Frage:

Wie viel Deckungsbeiträge müssen erwirtschaftet werden, um die fixen Kosten zu decken?

Aufgrund der Abwandlung ergibt sich folgende Formel:

$$\text{Anzahl zu verkaufender Portionen} = \frac{\text{Abteilungsfixkosten}}{\text{Ø Deckungsbeitrag pro Portion}}$$

Da ein linearer Umsatzverlauf vorausgesetzt wird, ist der durchschnittliche Umsatz pro Stück bei jeder verkauften Menge gleich.

Ebenso verhält es sich mit den durchschnittlichen variablen Stückkosten und den durchschnittlichen Stückdeckungsbeiträgen:

verkaufte Portionen	Umsatz	ø Umsatz pro Stück	variable Kosten	ø variable Kosten pro Stück	ø Deckungsbeitrag pro Stück
50 000	462 000,00 €	9,24 €	164 977,00 €	3,30 €	5,94 €
59 160	546 600,00 €	9,24 €	195 201,00 €	3,30 €	5,94 €
67 321	622 046,00 €	9,24 €	222 161,00 €	3,30 €	5,94 €
70 000	646 800,00 €	9,24 €	230 968,00 €	3,30 €	5,94 €
80 000	739 200,00 €	9,24 €	263 963,00 €	3,30 €	5,94 €

Unter Berücksichtigung des durchschnittlichen Stückdeckungsbeitrages von 5,94 € ergibt sich für das Hotel-Restaurant Bergstatter Hof:

$$\text{Anzahl zu verkaufender Portionen} = \frac{399\,885{,}00\ €}{5{,}94\ €} = 67\,321\ \text{Portionen}$$

Break-even-Analyse des Beherbergungsbereiches

Die Break-even-Analyse des Beherbergungsbereiches sieht wie folgt aus:

Anzahl ÜN	Umsatz	Fixkosten	variable Kosten	Gesamtkosten	Erfolg
8 000	179 256,00 €	143 600,00 €	39 246,00 €	182 846,00 €	– 3 590,00 €
8 176	183 200,00 €	143 600,00 €	40 109,00 €	183 709,00 €	– 509,00 €
8 206	183 872,00 €	143 600,00 €	40 272,00 €	183 872,00 €	0,00 €
8 500	190 460,00 €	143 600,00 €	41 698,00 €	185 298,00 €	5 162,00 €
9 000	201 663,00 €	143 600,00 €	44 151,00 €	187 751,00 €	13 912,00 €

Es ist erkennbar, dass nur 30 Übernachtungen mehr erforderlich gewesen wären, um zu einem ausgeglichenen Abteilungsergebnis zu gelangen.
Das liegt im Wesentlichen daran, dass die Stückdeckungsbeiträge, die vom Verhältnis zwischen fixen und variablen Kosten abhängig sind, im Beherbergungsbereich recht hoch sind:

Anzahl ÜN	Umsatz	Umsatz pro ÜN	variable Kosten	variable Kosten pro ÜN	Deckungsbeitrag pro ÜN
8 000	179 256,00 €	22,41 €	39 246,00 €	4,91 €	17,50 €
8 176	183 200,00 €	22,41 €	40 109,00 €	4,91 €	17,50 €
8 206	183 872,00 €	22,41 €	40 272,00 €	4,91 €	17,50 €
8 500	190 460,00 €	22,41 €	41 698,00 €	4,91 €	17,50 €
9 000	201 663,00 €	22,41 €	44 151,00 €	4,91 €	17,50 €

Break-even-Analyse des Gesamtergebnisses

Für die Unternehmensleitung des Hotel-Restaurants Bergstatter Hof ist nicht nur die Anzahl der zu verkaufenden Portionen bzw. der Übernachtungen von Bedeutung, sondern auch der zu erzielende Umsatz.

Die Frage lautet also:
Wie viel Umsatz muss erzielt werden, um in die Gewinnzone zu gelangen?

Dieser Break-even-Umsatz kann mithilfe des Deckungsbeitragsfaktors ermittelt werden.

Der Deckungsbeitragsfaktor gibt das Verhältnis des Deckungsbeitrages zum Umsatz an.

Werden die fixen Kosten durch den Deckungsbeitragsfaktor dividiert, so ergibt sich der Break-even-Umsatz.

$$\text{Deckungsbeitragsfaktor} = \frac{\text{Umsatz} - \text{variable Kosten}}{\text{Umsatz}}$$

$$\text{Break-even-Umsatz} = \frac{\text{fixe Kosten}}{\text{Deckungsbeitragsfaktor}}$$

Bei der Break-even-Analyse ist das Verhältnis der fixen Kosten zu den variablen Kosten von zentraler Bedeutung. Da dieses Verhältnis bei den Abteilungen Beherbergung und Restauration sehr unterschiedlich ist, erfolgt die Ermittlung des Break-even-Umsatzes abteilungsspezifisch.

Für den Restaurationsbereich ist zunächst der Deckungsbeitragsfaktor von Speisen und Getränken zu ermitteln. Dies kann mit absoluten oder relativen Werten erfolgen.
Es wurden 757 000,00 € Gesamtumsatz im Restaurant erzielt. Der Wareneinsatz betrug in der letzten Periode 244 600,00 €, was 32,31 % entspricht.
Die zusätzlichen variablen Kosten umfassen für Speisen und Getränke 12 100,00 €.

Dies entspricht 1,60 % vom Umsatz.

$$\text{Deckungsbeitragsfaktor} = \frac{757\,000{,}00\,€ - 244\,600{,}00\,€ - 12\,100{,}00\,€}{757\,000{,}00\,€} = 0{,}6609$$

oder:

$$\text{Deckungsbeitragsfaktor} = \frac{100\,\% - 32{,}31\,\% - 1{,}60\,\%}{100\,\%} = 0{,}6609$$

Der Deckungsbeitragsfaktor kann auch über die Einzeldeckungsbeiträge der Speisen und Getränke ermittelt werden, was jedoch voraussetzt, dass der Anteil am Gesamtumsatz berücksichtigt wird:
Die Speisen haben mit einer Wareneinsatzquote von 34,175 % einen Anteil am Restaurationsumsatz von 72,206 % erwirtschaftet.

Die Getränke trugen mit 27,794 % zum Umsatz bei, während die Wareneinsatzquote 27,472% betrug.

Somit wird der Deckungsbeitragsfaktor wie folgt ermittelt:

$$\text{Deckungsbeitragsfaktor} = 1 - \frac{34{,}175}{100} \times \frac{72{,}206}{100} - \frac{27{,}472}{100} \times \frac{27{,}794}{100} - \frac{16}{100} = 0{,}6609$$

oder:

$$\text{Deckungsbeitragsfaktor} = 1 - 0{,}34175 \times 0{,}72206 - 0{,}27472 \times 0{,}27794 - 0{,}016 = 0{,}6609$$

Die fixen Kosten des Restaurantionsbereiches betragen 510 250,00 €. Sie lassen sich durch Subtraktion der Wareneinsätze und der zusätzlichen variablen Kosten von den Gesamtkosten ermitteln (s.S.211).

Das bedeutet für den Restaurationsbereich folgenden Break-even-Umsatz:

$$\text{Break-even-Umsatz} = \frac{510\,250{,}00\,€}{0{,}6609} = 772\,053{,}26\,€$$

Es müssen 772 053,26 € erwirtschaftet werden, um alle Kosten zu decken.
In der letzten Periode wurde ein negatives Bereichsergebnis von 9 950,00 € bei einem Umsatz erzielt, der 15 053,26 € unter dem Break-even-Umsatz liegt.

Als Probe kann festgestellt werden:

	Minderumsatz		15 053,26 €
–	Wareneinsatz	32,31 %	4 863,71 €
–	variable Kosten	1,60 %	240,85 €
=	Bereichsergebnis		9 948,70 €

Während im Beherbergungsbereich in der letzten Periode 183 200,00 € Umsatz erzielt wurden, fielen 40 109,00 € variable Kosten an.

Das entspricht 21,89 % vom Umsatz.

Somit ergibt sich für den Beherbergungsbereich folgender Break-even-Umsatz:

$$\text{Deckungsbeitragsfaktor} = \frac{183\,200{,}00\ € - 40\,109{,}00\ €}{183\,200{,}00\ €} = 0{,}7811$$

oder:

$$\text{Deckungsbeitragsfaktor} = \frac{100\ \% - 21{,}89\ \%}{100\ \%} = 0{,}7811$$

$$\text{Break-even-Umsatz} = \frac{143\,600{,}00\ €}{0{,}7811} = 183\,843{,}30\ €$$

Soll ein vorgegebenes Bereichsergebnis bereits in der Break-even-Analyse berücksichtigt werden, muss die Formel um den Gewinn ergänzt werden:

$$\text{Break-even-Umsatz zuzüglich Gewinn} = \frac{\text{fixe Kosten} + \text{Gewinn}}{\text{Deckungsbeitragsfaktor}}$$

Die Geschäftsführung des Hotel-Restaurant Bergstatter Hof will in der kommenden Periode mit dem Beherbergungsbereich ein positives Bereichsergebnis von 4 000,00 € erwirtschaften.

Folgerichtig ergibt sich:

$$\text{Break-even-Umsatz} = \frac{143\,600{,}00\ € + 4\,000{,}00\ €}{0{,}7811} = 188\,964{,}28\ €$$

Um einen Bereichsgewinn von 4 000,00 € zu erwirtschaften, muss ein Mehrumsatz von 5 120,98 € erzielt werden, da die zusätzlichen variablen Kosten auch gedeckt werden müssen.

4.3.2 Budgetierung

Zur Existenzsicherung muss die Unternehmensführung ständig die festgelegten Ziele mit der gegenwärtigen Situation vergleichen, um Abweichungen festzustellen und gegebenenfalls entsprechend zu reagieren.
Die Zielsetzungen der nächsten Periode müssen anhand zukünftiger Daten konkretisiert werden, um die Umsetzbarkeit der Ziele zu gewährleisten.

Dementsprechend muss sich die Unternehmensleitung gedanklich mit der Zukunft auseinander setzen und Prognosen anstellen.

Je nach Prognosezeitraum werden unterschieden:

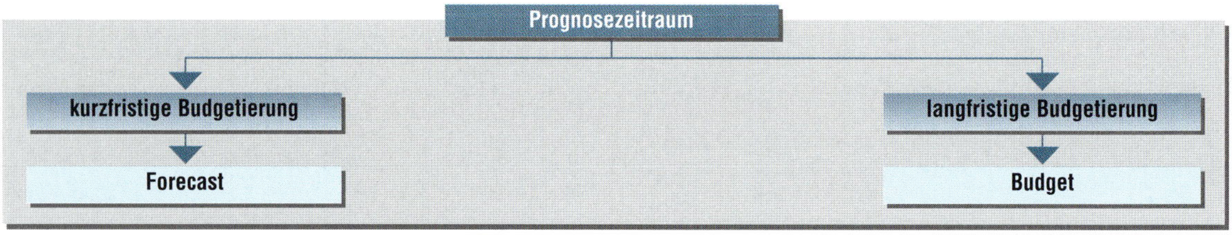

Die Bugetierung, gleichgültig ob Forecast oder Budget, dokumentiert die geplanten Marketingaktivitäten eines Unternehmens und stellt die erwartete Zukunft für die operative Umsetzung dar.
Der Aufbau der Budgetierung ist bei beiden Prognosezeiträumen identisch. Lediglich der Umfang der Daten ist beim Forecast wesentlich geringer und dementsprechend einfacher zu prognostizieren.
Da die Erstellung von Forecast und Budget konform ist, wird nachfolgend nur auf das Budget näher eingegangen. Durch die **Break-even-Analyse** werden Gesamtumsatz und Gesamtkosten der nächsten Periode geplant.
Das Unternehmensbudget entsteht durch Teilbudgets, die sich nach Inhalten (Umsatz-, Kosten-, Investitionsbudget) oder nach Verantwortungsbereichen (Abteilungs-, Kostenstellen-, Projektbudget) unterteilen lassen.
Grundlage eines jeden Gesamtbudgets ist das Umsatzbudget.

Die Gesamtzahl der zu verkaufenden Speisen und Getränke wurde in der Break-even-Analyse, ihre jeweiligen Preise wurden in der Kostenträgerstückrechnung festgelegt.
An dieser Stelle muss nun noch einmal geprüft werden, ob aufgrund gesamtwirtschaftlicher Entwicklungen, örtlicher Besonderheiten oder innerbetrieblicher Veränderungen diese Zahlen noch korrigiert werden müssen.
Die Gesamtumsätze werden nun auf Monate, Wochen und Tage heruntergebrochen und auf Abteilungen, Kostenstellen oder Profit Center verteilt.

Nachfolgend ist eine Umsatzprognose für den Beherbergungsbereich dargestellt.
Dabei wurden Preissteigerungen, Informationen über saisonale oder wochenweise Schwankungen, Messen oder andere Großveranstaltungen, geplante Marketingmaßnahmen bis hin zu wetterbedingten Einflüssen berücksichtigt.

Hotel-Restaurant Bergstatter Hof **Beherbergungsprognose**

Monat	EZ ÜN	Erlöse	DZ (1) ÜN	Erlöse	DZ (2) ÜN	Erlöse	Gesamt-erlöse
Januar	56	1 575,84 €	33	928,62 €	190	4 081,20 €	**6 585,66 €**
Februar	69	1 941,66 €	46	1 294,44 €	114	2 448,72 €	**5 684,82 €**
März	78	2 194,92 €	126	3 545,64 €	361	7 754,28 €	**13 494,84 €**
April	90	2 532,60 €	149	4 192,86 €	410	8 806,80 €	**15 532,26 €**
Mai	98	2 757,72 €	188	5 290,32 €	690	14 821,20 €	**22 869,24 €**
Juni	77	2 166,78 €	43	1 210,02 €	1 000	21 480,00 €	**24 856,80 €**
Juli	57	1 603,98 €	32	900,48 €	1 077	23 133,96 €	**25 638,42 €**
August	53	1 491,42 €	15	422,10 €	1 008	21 651,84 €	**23 565,36 €**
September	104	2 926,56 €	217	6 106,38 €	575	12 351,00 €	**21 383,94 €**
Oktober	94	2 645,16 €	179	5 037,06 €	390	8 377,20 €	**16 059,42 €**
November	83	2 335,62 €	100	2 814,00 €	190	4 081,20 €	**9 230,82 €**
Dezember	54	1 519,56 €	46	1 294,44 €	251	5 391,48 €	**8 205,48 €**
Jahr	**913**	**25 691,82 €**	**1 174**	**33 036,36 €**	**6 256**	**134 378,88 €**	**193 107,06 €**

Den Umsätzen müssen dann die Kosten zugeordnet werden.
Dies kann nach den verschiedenen Kostenrechnungssystemen erfolgen.
Da durch das Budget einzelnen Abteilungen und damit einzelnen Mitarbeitern Kompetenzen und Verantwortung übertragen werden sollen, wird das Budget in Form der Bereichsergebnisrechnung, immer häufiger aber auch als „Uniform System of Accounts" aufgestellt.

Letzteres hat den Vorteil, dass einzelnen Abteilungen nur die Kosten zugeteilt werden, auf die sie Einfluss haben.
Der Wareneinsatz ist z.B. durch die Küchenbrigade zu verantworten, die Werbekosten fallen aber in den des Abteilungsleiters, anlagebedingte Kosten wie die Fremdkapitalzinsen in den der Geschäftsleitung.

Veränderungen in der Kostenhöhe oder der Kostenstruktur fließen bei der Festlegung der Kosten ein.

Hotel-Restaurant Bergstatter Hof — **Budget**

			gesamt (€)	Januar (€)	Februar (€)	März (€)	...	Dezember (€)
Rooms								
	Net Revenue		**193 100,00**	**6 585,00**	**5 685,00**	**13 495,00**		**8 205,00**
./.	Payroll		37 200,00	3 000,00	3 000,00	3 000,00		4 000,00
=	**Gross Profit Rooms**		**155 900,00**	**3 585,00**	**2 685,00**	**10 495,00**		**4 205,00**
./.	Expenses	Laundry	31 600,00	1 085,00	930,00	2 200,00		1 340,00
		China, Glassware, Silver, Linen	4 100,00	400,00	0,00	0,00		500,00
		Decoration	820,00	25,00	20,00	55,00		35,00
		Operating Supplies	1 440,00	50,00	40,00	100,00		60,00
		Telephone	4 220,00	145,00	125,00	295,00		180,00
		Commission	1 120,00	40,00	30,00	80,00		50,00
		Leasing	3 090,00	105,00	90,00	215,00		130,00
=	**Gross Operating Income Rooms**		**109 510,00**	**17 35,00**	**1 450,00**	**7 550,00**		**1910,00**
Food & Beverage								
	Food							
	Net Revenue		**566 000,00**	**55 500,00**	**49 000,00**	**48 700,00**		**57 200,00**
./.	Cost of Sales		192 400,00	18 860,00	16 550,00	16 350,00		19 440,00
./.	Payroll		85 500,00	6 800,00	6 800,00	6 800,00		10 700,00
=	**Gross Profit**		**288 100,00**	**29 840,00**	**25 650,00**	**25 550,00**		**27 060,00**
	Beverage and Other Income							
	Net Revenue		**210 000,00**	**20 580,00**	**18 060,00**	**17 850,00**		**21 210,00**
./.	Cost of Sales		59 500,00	5 830,00	5 120,00	5 050,00		6 010,00
=	**Gross Profit**		**150 500,00**	**14 750,00**	**12 940,00**	**12 800,00**		**15 200,00**
	Gross Profit F&B		**438 600,00**	**44 590,00**	**38 500,00**	**38 360,00**		**42 260,00**
./.	Expenses	Salaries and Wages	99 900,00	9 290,00	8 320,00	8 010,00		14 530,00
		Laundry	4 120,00	400,00	355,00	350,00		420,00
		China, Glassware, Silver, Linen	3 100,00	800,00	0,00	0,00		600,00
		Music and Entertainment	1 020,00	85,00	85,00	85,00		85,00
		Decoration	1 240,00	90,00	85,00	100,00		140,00
		Operating Supplies	2 470,00	240,00	215,00	205,00		250,00
=	**Gross Operating Income F&B**		**326 750,00**	**33 685,00**	**29 530,00**	**29 600,00**		**26 235,00**
	Gross Operating Income Rooms and F&B		**436 260,00**	**35 420,00**	**30 980,00**	**37 150,00**		**28 145,00**
./.	Other Expenses	Administration and General	128 000,00	12 540,00	11 000,00	10 880,00		12 930,00
		Marketing	10 100,00	820,00	640,00	940,00		1 420,00
		Energy Costs	60 360,00	5 915,00	5 190,00	5 130,00		6 100,00
		Property Operation and maintenance	33 200,00	1 000,00	4 500,00	2 100,00		3 400,00
=	**Gross Operating Profit**		**204 600,00**	**15 145,00**	**9 650,00**	**18 100,00**		**4 295,00**
./.	Management Fees and Fixed Charges	Rent, Taxes, Insurance	87 600,00	7 300,00	7 300,00	7 300,00		7 300,00
		Interest Expense	75 000,00	7 350,00	6 450,00	6 375,00		7 575,00
		Depreciation	38 400,00	3 200,00	3 200,00	3 200,00		3 200,00
=	**Net Operating Profit**		**3 600,00**	**– 2 705,00**	**– 7 300,00**	**1 225,00**		**– 13 780,00**

Die Budgetierung zwingt die Unternehmensleitung zur gedanklichen Auseinandersetzung mit der Zukunft und hilft gleichzeitig, unternehmerische Ziele festzulegen.

Sie ist zudem die Grundlage für zukünftige unternehmerische Entscheidungen.

Ebenso ist für eine sinnvolle Budgetierung eine Marktanalyse erforderlich, wodurch Stärken und Schwächen des Betriebes aufgezeigt werden.

Soll das Budget auch seiner Motivationsfunktion gerecht werden, müssen Mitarbeiter bereits bei seiner Erstellung einbezogen werden.

So besteht die Möglichkeit, bei Erreichung der Zielvorgaben des Budgets Prämien in Aussicht zu stellen. Nach der Position des Mitarbeiters im Betrieb wird die Tiefe des Einblicks gestaffelt. Bestimmte Informationen werden dadurch auch nur der Geschäftsleitung zugänglich.

Weiterhin bietet die Budgetierung die Gelegenheit zur kontinuierlichen Kontrolle, indem ein Soll-Ist-Vergleich der Jahreszwischenwerte durchgeführt wird. Dadurch können einerseits die Gründe für evtl. Abweichungen nachvollzogen werden und andererseits wird die kurzfristige Reaktion auf Veränderungen des Marktes bzw. der betrieblichen Struktur ermöglicht.

Aufgaben

1. Erläutern Sie den Unterschied zwischen der Break-even-Analyse und der Budgetierung im Rahmen der Planungsrechnung.

2. Erläutern Sie, welche Funktionen ein Budget im Rahmen der Planungsrechnung übernimmt.

3. Erläutern Sie verschiedene Einflüsse, die Sie bei der Erstellung eines Umsatzbudgets berücksichtigen müssen.

4. Unterscheiden Sie zwischen Deckungsbeitrag und Deckungsbeitragsfaktor.

5. Ein Unternehmen möchte einen Gewinn von 145 000,00 € erzielen. Die fixen Kosten betragen 758 000,00 € und die variablen Kosten 28 % vom Umsatz.
Wie hoch muss der Umsatz zur Erreichung des gewünschten Gewinns sein ?

6. Im Restaurant „ Alte Kupferschmiede" belaufen sich die fixen Kosten pro Monat auf 20 000,00 €. Aus der Buchhaltung sind folgende Werte bekannt:

Jahresnettoerlös Speisen	161 403,51 €
Jahresnettoerlös Getränke	206 666,67 €
variable Kosten Speisen	46 000,00 €
variable Kosten Getränke	40 200,00 €
Anzahl Gäste	38 142

a) Ermitteln Sie den durchschnittlichen Umsatz pro Gast.

b) Errechnen Sie den durchschnittlichen Deckungsbeitrag pro Gast und den Deckungsbeitragsfaktor.

c) Ermitteln Sie den Umsatz, den das Restaurant pro Monat im Durchschnitt erreichen muss, damit der Break-even-Punkt erreicht wird.

d) Wie viel Gäste sind pro Monat erforderlich, um diesen Umsatz zu erreichen?

e) Wie viel Gewinn wird voraussichtlich erwirtschaftet, wenn pro Monat 3 500 Gäste bewirtet werden?

f) Stellen Sie den Verlauf der variablen Kosten, der fixen Kosten, der Gesamtkosten und der Erlöse in einer Monatsübersicht grafisch dar und kennzeichnen Sie den Break-even-Punkt.

7. Das Restaurant „Silbersee" hat mit dem Verkauf von 8.456 Speisen und 15 644 Getränken einen Nettoumsatz von 130 877,19 € erzielt. Der Umsatz wurde zu 57 % von Speisen und zu 43 % durch Getränke erwirtschaftet. Der Speisenwareneinsatz beträgt 23 872,00 € und der Getränkewareneinsatz 14 632,07 €. Die fixen Kosten belaufen sich auf 86 000,00 €, während die zusätzlichen variablen Kosten 3,5 % vom Umsatz ausmachen.

a) Ermitteln Sie die Wareneinsatzquoten für Speisen und Getränke.

b) Ermitteln Sie den Deckungsbeitragsfaktor für Speisen, für Getränke und für den Gesamtbetrieb.

c) Wie hoch ist das Betriebsergebnis?

d) Welcher Umsatz muss erzielt werden, wenn ein monatlicher Gewinn von 4 000,00 € erwirtschaftet werden soll?

e) Bestimmen Sie den durchschnittlichen Umsatz pro Gast, wenn das Restaurant 15 434 Gäste bewirtete.

f) Wie viel Gäste benötigt das Restaurant pro Tag (bei 30 Öffnungstagen im Monat), um den Break-even-Punkt zu erreichen?

8. a) Ermitteln Sie zu Aufgabe 18 in Kapitel 4.2 den Deckungsbeitragsfaktor.

b) Wie hoch ist der Break-even-Umsatz, wenn Frau Reimers fixe Kosten in Höhe von 542 000,00 € berücksichtigen muss ?

9. Ein Hotel mit 360 Öffnungstagen hat mit 24 Doppelzimmern monatliche fixe Kosten von 14 069,88 €. Der Nettopreis beträgt 38,00 € inklusive Frühstück. Die variablen Kosten (Beherbergung und Frühstück) betragen 6,65 € pro Übernachtung.

a) Ermitteln Sie den Deckungsbeitrag pro Übernachtung und den Deckungsbeitragsfaktor.

b) Ermitteln Sie den Break-even-Umsatz pro Monat.

c) Nach wie viel Tagen wird die monatliche Break-even-Menge erreicht, wenn von einer gleichmäßigen Belegung von 55% ausgegangen wird?

d) Wie hoch ist das Betriebsergebnis pro Jahr?

e) Die Belegung steigt aufgrund von Messen usw. auf 60 % an. Wie hoch ist nun der monatliche Betriebsgewinn?

f) Wie hoch muss die Belegung sein, um einen Jahresbetriebsgewinn von 168 000,00 € zu erzielen?

10. Das Hotel „Italostar" mit 44 DZ hat an 348 Tagen im Jahr geöffnet. Die Auslastung liegt bei 50,0 %. Pro Monat fallen fixe Kosten in Höhe von 34 265,00 € an. Der Nettozimmerpreis beträgt 76,00 €, während die variablen Kosten pro Übernachtung (inklusive Frühstück) 6,85 € ausmachen.

a) Ermitteln Sie den Deckungsbeitrag pro Übernachtung und den Deckungsbeitragsfaktor.

b) Ermitteln Sie die Anzahl der Übernachtungen, die notwendig sind, um den Break-even-Punkt zu erreichen.

c) Wie hoch muss die Auslastung sein, um die fixen Kosten zu decken?

d) Ermitteln Sie den Betriebsgewinn des Hotels.

e) Da aufgrund der geringen Auslastung noch Kapazitäten frei sind, verhandelt die Unternehmensleitung mit einem Reiseveranstalter. Der Veranstalter bietet an, für 15 Wochen jeweils 10 Zimmer für ein 3-Tage-Arrangement zu einem Nettozimmerpreis von 100,00 € inklusive Frühstück abzunehmen. Wie hoch ist der Gesamtdeckungsbeitrag für die Arrangements?

f) Soll der Hotelier auf das Angebot eingehen?
Begründen Sie.

Abkürzungsverzeichnis

A	Aktiva
AB	Anfangsbestand
AGB	Allgemeine Geschäftsbedingungen
AfA	Absetzung für Abnutzung
AktG	Aktiengesetz
aLL	aus Lieferungen und Leistungen
AO	Abgabenordnung
AR	Ausgangsrechnung
AV	Anlagevermögen
BA	Bank
BAB	Betriebsabrechnungsbogen
BFH	Bundesfinanzhof
BGA	Betriebs- und Geschäftsausstattung
BGB	Bürgerliches Gesetzbuch
DATEV	Datenverarbeitung und Dienstleistung für den steuerberatenden Beruf eG
DEHOGA	Deutscher Hotel- und Gaststättenverband e.v.
DZ	Doppelzimmer
EBK	Eröffnungsbilanzkonto
EDV	Elektronische Datenverarbeitung
EK	Eigenkapital
ER	Eingangsrechnung
EstDV	Einkommenssteuerdurchführungsverordnung
EstG	Einkommenssteuergesetz
EstR	Einkommenssteuerrichtlinien
EZ	Einzelzimmer
FaLL	Forderungen aus Lieferungen und Leistungen
FK	Fremdkapital
Ford.	Forderungen
GenG	Genossenschaftsgesetz
GmbHG	GmbH-Gesetz
GoB	Grundsätze ordnungsmäßiger Buchführung
GuV	Gewinn- und Verlustkonto
H	Haben
HGB	Handelsgesetzbuch
i.d.R.	in der Regel
i. H.	in Höhe
i.S.d.	im Sinne des
KA	Kasse
Kalk. Kosten	Kalkulatorische Kosten
KLR	Kosten- und Leistungsrechnung
P	Passiva
PC	Personalcomputer
PCK	Primecost-Kalkulation
PEK	Personaleinzelkosten
Pk	Personalkosten
Pers.	Person
S.	Soll
s.	siehe
SB	Schlussbilanz
USt	Umsatzsteuer
UStG	Umsatzsteuergesetz
usw.	und so weiter
UV	Umlaufvermögen
ÜN	Übernachtung
VaLL	Verbindlichkeiten aus Lieferungen und Leistungen
Verb.	Verbindlichkeiten
VSt	Vorsteuer
ZK	Zuschlagskalkulation

Beleggeschäftsgang für den Zeitraum 16. bis 30. November

Zielsetzung:
- Führen der verschiedenen Bücher (vgl. Kapitel 2.1.6)
- Verarbeitung unterschiedlicher Belege
- Erstellung eines Monatsabschlusses

Voraussetzung: Grundlagen der Buchführung (weder Umsatzsteuer, Privatvermögen noch Verbrauch von Waren)

Vorbereitete Unterlagen:

1. Summenbilanz: Hotel-Restaurant Bergstatter Hof zum 15. November
2. Leere Kassenbuchseite (DATEV-Formular)
3. Buch der Geschäftsfreunde (Kontokorrentbuch) mit Eintragungen
4. Warenrechnungseingangsbuch
5. Belegbuchungen gemäß folgender Aufstellung:

▶

Kassenbuch-Belege		
Letzter Kassenbeleg vom 15.11 war KA 273		
16.11.	Eingangsrechnung Bareinkauf	Nr. 1
19.11.	Geldentnahme	Nr. 4a
25.11.	Kauf von Brief-Porto	Nr. 8
30.11.	Tankquittung	Nr. 10

▶

Rechnungs-Belege		
20.11.	Ausgangsrechnung an Herrn Kohl	Nr. 5
22.11.	Eingangsrechnung von Fa. Stoffel	Nr. 6
27.11.	Eingangsrechnung von Fa. Köppel	Nr. 9

▶

Sparbank Bergstatt-Kontoauszüge		
17.11.	Scheckeinreichung	Nr. 2
18.11.	Überweisung Selgros	Nr. 3a, 3b
19.11.	Bareinzahlung	Nr. 4b, 4c
23.11.	Mitgliedsbeitrag ADAC per Lastschrift	Nr. 7

1. Summenbilanz: Hotel-Restaurant Bergstatter Hof zum 15. November

Konto		Soll	Haben
0500	BGA	112 400,00	600,00
1120	Lebensmittel	84 200,00	81 100,00
1130	Getränke	57 800,00	49 200,00
1200	FaLL	131 336,80	118 900,00
1600	Kasse	68 435,00	59 912,00
1800	Bank	196 300,00	187 100,00
2000	Eigenkapital		44 419,55
3300	VaLL	113 400,00	146 740,25
5000	Umsatzerlöse		321 460,00
5400	Sonstige Zinsen		3 200,00
6020	Lebensmittelkosten	81 100,00	
6030	Getränkekosten	49 200,00	
6620	Kfz.-Kosten	2 300,00	
6720	Bürobedarf	4 100,00	
6730	Porto	1 060,00	
6900	Sonstige Kosten	111 000,00	
	Summe	**1 012 631,80**	**1 012 631,80**

2. Leere Kassenseite (DATEV-Formular)

KASSE	Währung

DATEV

Mandanten-Nr. ________ **Monat** ________ **Jahr** ____ **Kto.-Nr.** ________ **Blatt-Nr.** ____

	Einnahmen	Ausgaben	Bestand	Berichtigung	USt.	Gegen-Kto.		Rechn.-Nr.	Beleg-Nr.	Beleg-Datum	Kostenstelle		Skonto	Text	USt.-Satz
						K	Nr.				Kost 1	Kost 2			
1															
2															
3															
4															
5															
6															
7															
8															
9															
10															
11															
12															
13															
14															
15															
16															
17															
18															
19															
20															
21															
22															
23															
24															
25															
26															
27															
28															
29															
30															

	Einnahmen	Ausgaben		
			Summe	Unterschrift:
			Best. Anfang/Ende	geprüft:
			Gesamt	gebucht:

Art.-Nr. 10044 8

3. Buch der Geschäftsfreunde (Kontokorrentbuch) mit Eintragungen

Kundenkonten

Soll		10001 diverse Kunden			Haben
15.11.		123 000,00	15.11.		111 500,00

Soll		10002 Werner Karst			Haben
10.11.	AR 908	936,80			

Soll		10003 Erich Kohl			Haben
12.11.	AR 912	7 400,00	15.11.	BA 362	7 400,00

Liefererkonten

Soll		70001 diverse Lieferer			Haben
15.11.		113 400,00	15.11.		144 000,00

Soll		70002 Selgros			Haben
			04.11.	ER 895	2 740,25

Soll					Haben

Soll					Haben

Saldenliste der Kundenkonten			Datum	Betrag

Saldenliste der Liefererkonten			Datum	Betrag

4. Warenrechnungseingangsbuch

Waren-Rechnungs- * EINGANGSBUCH

~~* AUSGANGSBUCH~~

(* nicht zutreffendes streichen)

STEUERSCHIENE 100

	Name und Ort	Beleg-Datum		Beleg-Nr.	Rechnungs-betrag	Beleg netto	bezahlt am	bezahlt durch
1	Selgros	04.	11	ER895	274025			
2								
3								
4								
5								
6								
7								
8								
9								
10								
11								
12								
13								
14								
15								
16								
17								
18								
19								
20								
21								
22								
23								
24								

5. Belegbuchungen

Beleg Nr. 1

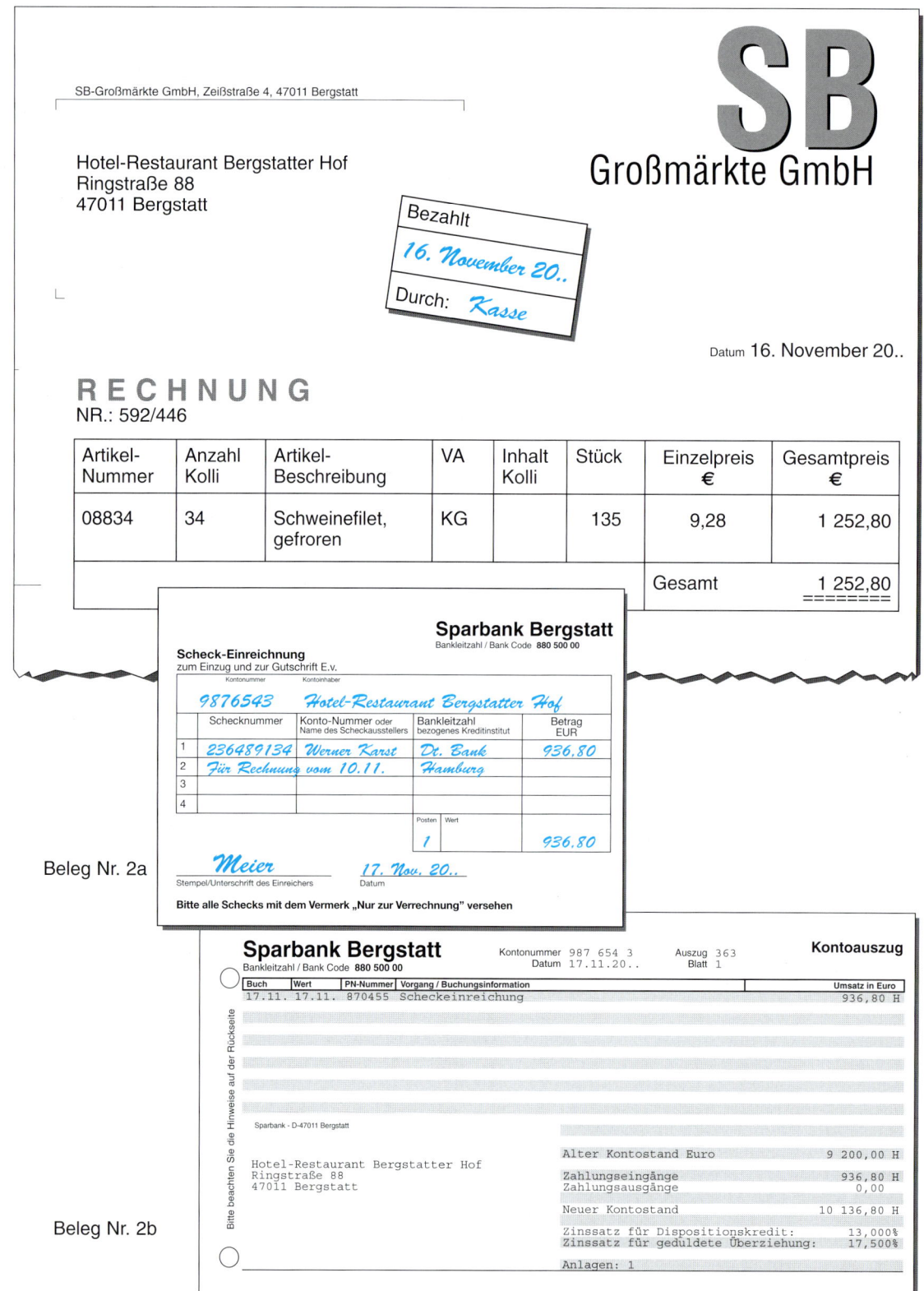

SB-Großmärkte GmbH, Zeißstraße 4, 47011 Bergstatt

SB Großmärkte GmbH

Hotel-Restaurant Bergstatter Hof
Ringstraße 88
47011 Bergstatt

Bezahlt *16. November 20..*
Durch: *Kasse*

Datum 16. November 20..

RECHNUNG
NR.: 592/446

Artikel-Nummer	Anzahl Kolli	Artikel-Beschreibung	VA	Inhalt Kolli	Stück	Einzelpreis €	Gesamtpreis €
08834	34	Schweinefilet, gefroren	KG		135	9,28	1 252,80
						Gesamt	1 252,80 ========

Beleg Nr. 2a

Sparbank Bergstatt
Bankleitzahl / Bank Code 880 500 00

Scheck-Einreichung
zum Einzug und zur Gutschrift E.v.

Kontonummer: *9876543* Kontoinhaber: *Hotel-Restaurant Bergstatter Hof*

	Schecknummer	Konto-Nummer oder Name des Scheckausstellers	Bankleitzahl bezogenes Kreditinstitut	Betrag EUR
1	*236489134*	*Werner Karst*	*Dt. Bank*	*936,80*
2	*Für Rechnung vom 10.11.*		*Hamburg*	
3				
4				

Posten: *1* Wert: *936,80*

Meier — Stempel/Unterschrift des Einreichers
17. Nov. 20.. — Datum

Bitte alle Schecks mit dem Vermerk „Nur zur Verrechnung" versehen

Beleg Nr. 2b

Sparbank Bergstatt
Bankleitzahl / Bank Code 880 500 00

Kontonummer 987 654 3
Datum 17.11.20..
Auszug 363
Blatt 1

Kontoauszug

Buch	Wert	PN-Nummer	Vorgang / Buchungsinformation	Umsatz in Euro
17.11.	17.11.	870455	Scheckeinreichung	936,80 H

Bitte beachten Sie die Hinweise auf der Rückseite

Sparbank - D-47011 Bergstatt

Hotel-Restaurant Bergstatter Hof
Ringstraße 88
47011 Bergstatt

Alter Kontostand Euro	9 200,00 H
Zahlungseingänge	936,80 H
Zahlungsausgänge	0,00
Neuer Kontostand	10 136,80 H
Zinssatz für Dispositionskredit:	13,000%
Zinssatz für geduldete Überziehung:	17,500%
Anlagen: 1	

Beleg Nr. 3a

Überweisungsauftrag an 880 500 00

Sparbank Bergstatt

Empfänger: Name, Vorname / Firma
Lebensmittelgroßh. Selgros

Konto.Nr. des Empfängers
2657-600

Die Durchschrift ist für Ihre Unterlagen bestimmt.

Empfänger-Bankleitzahl
50010060

bei (Kreditinstitut)
Dresdner Bank, Frankfurt

EUR

Betrag: Euro, Cent
2740,25-----

Kunden-Referenznummer (Verwendungszweck)
Rechnung v. 04.11.

noch Verwendungszweck, ggf. Name und Anschrift, falls vom Kontoinhaber abweichens (nur für Empfänger)
Hotel-Restaurant

Kontoinhaber: Name, Vorname / Firma
Bergstatter Hof

Bitte ankreuzen, wenn Anschrift weitergegeben werden soll

Konto-Nr. des Kontoinhabers
9876543

Ausführungs-Datum TTMMJJ

Bitte nur bei Terminwunsch (max. 30 Tage) angeben. Bei Angabe eines Wochenendes/ Feiertags erfolgt die Ausführung am darauffolgenden Arbeitstag.

24

Schreibmaschine: normale Schreibweise! Handschrift: Blockschrift in GROSSBUCHSTABEN, bitte je ein Zeichen in ein Kästchen verwenden!

Bitte nicht vergessen: Datum/Unterschrift

18.11.20.. — Datum

Meier — Unterschrift

Beleg Nr. 3b

Sparbank Bergstatt
Bankleitzahl / Bank Code **880 500 00**

Kontonummer 987 654 3
Datum 18.11.20..

Auszug 364
Blatt 1

Kontoauszug

Buch	Wert	PN-Nummer	Vorgang / Buchungsinformation	Umsatz in Euro
18.11.	18.11.	732672	Überweisung	
			Selgros	2 740,25 S

Bitte beachten Sie die Hinweise auf der Rückseite

Sparbank - D-47011 Bergstatt

Hotel-Restaurant Bergstatter Hof
Ringstraße 88
47011 Bergstatt

Alter Kontostand Euro	10 136,80 H
Zahlungseingänge	0,00
Zahlungsausgänge	2 740,25 S
Neuer Kontostand	7 396,55 H
Zinssatz für Dispositionskredit:	13,000%
Zinssatz für geduldete Überziehung:	17,500%
Anlagen: 1	

Beleg Nr. 4a

Ausgabebeleg

Kassenbeleg-Nr.: ____________

Ausgezahlt wurden an

Werner Meier

gesamt Euro *6 250,00*

Sechstausendzweihundertfünfzig Cent wie oben

Gesamtbetrag Euro in Worten

für *Bankeinzahlung*

Ort *Bergstatt*

Datum *19. Nov. 20..*

Gesamtbetrag dankend erhalten

Meier

Beleg Nr. 4b

Sparbank Bergstatt

Empfänger: Name, Vorname / Firma
Hotel-Restaurant Bergstatter Hof

Konto-Nr. des Empfängers
9876543

Nur zur Bareinzahlung

Bankleitzahl
88050000

bei (Kreditinstitut)
Sparbank Bergstatt

EUR

Betrag. Euro, Cent
6250,00-----

Verwendungszweck – z.B. Kunden-Referenznummer – (nur für Empfänger)
intern

Anschrift des Einzahlers: Straße, PLZ, Ort (ggf. noch Verwendungszweck)
Hotel-Restaurant Bergstatter Hof

Einzahler: Name, Vorname / Firma (bei Einzahlung auf eigenes Konto nicht erforderlich)

Schreibmaschiene: normale Schreibweise!
Handschrift: Blockschrift in GROSSBUCHSTABEN, bitte je Zeichen ein Kästchen verwenden!

Bitte dieses Feld nicht beschriften und nicht bestempeln

Beleg Nr. 4c

Sparbank Bergstatt

Bankleitzahl / Bank Code **880 500 00**

Kontonummer 987 654 3 Auszug 365
Datum 19.11.20.. Blatt 1

Kontoauszug

Buch	Wert	PN-Nummer	Vorgang / Buchungsinformation	Umsatz in Euro
19.11.	19.11.	999117	Einzahlung	6 250,00 H

Bitte beachten Sie die Hinweise auf der Rückseite

Sparbank - D-47011 Bergstatt

Hotel-Restaurant Bergstatter Hof
Ringstraße 88
47011 Bergstatt

Alter Kontostand Euro	7 396,55 H
Zahlungseingänge	6 250,00 H
Zahlungsausgänge	0,00
Neuer Kontostand	13 646,55 H
Zinssatz für Dispositionskredit:	13,000%
Zinssatz für geduldete Überziehung:	17,500%
Anlagen: 1	

Beleg Nr. 5

Hotel-Restaurant Bergstatter Hof

Hotel-Restaurant Bergstatter Hof, Ringstraße 88, 47011 Bergstatt

Firma
Erich Kohl
Rosenweg 17a
32145 Banderkesee

Hotel-Restaurant Bergstatter Hof
Inh. Ralf Neumann
Ringstraße 88

47011 Bergstatt
Tel: 0 23 45 / 543-0
Fax: 0 23 45 / 543-88
eMail BergstatterHof.Bergstatt@abc.de

Sparbank Bergstatt
BLZ 880 500 00
Kto. Nr. 987 654 3

Datum: 20. November 20..
Rech.-Nr. 15068
Kunden-Nr. 16764
Beleg-Nr. 999

RECHNUNG

Unterkunft im Doppelzimmer vom 18. bis 20. November 20..	pro Tag 75,15 €	150,30 €
Rechnungsbetrag		150,30 € =======

Wir danken Ihnen für Ihren Besuch, wünschen Ihnen eine angenehme Heimfahrt und würden uns freuen Sie wieder als unseren Gast begrüßen zu dürfen.

Ihr Hotel-Restaurant Bergstatter Hof

Beleg Nr. 6

Manfred Stoffel Bürotechnik

Schreibmaschinen – EDV-Anlagen – Beratung – Zubehör

Manfred Stoffel - Bürotechnik, Birkenweg 10, 54490 Norath

Hotel-Restaurant Bergstatter Hof
Ringstraße 88
47011 Bergstatt

Bezahlt
16. November 20..
Durch: Kasse

Manfred Stoffel
Birkenweg 10

54490 Norath
Tel: 0 65 00 / 765 – 0
Fax: 0 65 00 / 765 – 43
eMail manfredstoffel@axy.de

Volksbank Emelshausen
BLZ 570 915 00
Kto. Nr. 585 960

Kunden-Nr.

Datum 19. November 20..

RECHNUNG-NR. 3212

Pos.	Menge	Artikel	Einzelpreis €	Gesamtpreis €
001	3	Drucker, Canon S 490	245,00	735,00
Rechnungsbetrag				**735,00**
				======

Bitte bezahlen Sie den Rechnungsbetrag innerhalb 14 Tagen ohne Abzug.

Mit freundlichen Grüßen

Manfred Stoffel
Bürotechnik

Beleg Nr. 7

Sparbank Bergstatt

Bankleitzahl / Bank Code **880 500 00**

Kontonummer 987 654 3 Datum 23.11.20..
Auszug 366 Blatt 1

Kontoauszug

Buch	Wert	PN-Nummer	Vorgang / Buchungsinformation	Umsatz in Euro
23.11.	23.11.	999001	Lastschrift (Einzug) ADAC, Am Westpark 8, 81373 Beitrag ADAC	71,07 S

Bitte beachten Sie die Hinweise auf der Rückseite

Sparbank - D-47011 Bergstatt

Hotel-Restaurant Bergstatter Hof
Ringstraße 88
47011 Bergstatt

Alter Kontostand Euro	13 646,55 H
Zahlungseingänge	0,00
Zahlungsausgänge	71,07 S
Neuer Kontostand	13 575,48 H
Zinssatz für Dispositionskredit:	13,000%
Zinssatz für geduldete Überziehung:	17,500%
Anlagen: 1	

Beleg Nr. 8

Deutsche Post

Auftrag zur Beförderung von Infobrief/Katalog national

Einlieferungsnummer: 0 7 0 2 1 4 1 4

-Nur bei InfoCard- Reg. Nr. Lizenzdrucker

-Nur bei Freistempelung- Kennung AFM

VGA 1118 *IBFN*

Angaben zum Absender/Einlieferer — Blatt 2 für den Kunden

Absender*) (Auftraggeber) *) Es gilt Abschnitt 2 Abs. 1 Satz 1 AGB BfD Inl
Kunden-/Kartennummer

Name und Anschrift: Hotel-Restaurant Bergstatter Hof, Ringstr. 88, 47011 Bergstatt

☐ Zahlung durch Absender

Einlieferer
Kunden-/Kartennummer

Name und Anschrift

☐ Zahlung durch Einlieferer

Bankverbindung (stets angeben)
Kontoinhaber: Hotel-Restaurant Bergstatter Hof

Telefon: 0 23 45 / 543-0

Kontonummer: 9 8 7 6 5 4 3
Kreditinstitut: Sparbank Bergstatt
Bankleitzahl: 8 8 0 5 0 0 0 0

Angaben zum Produkt

Basisprodukt Infobrief:
☐ Standard ☒ Kompakt ☐ Groß ☐ Maxi ☐ InfoCard ☐ Katalog

Bezeichnung der Aussendung

Angaben zur Abrechnung

Hinweis: Weicht die angegebene von der tatsächlichen Stückzahl ab, erstatten wir zuviel gezahlte Entgelte durch Überweisung auf das angegebene Konto. Ist die tatsächlich eingelieferte Stückzahl größer als die angegebene Stückzahl, wird die Nachforderung der Deutschen Post im Lastschriftverfahren eingezogen. Für diesen Fall ermächtigt der Kontoinhaber die Deutsche Post AG, die Entgelte vom o. g. Konto einzuziehen. Weicht der Kontoinhaber vom Absender ab, dann wird die Deutsche Post AG bei mangelnder Deckung des angegebenen Kontos ermächtigt, nicht gedeckte Beträge dem Absender in Rechnung zu stellen.

Entgeltberechnung

tatsächlich eingelieferte Sendungen		aufgezahlte Sendungen		Gesamtstückzahl		Einzelentgelt		Entgelt Frankier Service		EUR	Gesamtentgelt
159	+	/	=	159	x	0,92	+	/	=	EUR	146,28

Entgelterstattung – nur bei Absenderstempelung –

Zumutbarer Freimachungswert bei Absenderstempelung in DM	Unterschiedsbetrag zum Bruttoentgelt bei Absenderstempelung		Stückzahl		EUR	Erstattung
		x		=		

Das Entgelt wird wie folgt bezahlt

Freigestempelt
☐ Freistempelung
☐ Absenderstempelung
☐ DV-Freimachung

mit Freimachungsvermerk
☒ Bar
☐ Verrechnungsscheck
☐ Abbuchung vom Konto
} **nur mit Kundenkarte (Ausweisverfahren) möglich**

☐ Frankier Service ☐ Frankier Service PWZ ☐ Plusbrief

i. A. Meier 25.11. 20..
(Unterschrift des Absenders/Einlieferers *), Datum)

☐ Entgelterstattung bar ausgezahlt

*) Der Einlieferer ist zum Abschluss des Beförderungsvertrags im Namen der Absenders bevollmächtigt.

Es gelten die Vorgaben der AGB BfD Inl

Raum für EPOS

81043499 5198 25.11. VGA 1118 IBFN 04 X
95 St Info Kompakt
Zahlbetrag: *146,28 EUR

Team 35 47011 Bergstatt

Der Umsatz ist umsatzsteuerfrei.
Endgültige Entgeltabrechnung vorbehalten

Tagesstempel

Mit der Einlieferung der Sendungen erklärt sich der Absender damit einverstanden, dass die Sendungen im Falle der Unzustellbarkeit oder Unanbringlichkeit nur aufgrund einer Vorausverfügung auf der Aufschriftseite der Sendung zurückgesandt werden.

Anzahl der Behälter: ________

07.01 / 87654321

Wir danken für Ihren Auftrag.

911-038-000

Beleg Nr. 9

PAUL und WILLI KÖPPEL

Landwirtschaftliche Produkte

Köppel GmbH, Waldstraße 10, 56154 Boogart

Hotel-Restaurant Bergstatter Hof
Ringstraße 88
47011 Bergstatt

Eingegangen am
27. November 20..
Hotel-Restaurant
Bergstatter Hof

Paul und Willi Köppel
Waldstraße 10

56154 Boogart
Tel: 0 67 40 / 975 – 0
Fax: 0 67 40 / 975 – 31
eMail-köppel-lwp@xyz.de

Stadtsparkasse München
BLZ 701 500 00
Kto. Nr. 106 161

Datum 27. November 20..

LIEFERSCHEIN + RECHNUNG-NR. 001954

(Nr. bei Zahlung bitte angeben)

Ihre Bestellung vom 26. November 20..

Anzahl	Artikel	Einzelpreis €	Gesamtpreis €
180	Eier, Güteklasse A extra, Legedatum 25.11.2002	0,15	27,00
2 kg	Camembert	14,00	28,00
5 kg	Edamer	7,00	35,00
5 kg	Emmentaler	8,90	44,50
3 kg	Quark	1,10	3,30
Rechnungsbetrag			**137,80**

======

Die Rechnung ist ohne Abzug innerhalb eines Monats nach Rechnungsdatum zahlbar.

Mit freundlichen Grüßen

Köppel GmbH

Beleg Nr. 10 ▶

ARAL AUTOCENTER
JOCHEN SCHREIBER
BERGSTATTER CHAUSSEE 80
47011 BERGSTATT
Tankstellen-Nr.: 0160112124
Tel.: 02347/421873
Fax.: 02347/421995

Beleg-Nr. 4845/003/00002 - 28.11.20..
StNr. Station :
StNr. Gesellschaft : (27/151/00447)

000004 Aral Benzin 20,00 EUR A
*Zp 01 20,02 l 0,999 EUR/l *

Gesamtbetrag 20,00 EUR

Der Spezialkontenrahmen SKR 70 für Hotellerie und Gastronomie
Erstellt vom Deutschen Hotel- und Gaststättenverband DEHOGA e.V.

Aktiva — **Bilanzkonten** — **Passiva**

Kontenklasse 0

Anlagevermögen 0

0000 **Ausstehende Einlagen auf das gezeichnete Kapital**

0095 Aufwendungen für die Ingangsetzung u. Erweiterung des Geschäftsbetriebes

Anlagevermögen u. immaterielle Vermögensgegenstände

0100 Konzessionen, gewerbl. Schutzrechte, Lizenzen an solchen Rechten
0150 Geschäfts- o. Firmenwert
0160 Verschmelzungswert
0170 Geleistete Anzahlungen auf immat. Vermögensgegenstände

Sachanlagen

0200 Grundstücke und grundstücksgleiche Rechte inkl. Bauten
0210 Grundstücke und grundstücksgleiche Rechte ohne Bauten
0215 Unbebaute Grundstücke
0220 Grundstücksgleiche Rechte
0230 Bauten auf eigenen Grundstücken u. grundstücksgleiche Rechte
0240 Geschäftsbauten
0300 Wohnbauten
0330 Bauten auf fremden Grundstücken

0400 Techn. Anlagen und Maschinen
0500 Andere Anlagen, Betriebs- u. Geschäftsausstattung
0670 Geringwertige Wirtschaftsgüter bis 400,00 €
0680 Einbauten in fremde Grundstücke
0690 Sonstige Betriebs- und Geschäftsausstattung
0700 Geleistete Anzahlungen und Anlagen im Bau

Finanzanlagen

0800 Anteile an verbund. Unternehmen
0810 Ausleihungen an verbund. Unternehmen
0820 Beteiligungen
0880 Ausleihungen an Unternehmen, mit denen ein Beteiligungsverhältnis besteht
0900 Wertpapiere des Anlagevermögens
0930 Sonstige Ausleihungen
0960 Ausleihungen an Gesellschafter

Kontoklasse 1

Umlaufvermögen

Vorräte

1000 Hilfs- und Betriebsstoffvorräte
1040 Hergestellte Erzeugnisse
1100 Warenvorräte
1120 Lebensmittel 7%
1130 Getränke 19%
1140 Sonstige Warenvorräte 19%

1180 Geleistete Anzahlungen
1190 Erhaltene Anzahlungen

Forderungen u. sonstige Vermögensgegenstände

1200 Forderung aus Lieferung u. Leistung
1230 Wechsel aus Lieferung u. Leistung
1240 Zweifelhafte Forderungen
1250 Forderung aus Lieferung u. Leistung gegen Gesellschafter
1260 Forderung geg. verbund. Unternehmen
1270 Forderungen aus Lieferung u. Leistung gegen verbundene Unternehmen
1280 Forderungen gegen Unternehm., mit denen ein Beteiligungsverhältnis besteht

1300 Sonstige Vermögensgegenstände
1310 Forderungen gegen Vorstandsmitglieder u. Geschäftsführer
1330 Forderungen gegen Gesellschafter
1340 Forderungen gegen Personal
1350 Kaution
1360 Darlehen
1370 Durchlaufender Posten
1390 GmbH-Anteile zum kurzfristigen Vertrieb

1400 Anrechenbare Vorsteuer
1401 – 7 % VSt
1405 – 19 % VSt
1420 Umsatzsteuerforderung
1433 Bezahlte Einfuhrumsatzsteuer
1460 Geldtransit

Wertpapiere

1500 Anteile an verbund. **Unternehmen**
1505 Eigene Anteile
1510 Sonstige Wertpapiere

1550 Schecks
1600 Kasse
1700 Postgiro
1800 Bank

Rechnungsabgrenzungsposten

1900 ARAP
1940 Damnum

Kontenklasse 2

Kapital/Rücklagen

Kapital Vollhafter/Einzelunternehmer

2000 Festkapital
2010 Variables Kapital
2020 Gesellschafter-Darlehen

Kapital Teilhafter
2050 Kommandit-Kapital
2060 Verlustausgleichskonto
2070 Gesellschafter-Darlehen

Privat Teilhafter/Vollhafter/ Einzelunternehmer

2100 Privatentnahmen allgemein
2130 Eigenverbrauch
2150 Privatsteuern
2180 Privateinlagen
2200 Sonderausgaben
2250 Privatspenden
2280 Außergewöhnliche Belastungen
2300 Grundstücksaufwand (privat)
2350 Grundstücksertrag (privat)

2900 Gezeichnetes Kapital
2910 Ausstehende Einlagen, nicht eingefordert

2920 Kapitalrücklage

Gewinnrücklagen

2930 Gesetzliche Rücklage
2940 Rücklage für eigene Anteile
2950 Satzungsgemäße Rücklagen
2960 Andere Gewinnrücklagen

Gewinn-/Verlustvortrag

2970 Gewinnvortrag vor Verwendung
2978 Verlustvortrag vor Verwendung
2979 Vorträge auf neue Rechnung
2980 Sonderposten mit Rücklagenanteil

Kontenklasse 3

Rückstellungen

3000 Pensionsrückstellungen
3020 Steuerrückstellungen
3070 Sonstige Rückstellungen

Verbindlichkeiten

3150 – gegenüber Kreditinstituten
3250 Erhaltene Anzahlungen auf Bestellungen

3300 Verbindlichkeiten aus Lieferung u. Leistung

3340 – gegenüber Gesellschaftern
3350 Verbindlichkeiten aus der Annahme u. der Ausstellung eigener Wechsel
3400 Verbindlichkeiten gegenüber verbundenen Unternehmen
3450 Verbindlichkeiten gegenüber Unternehmen, mit denen ein Beteiligungsverhältnis besteht

Sonstige Verbindlichkeiten
3510 – gegenüber Gesellschaftern
3550 Erhaltene Kaution
3700 Verbindlichkeiten aus Betriebssteuern
3720 Verbindlichkeiten aus Lohn u. Gehalt
3730 Verbindlichketien aus Lohn- u. Kirchensteuern
3740 Verbindlichkeiten im Rahmen der sozialen Sicherheit
3760 Verbindlichkeiten aus Einbehaltungen
3770 Verbindlichkeiten aus Vermögensbildung

3800 Umsatzsteuer
3801 – 7 % USt
3805 – 19 % USt
3820 Umsatzsteuervorauszahlung
3830 Umsatzsteuervorauszahlung 1/11
3841 USt – Vorjahre

Rechnungsabgrenzungsposten

3900 PRAP

Kontenklasse 4 frei

Erfolgskonten

Kontenklasse 5

Erträge

5000 Umsatzerlöse
5010 Beherbergungsumsatz
5020 Speisenumsatz
5022 Speisenumsatz 7%
5023 Speisenumsatz 19%
5030 Getränkeumsatz 19%
5031 Bier 19%
5032 Alkoholfreie Getränke 19%
5033 Wein, Sekt 19%
5034 Spirituosen 19%
5035 Kaffee, Tee, Kakao 19%
5040 Sonstige Warenumsätze
5041 Tabakwaren 19%
5042 Süßwaren 7%
5043 Eis 7%
5044 Toilettenartikel 19%
5045 Sonstige Handelswaren
5060 Sonstige Umsatzerlöse
5063 Erlöse aus Geldspielautomaten
5066 Erlöse aus sonstigen Automaten
5100 Skontoerträge
5130 Erhaltene Boni
5150 Erhaltene Rabatte
5250 Andere aktivierte Eigenleistungen

5300 Erhaltene Gewinne aufgrund einer Gewinngemeinschaft

5310 Erträge aus Verlustübernahme

5350 Erträge aus anderen Wertpapieren und Ausleihungen des Finanzanlagevermögens
5360 – aus verbundenen Unternehmen

5400 Sonstige Zinsen u. ähnl. Erträge
5410 – aus verbundenen Unternehmen
5500 Erträge aus dem Abgang von Gegenständen des Anlagevermögens
5510 Zuschreibung von Gegenständen des Anlagevermögens
5600 Erträge aus der Herabsetzung der Pauschalwertberichtigung zu Forderungen
5700 Erträge aus der Auflösung von Rückstellungen
5800 Erträge aus der Auflösung von Sonderposten mit Rücklagenanteil
5850 Erträge aus Beteiligungen
5855 – an verbundenen Unternehmen

5860 Erhaltene Gewinne aufgrund eines Gewinn-/Teilgewinnabführungsvertrages
5870 Sonstige Erträge
5880 Verrechnete Sachbezüge
5881 Verrechnete Sachbezüge Kost
5882 Verrechnete Sachbezüge Logis
5890 Außerordentliche Erträge
5900 Eigenverbrauch
5910 Entnahme von Gegenst. 19% USt.
5915 Entnahme von Gegenst. 7% USt.
5920 Entnahme von Nutzleistungen 19% USt.
5930 Entnahme von Nutzleistungen ohne USt.
5945 Unentgeltl. Leistungen von Gesellschaften an Gesellschafter

Kontenklasse 6

Betriebsbedingte Kosten

6000 Warenkosten
6020 Lebensmittel
6030 Getränke
6031 Bier
6032 Alkoholfreie Getränke
6033 Wein, Sekt
6034 Spirituosen
6035 Kaffee, Tee, Kakao
6040 Sonstige Waren
6041 Tabakwaren
6042 Süßwaren
6043 Eis
6044 Toilettenartikel
6045 Sonstige Handelswaren
6080 Fremdleistungen
6150 Erlösschmälerungen

6200 Personalkosten
6200 Gehalt
6201 Lohn
6202 Ausbildungsvergütung
6210 Löhne und Gehälter
6211 Sachbezüge Kost
6212 Sachbezüge Logis
6214 Aushilfslöhne
6215 Pauschalierte Lohnsteuer
6216 Berufskleidung/Reinigung
6217 Personalwerbung
6218 Schulung/Fortbildung
6220 Gesetzliche soziale Aufwendungen
6221 Berufsgenossenschaft
6230 Freiwillige soziale Aufwendungen
6240 Aufwendungen für Altersversorgung
6241 Direktversicherung
6251 Fremdlöhne

6400 Energiekosten
6410 Strom
6420 Gas
6430 Wasser, Abwasser
6440 Heizung, Klimatisierung

6500 Gebühren, Beiträge, Versicherung
6510 Nicht anrechenbare Vorsteuer
6520 Getränke- u. Vergnügungssteuer
6530 Gewerbesteuervorauszahlung
6532 Gewerbeertragssteuer
6536 Gewerbekapitalsteuer
6540 Sonstige Steuern
6550 Gebühren/Beiträge
6560 Versicherungen
6600 Sonst. Betriebs- u. Verwaltungskosten
6610 Reinigung/Fremdreinigung
6611 Putzmittel
6612 Waschmittel/Wäschereinigung
6613 Entsorgung
6620 Kfz-Kosten (Steuer, Vers., Reparatur)
6624 Fremdfahrzeuge
6640 Sonst. betriebsbed. Kosten (Geschirr, Wäsche)
6647 Wäschereinigung/Miete
6650 Musik/Unterhaltung
6655 Dekoration
6660 Abschreibungen auf das Umlaufvermögen

6700 Verwaltungskosten
6710 Rechtsberatungskosten
6711 Steuerberatungskosten
6715 Betriebsberatung
6720 Bürobedarf
6730 Porto
6731 Telefon/Telefax
6740 Werbung
6750 Geschenke bis 40,00 €
6755 Geschenke über 40,00 €
6760 Repräsentationskosten
6765 Bewirtungskosten
6770 Nicht abzugsfähige Betriebsausgaben
6775 Kreditkartenprovision
6776 Vermittlungsprovision
6780 Reisekosten
6790 Sonstige Verwaltungskosten
6791 Spenden

Kontenklasse 7

Anlagebedingte Kosten

7000 Miete u. Pacht
7100 Leasing
7200 Instandhaltung
7300 AfA
7350 Geringwertige Wirtschaftsgüter
7360 Abschreibung auf immaterielle Vermögensgegenstände
7370 – auf den Firmen- u. Geschäftswert
7380 – für Aufwendungen der Ingangsetzung u. Erweiterung des Geschäftsbetriebes
7400 Sonstige Abschreibungen u. Wertminderungen des Anlagevermögens
7410 Außerplanmäßige Abschreibungen auf immat. Vermögensgegenstände
7420 Abschreibung auf Sachanlagen
7430 Außerplanmäßige Abschreibungen auf Sachanlagen
7440 Abschreibung auf Finanzanlagen
7450 Verluste aus Anlageabgängen

7500 Zinsen u. ähnliche Aufwendungen
7540 – an verbundene Unternehmen
7600 Sonstige anlagebedingte Kosten

7700 Aufwendungen aus der Verlustübernahme
7710 Abgeführte Gewinne aufgrund einer Gewinngemeinschaft
7720 Abgeführte Gewinne aufgrund eines Teil-/Gewinnabführungsvertrages

7900 Körperschaftssteuer
7950 Vermögenssteuer

7990 Sonstige Aufwendungen
7995 Außergewöhnliche Aufwendungen

Eröffnung und Abschluss

Kontenklasse 8

Eröffnung und Abschluss

8000 Saldovortrag Sachkonten
8060 Offene Posten aus Vorjahr
8200 Gewinnvortrag nach Verwendung
8250 Verlustvortrag nach Verwendung
8270 Entnahme aus Kapitalrücklagen

Entnahme aus Gewinnrücklagen

8300 Entnahme aus gesetzl. Rücklage
8400 Entnahme aus der satzungsgemäßen Rücklage
8450 Entnahmen aus anderen Rücklagen
8460 Erträge aus Kapitalherabsetzung
8470 Einstellung in die Kapitalrücklage

Einstellung in die Gewinnrücklage

8500 Einstellung in die gesetzl. Rücklage
8550 Einstellung in die Rücklage für eigene Anteile
8600 Einstellung in satzungsgemäße Rücklagen
8650 Einstellung in andere Rücklagen
8670 Ausschüttung
8690 Vortrag auf neue Rechnung (GuV)

Steuernummer:

Übertragungsprotokoll

Empfangsdatum:

Umsatzsteuer - Anmeldung

Voranmeldezeitraum

Übermittelt von:

	Kz	Bemessungsgrundlage	Kz	Betrag

Anmeldung der Umsatzsteuer-Vorauszahlung

Lieferungen und sonstige Leistungen (einschl. unentgeltlicher Wertabgaben)

Steuerpflichtige Umsätze

	Kz	Bemessungsgrundlage	Kz	Betrag
zum Steuersatz von 19 %	81			
zum Steuersatz von 7 %	86			
Umsätze, die anderen Steuersätzen unterliegen	35		36	

Abziehbare Vorsteuerbeträge

	Kz	Bemessungsgrundlage	Kz	Betrag
Vorsteuerbeträge aus Rechnungen von anderen Unternehmen (§ 15 Abs. 1 Satz 1 Nr. 1 UStG), aus Leistungen im Sinne des § 13a Abs. 1 Nr. 6 UStG (§ 15 Abs. 1 Satz 1 Nr. 5 UStG) und aus innergemeinschaftlichen Dreiecksgeschäften (§ 25b Abs. 5 UStG)			66	
Verbleibende Umsatzsteuer-Vorauszahlung bzw. verbleibender Überschuss			83	

Hinweis zu Säumniszuschlägen

Bitte beachten Sie, dass bei Zahlung der angemeldeten Steuer durch Hingabe eines Schecks erst der dritte Tag nach dem Tag des Eingangs des Schecks bei der zuständigen Finanzkasse als Einzahlungstag gilt (§ 224 Abs. 2 Nr. 1 Abgabenordnung. Fällt der dritte Tag auf einen Samstag, einen Sontag oder einen gesetzlichen Feiertag, gilt die Zahlung erst am nächstfolgenden Werktag als bewirkt. Gilt die Zahlung der angemeldeten Steuer durch Hingabe eines Schecks erst nach dem Fälligkeitstag als bewirkt, fallen Säumniszuschläge an (§ 240 Abs. 3 Abgabenordnung). Um diese zu vermeiden wird empfohlen, am Lastschriftverfahren teilzunehmen. Die Teilnahme am Lastschriftverfahren ist jederzeit widerruflich und völlig risikolos. Sollte einmal ein Betrag zu Unrecht abgebucht werden, können Sie diese Abbuchung bei ihrer Bank innerhalb von 6 Wochen stornieren lassen. Zur Teilnahme am Lastschriftverfahren setzen Sie sich bitte mit Ihrem Finanzamt in Verbindung.

Dieser Protokollausdruck ist nicht zur Übersendung an das Finanzamt bestimmt. Die Angaben sind auf ihre Richtigkeit hin zu prüfen. Sofern eine Unrichtigkeit festgestellt wird, ist eine berichtigte Steueranmeldung abzugeben.

Seite 1 von 1

Steuernummer:

Übertragungsprotokoll

Empfangsdatum:

Lohnsteuer - Anmeldung

Anmeldezeitraum

Übermittelt von:

Zahl der Arbeitnehmer

	Kz	Betrag
Summe der einzubehaltenden Lohnsteuer	42	
abzüglich an Arbeitnehmer ausgezahltes Kindergeld	43	
Verbleiben	48	
Solidaritätszuschlag	49	
Evangelische Kirchensteuer	61	
Römisch-katholische Kirchensteuer	62	
Gesamtbetrag	83	

Hinweis zu Säumniszuschlägen

Bitte beachten Sie, dass bei Zahlung der angemeldeten Steuer durch Hingabe eines Schecks erst der dritte Tag nach dem Tag des Eingangs des Schecks bei der zuständigen Finanzkasse als Einzahlungstag gilt (§ 224 Abs. 2 Nr. 1 Abgabenordnung. Fällt der dritte Tag auf einen Samstag, einen Sontag oder einen gesetzlichen Feiertag, gilt die Zahlung erst am nächstfolgenden Werktag als bewirkt. Gilt die Zahlung der angemeldeten Steuer durch Hingabe eines Schecks erst nach dem Fälligkeitstag als bewirkt, fallen Säumniszuschläge an (§ 240 Abs. 3 Abgabenordnung). Um diese zu vermeiden wird empfohlen, am Lastschriftverfahren teilzunehmen. Die Teilnahme am Lastschriftverfahren ist jederzeit widerruflich und völlig risikolos. Sollte einmal ein Betrag zu Unrecht abgebucht werden, können Sie diese Abbuchung bei ihrer Bank innerhalb von 6 Wochen stornieren lassen. Zur Teilnahme am Lastschriftverfahren setzen Sie sich bitte mit Ihrem Finanzamt in Verbindung.

Dieser Protokollausdruck ist nicht zur Übersendung an das Finanzamt bestimmt. Die Angaben sind auf ihre Richtigkeit hin zu prüfen. Sofern eine Unrichtigkeit festgestellt wird, ist eine berichtigte Steueranmeldung abzugeben.

Seite 1 von 1

Beitragsnachweis

Angaben zur Firma
Betriebsnummer
Betriebsstätte
Name

Straße
PLZ/Ort

Erstellungsdatum
Sendedatum
TAN
TAN

Beitragsnachweis
Zeitraum von
Zeitraum bis
Dauer-Beitragsnachweis
Beitragsnachweis enthält Beiträge
aus Wertguthaben, das abgelaufenen
Kalenderjahren zuzuordnen ist
Korrektur-Beitragsnachweis
für abgelaufene Kalenderjahre
Währung

Beiträge zur Krankenversicherung - allgemeiner Beitrag - (1000)
Beiträge zur Krankenversicherung - erhöhter Beitrag - (2000)
Beiträge zur Krankenversicherung - ermäßigter Beitrag- (3000)
Beiträge zur Krankenversicherung für geringfügig Beschäftigte (6000)
Beiträge zur Rentenversicherung der Arbeiter - voller Beitrag - (0100)
Beiträge zur Rentenversicherung der Angestellen - voller Beitrag - (0200)
Beiträge zur Rentenversicherung der Arbeiter - halber Beitrag - (0300)
Beiträge zur Rentenversicherung der Angestellten - halber Beitrag (0400)
Beiträge zur Rentenversicherung der Arbeiter für geringfügig Beschäftigte (0500)
Beiträge zur Rentenversicherung der Angestellten für geringfügig Beschäftigte (0600)
Beiträge zur Arbeitsförderung - voller Beitrag - (0010)
Beiträge zur Arbeitsförderung - halber Beitrag - (0020)
Beiträge zur sozialen Pflegeversicherung (001)
Umlage - Krankheitsaufwendungen - (U1)
Umlage - Mutterschaftsaufwendungen - (U2)

Gesamtsumme
Beiträge für freiwillig Krankenversicherte zur Krankenversicherung
Beiträge für freiwillig Krankenversicherte zur Pflegeversicherung
Abzüglich Erstattung U1 / U2
Zu zahlender Betrag / Guthaben

Angaben zur Einzugsstelle
Betriebsnummer

Name

WICHTIGES DOKUMENT - SORGFÄLTIG AUFBEWAHREN

Sachwortverzeichnis

A
1%-Regelung, Pauschalierungsmethode 74
Abgabenordnung 6
Abgeld, Damnum 124
-, Disagio 124
Abgrenzung, antizipative 128
-, transitorische 126
-, unternehmensbezogene 152
-, zeitliche 126
Abgrenzungsergebnis 151, 152
Abgrenzungstabelle 151, 161, 167
Absatzbuchung 49
Abschlussbuchung 29, 72
-, vorbereitende 29, 72, 133
Abschlusszahlung 118
Abschreibung 100
-, außerplanmäßige 100
-, Beginn 101
-, Bemessungsgrundlage 101
-, bilanzielle 155
-, direkte 104
-, kalkulatorische 154, 155
Abschreibung auf Forderungen 117
Abschreibung im Steuerrecht 100
-, nach Handelsrecht 100
-, nach Maßgabe der Leistung 104
Abschreibungsbetrag je Leistungseinheit 104
Abschreibungsmethode 102
Abschreibungsplan 102
Abschreibungsverlauf 104
Abweichungsanalyse 2
Abzugskapital 157
AfA-Tabelle für das Gastgewerbe 101
AGB, Allgemeine Geschäftsbedingungen 5
Aktiengesetz, AktG 7
Aktiva 14
Aktivierungsgebot 94, 99
Aktivierungsverbot 99
Aktivierungswahlrecht 94, 99
Aktivkonto 18
-, Buchen 18
-, Eröffnen 18
Aktiv-Passiv-Mehrung 17
Aktiv-Passiv-Minderung 17
Aktivtausch 17
Allgemeine Geschäftsbedingungen, AGB 5
Anderskosten 150, 154, 163
Anforderungsschein 27
Anlagenabgang, Ertrag 105, 106
-, Verlust 105, 107
Anlagengitter 97, 106, 107, 108
Anlagenspiegel 97, 106, 107, 108
Anlagenverzeichnis 97
Anlagenwagnisse 158, 159
Anlagevermögen 12
-, Abgänge 105
-, Abschreibung 100
-, Behandlung 97
-, betriebsnotwendiges 157
-, Bewertung 109
-, Zugänge 98
Anschaffungskosten 49, 98
-, nachträgliche 98
Anschaffungsnebenkosten 49, 98
Anschaffungspreis 98
Anschaffungspreisminderungen 49, 51, 98
Anteilseignerschutz 95
Anzahlung, erhaltene 38, 41
-, geleistete 38
Anzahlungskonto 39
Äquivalenzziffer 203
Äquivalenzziffernkalkulation 197
Äquivalenzziffernrechung 205
Arbeitslosenversicherung 78
Arbeitsrecht 6
Aufwandskonto 23
Ausgangs-Umsatzsteuer 33
Auslastung 180

B
BAB 174, 185, 193, 194
Beitragsnachweis 82
Bereichsergebnisrechnung 140, 174, 183, 184
Berichtigungsbuchung 133
Beschaffungsbuchung 49
Beständewagnisse 158, 159
Bestandskonto 18
-, Abschluss 19
-, Buchen 18
-, Eröffnen 18
Bestandsrechnung 3
Bestandsveränderungen 16
-, Arten 17
Besteuerungsgrundlage 10
Betriebliches Rechnungswesen, Aufgaben 9
-, Grundfunktionen 8
Betriebs- und Verwaltungskosten, sonstige 177
Betriebsabrechungsbogen 188
-, BAB 174, 185
-, einstufiger 188
-, mehrstufiger 188
Betriebsabrechungsbogen I 188, 189, 190
Betriebsabrechungsbogen II 190
Betriebsabrechungsbogen III 195
Betriebsbuchführung 151
Betriebsergebnisrechung 140
-, Auswertung 163
-, sachliche Abgrenzung 151
Betriebsgewinn 151
Betriebsstatistik 4
Betriebsübersicht 131
-, Aufbau 131
-, Erstellung 131
Betriebsvergleich 8
Betriebsverlust 151
Betriebswirtschaftliche Auswertung, BWA 142
Betriebszweck 154
Bewertung mit einem Festwert 115
Bewertungsgrundsätze 94
BGB, Bürgerliches Gesetzbuch 5
Bilanz 14, 15
-, aufbereitete 143
-, Form 14
-, Inhalt 14
Bilanzanalyse 3, 142
Bilanzaufbereitung 3, 142
Bilanzierungsgebot 94
Bilanzierungsgrundsätze 94
Bilanzierungsverbot 94
Bilanzkontinuität, formelle 94
-, materielle 95
Bilanzstichtag 113
Boni 56, 98
Bonus 56
Break-even-Analyse 213, 218
Break-even-Analyse Speisenabteilung 213
Break-even-Analyse Beherbergungsbereich 215
Break-even-Analyse Gesamtergebniss 216
Break-even-Umsatz 216, 217
Bruttolohn 78
Bruttolohnverbuchung 80
Bruttoverkaufspreis 200, 202, 203, 210
Buchführung 9
-, Aufgaben 9
-, gesetzliche Grundlagen 6
-, Zeitraumrechnung 8
Buchführungspflicht 6
Buchinventur 11
Buchung, laufende 29, 71
-, weiterführende 26
Buchungen in der Praxis 46
Buchungskreis 62
Buchungssatz 20
Budget 218, 219
Budgetierung 217, 218, 219
-, kurzfristige 218
-, langfristige 218
Bürgerliches Gesetzbuch, BGB 5
BWA, betriebswirtschaftl. Auswertung 142

C
Cashflow 170, 171
Controller 2
Controlling 1
-, Aufgaben 1
-, Bedeutung 2
-, Begriff 1
-, Rechtsgrundlagen 3
Controllinginstrument 2, 3
Controllingprozess 3
-, Kreislauf 2
Cost of Sales, Wareneinsatz 175
Current period 178

D
Damnum 98, 128
-, Abgeld 124
Datenanalyse 139, 141
Datenaufbereitung 139
Datenerfassung 8
DATEV-Formular 223
DATEV-Kostenrahmen 165
Dauerfristverlängerung 44
Deckungsbeitrag pro Leistungseinheit 209
Deckungsbeitragsfaktor 216, 217
Deckungsbeitragsrechung 197, 207
Disagio 98, 128
-, Abgeld 124
Divisionskalkulation 197
Dokumentation 9
Durchschnittsbewertung 113
Durchschnittsmethode 115

E
EDV-Journal 20
Eigenkapital 121
-, durchschnittlich eingesetztes 169
Eigenkapitalmehrung 23
Eigenkapitalminderung 23
Eigenkapitalrentabilität 169, 170
Eigenkapitalvergleich 75
Eingangs-Umsatzsteuer, Vorsteuer 33
Einkommenssteuergesetz, EStG 6
Einkommensteuerdurchführungsverordnung, EStDV 6
Einkommensteuerrichtlinien, EStR 6
Einnahmen-Ausgabenrechnung 6
Einzelkosten 185
Einzelnachweis 72
Einzelwagnisse 158
-, besondere 158
Entnahme von Gegenständen für private Zwecke 71
Entnahme von Gegenständen zu Pauschbeträgen 72
Entscheidungsvorbereitung 9
Entwicklungswagnisse 158
Erfolg, betrieblicher 149
-, sonstiger 149
Erfolgsermittlung durch Eigenkapitalvergleich 75
Erfolgsermittlung, periodengerechte 81
Erfolgskonto 23
-, Abschluss 24
-, Buchen 23
Erfolgsrechnung, kurzfristige 140, 166, 171
Ergebnis, neutrales 151, 152
Erinnerungswert 102
Eröffnungsbuchung 29
Ertragskonto 23
EStDV, Einkommensteuerdurchführungsverordnung 6
EStG, Einkommenssteuergesetz 6
EStR, Einkommensteuerrichtlinien 6

F
Fahrtenbuch-Methode 74
FaLL, Bewertung 116
Fertigungswagnisse 158
fifo, first in – first out 114
fifo-Verfahren 115

Finanzbuchführung 151
Finanzbuchhaltung 3
Finanzierung, Kapitalstruktur 145
Finanzkraft 170
Finanzstruktur 144
-, Investierung 146
first in – first out, fifo 114
Forderung, sonstige 126
Forecast 218
Fortschreibungsmethode 26
frei Haus 49
freie Kost 87
freie Logis 87

G
Gästefrequenz 181
Geldverrechungskonto 62
Gemeinkosten 185
-, Verteilung der aufgenommenen 186
GenG, Genossenschaftsgesetz 7
Genossenschaftsgesetz, GenG 7
Geringwertige Wirtschaftsgüter , GWG 99
Gesamtkapitalrentabilität 142, 169
Gesamtkosten 185
Gesamtkostenaufschlagsatz 200
Gesamtkostenkurve 207, 208
Gesamtkostenverfahren 93
Gesamtumsatz 165
Geschäftsvorfall 9
Gesellschaftsrecht 6
Gesetz betreffend die Gesellschaften mit beschränkter Haftung, GmbHG 7
Gesetz gegen den unlauteren Wettbewerb, UWG 5
Gewährleistungswagnisse 158
Gewerbeordnung 5
Gewinn- und Verlustrechnung 3
Gewinnermittlung, periodengerechte 126
Gewinnzone 214
Gewinnzuschlag 201
Gläubigerschutz 10, 95
Gliederungsvorschriften 121
GmbHG, Gesetz betreffend die Gesellschaften mit beschränkter Haftung 7
GoB, Grundsätze ordnungsgemäßer Buchführung 4, 7
Goldene Bilanzregel 147
GOP, Gross Operating Profit 176
Gross Operating Income 178
Gross Operating Profit, GOP 176
Grundbuch 27
-, Journal 20
-, Tagebuch 20
Grundkosten 150
Grundsatz der Einzelbewertung 95, 109, 113
Grundsatz der Klarheit 94
Grundsatz der Periodenabgrenzung 95
Grundsatz der Unternehmensfortführung 95
Grundsatz der Vollständigkeit 94
Grundsatz der Vorsicht 95
Grundsatz der Wahrheit 94
Grundsätze ordnungsgemäßer Buchführung 94
-, GoB 7
Gründungsbilanz 14
Gruppenbewertung 109, 116
Gutschrift 51, 53
GuV, Positionen 93
GWG, geringwertige Wirtschaftsgüter 99

H
Handelsgesetzbuch, HGB 5, 6
Handelsrecht 5
Handwerksordnung 5
Hauptbuch 28, 30, 37, 41, 107
Hauptkostenstellen 187
-, Umsatzrentabilität 190
Herstellungskosten 99
HGB, Handelsgesetzbuch 5, 6
Hilfskostenstellen 187
Höchstwertprinzip 95

I
IAS, International Accounting Standards 6
Imparität 95
Imparitätsprinzip 95
Innerbetriebliche Leistungsverrechnung, Kostenumlage 188
Insolvenzverfahren 117
International Accounting Standards, IAS 6
Invenstitionspotential 170
Inventar 10, 12, 14, 15
Inventar-Verzeichnis 13
Inventur 10
-, körperliche 11
-, permanente 11
-, zeitverschobene 11
Inventur-Arten 10
Inventurdurchführung 12
Inventurmethode 28
Inventurverfahren 11
Investierung, Finanzstruktur 146
Investitionsrechnung 4
Ist-Kaufleute 6
Ist-Kosten-Rechnung 171
Ist-Wert 141
Ist-Zahl 8

J
Jahresabschluss 92
-, Gliederung 92
-, Inhalt 92
Journal, Grundbuch 20

K
Kalkulation 197
Kalkulationsblatt 201, 204
Kalkulationsfaktor 201
Kalkulationsschema 204
Kapital, betriebsnotwendiges 157
Kapitalgesellschaft 15
Kapitalstruktur144
-, Finanzierung 145
Kapitalumschlag 169
Kennzahlen 8, 141
Kennzahlenauswertung, Kreislauf 141
Kennzahlensystem 141
KER, kurzfristige Erfolgsrechung 165
Kirchensteuer 78
Kleinbetragsrechung 36
Kodifiziertes Recht 4
Konstitution 144
Kontokorrentbuch 224
Kontokorrentzinsen 54
Kontrolle 1, 9
Korrekturbetrag, Ermittlung 55, 60
Kost und Logis 86
Kosten pro Leistungseinheit 197
Kosten- und Leistungsrechnung 3, 140, 151, 159
-, Stückrechung 8
Kosten, anlagenbedingte 165, 177
-, betriebsbedingte 165, 177
-, fixe 207
-, kalkulatorische 150, 153
-, sonstige direkte – Other Expenses 175
-, variable 208
Kostenanalyse 191
Kostenarten 185, 188, 190
-, kalkulatorische 154
Kostenartenrechnung 3, 140, 149
-, Aufgaben 150
-, Ziele 149
Kostendeckung 209
Kostenkurve 214
Kostenrechnerische Korrekturen 153
Kostenrechnung 4
Kostenstellen 187, 188
-, allgemeine 187
-, Bildung 173
-, Verteilung der Kosten 174
Kostenstelleneinzelkosten 185, 186
Kostenstellengemeinkosten 185, 186
Kostenstellenplan, Schaffung 173
Kostenstellenrechnung 3, 140, 172
Kostenträger 194
Kostenträgerrechnung 3, 140, 141
Kostenträgerstückrechung 141, 196, 197
Kostenträgerzeitrechung 193, 196
Kostenumlage, innerbetriebliche Leistungsverrechung 188
Kostenverlauf 207
Krankenversicherung 78
Kreditdauer, durchschnittliche 168
Kreditkartenabrechung 64
Kreditkarteninstitut, Abrechnung 63
Kreditkartenprovision 65
Kurzfristige Erfolgsrechung, KER 165

L
Lagerbuchhaltung 26
Lagerdauer, durchschnittliche 168
Lagerkartei 27
Lagerumschlagshäufigkeit 168
last in – first out, lifo 114
Leergut 57
Leihverpackung 57
Leistungen, kalkulatorische 153
Leistungseinheitsrechung 8
Leistungserbringung 26
Leistungsergebnisrechnung 140, 174, 185, 190
Leistungserstellung 26
Leistungsrechung 8
Lenkung 9
Leverage-Effekt 170
lifo, last in – first out 114
lifo-Verfahren 114
Liquidität 144
-, Zahlungsbereitschaft 147
Lohn- und Gehaltsabrechung, 78, 79
Lohnsteuer 78

M
Mängel, formelle 7
-, materielle 7
Maßgeblichkeitsgrundsatz 123
Maßgeblichkeitsprinzip 94
Materialanforderung 200
Materialgemeinkostenaufschlagsatz 202
Miete, kalkulatorische 154, 160, 163

N
Nachbuchung 133
Nachweismethode 74
Net Revenue, Nettoumsatz 175
Nettolohn 78
Nettoumsatz, Net Revenue 175
Netto-Warenanteil, Ermittlung 55
Nicht-Kapitalgesellschaft 16
Niederstwertprinzip 95
-, strenges 113
Normal-Kosten-Rechnung 171
Nutzungsdauer 101

O
Ordnungssystem 142
Other Expenses, sonstige direkte Kosten 175
Outlet 183

P
Pacht, kalkulatorische 154, 160, 163
Passiva 14
-, Bewertung 121
Passivierungsgebot 123
Passivierungsverbot 94
Passivierungswahlrecht 94, 123
Passivkonto 18
-, Buchen 19
-, Eröffnen 18
Passivtausch 17
Pauschalierungsmethode, 1%-Regelung 74
Pauschalwertberichtigung, Anpassung 119
-, Bildung 119
Pauschalwertberichtigung auf Forderungen 118

Payroll, Personalkosten 175
Personaleinzelkosten 204, 205, 206
Personalkosten 78
-, Payroll 175
Personalkostenverteilung 191
Personalproduktivität 182
Pflegeversicherung 78
Plan 2
Planung 8
-, Vorschaurechnung 8
Planungsrechnung 3, 4, 213
Posten, antizipativer 126
-, transitorischer 126
Preiskalkulation 154
Preisminderung 51
Preisnachlass bei Mängelrügen 58
-, gewährter 58
Preisuntergrenze, kurzfristige 210
Primecost 209
Primecost-Kalkulation 197, 203, 205, 206
Privat 69
Private Geldeinlage 70
Private Geldentnahme 69
Private Nutzung betriebl. Gegenstände 73
Privateinlage 70
Privatentnahme 69
Produktionsprozess, betrieblicher 192
Produktivität 182
-, sachliche 182
-, zeitliche 182
Prognosezeitraum 218
Quittung 69

R
Rabatt 51, 98
Realisationsprinzip 95
Rechensystem 142
Rechnungsabgrenzung, aktive 126
-, passive 126
Rechnungskreis 153, 161, 162
Rechnungslegungsvorschrift, handelsrechtliche 6
Rechnungswesen 1
-, betriebliches 8
-, externes 4
-, internes 4
-, Rechtsgrundlagen 3
Rechnungswesenvorschriften 5
Regelsteuersatz 34
Reinvermögen 12
Reisebüro, Abrechung 66
Reiseveranstalter, Abrechung 63
Rentabilität 169
Rentenversicherung 78
Return-on-Investment, ROI 169, 170
Richterrecht 4
Rohertrag 165
Rohgewinn 26, 28
ROI, Return-on-Investment 169, 170
Rücksendung 51, 122
Rückstellung Jahresabschlusskosten 123

S
Sachbezug 86
Sachentnahme 72
Sachliche Abgrenzung, Betriebsergebnisrechnung 151
Saldenbilanz 132, 133, 134
Schlussbilanz 14
Schlussbilanzkonto 19
Schulden 10
Selbstkosten 8
-, Ermittlung 198
Selbstkosten je Leistungseinheit 199
Selbstkostenberechnung 198
Servicezuschlag 201
Skonti 54, 98
Skonto 54
Solidaritätszuschlag 78
Soll-Ist-Vergleich 141
Soll-Wert 141
Sollzahl 8
Sonderposten mit Rücklageanteil 121
Sondervorauszahlung 44
Sozialversicherung 78
Sparten-Differenzierung 30
Speisenkartenanalyse 192
Spezialkontenrahmen SKR 70 234
Stabilität 146
Statistik, Vergleichsrechung 8
Steuern, strategische 2
Steuerrecht 5, 6
Steuersatz, ermäßigter 34
Steuerung 9
Stichprobeninventur 11, 12
Stichtagsinventur 11
Stichtagsliquidität 148
Strukturbilanz 143
Stückkostenkurve 207, 208
Stückrechung 8
-, Kosten- und Leistungsrechung 3, 140, 151, 159
Stundenkostensatz 203, 204
Stundenkostensatzrechung 203

T
Tagebuch, Grundbuch 20
Teilkostenrechung 141, 174, 197
Teilwertabschreibung 100
Trivialprogramm 102

U
Überdeckung 209
Überwachung 2, 9
Umlaufvermögen 12
-, betriebsnotwendiges 157
-, Bewertung 113
Umsatzanalyse 178, 182
Umsatzerlöse 26
Umsatzkostenverfahren 93
Umsatzkurve 214
Umsatzrentabilität 169
Umsatzsteuer 32, 201
-, Buchen 36
Umsatzsteuergesetz, UStG 7, 33
Umsatzsteuer-Voranmeldung 43
Umsatzsteuer-Vorauszahlung 43
Umsatzsteuer-Zahllast 33
Umschlagskennzahlen 168
Unabhängigkeit, finanzielle 146
Undistributed Operating Expenses 178
Uniform System of Accounts 140, 141, 174, 175, 178
United States Generally Accepted Accounting Principles, US-GAAP 6
Unterdeckung 209
Unternehmensergebnis 152
Unternehmenserfolg 149
Unternehmerlohn, kalkulatorischer 154, 159, 160, 194
Unternehmerwagnis, allgemeines 158
US-GAAP, United States Generally Accepted Accounting Principles 6
UStG, Umsatzsteuergesetz 7, 33
UWG, Gesetz gegen den unlauteren Wettbewerb 5

V
Verbindlichkeiten 14, 124
-, Ausgleich 81
-, sonstige 126
Verbindlichkeiten in fremder Währung 124
Verbrauchsfolgeverfahren 114
Vergleichsrechung, Statistik 8
Verlustzone 214
Vermögen 12
-, betriebsnotwendiges 157
Vermögensgegenstand 10
Vermögensquellen 15
Vermögensstruktur 144
Vermögenswerte 15
Vermögenswirksame Leistung 85
Verschuldungsgrad 170
Vertriebswagnisse 158
Vertriebswagniszuschlag 159
Vollkostenrechnung 141, 174, 197
Vorrat, Bewertung 113
Vorschaurechung, Planung 8
Vorschuss 84
Vorsichtsprinzip 95
Vorsteuer, Buchen 34
-, Eingangs-Umsatzsteuer 33
Vorsteuerabzug 39
Vorsteueranteil, Ermittlung 55

W
Wagnisse, kalkulatorische 154, 158
Warenaufwand, Ermittlung 159
Warenbestand, Fortschreibung 11
-, Rückrechung 11
Wareneinsatz 200, 203, 206
-, Cost of Sales 175
Wareneinsatzquote 30, 167, 168, 191
-, Getränke 30
-, Kontrolle 30
-, Speisen 31
Warenentnahmeschein 27
Warenkosten 26, 165, 167
Warenrechungseingangsbuch 225
Warenumsatz 182
Warenwirtschaft 30
WBK, Wiederbeschaffungskosten 155
Wertberichtigung 117
Werterhöhung 109
Wertminderung 109
Wiederbeschaffungskosten, WBK 155
Wirtschaftsgut, abnutzbares 100
-, geringwertiges 99, 102
working capital 147, 148
Zahllast, Buchung 44
Zahlungsbereitschaft, Liquidität 147
Zahlungsverkehr 62
Zeitraumrechung, Buchführung 8
Zeitvergleich 8, 141
Zielgrößendefinition 193
Zinsen 156
-, kalkulatorische 154, 156
Zusatzkosten 154, 163
Zuschlagskalkulation 197, 199, 200, 206
-, mit Einzelzuschlägen 202